植物と叡智の守り人

Braiding Sweetgrass

Indigenous Wisdom, Scientific Knowledge and the Teachings of Plants

by Robin Wall Kimmerer

ロビン・ウォール・キマラー 著

三木直子 訳

ネイティブアメリカンの
植物学者が語る
科学・癒し・伝承

築地書館

Braiding Sweetgrass
indigenous wisdom, scientific knowledge
and the teachings of plants
by Robin Wall Kimmerer

Japanese translation rights arranged with Milkweed Editions, Minneapolis
through Tuttle-Mori Agency, Inc., Tokyo
Japanese translation by Naoko Miki
Published in Japan by Tsukiji Shokan Publishing Co., Ltd., Tokyo

はじめに

両手を出してくれたらその上に、摘んだばかりの、洗いたての髪のようにさらさらしたスイートグラスを乗せてあげよう。上の方はつややかな、金色がかった緑色、根元の方は紫色と白の縞が入ったスイートグラス。その束を鼻に近づけてごらん。川の水と黒い土の香りの上に、ハチミツを垂らしたバニラが重なった香りを嗅げば、その学名が納得できるはず——「芳醇な、聖なる草」を意味する*Hierochloe odorata*という学名が。私たちの部族の言葉でそれはウィンガシュク（wiingaashk）。「甘い香りがするマザー・アースの髪」という意味だ。その香りを吸い込めば、忘れてしまっていたことさえ知らなかった、数々の思い出が蘇ることだろう。

スイートグラスの束を根元で結わえて三つに分け、三つ編みにする準備をする。なめらかでツヤツヤとした、贈り物に値する三つ編みを作るためには、ある程度の張力が必要だ。しっかり編んだお下げ髪の女の子なら誰でも知っているように、ちょっと引っ張らないとだめなのだ。もちろん、一人でも三つ編みは編める。片方の端を椅子に結びつけたり、歯で咥えて逆向きに、自分から遠ざかる方向に編んでいくこともできる。でも、誰かに片端を持ってもらって、お互いに優しく引っ張り合いながら編むのが一番楽しい。編んでいる間ずっと、頭と頭がくっつくように前かがみになりながら、おしゃべりし、笑い、お互いの手を見つめる。一人はしっかりと端を握り、もう一人は細いスイートグラスの束を順番に交差させていく。スイートグラスでつながっている二人の間には相互依存関係がある。スイートグラスでつながった二人は、端を持っている人も編んでいる人と同じだけ重要だ。三つ編みは先に行くにしたがって細く、薄くなっていき、やがてスイートグラス一本ずつを編むようになる。そうしたら先を結んでお終いにする。

私が三つ編みを編む間、端を持っていてくれる？　手と手をスイートグラスでつなぎ、頭と頭を寄せ合って、地球を讃えるための三つ編みを一緒に編んでくれる？　そうしたら次は、あなたが三つ編みを編む間、私が端を持っていてあげるから。

私の祖母の背中に垂れる三つ編みのような、太くてツヤツヤしたスイートグラスの三つ編みを、私からあなたに手渡すことはできる。でもそれは私のものではないし、あなたもそれを自分のものにはできない。スイートグラスは誰のものでもないのだ。だからその代わりに私はあなたに、この世界と私たちの関係を癒すための物語を、三つ編みにして差し出そう。

この三つ編みは、ネイティブアメリカンに伝わる考え方と科学的な知識、そして、一番大切なことのためにその二つを融合させようとする一人のアニシナアベ［訳注：北米大陸東北部、アメリカ合衆国とカナダの国境一帯に暮らすネイティブアメリカンのグループで、オダワ族、オジブワ族、ポタワトミ族、クリー族、ミシサガ族、チペワ族、アルゴンキン族などが含まれる］の女性科学者という、三本の糸を編んでできている。科学とスピリット、そして物語が絡まり合っているのだ――壊れてしまった地球と私たちの関係を癒す薬になるかもしれない、古い物語と新しい物語。今とは違った地球との関係を想像させてくれる、癒しの物語という薬。そしてその物語の中では、人と土地は互いにとっての良き薬なのである。

植物と叡智の守り人　目次

スイートグラスの収穫

スイートグラスを燃やす

スイートグラスを植える

スイートグラスは、
種ではなく、根を直接植えるのが一番良い。
そうやって、手から土へ、
それから時代と世代を超えて別の手へと
スイートグラスは伝わっていく。
スイートグラスは、日当たりが良く、
十分な水のある草原を好む。
攪乱された土地の端っこでは特に元気に育つ。

落ちてきたスカイウーマン

冬、緑の地が雪の毛布をかぶって眠っているこの季節は、物語を語る季節。
語り手はまず、私たちにその物語を伝えてくれた先人に呼びかける。
なぜなら私たちはメッセンジャーにすぎないのだから。

はじめにスカイワールドがあった。

その人はメープルの種のように、秋の風にくるくると回転しながら落ちていった。*スカイワールドに開いた穴から差す一筋の光が、それまではただ暗闇しかなかったところに、その人の通り道を照らし出した。落ちるには長い時間がかかった。怯えていたのか、それとも期待からか、その人は手に何かをしっかりと握りしめていた。

真っ逆さまに落ちていくその人には、下方の暗い水しか見えなかった。けれどもその何もない空間にはたくさんの目があって、突然現れた一条の光を見上げていた。彼らには、その光の中に何か小さなもの――埃ほどの大きさしかないものが見えた。近づくにつれて、それは一人の女性であることがわかった。両腕を広げ、長い黒髪を後ろになびかせながら、その人は彼らに向かって回転しながら落ちてきた。

＊口承伝承と『Skywoman: Legends of the Iroquis』（Joanne Shenandoah, Douglas M. George 共著）より。

雁たちは互いに合図し、ガアガアと鳴きながら一斉に水面から飛び立った。墜落を止めようとして自分の下を飛ぶ雁たちの羽ばたきを、その人は感じた。その人が知っている唯一の故郷から遠く離れたところで、優しく自分を下へと運んでいくやわらかな羽に暖かく包まれて、その人は安堵した。そしてそれが始まりだった。

　雁たちは長い時間その人を水の上に支えていることができなかったので、仲間を呼び集めてどうするか決めることにした。雁の羽の上に横たわったその人には、動物たちがみな集まってくるのが見えた——水鳥、カワウソ、白鳥、ビーバー、それにあらゆる種類の魚たち。その真ん中に大きな亀が浮かんできて、その人が休めるよう背中を差し出した。その人は感謝して、雁の羽の上から亀の甲羅の上に移った。他の動物たちは、その人には家を建てる陸地が必要であることを知っており、どうしたらそれができるかと話し合った。水に深く潜れる動物たちは、海の底に泥というものがあるというのを聞いたことがあり、行って探してこようと申し出た。

　水鳥が最初に潜ったが、海の底は遠すぎて、長らく後に手ぶらで水面に戻ってきた。カワウソやビーバーやチョウザメなど、一匹、また一匹と他の動物たちも協力を申し出たものの、その深さと暗さ、それに水圧は、一番泳ぎが得意な者にとってさえ大きすぎて、苦しそうにあえぎ、頭をクラクラさせながら水面に戻ってきた。戻ってこない者もいた。最後に残った小さなマスクラットは誰よりも泳ぎが下手だったが、みなが疑いの目で見つめる中、自分も潜ろうと申し出た。マスクラットは小さな足をバタバタさせて潜っていき、長い時間が経った。

　動物たちは、最悪の事態を恐れながらマスクラットの帰りを長いこと待ち続けた。そして間もなく、一筋の水泡が水面に見え、それとともにマスクラットのぐったりとした小さな体が浮かんできた。マスクラットは、この無力な人間を助けようとして命を落としたのだ。だがそのとき、他の動物たちは、マスクラットが小さな手をぎゅっと握りしめていることに気づいた。その手を開いてみると、そこには一つかみの泥があった。「私の背中にそれを乗せなさい、私がそれをしっかり持っていてあげよう」と亀が言った。

　スカイウーマンは屈みこんで、手でその泥を亀の甲羅に塗り広げた。動物たちから受け取ったこの素晴らしい贈り物に心を動かされたスカイウーマンは、感謝の歌を歌い、それから足で優しく土に触れながら踊り始めた。感謝の踊りとともに、その土はどんどん広がって、亀の背中に乗った一つかみの泥から大きな陸地ができた。それはスカイウーマンが一人で作ったのではなく、すべての動物たちからの贈り物とスカイウーマンの深い感謝が生んだ魔法だった。彼らは力を合わせて、今日私たちが「タートルアイランド（亀の島）」と呼ぶ、私たちの故郷を作ったのだ。

良き客人はみなそうだが、スカイウーマンも手ぶらで地上にやって来たのではなかった。彼女はまだその手に束を握っていた。スカイワールドの穴に落ちたとき、彼女はそこに生えている「生命の木」につかまろうとして手を伸ばした。彼女の手には、さまざまな植物の果実や種子のついた枝が握られていた。スカイウーマンはそれらを、できたばかりの地面に散らし、茶色かった世界が緑色になるまで、丁寧に一つひとつの面倒を見た。スカイワールドに開いた穴から太陽の光が差し込み、種子は元気に育った。野草、花、木々、そして薬草がいたるところに広がった。動物たちの食べるものもたっぷりあったので、タートルアイランドでスカイウーマンと暮らすようになった動物も多かった。

部族に伝わる物語によれば、あらゆる植物の中で一番初めに地上で育ったのがウィンガシュク、つまりスイートグラスで、その香りはスカイウーマンの手の香りの名残だと言う。だからこそスイートグラスは、私の部族の人々によって、四つの聖なる植物の一つとして尊重されている。その芳香を吸い込めば、忘れてしまったことさえ知らなかった記憶が蘇る。儀式というのは「思い出すことを思い出す」ための方法だと部族のエルダー［訳注：ネイティブアメリカンの年長者の中で特に知識や経験が豊富で、人々の尊敬を集める者のことを英語ではエルダーと呼ぶ。ただし単に年長者を意味することもある」たちは言う。だからスイートグラスは多くのネイティブアメリカンの部族によって、強い力のある儀式用の植物として大切にされているのだ。スイートグラスはまた、美しい籠を編むのにも使われる。薬でもあり、私たちとつながった存在でもあるスイートグラスは、物質的な価値と精神的な価値を兼ね備えているのだ。

愛する人の髪を編む、というのは、とても優しい行為だ。優しさと、何かそれ以上のものが、編む人と編んでもらう人、三つ編みでつながった二人の間を行き来する。束になって波打つスイートグラスは、洗いたての女性の髪のように長くてツヤツヤとしている。だから私たちはそれを、マザー・アースの流れる髪、と呼ぶ。スイートグラスを三つ編みにするとき、私たちは母なる地球の髪を編んでいるのだ——私たちの愛情を、地球の美しさと健やかさを願う気持ちを、そして地球が私たちに与えてくれたすべてのものに対する感謝の気持ちを示すために。生まれたときからスカイウーマンの物語を聞いて育つ子どもたちは、人間と地球の間には互いに対する責任があることを直感的に知っている。

スカイウーマンの旅の物語はあまりにも鮮やかでキラキラと輝いており、私にはまるでそれが、何度繰り返しそこから飲んでも水の尽きることがない、深い水色のボウルのように思える。それは、私たちが信じること、私たちの歴史、私たちの関係をその中に湛えている。星を散りばめたボウルの中を覗き込めば、さまざまなイメージが流れるように渦巻いて、過去と現在が一つになる。スカイウーマンの姿は、私たちがどこから来たのかを語るだけでなく、どうやったらここから前進できるのかを教えてくれる。

故郷に抱かれる者と追われる者

私の研究室には、ブルース・キング〔訳注：著名なネイティブアメリカンのアーティスト〕がスカイウーマンを描いた「飛ぶ瞬間」という絵がかかっている。

手に種子や花々を握りしめて地球に舞い降りていくスカイウーマンは、私の顕微鏡や記録計を見下ろす。おかしな組み合わせと思うかもしれないが、私にとっては、ここが彼女のいるべき場所なのだ。著述家として、科学者として、スカイウーマンの物語を伝える者として、私は先輩たちの足元に座り、その歌に耳を傾ける。

月曜日、水曜日、金曜日の午前九時三十五分、私は大抵大学の講義室で、植物学と環境学の講義をしている。要するに、スカイウーマンの庭――それを「地球生態系」と呼ぶ人もいるが――がどのように機能しているかを学生たちに説明しようとしているわけだ。取り立てていつもと変わらないある朝のこと、私は「環境学概論」の授業をとっている学生たちにアンケートをとった。質問の中に、人間と環境の間にあるネガティブな相互関係についてどう思うかを尋ねる項目があった。二〇〇人の学生のほぼ全員が、人間と自然は相容れない、とはっきり答えた。環境保護を仕事にすることを選んだ三年次の学生たちだったから、その反応はある意味、驚くにはあたらなかった。彼らは気候変動のメカニズムや、土壌や水に含まれる毒物、生息地喪失の危機などについてよく勉強していたのだ。アンケートの後半では、人間と環境の間にあるポジティブな相互関係について自分がどの程度知っているか答えてもらった。一番多い答えは「何も知らない」だった。

私は驚愕した。二十年間も教育を受けてきて、人と環境の間にある有益な関係性を一つも答えられないなどということがあるのだろうか？　もしかしたら、日々目にするネガティブな事例、たとえば環境を汚染するという理由で利用されなくなった産業施設、家畜を工業的に飼育する施設や無秩序に郊外に広がる住宅地などのおかげで、人間と地球の間にある有益な関係性を認める能力が摘み取られてしまったのかもしれない。土地が不毛になれば、彼らの視野も狭くなる。授業の後でこのことについて話していたとき、学生たちは、人間と他の生物の間にある有益な関係性というものを想像することさえできないのだということに私は気づいた。それがどういうものかを思い浮かべることすらできないのに、環境的、文化的な持続可能性の実現に向けて行動を始めることなどできないではないか？　雁たちの寛大さを想像できないとしたら？　これらの学生たちは、スカイウーマンの物語を聞いて育たなかったのだ。

世界の一方には、自分と生物界の関係を、あらゆる生き物の幸福のために緑の園を創ったスカイウーマンに倣って築いた人々がいる。その一方で、もう一人、やはり緑の園と一本の木で知られる女性がいる。その女性は、その木の果実を食べたために園から追放され、門は固く閉ざされてしまった。人間の母であるその女性は荒野を彷徨うことを強いられ、枝にたわわに実る甘くみずみずしい果実を食べる代わりに、額に汗して働いてパンを作らなければならなかった。食べるためには投げ出された荒野を征服せよ、と教えられたのだ。

同じ人間、同じ地球、別々の物語。創造の物語がどれもそうであるように、宇宙論は自己のアイデンティティーや世界に対する立ち位置を決める源であり、私たちが何者であるかを教えてくれる。それがどれほど意識から遠いところにあろうとも、私たちは否応なく、こうした物語によって形作られている。一方の物語には生物界の寛大な抱擁、もう一方の物語には、生物界からの追放という結末がある。片や私たちの祖先にあたる緑の園の守り手の女性は、子孫たちの故郷となる美しい緑の世界の創造者の一人であり、もう一方の女性は故郷を追われ、本来の住まいである天国を目指して、馴染みのない世界の険しい道を一時《いっとき》歩いているにすぎない。

それから両者が出会った――スカイウーマンの子孫たちと、イブの子どもたちが。私たちのまわりには、まだそのときの傷が、物語の残響が聞こえる。冷たくされた女の怒りほど怖いものはないと言う。二人がどんな会話を交わしたのかは想像に難くない。「あなた、貧乏くじを引いたわね……」

スカイウーマンの物語は五大湖周辺のネイティブアメリカンのすべての部族に共有されており、「聖なる教え」と呼ばれる一連の教えが星座のようなものだとしたら、その中にあって常に位置を変えない恒星だ。ただし「聖なる教え」は戒律でもないし規則でもない。むしろそれは羅針盤のようなものだ。地図ではなく、方向を示すだけなのだ。生きている者たちは、自分で地図を作らなくてはならない。「聖なる教え」にどのように従うかは私たち一人ひとりみな違うし、時代によっても異なる。

スカイウーマンが共に暮らした人々は「聖なる教え」を理解した。そこには動物を敬いながら狩りをすること、家族のあり方、彼らの世界にとって意味のある儀式などについての指示があった。こうした思いやりの見せ方は、「グリーン」と言えば草原ではなく、「環境に優しい」という謳い文句を意味する現代社会にはそぐわないように思えるかもしれない。バッファローはいなくなり、世界は次の時代に移った。私にはサケを川に戻すことはできないし、ヘラジカが食べる草を生やすために庭に火をつけたら隣人が警報を鳴らすだろう。

最初の人間を迎え入れた当時の地球は、まだ新しかった。今では地球は歳をとり、「聖なる教え」を放棄した人間はもはや、地球に歓迎されなくなってしまったのではないかと感じる人たちもいる。世界が始まったときから、人間は人間以外の生き物に命を支えられてきた。今度は人間が彼らの命を支える番なのに、私たちを導いてくれる物語は、ほとんど語られることはなくなってしまったし、語られたとしてもその記憶は次第に薄らいでいる。現代において、物語は何を意味するだろう？　世界の始まりの物語から、世界の終焉がずっと近くなっている現在へ、何をどう伝え直すことができるだろう？　状況は変化した。けれども物語は残る。そのことを考えれば考えるほど、スカイウーマンは私の目をじっと見つめてこう尋ねているように思える――亀の背中の世界を贈られたお返しに、あなたは何を与えるの？

土地に根付くということ

この世の最初の女性その人が移民であったことを覚えておくといい。スカイウーマンは、スカイワールドという故郷から遠くまで落ちてきたのだ、彼女を知る人、大切に思う人々を後に残して。決して戻ることはできない。一四九二年以降、ここにいる人のほとんどもまた移民だ。エリス島［訳注：ニューヨーク湾にあり、一九五四年までアメリカ合衆国移民局が置かれていた。ヨーロッパからの移民は必ずこの島からアメリカへ入国した］に着いた彼らはおそらく、自分たちの足の下に広がっているのがタートルアイランドであることも知らなかっただろう。私の祖先にはスカイウーマンと暮らした人々がおり、私は彼らの一族だ。だが私の祖先にはまた、もっと新しい移民もいる――フランス人の毛皮商人、アイルランドから来た大工、ウェールズの農夫。そして私たちはみんな、このタートルアイランドに故郷を作ろうとしている。空っぽのポケットで、希望以外には何一つ持たずにやってきた彼らの物語は、スカイウーマンのそれと似ているところがある。スカイウーマンは、片手に握りしめた種と、「あなたの贈り物と夢を善いことのために使いなさい」という最小限の教えだけを持って地上にやって来た。そしてそれは私たち全員に向けられた教えだ。スカイウーマンは他の生き物からの贈り物を喜んで受け取り、それを賢明に使った。そして、この世を繁栄させ、居心地の良い場所にするという仕事に取り掛かった彼女は、スカイワールドから持ってきた贈り物をみなに分け与えたのだ。

スカイウーマンの物語が語り継がれていくのは、もしかしたら、私たちもまた常に落下しているからなのかもしれない。人間一人ひとりの人生、そして集団としての生活はどちらも、彼女が辿った道筋に似ているところがある。自分から飛び降りることもあれば人に押されることも、あるいは慣れ親しんだ世界の縁が足元で崩れ去ることもあるが、私たちは落ちていく――行ったことのない、思いがけない場所に向かって、くるくると回転しながら。落ちるのは恐ろしいが、新しい世界からの贈り物が、私たちを受け止めようと待ち構えている。

スカイウーマンの教えのことを考えるときにまた覚えておきたいのは、彼女が地上にやって来たとき、彼女は一人ではなかったということだ。妊娠していたのである。自分が遺していく世界を自分の子孫たちが受け継ぐのだということを知っていた彼女は、自分が生きている間だけの繁栄をこの世にもたらそうとしたのではなかった。そして、地球とレシプロシティー――持ちつ持たれつの関係――を築くことで、この最初の移民は地上に根付いたのだ。私たちのすべてにとって、ある土地に根付くというのは、子どもたちの未来を大切にする生き方をし、その土地を大事に護る、ということだ――物質的な意味でも精神的な意味でも、その土地がなければ自分は生きられないかのように。

スカイウーマンの物語が公の場で、安っぽい「民間伝承」の一つとして語られるのを聞いたことがある。それでも、たとえ間違った解釈をされていようと、物語を語るということにはパワーがある。私が教える学生のほとんどは、自分たちが生まれ育った土地の始まりについての物語を聞いたことがないが、私が話して聞かせると、彼らの瞳の奥で何かに火が灯る。彼らは、そして私たちは、スカイウーマンの物語を単なる過去の遺物としてではなく、未来に向けた教えとして理解することができるだろうか？　移民でできているこの国が、今一度、スカイウーマンに倣ってこの土地に根付き、この土地を故郷とすることができるだろうか？

かわいそうなイブがエデンの園を追われたことで何が起こったかを見るといい。地球には虐待の傷痕が残っている。壊れてしまったのは土地だけではない。私たちと地球の関係が壊れてしまったことの方が重要なのだ。私たちは、「再び物語を語る」ことなくして意味のある癒しや修復を進めることはできない。言い換えれば、私たちと土地との関係は、この土地の物語に耳を傾けない限り、癒されることはないのだ。だがいったい誰が、その物語を語ってくれるだろう？

西欧の伝統では、生き物たちには序列があり、もちろんその頂点に人間がいる。人間は進化の頂点にあり、創造主の秘蔵っ子だ。そして植物が序列の一番下にある。だがネイティブアメリカンの考え方では、人間は「創造主が作った年下の兄弟」と呼ばれることが多い。生きる、ということについて人間は一番経験が浅く、学ぶべきことが一番多い、だから他の生き物たちを先生として、教えを乞わなければならない、と言うのである。彼らの叡智はその暮らし方を見ればわかる。彼らは私たちに手本を示すことで教えてくれる。彼らは人間よりもはるかに昔からこの地球に暮らし、色々なことがわかっているのだ。地上に暮らすものも地下に暮らすものもおり、スカイワールドと地球をつないでいる。植物は、光と水から食べ物を作る術を知っており、そしてそれを無償で差し出す。

スカイウーマンが一握りの種をタートルアイランドに蒔《ま》いたとき、肉体だけでなく、知性、感情、精神のための食べ物を蒔いていたのだ、と想像するのが私は好きだ。彼女は私たちに教師を遺してくれたのだ。植物には語るべき物語がある。私たちはそれに耳を傾けることを学ばなければならない。

ピーカンの忠告

　草原を熱波が覆い、大気は重く、白く、蝉の声が充満している。夏の間中を裸足で過ごしたとはいえ、一八九五年九月のこの日、グラスダンス〔訳注：ネイティブアメリカンの平原部族のダンスの一種〕の踊り手のように爪先立ちで灼熱の大草原を小走りに横切る二人の足に、刈り取られた草の乾いた切り株はチクチクと痛い。色褪せたデニムのオーバーオールを若いヤナギの枝で吊っただけで他には何も着ていない二人が走ると、痩せた茶色い胸の下にあばら骨が見える。それから二人は進む方向を変えて、木々が陰を落とし、やわらかな下草が足に冷たい木立ちの方に向かい、子ども特有の柔軟さで背の高い草の中に倒れ込む。ちょっとの間木陰で休むと、パッと立ち上がり、餌にするバッタを捕まえる。

　釣竿は二人がこの間置いていったまま、古いコットンウッドの木に寄りかかっている。二人はバッタの背中を釣り針に引っ掛けて釣り糸を投げる。冷たい川底の泥が足の指の間から滲み出す。でも、干魃《かんばつ》で干上がったちっぽけな水路には水がほとんど流れていない。食いついてくるのは数匹の蚊だけだ。間もなく、夕食に魚を食べる可能性は、小枝で吊ったオーバーオールの下の二人の痩せっぽちなお腹みたいに、ぺしゃんこになってしまった。今日の夕食はまたしても、ビスケットとレッドアイ・グレービー〔訳注：アメリカ南部に特徴的な、肉料理のソース。フライパンでハムを焼いたときに出る肉汁とコーヒーを混ぜたもの〕だけみたいだな。手ぶらで帰って母さんをがっかりさせるのは大嫌いだが、パサパサのビスケットだってお腹はふくれる。

　カナディアン・リバーに沿ったこの土地はインディアン保護区の真ん中にあり、波打つ草原と、低地には木立ちがある。その多くは、一度も鋤の入ったことのない土地だ。鋤なんて誰も持っていないからだ。二人の少年は木立ちから木立ちへと川の流れに沿って移動しながら、割り当てられた土地にある我が家に向かう。どこかに深い溜まりがあればいいと思うが、どこにもない。そのとき少年の一人が、長い草に隠れた、何か硬くて丸いものに思い切り爪先をぶつける。

一つ、また一つ、そしてもう一つ——たくさんありすぎて歩くのもままならない。少年は、硬い緑色の丸いものを拾い上げ、野球のピッチャーのように、木立ちの枝を縫って弟に思い切り投げつけながら叫ぶ——「ピーカンだ！　持って帰ろうよ！」木の実はちょうど熟して、下草を覆うように枝から落ち始めたところだった。あっという間に二人のポケットはいっぱいになり、さらに山のようなピーカンが積み上がった。ピーカンは美味しいが、テニスのボールと同じく、たくさん運ぶのは大変だ。抱えた端からこぼれ落ちてしまう。魚が釣れず手ぶらで帰るのは嫌だったし、ピーカンを持って帰れば母さんは喜ぶだろう。でも、手に持てるだけしか運べない……。

太陽が低くなり、夜の空気がこの低地にも流れ込んで暑さが和らぎ、夕食に間に合うよう走って帰れるくらい涼しくなった。母親が大声で呼ぶと、二人が駆けてきた——細い足を懸命に動かし、夕暮れの薄暗闇に、白い下着が閃めくのが見える。二人はそれぞれ、二股に分かれた丸太のようなものを、頸木《くびき》のように肩に担いでいる。少年たちは母親の足元に、勝ち誇ったような笑顔でその頸木を下ろした。そこにあったのは二本のオーバーオールで、足首をヤナギの枝で縛り、ピーカンがパンパンに詰めてあった。

この痩せっぽちの男の子の一人が私の祖父だ。どこであろうが食べるものを見つければ集めずにはいられないくらいお腹を空かせ、まだそこが「インディアン保護区」でなくなってしまう直前の、オクラホマの草原の掘っ立て小屋に住んでいたときのことである。

ピーカンの実
(Skapie777/iStock/Thinkstock)

人生というのは先のことがわからないものだが、自分が死んだ後に人が自分のことをどんなふうに語り継ぐか、それは私たちにはなおさらコントロールできない。自分の孫たちが自分のことを、第一次大戦で勲章を授与された退役軍人でも、当時目新しかった自動車の腕の良い整備士でもなく、ジーンズにピーカンをいっぱい詰め込んで下着で家まで走って帰った居留地の裸足の男の子として覚えている、と聞いたならば、きっと祖父は大笑いしたことだろう。

ピーカンはピーカン・ヒッコリー(学名*Carya illinoinensis*)という木の実で、すべての「木の実」を表すpiganというネイティブアメリカンの言葉が語源だ。もともと私たちの部族が暮らしていた土地の北部に育つヒッコリー、クログルミ、バターナッツの木の実には、それぞれ別々の名前がある。だがそれらの木は、故郷の土地と同様に私たちから奪われてしまった。ミシガン湖周辺の私たちの土地を入植者が欲しがったものだから、私たちは長い列を作り、兵士に囲まれ、銃を突きつけられながら、やがて「死の道」と呼ばれるようになった道のりを歩かされたのだ。兵士は私たちを、故郷の湖や森から遠く離れた見知らぬ土地に連れて行った。けれども辿り着いた先の土地もまた欲しがる者がいて、私たちは再び毛布を丸めて旅立った――今度の方が荷物は少なかったが。わずか二十年ほどの間に、私の祖先たちは三度「排除」されている。ウィスコンシンからカンザスへ、その中間の土地へ、それからオクラホマへ。彼らは最後に一度振り返って、蜃気楼のようにきらめく湖を眺めただろうか？　だんだん木が少なくなり、ついには草しか生えなくなった道中で、懐かしく木に触れることがあっただろうか？

彼らが辿った道筋にはたくさんのものが散り散りに残された。半数の人々の墓。言葉。知識。名前。私の祖母の名は「吹き渡る風」という意味のシャノテ（Sha-note）といったが、シャーロットと改名させられた。兵士や宣教師が発音できない名前は許されなかったのだ。

カンザスに着いた彼らは、川に沿って木の実のなる木が生えているのを見てホッとしたことだろう。それは彼らが知らない種類の木の実だったが、美味しかったくさんあった。この新しい食べ物には名前がなかったので、彼らは単に「木の実」を意味する pigan と呼び、それが英語の pecan（ピーカン）になったのだ。

私がピーカン・パイを作るのは、人が大勢いて残さず食べてくれる感謝祭のときだけだ。個人的には特に好きなわけでもないのだが、その木にお礼がしたいのだ。大きなテーブルに着いて客人にピーカンの実をふるまっていると、私たちの祖先が故郷から遠く離れて、心細く、疲れ果てていたときに、この木が彼らを歓迎してくれたことが思い起こされる。

魚は持って帰れなかったが、少年たちは、ナマズを何匹も釣ったのと同じくらいのタンパク質を持ち帰った。ピーカンの実は言ってみれば森で獲れる小魚で、タンパク質がたっぷりだし、とりわけ脂肪が豊富で

「貧乏人の肉」とも呼ばれる。そして少年たちは貧しかった。今ではピーカンは、殻を剝き、焼いてお上品に食べるけれど、昔はお粥と一緒に煮たものだった。するとチキンスープのように脂肪分が表面に浮き、人々はそれをすくい上げて、ナッツバターとして保存した。冬のための良い保存食だ。カロリーとビタミンという、生命を維持するために必要なもの全部が豊富に含まれている。何しろそれが木の実の存在理由なのだ——新しい生命を芽吹かせるのに必要なものすべてを胚芽に与えることが。

クルミの豊凶現象の謎

バターナッツ、クログルミ、ヒッコリー、そしてピーカンはどれも、同じクルミ科（学名 *Juglandaceae*）の近縁種である。私たちの部族はいつでも、それらの実を携えて野営地を移動した。ただしズボンではなく籠に入れて。ピーカンは現在、プレーリー地方を流れる川に沿って、人々が定住した肥沃な低地に生えている。隣人であるホーデノショーニー［訳注：イロコイ連邦］の人々は、彼らの祖先があまりにもバターナッツ好きだったものだから、今では、昔の集落があったところを示す良い標識になっていると言う。たしかに私の家では、泉の上の丘に、「野生」の森には珍しいバターナッツの木立ちがある。私は毎年、若木の周りの雑草を抜き、雨季の訪れが遅ければバケツで水をやる。昔を思いながら。

私の家族に割り当てられたオクラホマの土地には、ピーカンの木があって、当時住んでいた家の名残に今も木陰を落としている。私は祖母がピーカンの実を下ごしらえしようと袋からテーブルに出し、そのうちの一個が玄関の前庭の端っこに転がったところを想像する。もしかすると祖母はその時にその場で数個の実を植えて、ピーカンの木に恩返ししたかもしれない。

祖父たちの話に戻るが、ピーカンの木立ちを見つけた二人が持ち帰れるだけの実を持ち帰ったのは賢いことだったと思う。木が実をつけるのは毎年というわけではなく、いつ実をつけるかは予想がつかない。豊作の年もあるけれど不作の年がほとんどで、何年かおきに豊作となるこの現象は「マスティング」と呼ばれる。果汁たっぷりの果物やベリー類は腐る前に食べなければならないが、木の実はほとんど石のように硬い内果皮と、緑色の革のような外果皮で我が身を護っている。その場で顎から果汁を滴らせながら食べるためのものではない。木の実は、冬の間、体を温める脂肪とタンパク質とたっぷりのカロリーが必要な時の食べ物になるようにできている。厳しい季節から身を護り、生き残るための胚芽なのである。とても貴重なので、その中身は金庫に入り、箱の中にまた箱が重なって二重の鍵がかかっているのだ。そうやって中の胚芽とその食料が護られているわけだが、その結果ほぼ間違いなく、リスたちがどこかに持って行って隠してしまうことになる。

殻を剝くのはとても手間がかかるので、リスは周りから姿が見えるところでゆっくり齧るわけにはいかない。木の実に夢中になっているのをいいことに、喜んでリスを襲うタカがいるからだ。木の実は、後で食べるために家の中に運ばれるようにできているのだ――そしてそれはリスの巣の中であることもあれば、オクラホマの掘っ立て小屋の穴蔵であったりもするわけだ。蓄えられたものはみんなそうだが、その一部は必ず忘れられてしまう。そしてそこに木が生えるのである。

マスティングによって新しい森が生まれるためには、木の一本一本がたくさん実をつけなければならない。種子捕食者が食べきれないほど大量の実を。毎年少しばかりの実をつけるだけでは、それはみんな食べられてしまって次の世代のピーカンが育たないからだ。だがピーカンの実はカロリーが高く、木は毎年それほど大量のカロリーを放出するわけにいかない。何か特別な予定のために家族が貯金をするように、ピーカンの木も結実に向けてカロリーを蓄えなければならないのだ。マスティングが起きる木は、何年もかけて糖を産生し、それを少しずつ使うのではなく箪笥預金しておく——デンプンとして根に蓄えるのだ。そして預金をしてもまだ余った時にだけ、祖父は家に木の実を山ほど持ち帰ることができたわけなのだ。

この豊凶現象については今でも、樹木生理学者と進化生物学者たちがさまざまな仮説を立てている。森林生態学者の仮説は、マスティングは「実をつけられるときだけ実をつける」というエネルギーの法則の結果にすぎない、というものだ。それは理に適っている。だが、木はその生息地によって、カロリーを溜めるスピードが異なる。だから、肥沃な農作地を手に入れた入植者のように、運の良い木はエネルギーが溜まるのが早く、結実する頻度が高いのに対し、日陰の木は苦労して、豊作の年までは何年も待たなければならないはずだ。もしこの仮説が正しいならば、それぞれの木がそれぞれの時期に実をつけるはずだし、その時期は根に蓄えられたデンプンの量を見れば予測できるはずだ。ところが実際はそうではないのである。一本の木が豊作なら、他の木も全部豊作なのだ——ソリストはいないのである。木立ちのうちの一本だけではなく木立ち全体、森の中のどれか一つの木立ちだけではなくすべての木立ち、この国全体、すべての州でそれが起こるのだ。木は一本一本バラバラにではなく、なぜか集団として行動する。それがどうやって起こるのか、正確なことはまだわかっていない。わかっているのは、結束の力だ。一人に起こることは全員に起こる。私たちはともに飢えることも、ともに飽食を楽しむこともできる。景気の良い時はみな一緒だ。

一八九五年の夏、インディアン保護区中の穴蔵という穴蔵はピーカンで一杯で、子どもやリスたちのお腹もいっぱいだった。人々にとってこの豊作の波は贈り物だった。夥《おびただ》しい食べ物を、地面から拾い上げることができるのだ——リスより先に拾えればの話だが。それが無理でも、少なくともその冬、リスのシチューがたっぷり食べられる。ピーカンの木立ちは与えて、与え続ける。こんな気前の良さは、個体の生き残りを不可欠とする進化の過程とは相容れないように思えるかもしれない。だが、個体の健全さを全体の健全さと切り離そうとすれば、私たちは大きな過ちを犯すことになる。ピーカンが与えてくれる豊かさはまた、ピーカンにとっての贈り物でもあるのだ。リスや人間たちのお腹を満たすことで、ピーカンの木は自分自身の生き残りをも確かなものにしている。マスティングを起こす遺伝子は進化の流れに乗って次の世代へと伝わるが、この現象の一部となる能力を持たない個体の木の実は食べ尽くされて進化はそこで行き止まりになる。それと同じように、土地を読んで木の実を見つけ、安全な家に持ち帰れる者は、二月の吹雪を生き残って、遺伝的にではなく、文化的習慣の一部としてその行動を子孫に伝えるのである。

森林科学では、マスティングを「捕食者飽和仮説」で説明しようとする。その筋書きはこうだ——リスが食べきれないほどの木の実がなると、その一部は食べられずに済む。同様に、リスの巣が木の実で一杯なら、丸々太った母リスが一度に産む子リスの数が増え、リスの数が急増する。するとタカのヒナの数も増えるし、キツネの寝ぐらも子ギツネで一杯になるというわけである。だがそんな幸せな日々は次の秋がやってくる頃にはお終いになる。木が実を作るのをやめてしまうからだ。木の実を持って帰れないリスの巣は、今やほとんど空っぽだ。そこでリスはますます一生懸命に木の実を探しに出かけ、数が膨れ上がったタカの油断のない眼とお腹を空かせたキツネたちにその身をさらすことになる。捕食者と獲物の数の比はリスには不利で、飢えと捕食のせいでリスの数は一気に減り、リスの鳴き声のしない森は静まり返る。すると木々はおそらくお互いに、こんなふうに囁きあう——「リスが少ししか残っていないから、今のうちに実をつけるといいんじゃないかしら?」。そして見渡す限り一斉にピーカンの花が咲き、再び大豊作の態勢が整う。こうして木々は一緒に生き残り、元気に育つというわけだ。

ピーカンで命と精神をつないだ先祖たち

連邦政府によるインディアン移住政策は、多くのネイティブアメリカンから故郷を奪った。昔から伝わる知識と暮らしから、先祖たちの墓から、私たちを支えてくれる植物から、私たちを引き離したのだ。だがそれでも連邦政府には、私たちのアイデンティティーを消し去ることはできなかった。そこで彼らは、新しい方法を試すことにした。子どもたちを遠方の学校に送り、家族やその文化から切り離したのである——長期間そうしておけば、自分が何者であるかを忘れてくれる、と期待して。

インディアン保護区のいたるところに、政府の役人が子どもたちを掻き集めて政府が建てた寄宿学校に送り、それに対して報奨金を受け取っていたという記録が残っている。やがて、それが選択肢として与えられたものであるというふりをするため、両親は子どもを「合法的に」学校に送るための書類にサインさせられるようになり、それを拒めば刑務所に送られる場合もあった。学校に行かせることで、乾ききった農場で暮らすよりもましな将来を子どもに与えられることを願った親も中にはいたかもしれない。政府からの配給——ゾウムシだらけの小麦粉と、バッファローの代わりになるはずの酸敗したラード——が、サインするまで止められることもあった。もしかすると、ピーカンが豊作だった年には役人をかろうじてもう一年避けることができたかもしれない。寄宿学校に送られるという脅威は、幼い少年がズボンに食べ物を一杯に詰めて半裸で走って帰るのに十分だっただろう。そして役人が再び、夕食にありつけそうにない痩せっぽちの、茶色い肌をした子どもを探してやってきたのは、ピーカンが不作の年だったかもしれない。私のおばあちゃんが書類にサインしたのは、もしかしたらそういう年だったのかも。

子ども、言葉、土地。生きるのに懸命で気がつかないうちに、ほとんど何もかもが剝ぎ取られ、盗まれてしまった。だがそれほどの喪失に直面しながらも唯一、部族の人々が捨てられなかったのが、土地の持つ意味だった。入植者にとっては、土地は所有物であり、不動産であり、資本であり、あるいは天然資源を意味した。けれども私たちにとってそれはすべてだった。アイデンティティー。祖先とのつながり。私たちの親戚である人間以外の動物たちのすみか。それは私たちにとっての薬局であり、図書館であり、私たちを生かしているすべてのものの源がそこにあった。私たちの土地は、世界に対して私たちが負っている責任を果たすところであり、神聖な場所だった。それは誰のものでもなかった。商品ではなく贈り物なのだ——だから、売ったり買ったりすることなどできなかった。祖先たちは、昔から住んでいた故郷から無理矢理に新しい土地に移住させられたとき、そういう理解を携えて移住した。故郷でも、強制的に移らされた新しい土地でも、土地を共有することが人々を力づけ、戦う目的を人々に与えた。そして連邦政府の役人は、そうした考え方を脅威と感じたのである。

だから連邦政府は、何千キロも無理矢理に移動させられ、多くのものを失いながらようやくカンザスに辿り着いた人々のところにやってきて別の移動先を提示した。今度の移動先はこの先永遠に彼らのものであり、これが最後の移動だ、と言ったのだ。そのうえ、アメリカ市民となって、彼らを囲んでいる偉大な国家の一部となり、その力によって保護される機会を与えようというのである。部族の長老たち——私の祖父の祖父もその一人だった——は、この申し出を検討し、協議し、ワシントンに代表を送って助言を求めた。アメリカ合衆国憲法には、先住民の故郷を護る力はないらしかった。強制移住を見ればそのことは明白だった。けれども憲法ははっきりと、個々の財産所有者である市民の土地所有権を保護していた。もしかすると市民になることが、部族の人々が永住の地を手に入れる道なのかもしれなかった。

長老たちに差し出されたのは、アメリカン・ドリーム、つまり個人として財産を所有する権利であり、コロコロ変わるインディアン政策にも侵すことのできないものだった。二度とその土地を追われることはない。埃っぽい道の脇に死者の墓が並ぶこともない。彼らはただ、共有の土地に対する忠誠を放棄し、私有財産を持つことに同意さえすればよかった。重い心で指導者たちは夏中話し合いを続け、どうすればよいか必死で考え、選択肢を検討したが、与えられた選択肢は限られていた。家族同士で意見が分かれた。カンザスの共有の土地に残って、そのすべてを失う危険を冒すか、それともインディアン保護区で法的に守られた個人の土地の所有者となるか。この歴史的な話し合いは、暑かったその夏の間中、のちに「ピーカン・グローヴ」と呼ばれるようになった木陰で行われた。

　植物や動物が共通の言語を持ち、話し合いをするということを、私たちは以前から知っている。中でも樹木は私たちの教師だ。だがその夏、ピーカンの木が与えた忠告に耳を傾けた者はいなかったようだ——**連帯し、共に行動しなさい。私たちピーカンは、結束することで強くなれること、一人で行動する者は、他と違う時期に実をつけた木と同じように、簡単に摘み取られてしまうことを知っている。**だがピーカンの教えは人々に届かず、聞き入れる者はいなかったのだ。

　そうして部族の人々は、再び荷馬車に荷を積み、インディアン保護区を目指して西へ向かった。約束の地へ、ポタワトミという名の市民になるために。疲れ、埃にまみれてはいたけれども未来に希望を持っていた彼らは、新しい土地に着いたその夜、懐かしい友を見つけた——ピーカンの木立ちだ。人々は荷馬車をその枝の下に停め、そして新しい生活を始めた。部族のメンバーには、赤ん坊だった祖父を含めて全員に、連邦政府が農家として生計を立てるに十分と判断しただけの土地が割り当てられた。アメリカ市民であることを受け入れれば、割り当てられた土地を取り上げられることはない、と政府は保証した。もちろん、税金を払えなかったり、誰か牧場主が樽入りのウイスキーと大金を差し出して「公平な取引」を申し出れば別だが。誰にも割り当てられなかった土地はすべて、お腹を空かせたリスがピーカンに飛びつくように、白人入植者たちがたちまち手に入れた。こうして土地が分配された時期に、それまでインディアン保護区だった土地の三分の二以上が失われてしまった。共有の土地を個人の財産にする、という犠牲の上に土地の所有を「保証」されたのち、わずか一世代のうちに、その土地の大部分はなくなってしまったのだ。

ピーカンやその近縁種は、一本一本の木を超越した一つの目的のために協調して行動することの力と可能性を見せてくれる。何らかの方法で、必ずすべての木が協力しあって生き残るのだ。その仕組みはまだわかっていない。周りの環境から何かしらの合図があると結実するのではないかと思わせる若干のエビデンスはある。たとえば春に特に雨が多かったり、生育期間が長かったりした場合だ。そういうふうに、物理的な好条件があると、木々はみなエネルギーの余剰ができ、それを実に注ぐことができる。だが、生育場所がそれぞれ異なっていることを考えると、その共時性の理由が環境だけであるとは考えにくい。

部族の年寄りたちは、昔は木は会話したと言う。話し合って計画を立てたのだと。だが科学者たちはずいぶん昔に、植物は耳も聞こえないし話すこともできず、一切の意思の疎通はなく周囲から孤立している、と決めてしまった。植物が会話する可能性など、きっぱりと否定された。科学は、理性そのもので、完全に中立的で、観察者から離れて観察される事象によって知識を得るシステムを装ってはいるが、植物に意思の疎通ができないという結論は、動物が意思疎通に用いる手段を植物は持たないという理由で導き出されたものだ。植物に何ができるかを、動物の能力というレンズを通してのみ測ったのである。ごく最近まで、植物が互いに「会話」するという可能性について真剣に考えようとした者は誰もいなかった。だが大昔から、花粉は確実に風に乗って運ばれ、雄から雌に伝わって木の実を結ばせてきたのである。子孫を残すという責任を風に任すことができるなら、メッセージを託すことだってできるのではないか？

会話をする木々たち

現在では、年寄りたちが正しかったことを示す、説得力のあるエビデンスが存在する。木々は実際に会話しているのだ。ホルモンに似た、フェロモンという化合物が、情報をいっぱい乗せて風に運ばれるのである。虫の攻撃に遭ってストレスを感じている木が放出する化合物が科学的に特定されている——たとえばマイマイガに葉を貪られたり、キクイムシが樹皮の下に潜り込んだりしている場合だ。すると木は救難信号を送るのである。「ねえ、そっちにいるあなたたち。私、今攻撃されてるの。用心して、攻撃に備えたほうがいいわ」。風下の木々はその風を捉え、警告を発するいくばくかの分子、かすかな危険の兆候を感知する。それによって、自らを防衛する化学物質を産生する時間ができる。備えあれば憂いなし。木々は互いに警告し合い、侵略者を撃退する。警告のおかげで、木の一本一本が、木立ち全体が助かるのだ。木々はどうやら、互いに身を護る方法を話し合っているらしい。それならば、マスティングもまた、話し合って同時に起こしているのではないか？　私たち人間の限られた能力では感知できないことはまだまだたくさんある。木々の会話について、私たちはまだまるで理解していない。

マスティングに関する研究結果の中には、この共時性の仕組みは空中ではなく地下にあることを示唆するものもある。森の木々は、根に棲む菌糸束、菌根の、地下のネットワークによってつながっている。菌根は木と共生関係にあり、菌は土壌中の無機栄養素を集めてそれを木に届け、代わりに糖質を受け取る。菌根が一本一本の木の間に菌によって橋を架け、森のすべての木々はつながっているのだ。この菌根のネットワークは、糖質を豊富に持っている木からそうでない木へと、富の再配分をしているようだ。いわばロビン・

フッドのように、すべての木が同時に同じだけの量の余剰糖質を蓄えられるよう、金持ちから奪ったものを貧乏人に与えるのである。菌根は複雑に絡まりあった、与えたり与えられたりの相互依存関係、レシプロシティーを生む。そうやって木々は、一つの生き物のように行動する。菌根によってつながっているからだ。結束して生き残るのである。繁栄は全員のものだ。土壌、菌、木、リス、少年——誰もがレシプロシティーの恩恵を被っているのだ。

木々はなんとも気前よく私たちに食べ物を与え、文字通り我が身を差し出して私たちを生かしてくれる。だがその命を差し出すことで、木々の生存もまた確かなものになるのである。私たちがその実を採ることが、生命が生命を作り出すサイクルの役に立ち、そうやってレシプロシティーが鎖のようにつながっていく。「良心的な収穫」——差し出されたものだけを受け取ること、それを上手に使うこと、贈り物に感謝すること、与えられたものには相応のお返しをすること——という教えに従って生きるのは、ピーカンの木立ちでは簡単だ。与えられたものにお返しをするには、木立ちを保護し、さまざまな害から守り、新しい木立ちが草原に木陰を作ってリスが餌にありつけるよう、種を蒔けばよい。

移住、土地の割り当て、寄宿学校、一族の離散を経て、二世代後の私の家族は、オクラホマに残る、祖父に割り当てられた土地に戻った。丘の上からは今も、川に沿って生えるピーカンの木立ちが見える。夜になると私たちは、昔からパウワウ［訳注：ネイティブアメリカンが、部族ごと、あるいは部族を越えて、儀式的な意味あるいは交歓の目的で集まる祭り］に使われてきたところで踊る。この古い儀式は明け方まで続く。コーンスープの匂いとドラムの音が大気に満ちる中、移住という歴史を経て国中に散り散りになってしまったポタワトミ族の九つのバンドが、毎年数日間、再び集まって、自分の出自を確かめようとする。人々を再私はピーカンの木立ちを歩く。おそらく祖父がズボン一杯にピーカンを詰め込んだ、まさにその場所を。私たちがみなこうして、輪になって踊り、ピーカンの教えを思い出しているのを見たら、祖父はきっと驚くことだろう。

び一つに集める「ポタワトミ・ギャザリング・オブ・ネーションズ」は、私たちの部族をお互いから、そして故郷から引き離すために使われた分割統治政策に対する解毒剤だ。このギャザリングの時期は長老たちが決めるが、それよりも重要なのは、菌根のネットワークのような、目には見えないものが私たちをつないでいるということだ。歴史と家族、祖先と子孫の両方に対する責任である。今、ポタワトミ・ネーション［訳注：自治単位としてのポタワトミ族のこと］は、すべての者の益となるために結束し、ピーカンというエルダーたちの教えに従い始めている。彼らの言葉を思い出しつつあるのだ――繁栄はいつも、お互いさまだということを。

私の一族にとって、今年はマスティングの年だ。みながこうしてギャザリングに集まっている――たくさんの人々が、未来へと続く種のように。栄養を与えられ、石のように硬い殻に何重にも護られた胚芽のように、私たちは辛い年月を耐え抜き、ともに花開くのだ。

イチゴの贈り物

グウィッチン族であり、父であり、夫であり、環境保護活動家であり、アラスカ州北東部にある小さな村アークティック・ビレッジの村長でもあるイーヴォン・ピーターが自分のことを一言、「川に育てられた少年」と自己紹介するのを聞いたことがある。川原石のようになめらかで捉えどころのない言い方だ。彼は、川の近くで育ったということを言いたかったのだろうか、それとも、生きていくのに必要なことを教え、彼を育ててくれたのが川だったということだろうか？　川が彼の体と魂の両方を養ってくれた、ということか？　川に育てられる――おそらくはそのどちらも当たっているのだろう。片方だけ、ということはまずあり得ない。

ある意味で、私はイチゴに、野原一面のイチゴに育てられたと言える。ニューヨーク州北部のメープルやアメリカツガ（米栂）、ホワイトパイン（米松）、アキノキリンソウ、アスター、スミレ、それに苔を無視しているわけではない。でも、世界とはどういうところか、私の居場所はどこかを教えてくれたのは、夏も間近な朝、露に濡れた葉の下になっている野生のイチゴだった。私たちの家の裏には、石の壁で分割され、耕作はとっくの昔にやめてしまったがまだ森と呼べるほど植物が成長していない古い牧草地が何キロも広がっていた。スクールバスが重たそうに坂を上って私を落とすと、私は教科書を入れた赤い格子柄のバッグを放り出し、母がいいつける用事を思いつく前に服を着替えて、小川を飛び越え、アキノキリンソウの中を彷徨い歩いた。子どもに必要な土地の目印は全部頭の中の地図に記されていた――ウルシの木の下の要塞、石が積み上がっているところ、川、枝がすごく均等に出ているので梯子みたいにてっぺんまで登れる大きなマツの木。そして、イチゴがかたまって生えているところ。

花びらが白くて真ん中が黄色い、野生のバラに似たイチゴの花は、「花の月」を意味するwaabigwanigii-zis、つまり五月に、見渡す限りのカールグラス［訳注：イネ科ダントニア属の草］の草原に点々と咲いた。私たちは注意深くその成長を見守り、カエルを捕まえに草原を走っていく途中で三つ葉の下を覗き込んではイチゴの熟し具合をチェックした。とうとう花びらが散ると、その代わりそこに小さな小さな緑色の塊ができ、日がだんだん長くなり暖かさが増すにつれ、膨らんで小さな白い実ができる。酸っぱいが、それでも本物のイチゴになるまで待ちきれない私たちは構わず食べてしまった。

熟したイチゴは見る前から、湿った地面に注ぐ日光と混じり合ったその香りでわかる。それは六月の香りであり、夏休みで解放される前の最後の登校日の香りであり、「イチゴの月」、ode' mini-giizis の香りだ。私はお気に入りのイチゴの茂みに腹ばいになって、イチゴが葉の下で甘く、大きくなっていくのを見守る。小さな野生のイチゴの一粒一粒は雨粒ほどの大きさしかなくて、葉っぱの帽子の下に種がポツポツとついている。この恰好のポジションからは、一番赤くなった実だけを摘み、まだピンク色をしているものは明日のために残しておくことができる。

その頃から「イチゴの月」を五〇回以上数えた今でも、私は野生のイチゴの茂みを見つけるたびにびっくりする――私にはもったいないという気持ち、赤と緑に包まれた思いがけない贈り物に込められた寛大さと優しさへの感謝の気持ちだ。「本当に？ 食べてもいいの？ 悪いわね」。五十年経った今でも、この寛大な振る舞いにどうやって応えたらいいのだろう、と考えずにはいられない。ときにはそれは、馬鹿げた問いに思える。答えは簡単だ――食べればいいのだ。

でも、そう思っていたのが私だけではないことを私は知っている。私たちの部族の創造神話では、イチゴがどこから来たのかは重要な要素だ。スカイウーマンがスカイワールドからやってきたときにお腹に宿していた美しい娘は、緑豊かな地上で、他の生き物たちすべてを愛し、愛されながら育った。だがその娘を悲劇が襲う。フリント［訳注：石灰岩層の中に塊で見つかる黒灰色の石英］とサップリング［訳注：苗木］という双子を産んだ後に死んでしまうのだ。悲しみにくれたスカイウーマンは、愛する娘を地中に埋葬した。すると私たちが崇拝する色々な植物が、娘の最後の贈り物として彼女の体から育ったのである。イチゴは彼女の心臓から育った。ポタワトミの言語ではイチゴをode min と言う。「心臓の果実」という意味だ。私たちはイチゴを、ベリー類のリーダーと考える。ベリー類の中で最初に実を結ぶのがイチゴである。

この世界は潤沢な贈り物が惜しげもなく散りばめられたところだ、という私の世界観を、最初に形作ったのがイチゴだ。贈り物は、あなたが何もしなくても無償でやって来る——招かれもせずに、あなたの元へ。それはご褒美ではない。努力に対する報酬ではないし、それを呼び寄せることもできないし、努力によってそれを受け取るに値する存在になれるわけでもない。それでもイチゴは姿を見せる。あなたはただ、目を見開いて注意を払いさえすればいい。贈り物というのは、人を謙虚にさせる神秘的なものだ。不特定の人に向けられた親切な行為と同じく、それがどこから来るのかを私たちは知らない。

子どもの頃遊んだ野原は、イチゴ、ラズベリー、ブラックベリー、秋にはヒッコリーの実、ブーケにして母に持ち帰った野草などを私たちに惜しみなく与え、日曜日の午後には家族で散歩する所でもあった。そこは私たちの遊び場であり、避難所であり、野生の生き物たちの聖域であり、生態学の教室であり、石造りの壁の上に並べたブリキの缶を撃ち落とすことを覚えた場所でもあった。しかもすべて無償で。いや、無償だと思っていた。

その頃の私にとって、世界は贈与経済で成り立っていた。つまり、「商品やサービス」は、買うものではなくて、地球から贈り物として受け取るものだったのだ。もちろん、私は両親が、その草原とは遠く離れたところで世界を席巻する労働経済の中で、どれほど苦労して家計をやりくりしていたか、まったく知らなかった。

私の家では、家族同士が贈り合うプレゼントはほとんど例外なく手作りだった。誰かのために手作りするもの――私はそれが贈り物の定義だと思っていたくらいだ。クリスマスのプレゼントも全部手作りだった。空になったクロロックス［訳注：漂白剤のブランド名］のボトルで作る貯金箱、木製の洗濯バサミで作る鍋敷き、履き古した靴下で作る指人形。店で売っているプレゼントを買うお金がないからだ、と母は言ったが、私にはそれが辛いこととは思えなかった。それは特別なことだった。

父は野生のイチゴが大好きなので、父の日になると、母は必ずと言っていいほどイチゴのショートケーキを作った。ビスケットを焼き、ホイップクリームを泡立てるのは母だったが、イチゴを摘むのは私たち子どもの役目で、父の日の前の土曜日に、それぞれが空き瓶を一個か二個持って野原に出かけた。イチゴは私たちの口に入るばかりで、瓶が一杯になるにはものすごく時間がかかった。ようやく家に戻ると、キッチンのテーブルの上にイチゴを広げて、混ざっている虫を取り除いた。取り除きれなかったものもあったに違いないが、父はおまけのタンパク質のことは一度も口にしなかった。

実際、父はイチゴのショートケーキほど素晴らしいプレゼントはないと思っていた。少なくとも私たちはそう信じていた。それは決してお金で買うことのできない贈り物だったのだ。イチゴに育てられた私たちは、イチゴが、私たちからではなく野原そのものからの贈り物であることに気づいていなかった。私たちが贈ったのは、時間と気遣い、そして赤く染まった指だったのだ。そう、まさにハートの果実だ。

贈り物と義務

地球からの贈り物、あるいは私たちが互いに贈りあう贈り物は、そこにある関係を作り出す。与え、受け取り、相手に報いるという、ある種の義務が生まれるのだ。草原は私たちに贈り物を与え、私たちは父に贈り物をし、そしてイチゴにお返しをしようとした。果実の季節が終わると、イチゴは細くて赤い走茎を伸ばして新しい株を作る。走茎が、根を生やすのに適した場所を探して地面を伸びていく様子にすっかり魅了された私は、走茎が触れている地面の雑草を抜いて、ところどころ地面をむき出しにする。すると案の定、小さな小さな根が走茎から生えてきて、イチゴの時季が終わる頃には株はさらに増え、次の「イチゴの月」に花を咲かせるのである。私たちはこのことを誰に教わったわけでもない——イチゴがそれを見せてくれたのだ。イチゴが私たちに贈り物をくれたおかげで、私たちの間には今でも続く関係が生まれた。

近所の農家はイチゴをたくさん栽培していて、収穫のためによく子どもたちを雇った。私たち兄弟も小遣い稼ぎに、クランドールさんの農場までの長い道のりを自転車で行った。一クオート［訳注：約三・八カップ］摘むごとに一〇セント。でもクランドールさんの奥さんは見張りが厳しくて、胸当て付きのエプロンを着けてイチゴ畑の端に立ち、私たちに摘み方を指図し、一個も潰さないように気をつけなさいと言った。その他にも決まりがあった。「これは私のイチゴなの。あんたたちのイチゴじゃないの。だから食べちゃダメよ」。私にはその違いがわかっていた——我が家の裏の野原のイチゴは誰のものでもない。でもこの奥さんは、道端のスタンドで、一クオート六〇セントでイチゴを売っていたのだ。

この経験は、経済というものの良い勉強になった。イチゴを自転車の籠に入れて持って帰りたければ、その日の賃金のほとんどが飛んでしまう。もちろんそのイチゴは、野生のイチゴの一〇倍くらい大きかったけれど、美味しさではまるで敵わなかった。この畑育ちのイチゴを父のためのショートケーキに使ったことは一度もないと思う。それをしたら何となくしっくりこなかったはずだ。

贈り物か、商品か——イチゴでも靴下でも、おかしなことに、それをあなたがどうやって入手したかによってその性質はすっかり違ったものになる。店で買った赤とグレーの縞模様のウールの靴下は、暖かくて快適だし、羊毛を提供してくれた羊と編機を動かしてくれた人には感謝の気持ちを持てるといいと思う。でもこの、商品として、持ち物としての靴下に対して、私には潜在的な義務はない。店員とは、お行儀よく交わす「ありがとう」の言葉の他にはどんなつながりもなく、私は靴下をお金で買ったのであって、支払いが済んだ瞬間に私たちの相互関係は終了する。等価交換が成立すればそれで終わりだ。靴下は私の所有物になる。JCペニー［訳注：アメリカのデパートの名前］にお礼の手紙は書かない。

でも、それと同じ赤とグレーの縞模様の靴下が、祖母が私のために編んでくれた贈り物だったとしたらどうだろう？　何もかもが変わってくる。贈り物は、それからずっと続く関係を生む。私はお礼の手紙を書くだろう。靴下を大切にするだろうし、もし私が気遣いのできる孫ならば、祖母がやって来るときには、たとえその靴下が気に入っていなくてもその靴下を履くだろう。そして祖母の誕生日にはもちろんお返しの贈り物をする。学者であり作家でもあるルイス・ハイドはこう言っている——「贈り物と商品の基本的な違いは、贈り物は二者の間に気持ちのつながりを作る、ということだ」

野生のイチゴは贈り物の定義に当てはまるが、スーパーで買うイチゴは当てはまらない。作る人と消費する人の関係がすべてを変えるのだ。贈り物を考えるのが好きな私は、野生のイチゴをスーパーで売っていたらひどく不快になるだろう。全部誘拐したくなるに決まっている。野生のイチゴは贈られるもので、売られるべきものではない。贈与経済においては、誰かに無償で与えられた贈り物は、誰か別の人の資本にはできない、とハイドは言っている。新聞の見出しが目に見えるようだ――「万引きで女を逮捕。イチゴ解放戦線が犯行声明」。

これと同じ理由で、私たちは本来、スイートグラスを売らない。私たちに無償で贈られたものなのだから、他の人にも無償で贈られるべきなのだ。私の大切な友人、ウォリー・ベア・メシゴードは、部族の儀式における火の守り人で、私たちのためにたくさんのスイートグラスを使う。正しい方法でスイートグラスを採り、彼に届ける係の人たちはいるのだが、それでも大きな儀式があると彼の手持ちがなくなってしまうことがある。パウワウやお祭りでは、部族の人たちが三つ編みのスイートグラスを一本一〇ドルで売っているのを見かける。儀式に使うスイートグラスが本当に足りなくなるとウォリーは、フライブレッドやビーズの束の売店に交じってスイートグラスを売っている、そういう店に行く。そして売店の人に自己紹介して事情を説明し、草原でするのと同じように、スイートグラスに使用の許しを求める。彼にはそれを買うことはできない。お金を持っていないからではなくて、売ったり買ったりしたものは、儀式で求められるその本質的な価値が失われてしまうからだ。当然、店の人は快くそれを差し出してくれるものとウォリーは期待しているわけだが、中にはそうしない人もいる。年寄りが商品を巻き上げようとしていると思い、「無料《ただ》ってわけにはいかないよ」と言うのである。だがまさにそこが重要なのだ。贈り物というのは無料である（ただしそこには、ある義務がついてくる）。スイートグラスが神聖なものであるためには、それを買ってはならないのだ。渋る売店主にウォリーはそのことを教えるが、決して金は払わない。

スイートグラスは母なる地球のものなのだ。スイートグラスを刈り取る者は、自分で使ったり、コミュニティーが使ったりするために、正しい方法で、敬意を示しつつそれを刈り取る。地球にお返しの贈り物を捧げるし、スイートグラスが健康に育つように世話をする。三つ編みにしたスイートグラスは、相手を敬い、感謝し、癒し、強くするために贈られるものだ。スイートグラスは立ち止まらない。ウォリーがスイートグラスを燃やすとき、それは手から手へと伝わった贈り物であり、持ち主が変わるたびに払われた敬意がそれをさらに価値あるものにしている。

贈り物とは根本的にそういうものなのだ。人から人へと贈られ、それとともにその価値は増していく。草原が私たちにイチゴを贈り、私たちはそれを父に贈った。分かち合えば分かち合うほど、その価値は大きくなる。このことは、私有財産という概念に染まり、当然ながら他人とはそれを分かち合うことがない社会においては理解するのが難しいだろう。たとえば、立ち入り禁止、という看板を所有地に立てるのは、個人の不動産所有を重視する社会では当然のこととして受け入れられるが、土地はすべての人に与えられた贈り物であると考える経済観においては受け入れられない。

ルイス・ハイドはこの違いを、「インディアン・ギバー」という言葉についての考察の中で見事に浮き彫りにしている。この言葉は今日、一度与えたものを取り戻したがる人という、非難めいた否定的な意味で使われるが、実はこれは、贈与経済によって成り立つ土着文化と、私有財産という概念に基礎を置く植民地支配的文化の間で起こった、異文化間の誤解に起因している。もともとその土地に住んでいた先住民が入植者に贈り物を贈ったとき、受け取った者たちは、それは価値ある物で、その先ずっと自分たちが持ち続けるべきものと考えた。それを他の人に贈るのは無礼なことと考えたのである。だが先住民にとって、贈り物の価値は互恵の関係に根ざしており、その贈り物が巡り巡って自分の元に戻ってこなければそれこそが無礼だった。私たちに伝わる古い教えの多くは、何であれ、自分に与えられたものは再び他の人に与えなくてはいけない、と言っているのだ。

私有財産を基本とした経済の観点から見れば、「贈り物」には対価は支払われないから当然「無料」である。だが贈与経済においては、贈り物は無料ではない。贈り物の本質とは、それがある関係性を築く、ということだ。贈与経済の根底にある通貨はレシプロシティーである。西欧的な考え方では、私有地とは「一括権利」のことであるが、贈与経済においては、所有物には「一括義務」がついてくるのである。

贈り物か、商品か

アンデス山地で環境の調査をするという幸運に恵まれたことがある。一番楽しかったのは地元の村に市が立つ日で、広場には行商人が溢れた。バナナを山積みにしたテーブル、採りたてのパパイヤを積んだ手押し車、トマトをピラミッドのように積み上げた色鮮やかな売店、毛むくじゃらの根芋を入れた手桶。地面に毛布を広げて、サンダルから椰子の葉で編んだ帽子まで、必需品のあれこれを売っている者。縞模様のショールをまとい、ネイビーブルーの山高帽を被って赤い毛布の後ろにしゃがんだ女性は、彼女の顔と同じくらい美しい皺の寄った、薬になる植物の根を並べて売っていた。さまざまな色彩、薪の火で焼いているトウモロコシや鋭いライムの香り、そして人々の声が、私の記憶の中で美しく混ざり合っている。私のお気に入りの売店の店主であるエディータは毎日私を待っていて、見慣れない食べ物の料理の仕方を親切に説明してくれたり、テーブルの下に一番甘そうなパイナップルを隠しておいてくれたりした。一度など、イチゴを売っていたこともある。私が払ったのが「白人価格」だったことはわかっているが、その豊かさと善意の体験は十分にそれに値するものだった。

つい先日、その市が、鮮やかな質感とともに私の夢に出てきた。私はいつものように腕に籠を抱えて売店を縫って歩き、エディータの店に採りたてのコリアンダーを買いに行く。楽しくおしゃべりをした後、お金を払おうとするとエディータは、要らない、と手を振り、軽く私の腕を叩いて立ち去らせようとする。贈り物よ、と彼女が言う。どうもありがとう、と私は答える。お気に入りのパン屋では、丸いパンの上に清潔な布をかけてある。私はパンをいくつか選んで財布を開けるが、ここの店主もまた、まるでお金を払おうとするのが失礼なことでもあるかのように、要らない、と身ぶりで示す。私は困惑して周りを見回す——見慣れた市場のはずなのに、様子がガラリと変わっている。私だけではなく、誰もお金を払っていないのだ。私はすっかり嬉しくなって、市場を足取り軽く歩き回る。ここで使える通貨は感謝だけなのだ。すべては贈り物なのである。まるで野原でイチゴを摘んでいるみたいだ——行商人たちは、地球からの贈り物を次の人に手渡す仲介者にすぎないのである。

私は自分の籠の中身を眺める。ズッキーニが二本、玉ねぎ一個、トマト、パン、それにコリアンダー。籠はまだ半分空だが、一杯になったみたいに感じる。必要なものは全部揃っている。私はチーズを売っている店に目をやり、買おうかな、と考えるが、買うのではなくてもらうことになることを考え、やっぱりやめることにする。おかしなものだ——市場にあるものが全部、単にとても安いだけだったら、たぶん私はできるだけたくさんのものを買っただろう。でも全部が贈り物となったら、自制心が働いたのだ。必要以上のものは受け取りたくない。そして、明日私は何をお礼に持ってこようかと考え始めた。

もちろん、その夢は消えてしまったが、とても嬉しかった気持ちと自制心は消えなかった。それ以来何度もそのことを考え、私はそのとき、市場経済から贈与経済へ、私的財産から共有財産への転換を目の当たりにしたのだということが今ではわかる。そしてその転換によって私たちの関係は、手に入れた食べ物と同じくらい滋養たっぷりなものになった。売店や毛布の上で、暖かさと思いやりが手から手へと渡った。私たちに与えられたものすべての豊かさを、ともに喜び合ったのだ。そしてすべての人の籠に食べ物があった。公平だった。

私は植物を科学的に研究する者であり、明解さを好む。でも同時に私は詩人でもあり、世界は比喩を通して私に語りかける。イチゴが贈り物であると言うとき私は、*Fragaria virginiana*（バージニアイチゴ）が一晩中寝ずに、私だけのために贈り物を用意し、私が夏の朝に欲しがるだろうものを用意しようと戦略を練っていると言っているわけではない。私の知る限り、そんなことは起こらない。だが科学者として私は、私たちが知っていることがどれほど少ないかを知っている。イチゴの苗は実際に一晩中、小さな糖分の塊と種を、香りと色を作っていたのだ。そうすることで進化学的適性が増すからである。動物——たとえば私——を惹き寄せて果実を拡散させられれば、美味しさを作る遺伝子が後に続く世代に伝わる確率は、美味しい実がつかなかった株よりも高くなる。その株が結んだ実の出来具合が散布者の行動を決め、適応できるかどうかを決めるのだ。

私が言おうとしているのはもちろん、私たち人間とイチゴの関係は、私たちがそれをどう考えるかで変わってくる、ということだ。この世界を贈り物に変えるのは人間の視点である。そういう視点で世界を眺めれば、イチゴと人間はどちらも変容する。そうやって生まれた感謝とレシプロシティーの関係によって、イチゴと人間両方の進化学的適性が増す。自然界を尊敬し、レシプロシティーの精神で接する生き物や文化は、自然界を破壊する人々と比べて、次の世代にその遺伝子が伝わる確率が高いに決まっている。私たちの行動を決めるためにどんな物語を選択するかによって、適応できるかどうかが決まるのだ。

贈与経済について広範囲に研究したルイス・ハイドは、「物が豊富であり続けるのは、それが贈り物として扱われるから」であると考える。自然と贈り物でつながる関係とは、「秩序立ったギブ・アンド・テイクの関係であり、人間が自然の増加に参画し、依存していることを認識する。往々にして、自分の一部として自然に接し、搾取対象となる他者、よそ者とは考えない。取引の手段として好まれるのは贈り物の交換である。それによって、（自然の）増大と調和し、あるいはそれに関与できるからだ」と彼は言う。

その昔、人々の生活が、暮らしている土地と直接的に結びついていた頃は、この世界が贈り物であることは明らかだった。秋になると、「来たよ」と鳴く雁の群れで空が暗くなるほどだった。それはみなに、スカイウーマンを雁が助けた創造の物語を思い起こさせた。人々はお腹を空かせ、冬が近づいている。そこへ雁たちが飛んできて、沼を食べ物でいっぱいにするのだ。それは贈り物であり、人々は、感謝と愛、尊敬とともにそれを受け取った。

だが、空を飛ぶ鳥の群れから食べ物を得ることがなくなり、温かかった羽が自分の手の中で冷たくなっていくのを感じることがなく、自分の命のために一つの命が与えられたのだということがわからず、それに対する感謝の気持ちを感じなくなると、その食べ物では満足できなくなってしまう。お腹はいっぱいでも、魂は空腹のままなのだ。発泡スチロールのトレーに乗り、つるつるしたビニールに包まれた食べ物。狭い檻の中でしか生きられなかった動物の死骸。それは贈られたのではなく、盗まれた命である。

この現代社会で、地球が贈り物であることをもう一度理解し、私たちと世界の神聖なつながりを取り戻すために、私たちはどうすればいいのだろうか。みなが狩猟採集をして暮らせるわけでないことはわかっている――自然界は私たちみなを担いきれないだろう。だが、市場経済において、「あたかも」この自然界が贈り物であるかのように振る舞うことはできないだろうか？

ウォリーの言葉に耳を傾けることから始めよう。贈り物を金で売ろうとする人はいるだろう。でも、売り物のスイートグラスについてウォリーが言うように、

「買ってはいけない」。売買に加担するのを拒むのは高潔な選択だ。水は万人に与えられた贈り物であって、売ったり買ったりするためのものではない。買ってはいけない。収穫高が増すからと言って、土壌を消耗させ、動物や植物に有害な方法で大地から奪い取った食べ物は、買ってはいけない。

物理的なことを言えば、イチゴは誰のものでもない。私たちが選ぶ取引の方法が、万人への贈り物として分かち合うのか、それとも私有財産として販売するのかを決める。その選択が重要なのである。人間の歴史においては、人々が共有の資源を分かち合うというのがルールだった時代の方が長いし、現在でもそういうところはある。だが、一部の人々がそれとは違う筋書きを考案した。すべてのものは売ったり買ったりできる商品だとする社会的構成概念だ。市場経済という筋書きは野火のように広がり、人間だけが幸せで自然界はめちゃめちゃになるという偏った結果を生んだ。だがそれは私たちが勝手に自分に語って聞かせた物語にすぎず、それとは別の物語、かつての物語を取り戻す自由が私たちにはある。

そうした物語の一つは、私たちが依存している生命体システムを維持する。世界の豊かさと寛大さに感謝し、畏怖しつつ生きる、という物語もあるし、私たちも同様の贈り物を分け与えてこの世界とのつながりを祝福することを求める物語もある。選ぶことができるのだ。この世界のすべてが商品なのだとしたら、私たちはとても貧しくなる。この世界のすべてが手から手へ移りゆく贈り物なのだとしたら、私たちはどんなに豊かになることか。

子どもの頃、イチゴが熟すのを待っていたあの草原で、白くて酸っぱいイチゴをよく食べたものだ。お腹が空いたからそうしたこともあったけれど、大抵はただ待ちきれなかったからだ。目先の欲が先々どんな結果をもたらすかはわかっていたのだけれど、やっぱり食べてしまった。幸運なことに、葉の下で熟れていくイチゴと同様、人の自制心はだんだん成長するものだから、私もやがて待つことを覚えた。少しだけだけれど。野原に仰向けに寝転んで雲が動いていくのを眺めては、数分ごとに体の向きを変えてイチゴは熟れたかとチェックしたのを覚えている。子どもの頃は、それくらい早く変化するものだと思ったのだ。歳をとった今では、変容には時間がかかるものであることを私は知っている。商品経済は四百年前からこのタートルアイランドに存在し、まだ白いイチゴやその他のあらゆるものを食べ尽くしてしまった。けれども人々は、その酸っぱさにうんざりしている。私たちは今再び、贈り物でできた世界に暮らしたいと願うようになりつつある。そういう世界の匂いを私は感じるのだ――まるで、熟したイチゴの香りが風に漂ってくるように。

捧げものをする

私たちの部族は、カヌー・ピープルだった。陸を歩くことを強制されるまでは。湖のほとりに立つ私たちの住まいは取り上げられ、代わりに埃っぽい掘建て小屋が与えられた。一つの輪のように暮らしていた私たちはばらばらにされた。私たちが日々に感謝するために共有していた言葉を、彼らは忘れろと言った。でも私たちは忘れなかった。まだ忘れていない。

子どもの頃、夏の朝は大抵屋外トイレの音で目が覚めた。蝶番が軋む音、続いて扉が閉まる、バタンという濁った音。ぼんやりと、モズモドキやツグミの鳴き声、湖岸を打つ波の音を聞きながら、はっきりしてきて、それから父がキャンプ用ストーブのガソリンタンクをポンピングする音が聞こえる。私たち兄弟が寝袋から這い出す頃には、ちょうど湖の東側の岸に太陽が顔を出し、湖面からは、白くて長いコイルが巻き上げられるように霧が消えていく。使い古したアルミ製の、さんざん火にかけて黒くなった四カップ用の小さなコーヒーポットはもうぐつぐつと音を立てている。私の家族は毎年夏になると、アディロンダック［訳注：ニューヨーク州北部にある山地］の山の中でカヌーキャンプをして過ごした。そして朝は必ずこうやって始まった。

私には父が、赤いチェックのウールシャツを着て湖を見下ろす岩の上に立っている姿が見える。父がストーブからコーヒーポットを持ち上げると、慌ただしい朝のざわめきが静まる。言われなくても私たちには、父のすることに注意を払わなくてはいけないことがわかっている。父はコーヒーポットを持ってキャンプしている場所の端に立ち、濃い茶色のコーヒーを地面に注ぐ。

太陽の光が当たり、コーヒーは琥珀色と茶色と黒の縞模様を作りながら地面に落ちて朝の冷気の中で湯気を立てる。父は朝の太陽に顔を向けながらコーヒーを注ぎ、静けさに向かって言う――「タホーウスの神々に」。コーヒーはなめらかな花崗岩の上を流れて、コーヒーみたいに澄んだ茶色の湖の水と一つになる。私は、岩の割れ目を辿って湖岸にちょろちょろと流れていくコーヒーが地衣類のかけらを捕まえ、小さな苔の塊を濡らすのを眺める。苔は水分を吸って膨らみ、太陽に向かってその葉を広げる。それからやっと父は、湯気の立ったコーヒーを、自分のため、そしてストーブでパンケーキを焼いている母のためにカップに注ぐ。そうやって、この北の森の朝が始まるのだ――何よりもまず、祈りの言葉から。

私の知っている家族で、こんなふうにして朝を始める人たちはいなかったはずだけれど、父の言葉がどこから来たのかと私は一度も尋ねなかったし、父もそれを説明したことはなかった。それは単に、私たちの、湖のほとりの暮らしの一部だったのだ。でもその言葉のリズムに私はホッとしたし、この儀式は私たち家族を一つの輪の中に包み込んだ。父の言葉で私たちは「私たちはここにいます」と言っていたのであり、山々には私たちの声が聞こえていたと思う。そして「あぁ、この人間たちは感謝の仕方を知っているな」と呟いたと。

タホーウスというのは、アディロンダック山地の最高峰であるマーシー山を指すアルゴンキン語だ。マーシー山というのは、一度もその荒々しい山腹に足を踏み入れたことのない州知事を記念してつけられた名前である。本当の名前は「雲を分ける者」という意味のタホーウスで、その本質を思い起こさせる。私たちポタワトミ族には、一般名と本当の名前がある。本当の名前を使うのは、親密な関係の人に対してと、儀式のときだけだ。父はタホーウスに何度も登頂し、タホーウスをよく知っていたから、それを本当の名前で呼び、その土地と祖先についての詳しいことを口にした。ある場所をその名前で呼ぶと、野生の荒野だったところが自分の故郷になる。そして人々に愛されたこの山は、私自身が知る前から、私の本当の名前を知っていたのではないかと思う。

ときおり父は、フォークト湖やサウス池、またはブランディ・ブルック・フローなど、その夜私たちがテントを張っている場所の神々を、本当の名前で呼んだ。私は、どの場所にも生命が宿っていること、私たちが登場する前も、そして私たちがいなくなってしまってからもずっと、ここを故郷とする者たちがいることを学んだ。父がその名を呼び、その日の最初のコーヒーという贈り物を捧げたとき、父は無言で、私たち以外の生命に感謝すべきであること、どうやったら夏の朝に対する私たちの感謝を示せるのかを教えてくれたのだ。

その昔、私たちネイティブアメリカンは、朝の歌、祈り、そして聖なるタバコを捧げて感謝の気持ちを表したということを私は知っていた。でも当時の私の家族は、聖なるタバコを持っていなかったし、朝の歌も知らなかった。それらは祖父が寄宿学校に送られたときにその入り口で祖父から奪い取られてしまったのだ。だが歴史は繰り返す——そして、次の世代である私たちはそのとき、かつて先祖たちが暮らした、水鳥がいっぱいの湖に舞い戻り、再びカヌーを操っていた。

母には母の、もっと実用的な感謝の儀式があった。畏敬の念と意図を行動にしたのだ。テントを張った場所をカヌーで立ち去る前に母は必ず、私たち子どもに、その場所を徹底的に掃除させたのである。マッチの燃えさしも、一片の紙きれも母は見逃さなかった。「来たときよりきれいにしなさい」と母は厳しく言った。だから私たちは従った。また、次にここに来る人が熾《おこ》す火のための薪も残しておかなければならなかった。火口《ほくち》や焚き付けはきちんと樺の木の皮で覆って雨に濡れないようにした。私はカヌーを漕いで暗くなってからここに辿り着いた人たちが、夕食を温めるための火をすぐに熾せる薪の束を見つけたときの喜びを想像するのが好きだった。こうして母の儀式は、私たちを彼らにもまた結びつけたのだ。

捧げものをするのはかならず大自然の中と決まっていて、住んでいた町の中でそれをすることは決してなかった。日曜日、他の家の子どもたちが教会に行っている頃、私の両親は私たちを連れて、川で鷺やマスクラットを探したり、森に春の花を探しに行ったり、ピクニックに行ったりした。そして色々な話をしてくれた。冬にピクニックに行くときは、午前中ずっとスノーシューを履いて歩き、それから地面を丸く踏み固めて、その円の真ん中に火を熾す。そういうとき、鍋の中にはトマトスープがぐつぐつ煮えていて、最初の一杯は雪に捧げる。「タホーウスの神々に」——それからようやく私たちは、手袋をはめた手で湯気の立つ自分のカップを包むのだ。

だが思春期が近づくと、私はこうした捧げものが腹立たしく、それを悲しく思うようになった。自分がその一部である、と思わせてくれた輪は裏返しになってしまった。祈りの言葉はまるで、私たちはその一部ではない、というメッセージのように思えた――だって私たちは、追放された者の言葉で祈っていたのだから。それは「受け売り」の儀式でしかなかった。正しい儀式を知っている人たち、失われた言語を知っていて、本当の名前を――私自身のものを含めて――口にできる人々がどこかにいるのに。

それでも私は毎朝、コーヒーが、まるで自分自身に戻っていくかのように、もろい、茶色い腐植質の岩の上に消えていくのを見守った。岩の上を流れていくコーヒーが苔の葉を開かせるのと同じように、儀式は私の中に眠っているものを蘇らせ、私の知性と心を、知ってはいたが忘れてしまっていたものに開かせた。祈りの言葉とコーヒーは、森や湖が贈り物であることを思い出せ、と私たちに呼びかけた。大きくても小さくても、儀式というものは、この世界でしっかりと目を覚まして生きていく方法に私たちの意識を集中させる力を持っていた。目に見えるものは、土と溶け合って見えなくなった。それは「また聞き」の儀式だったかもしれないが、地球はそれが正しい儀式であるかのようにコーヒーを飲み干してくれるということは、混乱した私にすらわかった。自然はあなたを知っているのだ。たとえあなたが道に迷っていても。

私たち部族の物語は、川の流れに乗ったカヌーのように流れ、その始まりへとだんだん近づいていった。私が大人になる頃には、私の家族は再び、歴史によってボロボロになってはいたが途切れることはなかった、部族とのつながりを取り戻していた。私たちは、私たちの本当の名前を知っている人たちを見つけた。オクラホマで生まれて初めて、人々が四方向に感謝を捧げる儀式を――古い言葉で聖なるタバコを捧げる儀式を――サンライズ・ロッジ［訳注：ネイティブアメリカンが一部の儀式を行う場所］で耳にしたとき、私にはまるでそれが父の声であるかのように聞こえた。言葉は違っていたけれど、そこには同じ気持ちがあった。

私の家族がしていた儀式は私たち家族だけのものだったけれど、尊敬と感謝の上に成り立つ自然との結びつきに支えられたものであることに変わりはなかった。今では私たちの周りにはもっと大きな輪が描かれて、そこには私たちが再び帰属する部族全体が含まれている。それでも、捧げものはやはり「私たちはここにいます」という意味だし、祈りの言葉が終わると大地が「あぁ、この人間たちは感謝の仕方を知っているな」と呟くのが聞こえるのだ。今では父は部族の言葉で祈りの言葉を捧げる。でも、私が最初に聞いたのは「タホーウスの神々に」という言葉だったし、その声を私はこれからもずっと聞き続けるだろう。

昔から伝わる儀式に出たときに、私にはわかったのだ。私たちがコーヒーを捧げたのは、「また聞き」の儀式だったわけではなく、あれは私たち家族なりの儀式だったのだ、ということが。

その土地を故郷にする

私という人間、私がすることの大部分は、湖のほとりで父がした捧げものなしにはあり得ない。今でも毎日、私は私なりに「タホーウスの神々に」感謝を捧げて一日を始める。環境保護活動家、作家、母親、科学的知識と伝統的な知識の間を行き来する旅人としての私の仕事は、その言葉の持つパワーによって大きくなる。祈りの言葉は私に、自分が何者かを思い起こさせ、私たちに与えられた贈り物とその贈り物に対する私たちの責任を思い起こさせてくれる。儀式とは、家族、部族、そして自然に自分が帰属するための手段なのだ。

ようやく、タホーウスの神々に捧げたものの意味が理解できた、と私は思った。私たちが自然の一部であり、私たちは感謝の仕方を知っている、ということ——それは私にとって唯一、私たちが忘れなかったもの、歴史が私たちから取り上げることができなかったものだった。そしてそれは、この土地が、湖が、精霊が、私たちのために守っていてくれた、私たちの血に刻まれた記憶から湧き上がるものだったのだ。だが何年も経ち、私なりの答えを見つけた後で私は父に、「あの儀式はどこから来たの？　おじいちゃんから教わったの？　そしておじいちゃんは曾おじいちゃんから？　私たちがカヌーに乗っていた大昔から伝わってきたの？」と尋ねたことがある。

父は長い間考えてから、「そうじゃないな。なんとなくだよ、そうすべきな気がしてね」と言った。それだけだった。

でもその数週間後に再び話す機会があったときに父は、「コーヒーを地面に注ぐようになったきっかけについて考えてみたんだ。ほら、あのコーヒーは煮て淹れただろう？　フィルターがなかったから、あまり煮過ぎると出し殻が泡立って注ぎ口に詰まってしまって、最初の一杯には出し殻が入ってしまって美味しくない。最初は、注ぎ口から出し殻を取り除くためにやったんだったと思うな」と言うのである。それはまるで、水がワインに変わったというのは嘘だった、と言われたみたいだった［訳注：聖書に、イエス・キリストが水をワインに変えたという逸話がある］。感謝にまつわる色々な話だの、忘れてはいけない物語だの、それがみな、単に出し殻を地面に捨てていただけだなんて？

「でも」と父は続けた。「いつも出し殻が詰まっていたわけじゃない。きっかけはそうだったが、それが別のものになったんだ。一つの思いにね。一種の敬意というか、お礼だな。気持ちの良い夏の朝には、それは喜びだったと言ってもいい」

それこそが儀式の力なのだと私は思う。儀式はありふれた日常を聖なるものに変える——水をワインに、コーヒーを祈りに変えたように。物質的なものと霊的なものが、出し殻が腐植質と混ざり合うように一つになり、コーヒーカップから立ち上る湯気が朝霧に変わるように、変容するのである。

いったいそれ以外に、私たちは何を捧げることができるだろう、地球は何もかも持っているのに。自分自身の一部以外に、捧げることのできるものとは？　だから私たちは手作りの儀式を捧げるのだ。その場所を故郷とするために。

アスターとセイタカアワダチソウ

写真の中のその少女は、自分の名前と「一九七五年卒業」という文字がチョークで書かれた石板を持っている。少女の肌は鹿革の色をして、髪は黒くて長く、何を考えているのかわからない真っ黒な瞳であなたをじっと見つめている。その日のことを私は覚えている。私は両親がくれた新品の、格子縞のシャツを着ていた。森で仕事をする人はみんな格子縞を着るものだと思っていたのだ。後年この写真を見て私は不思議に思った。大学に行くというので高揚していたことを覚えているのに、その少女の表情は少しも嬉しそうでなかったのだ。

大学に着く前から、私は一年生が受ける導入面接のために答えをすべて用意してあった。第一印象を良くしたかった。当時の森林学部には女学生はほとんどいなかったし、ネイティブアメリカンの学生が一人もいなかったのは確かだ。指導教官は眼鏡の上から私の方を見て、「どうして植物学を学びたいんだい？」と訊いた。鉛筆が登録簿の上で止まっていた。

どうやって答えよう。私は生まれながらの植物学者なのだ、種を入れた靴の箱がいくつもあるし、ベッドの下には押し葉が山積みだし、道端で自転車を停めては新しい品種を識別したし、夢には植物が出てくるし、植物が私を選んだのだ、ということを？　だから私は本当のことを答えた。私は十分に練った自分の答えに自信があった――誰の目にも明らかな一年生らしい小賢しさで、私はすでに一部の植物やその生育環境についてよく知っており、それらの性質についてじっくりと考え、大学の勉強の準備は万全である、ということを示すその答えに。私は指導教官に、植物学を選んだのは、アスターとセイタカアワダチソウを一緒にするとどうしてあんなに美しいのかが知りたいからだ、と答えた。そのとき私は、赤い格子縞のシャツを着て、微笑んでいたに違いない。

でも指導教官は微笑まなかった。そして、私の言ったことは記録する必要がないとでも言うように鉛筆を置いて、がっかりしたような笑みを浮かべて私を見つめながらこう言ったのだ。「ウォールさん、言っておくが、それは科学じゃないよ。植物学者はそんなことにはまったく興味ないんだ」。だが彼は、私の考えを直してあげようと言った。「一般植物学に入れてあげよう、植物学とは何かを学べるからね」。そうやって始まったのだ。

それは私が生まれて最初に目にした花だった、と想像するのが私は好きだ。母の肩越しに、ピンク色の毛布が顔から滑り落ちて、その花の色が私の意識をいっぱいに満たしたのだと。赤ん坊の頃の経験は脳を特定の刺激に同調させ、そうした刺激はより速く、より確実に認識処理され、何度も何度も使われるのでそれを記憶できるのだと聞いたことがある。一目惚れ。新生児のかすんだ目で見たその花の輝きは、すっかり目を覚ました私の、それまではぼんやりとした優しげなピンク色の顔ばかりを見ていた赤ん坊の脳の中で、植物に対する最初のシナプスを形成したのだ。おそらくみんなの目は、おくるみにすっぽり包まれた小さなまあるい赤ん坊に注がれていたことだろう。でも私の目にはセイタカアワダチソウとアスターが映っていた。私はこの花たちのもとに生まれ、そして花たちは毎年、私の誕生日に戻ってきて私たちはともにその日を祝ったのだ。

十月になると、燃えるような紅葉組曲を見ようと人々が私たちの丘に押し寄せるが、九月の草原の荘厳な前奏曲は逃す人が多い。モモやブドウ、トウモロコシ、スクウォッシュ［訳注：カボチャを含むウリ科の実を総じて英語ではsquashと呼ぶ］などの収穫の時期であるだけではまだ足りないかのように、草原はまた、流れるようなゴールデンイエローと深い深い紫色のプールで刺繍模様のように飾られる。まさに芸術品だ。

もしも噴水が、鮮やかな黄色のブーケをまばゆいばかりの菊花火のように打ち上げたとしたら、それがセイタカアワダチソウだ。一メートル近い茎の一本一本が、まるで小さな金色のデイジーを噴き上げる間欠泉のようで、小さくてお上品な花がふさふさと大量に咲く。土壌に十分な水分があればその隣には完璧なパートナー、ニューイングランド・アスターが並んで咲く。ラベンダーや水色の、庭の境栽（ボーダー）植物として使われる色の薄い多年草栽培種のことではなく、スミレも影をひそめるほど濃い紫色の花だ。デイジーのようなフリンジ状の紫色の花びらに囲まれた、正午の太陽のように明るいゴールデンオレンジの円は、周りに咲くセイタカアワダチソウよりは濃い、食欲をそそる色をしている。どちらもそれ自体がこの上なく見事な花だが、一緒になるとその美しさは息を呑むほどだ。紫とゴールド、草原の王と女王の紋章の色。互いを補完しあう色彩の荘厳な行進。そして私はただ、それがなぜなのかを知りたかった。

単独で育つことだってできるのに、なぜこの二つの花は隣り合わせて咲くのだろう？　どうしてこの二つがペアになるのだろう？　野原には、ピンクや白や青の花がいくらでも咲いているのに、紫とゴールドの花が隣り合わせの壮麗な組み合わせができたのは、単なる偶然なのだろうか？　「神様はサイコロ遊びはしない」と言ったのはアインシュタインその人だ。では何がこの組み合わせの源になっているのだろう？　世界はどうしてこんなに美しいのだろう？　そうではなかった可能性だって大いにある――私たちには醜く見えても花がその目的を果たすことは可能だ。でも花は醜くない。いい質問だ、と私には思えたのだ。

だが私の指導教官は「それは科学じゃない」と、植物学はそんなことは問題にしないと言った。私は、曲げて籠を編みやすい枝と折れてしまう枝があるのはなぜなのか、ベリーはなぜ日陰の方が大きく育つのか、なぜベリーから薬を作れるのか、食べられる植物はどれか、小さなピンク色の蘭はなぜ松の木の下にだけ生えるのか、そういうことを知りたかった。だが「それは科学ではない」と指導官は言ったのだ。そして彼は正しいに違いなかった——研究室に座っている、学のある植物学の教授なのだから。「美について学びたいなら美大に行くべきだね」。学部を選ぶときに私が躊躇したことを思い出させるように彼が言った。私は植物学を勉強するか詩を勉強するかで迷ったのだ。両方はできない、とみんなに言われて、私は植物を選んだ。教授は、科学が学ぶのは美についてではないし、植物と人間が睦みあうことについてでもない、と言った。

私は何と答えていいかわからなかった。ヘマをしたのだ。反抗する気は私にはなく、ただ自分の過ちが恥ずかしかった。私は抵抗の言葉を知らなかった。指導教官は私をいくつかの授業に登録して、書類用の写真を撮りに行くように言った。そのときは気づかなかったのだが、これと同じことは以前にもあったのだ——祖父が寄宿学校に行った初日に。その日、祖父はすべてを——言葉も文化も家族も全部——捨て去るように言われた。教授もまた私に、自分の生まれ育ちや自分が知っていたことに対する疑念を抱かせ、正しいのは彼の考え方だと主張した。違ったのは、私の髪を切らなかったということだけだ。

森の中で暮らした子ども時代から大学に移ったとき、知らず知らず私は二つの世界観の間を移動した。植物が先生であり、共有する責任でお互いにつながっていた、経験に根ざした世界観から、科学という領域へ。科学者たちが問うのは「あなたは誰？」ということではなくて「それは何なのか」だった。植物に向かって「あなたは何を教えてくれるの？」と訊く者などいない。一番重要な問いは「それはどのように機能するか」ということなのだ。私が学んだ植物学は、還元主義的で、機械的で、そして厳密に客観主義的だった。植物はただの対象物であり、主語になることはあり得なかった。植物学の生い立ちや履修内容には、私のような考え方をする者の居場所はなかった。そのことに納得するためには、私はただ、自分が植物についてずっと信じてきたことは本当ではなかったのだ、と結論するしかなかった。

植物学者の誕生

最初の植物科学の授業はさんざんだった。私はなんとかCで及第したが、主要な植物栄養素の濃度を暗記するのに熱中することができなかったのだ。辞めたいと思ったこともあった。でも、学べば学ぶほど、私は葉と光合成の魔術を可能にする複雑な構造に魅せられていった。アスターとセイタカアワダチソウの友情については授業では一度も言及されなかったが、私はまるでそれが詩であるかのようにラテン語の学名を暗記し、喜んで「セイタカアワダチソウ」という名前を捨て、代わりに*Solidago canadensis*と呼ぶようになった。植物の生態、進化、分類法、生理機能、土壌、そして菌類に、私は心を奪われた。植物という良き教師は私の周り中にいた。それに良い相談相手もいた――あたたかくて優しい教授たち。本人たちが認めようが認めまいが、彼らの科学は心に導かれていた。そんな彼らもまた私の教師だった。それでもなお、私の肩を叩いて振り向かせようとする何かがあることを私は常に感じていた。そして振り向いたとき私は、私の後ろにあるのが何なのかわからなかった。

私は生来、ものごとの関係性、世界をつなぐ糸を探し、ものごとを分断するのではなく結びつけようとする性質《たち》だ。だが科学は、観察する者を観察の対象から、観察の対象を観察する者から厳格に切り離そうとする。二つの花が一緒に咲いていると美しい理由は、客観性が必要とする分割の法則に反する。

科学的な考え方の重要性を疑ったことはほとんどない。科学という道を選んだことで私は、区別すること、知覚したことと物理的な現実を切り離すこと、複雑なものをその一番小さい構成要素まで細分化すること、一連のエビデンスと論理を大事にすること、二つのものの違いを識別すること、正確であることの喜びを味わうことを学んだ。学べば学ぶほど私はそういうことに熟達し、私は世界でも有数の植物学研究プログラムに大学院生として参加することを許されたが、これは、私の指導教官からの強力な推薦状が功を奏したのであることは間違いない。そこには、「インディアンの女子としては非常によくやりました」と書いてあった。

　そして私は修士号を取り、博士号を取り、教授になった。私に与えられた知識に私は感謝しているし、世界と接するために科学というパワフルなツールを身に付けていることを心から幸運に思う。科学は、アスターとセイタカアワダチソウから遠く離れた、別の植物群落に私を連れて行った。教授になったばかりの頃、自分はとうとう植物を理解したと感じたことを覚えている。そして私自身、植物の仕組みについて、自分が受けた教育を真似て教え始めた。

　友人のホーリー・ヤングベア・ティベッツが話してくれたことを思い出す。ある若い植物学者が、ノートと観察用具を持ち、新しい植物を発見しようと熱帯雨林に出かけ、道案内に先住民のガイドを雇う。植物学者が何を探しているかを知っている若い道案内は、珍しい生物を見かけてそれを植物学者に教える。植物学者は彼の能力に驚き、怪訝な顔で道案内を見る。「おいおい、君は随分たくさんの植物の名前を知っているな」。道案内はうなずき、うつむいたまま答える。「はい、名前はみな覚えましたが、彼らの歌う歌はまだ知りません」

　私が教えていたのは名前だった。私は歌を無視していた。

科学と伝承の邂逅

ウィスコンシン州で大学院に通っていたとき、当時の夫と私は幸運にも大学の樹木園の世話係という仕事をもらった。草原の端っこの小さな家に住まわせてもらう代わりに、私たちは夜に見回りをして、扉や門がきちんと閉まっているかを確かめさえすればよく、あとはコオロギたちに暗闇を任せた。一度だけ、園芸科の車庫の電灯がつけっぱなしで、扉が閉まっていなかったことがある。特に被害はなかったが、夫が辺りを点検している間、私はぼんやりと立って掲示板を眺めた。そこには、見事なアメリカニレの写真が載った新聞の切り抜きが貼ってあった。それはアメリカニレとしては最大で、アメリカニレのチャンピオンに選ばれたばかりだった。その木には名前が付いていた。ルイ・ヴォー・エルム。

胸がドキドキして、私はそのとき自分の世界が、がらりと変わろうとしているのがわかった。幼少の頃から知っているルイ・ヴォーという名前――その彼の顔が今、新聞記事の切り抜きの中から私を見つめていた。ルイ・ヴォーは、私のポタワトミ側の祖父である。ウィスコンシンの森の中からカンザスの平原まで、祖母シャノテとともに歩き通した祖父。彼は長老として、苦しい状況の中、部族の人々を励まし続けた。

その開けっ放しの車庫の扉が、つけっぱなしの電灯の光が、故郷に戻る私の足元を照らしてくれた。それが私の、ネイティブアメリカンというルーツに立ち戻る長い旅路の始まりだった。私の部族の人々の骨の上に立つその木が私を呼んだのだ。

科学という道を歩むために、私は祖先から伝わる知識の道を踏み外していた。でもこの世界は、あなたの歩みを導く術を持っている。ある日突然、私はネイティブアメリカンのエルダーたちが植物に関する伝統的な知識を語る、こぢんまりとした集まりに招かれた。この日のことを私は決して忘れない。大学の植物学の講義など一日たりともとったことのないナバホ族の女性が何時間も話し続け、私はその一言ひとことに聞き入った。一つひとつ名前を挙げながら、その人は自分の住む谷の植物のことを語った。それらがどこに生息し、いつ花を咲かせ、どんな植物のそばが好きでどんな関係を持っているのか、どんな動物がその植物を食べ、それを寝床に敷き、それはどんな薬になるのか。その植物にまつわる物語やその創造神話、どうやってその名前が付いたのか、その植物は私たちに何を語ろうとしているのか。彼女が語ったことは美しかった。

彼女の言葉はまるで気付け薬のように私の目を覚まさせ、イチゴ摘みをしていた頃の自分が知っていたことを思い出させてくれた。自分の理解がいかに薄っぺらなものであるかに私は気づいた。彼女の知識はもっとずっと深くて広く、人間が持っているあらゆる方法を使った理解だった。彼女なら、アスターとセイタカアワダチソウのことも説明できただろう。博士号を取ったばかりの私にとって、それは屈辱的だった。そしてその日から私は、自分の無力のせいで科学に取って代わらせてしまった、科学とは別の「識《し》りかた」を取り戻そうとし始めたのだ。私はまるで自分が、ご馳走に招待された栄養失調の難民であるかのように感じた。そのご馳走は、故郷のハーブの良い香りがした。

私は、私が持っていた最初の疑問に立ち戻った。美についての疑問。科学が尋ねようとしない問いだ。そしてそれは美が重要でないからではなく、科学、という知識のありようが、その疑問を解くには偏狭すぎるからなのだ。私の指導教官がもっと優れた学者であったなら、彼は私の疑問を無視せず、逆に褒めてくれただろう。ところが彼は、美は見る者の目に宿る、というありふれた言葉を言っただけだったし、科学とは観察者と観察の対象を区別するものなのだから、当然、美は科学の課題として不適切であると考えたのである。本当なら彼は私に、私の疑問は大きすぎて科学には太刀打ちできない、と言うべきだった。


ただし、美が見る者の目に宿る、ということについては彼は正しかった――紫と黄色という色の組み合わせに関しては特に。人間の色覚は、網膜にある桿体《かんたい》と錐体《すいたい》という特別な受容細胞に依存している。錐体細胞の仕事は、さまざまな長さの光の波長を吸収し、光を解釈する脳の視覚野に伝達することだ。人の目に見える波長、虹の七色は幅が広いので、色を識別するには、全ての色に対応する何でも屋の錐体を持つよりも、それぞれ特定の波長を吸収しやすくできている専門の錐体がいくつかあるほうが効率が良い。人間の場合、それは三つある。一つは赤系統の波長を、もう一つは青を、そしてもう一つは、ある二種類の色の波長を受け取るのに最適にできている。紫と黄色である。

人間の目は、この二色を非常によく認識し、信号パルスを脳に伝えられるようにできている。このことは、二つの色の組み合わせを私が美しいと感じるのは何故なのかの説明にはならないが、私の注意がどうしてこの二色に強く引きつけられるのか、ということの説明にはなる。アーティストの友だちに、紫とゴールドの組み合わせはどうしてこんなにパワフルなのかと尋ねたら、色相環を見ろと言われた。それによればこの二色は互いに補色で、自然界では最もかけ離れた二色なのである。色の組み合わせを作るとき、この二つを隣り合わせるとそれぞれがより鮮やかに見える――ほんのちょっとあるだけで、逆の色が引き立つのだ。科学者でもあり詩人でもあったゲーテは、一八一〇年に発表した色彩論の中で、「(色相環の) 直径上に相対立する色彩は、眼の中で相互に要求し合う」(『色彩論』ちくま学芸文庫、木村直司訳) と言っている。紫と黄色がこの、互いに要求し合う二色にあたる。

私たちの目は光の波長に対する感度が非常に高く、錐体が過飽和状態になって刺激が他の細胞に溢れてしまうことがある。知り合いの版画家が見せてくれたのだが、黄色の塊を長い間じっと見つめた後で白い紙に目を移すと、一瞬、紫の塊が見える。これが残像と呼ばれる現象だが、これは、紫と黄色の色素の間に、互いを補完しあうエネルギーがあるからだ。そして、セイタカアワダチソウとアスターはこのことを、私たちよりずっと早くから知っていたのだ。

私の指導教官が正しかったとすれば、私のような人間が美しいと感じるこの視覚効果は、セイタカアワダチソウとアスターにとってはどうでもいいことかもしれない。彼らが本当は誰の目を捉えたがっているかと言えば、それは花粉のことしか頭にないミツバチだ。ミツバチは、紫外線などを含む、人間より幅の広い色覚を持っているので、多くの花はミツバチの目には人間が見るのと違って見える。ところが、セイタカアワダチソウとアスターは、ミツバチの目にも人間の目にも非常に似通って見えるということがわかっている。人間もミツバチも、この二つを美しいと思うのだ。この二つが一緒に生えていると、その見事なコントラストが、草原の中で最も魅力的な標的となり、ミツバチを惹きつける。一緒に生えているとどちらも、それぞれが単独で生えている場合よりも多くの受粉者の訪問を受けるのである。これは実験が可能な仮説だ——それしてこれは科学的な疑問であり、芸術的な命題であり、美についての問題でもある。

なぜこの二つは一緒に咲くと美しいのか？　これは物質的であると同時に精神的な現象であり、理解するには幅の広い波長と深い知覚を必要とする。あまりに長いこと世界を科学という目で眺めていると、私には伝統的な知識の残像が見えてくる。もしかすると、科学的な知識と伝統的な知識というのは、お互いに紫と黄色のような存在——セイタカアワダチソウとアスターのようなものなのではないだろうか？　二つの見方を駆使すれば、世界をより完全に見ることができるのだ。

セイタカアワダチソウとアスターについての疑問はもちろん、私が本当に知りたかったことの一つの象徴にすぎない。私が理解したかったのは、関係性やつながりの構造だった。すべてを一つにつないでいる、輝く糸を見たかったのだ。そして、私たちがなぜ世界を愛するのか、どこにでもある野原がなぜ、私たちを驚嘆させ、立ち止まらせるのか、私はそれが知りたかったのだ。

植物学者が植物を求めて野原や森に出かけるとき、私たちはそれを「略奪に行く」と言う。物書きならそれは「精神的略奪」と呼ぶべきかもしれない。どちらにとっても、自然から得られるものは多い。そして私たちにはその両方が必要だ。科学者であり詩人でもあるジェフリー・バートン・ラッセルは、「より深い真実を象徴するものとして、比喩は神聖なものと言ってよい。なぜなら、現実世界の広大さと豊かさは、言葉の表層的な意味のみで表現することは不可能だからである」と書いている。

ネイティブアメリカンである学者、グレッグ・カジェトは、先住民族の考え方によれば、私たちが何かを「わかった」と言えるためには、私たちという存在の四つの側面——知性、肉体、感情、そして魂のすべてでそれを理解することが必要なのだと書いている。科学者としての教育を受け始めたとき、私はすぐに、科学はそのうちの一つ、またはせいぜい二つしか大事にしないのだということを痛感した。知性と肉体である。植物についての何もかもを学びたかった若いときの私は、そのことに疑問を抱かなかった。でも人間は、その四つのすべてがあってこそ美しい生き方ができるのだ。

科学の世界と先住民族の世界という二つの世界に片足ずつを不器用に突っ込んで、危なっかしく平衡を保とうとしていた時期もあった。けれどもそれから私は飛ぶことを覚えた。少なくとも、覚えようとした。花から花へと飛び移り、両方の花の蜜を吸い、花粉を集める方法を教えてくれたのはミツバチだ。そうやって他家受粉することで、新しい種類の知識が、この世界に存在する新しい方法が生まれるのだ。だって結局、二つの世界など存在せず、この美しい緑の地球が一つあるだけなのだから。

九月にあの紫と金色の花が一緒に咲くのは、相互依存関係、レシプロシティーの生きた手本だ。そこには、一つのものの美しさを、もう一方のものの美しさが際立てるという叡智がある。科学と芸術、物質と精神、先住民族の知識と西洋の科学。それらが互いに、セイタカアワダチソウとアスターの役割を果たすことは可能だろうか？　彼らのそばにいると、その美しさが、私もまた彼らに美しさのお返しをすることを求める。彼らの補色になることを、彼らの美へのお返しに、何か美しいものを生み出すことを。

生命あるもののすべてのための文法

その土地に根付くためには、その土地の言葉を学ばなければならない。

私はここに、「聴く」ためにやってくる。木の根が作るまあるいへこみに積もったやわらかな松葉に抱かれ、ホワイトパインの幹に寄りかかり、頭の中の声が消えれば、周りの音が聞こえてくる。松葉を渡る風の囁き、岩を滴り落ちる水の音、ゴジュウカラの足音、シマリスが何かを掘っている音、ブナの木の実が落ちる音、耳元の蚊の羽音、そして——私ではない、それを表す言葉を私たちは持たない何かの音。それは名前のない、私たち以外の存在が奏でる音で、その中にいるとき私たちは決して一人ではない。母の心臓の鼓動の音に次いで、それは私が最初に耳にした言語だった。

一日中だって聴いていられる。一晩中、夜が明けるまで。そして朝になると、私には何も聴こえなかったのに、前の晩にはそこになかったキノコが生えている。乳白色のそのキノコは、松葉の腐葉層からにょっきりと、暗闇から光の中に顔を出して、途中でついた水滴がまだキラキラと光っている。プポウィー。

自然の中でこうやって耳を傾けると、私たちとは違う言語の会話が聴こえてくる。今思えば、私を科学に導いたのは、森の中で耳にするこの言語を理解したい、いつか植物学という言語を流暢に話せるようになりたい、という思いだった。ただしそれを、植物たち自身が使う言葉と勘違いしてはいけない。私は科学で使われる言語を身につけた——念入りな観察に基づき、小さな部位の一つひとつに名前を与える詳細な語彙。名前を付け、それを説明するためにはまず、それを見るということから始めなければならない。そして科学は、見る力を磨く。今では私の第二言語となったこの言語の長所を、私は高く評価している。けれど、豊かな語彙とものごとを描写する高い能力を備えながらも、そこには何かが欠落している――自然に耳を傾けるとき、あなたは自分の周りに、そして自分の中に、その何かと同じものが湧き上がるのを感じるのだ。科学はときに、一つの存在をバラバラの部品に分解してしまう、よそよそしい言葉だ。物体のための言語なのだ。科学者が使う言葉は、それがどんなに正確であろうと、文法に大きな落ち度がある。何かが欠けている。その土地がもともと持っている言葉を科学の言葉に翻訳するときに、大事な何かが失われてしまったのだ。

失われた言葉を私が最初に味わったのは、プポウィーという言葉を口にしたときのことだ。アニシナアベの民族植物学者、キーウェイディノクウェイが書いた本の、ネイティブアメリカンに伝わるキノコ類の使い方に関する論文の中でたまたまこの言葉を見つけたのである。それによれば、プポウィーを訳すと「一夜にしてキノコを土から立ち上がらせる力」となる。植物学者として、私はそんな言葉が存在するということに驚いてしまった。専門用語の豊富な語彙を持ちながら、西欧科学にはそんな言葉はない――この不思議な現象を表す言葉はないのである。生物学者こそ、生命を表す言葉を他の誰よりも持っていそうではないか。ところが科学の用語というものは、私たちが知っていることの限界を定めるために使われるのであって、私たちに理解できないことには名前は付かないのだ。

初めて目にするこの言葉の三つの音節の中には、湿った朝に森の中で間近に見たことのプロセス全体が含まれているのがわかった――それは、英語にはない理論を形作っていた。この言葉を作った人々は、すべてのものに生命を吹き込むエネルギーが満ち満ちたこの生物界を理解していたのだ。私は長年、この言葉をお守りのように大切にし、キノコの生命力に名前を与えた人々に憧れてきた。生命力をその中に内包する言語を、私は話せるようになりたかった。だから、立ち上がる、現れる、という意味のこの言葉が私の祖先たちの言葉だとわかったとき、それは私の道しるべとなった。

もしも歴史が違っていたら、私はおそらくボデワドミムウィン――ポタワトミ語と呼んでもいいが――というアニシナアベの言語を話していただろう。だが、アメリカ大陸の先住民族たちが使っていた三五〇種類の言語がそうであったように、ポタワトミ語もまた消滅の危機にあり、私が話すのは英語だ。同化政策が功を奏して、私が、そしてあなたがポタワトミ語を耳にする機会は、自分の部族の言葉で話すことを禁じられた寄宿学校で、インディアンの子どもの口から洗い流されてしまったのだ。たとえば、わずか九歳の子どものときに家族から引き離された私の祖父のように。こうした歴史は、私たちの言葉だけでなく、人々をばらばらにしてしまった。今私は居留地から遠く離れて暮らしており、たとえ私がポタワトミ語を話せたとしても話す相手がいない。でも何年か前の夏、年に一度の部族のギャザリングでポタワトミ語を教えるクラスがあり、私はそのテントに入って傍聴してみることにした。

そのクラスは人々を大いに興奮させていた。なぜならそのとき初めて、私たちの部族でポタワトミ語を流暢に話せる人全員が教師として集まったのだから。名前を呼ばれると彼らは、前方に丸く並べられた折りたたみ椅子に向かってゆっくりと進み出た――杖をつく人、歩行器に頼る人、車椅子の人。自分の足だけで歩ける人は少なかった。私は椅子に座る彼らの数を数えた。九人。ポタワトミ語を流暢に話せるのは、世界中で、たったの九人なのだ。何千年もかかってできた私たちの言葉が、その九つの椅子に腰掛けている。創造を讃え、物語を語り、祖先たちに子守唄を歌った言葉の数々は今や、間違いなく死ぬ定めにある九人の男女の舌にしか存在しないのだ。一人ずつ、彼らはそこに集まった少しばかりの生徒志願者に向かって口を開いた。

長いグレーの三つ編みの男性は、インディアン担当の役人が子どもを取り上げに来たとき母親が自分を匿ったという話をした。彼は川に突き出た岩の下に隠れて寄宿舎行きを逃れた。川の流れる音が彼の泣き声を覆い隠したのだ。他の子どもたちはみな連れて行かれ、「薄汚いインディアンの言葉」を話せば石鹼《せっけん》で口の中を洗われた。もっとひどいこともされた。彼一人が故郷に残り、植物や動物を、創造主が付けた名前で呼びながら育った。だから今日彼は、言葉を伝える者としてここにいる。インディアン同化の仕組みはよくできていた。「わしたちで終わりだ。わしたちしか残っとらん。あんたたち若い者が覚えなきゃ、この言葉は死んでしまう。宣教師とアメリカ政府はとうとうわしたちをやっつけるってわけだ」——そう言う彼の目は怒りに満ちている。

非常に高齢のグランマザー［訳注：年長の女性の中でも尊敬を集める人を呼ぶ敬称。「エルダー」に意味として近い］が、車座の中から歩行器を押してマイクに近づく。「なくなってしまうのは言葉だけじゃないの」と彼女は言う。「言葉は私たちの文化の心。私たちのものの考え方も、世界観も、その中にあるの。この世界は美しすぎて、英語では説明できないのよ」。ポポウィー。

七十五歳、九人の中で最年少のジム・サンダーは茶色い肌をした小太りの男性で、真面目な態度でポタワトミ語を話し始める。最初は厳かだったが、調子が出てくるにつれて彼の声は樺の木々を渡る風のように軽くなり、両手が物語を語り始める。彼の声はどんどん勢いを増して、彼は立ち上がり、私たちは、彼の言うことをほとんど誰も、一言も理解できないのに、うっとりと無言で聞いている。それから彼は、話のクライマックスに差し掛かったというように短い間を取り、ちょっと期待を込めて観客の方に目をやった。彼の後ろに座っているグランマザーの一人が手で口を覆ってクスクスと笑いだすと、いかめしかった彼の顔が突然笑顔になる。満面の、まるでスイカを割ったみたいな甘い笑顔。彼がお腹を抱えて笑い、グランマザーたちは笑いすぎて出た涙をぬぐい、脇腹を抑えている間、私たちはきょとんとそれを見つめている。笑いが止むと、彼はようやく英語で話し始める――「誰にもそれが伝わらなくなったら、ジョークはどうなる？　淋しいだろう、その力がなくなってしまうんだから。ジョークはどこにいくと思う？　二度と語られることのない物語の仲間入りさ」。

そういうわけで、私の家には今、そこかしこに英語とは違う言葉を書いた付せんが貼ってある。まるで海外旅行の準備をしているみたいだ。でも私は出かけようとしているのではない。家に帰ろうとしているのだ。

「プリーズ」を表す言葉がない理由

Ni pi je ezhyayen?　家の裏口の扉に貼った黄色い付せんにはそう書いてある。両手に荷物を抱え、車はエンジンがかかっているけれど、私はバッグを反対側の腰にかけ直してちょっと立ち止まって答えを言う。Odanek nde zhya――町に行きます。同じように、仕事に行ったり、授業に行ったり、会議に行ったり、銀行に行ったり、スーパーに行ったり。私は生まれてからずっと使っている美しい言語を使って一日中話し、ときには一晩中書き物をすることもある。世界中の七〇パーセントの人が使い、最も有用と目され、現代言語の中で一番語彙が多い言語、英語である。夜、静かな我が家に戻ると、クローゼットの扉には付せんがちゃんと待っている。Gisken I gbiskewagen!　だから私はコートを脱ぐ。

emkwanen、nagen とラベルが貼ってある棚から調理道具を取り出して夕食を作る。今や私は、家の日用品に向かってポタワトミ語を話す人になってしまった。電話が鳴ると、そこに貼ってある付せんをほとんど見もせずに giktogan を dopnen する。相手は、弁護士だろうと友人だろうともちろん英語だ。週に一度かそこらは西海岸の妹が電話をかけてきて、Bozho. Mokthewenkwe nda と言う。名乗る必要なんてないのに――他にいったい誰がポタワトミ語を話すというの？　「話す」というのは大げさだ。実際には、私たちはお互いにしどろもどろのフレーズを口にして会話もどきをするだけだ――元気？　元気よ。町行く。鳥見る。赤。フライブレッド美味しい。まるでハリウッド映画『ローン・レンジャー』の、トントのセリフみたいだ。「オレ、善いインディアンみたい話す」。たまに、不完全ながら多少はまとまった文章が言えるようなときは、わからないところを埋めるために高校で習ったスペイン語の単語を惜しげなく使う。私たちはこれを「スパナワトミ」語と呼んでいる。

火曜日と木曜日は、オクラホマ時間の十二時十五分から、ポタワトミ・ネーションの部族会議本部からインターネットでストリーミングされるポタワトミ語のお昼休み語学教室に参加する。大体いつも、全米各地から一〇名くらいが参加する。クラスでは、数の数え方や、「お塩を取ってください」と頼むときの言い方を教わる。誰かが、「プリーズ」をつけて丁寧に頼むときはどう言うのか、と尋ねる。ポタワトミ語の復活に専心している若い先生、ジャスティン・ニーリーが、「サンキュー」にあたる言葉はいくつかあるけれど、「プリーズ」を意味するポタワトミ語はない、と説明する。食べ物はもともと分け合うべきもので、特に丁寧な言葉を使う必要はない。ポタワトミの文化では、相手に敬意を持って頼むというのは当然のことなのだ。だが宣教師たちはこの、「プリーズ」という言葉の不在を、野蛮人の無作法の証拠であると解釈した。

夜になると私はよく、論文の採点や請求書の処理をする代わりに、コンピューターの前でポタワトミ語の練習をする。何か月もかかって幼稚園児程度の語彙を覚え、動物の絵とポタワトミ語の名前を組み合わせられる自信もついた。子どもたちに絵本を読んで聞かせたときのことが思い出される――「リスはどれ？　ウサギさんはどこかしら？」。そして、その間ずっと私は、こんなことしている時間はないし、バスとかキツネをポタワトミ語で何と言うか知る必要なんてないのに、と考えている。私たちの部族はバラバラになり、四方八方に離散してしまっているのだから、誰と会話をするというのだろう?

私が覚えた短いフレーズは、私の犬にはぴったりだ。おすわり! お食べ! おいで! 静かに! ……でも私の犬はどうせ、英語で命令してもめったに従わないのだから、バイリンガルにしようとするのは気が進まない。私を尊敬しているある学生に、私はネイティブアメリカンの言語を話すのか、と訊かれたことがある。私は一瞬、「ええ、家ではポタワトミ語を話すのよ」と言おうかと考えた。私と、私の犬と、付せんの会話。先生は、くじけないで、と私たちを励まし、私たちが何かひとこと言うたびにありがとうと言う――この言葉に命を吹き込んでくれてありがとう、たとえそれがたったひとことでも。「でも話す相手がいないのよ」と私は文句を言う。「みんなそうさ」と先生が言う。「でもいつかは話す相手ができる」

そこで私はおとなしく言葉を覚えるのだけれど、「ベッド」とか「流し」をポタワトミ語にできても、そこに「私たちの文化の心」を感じるのは難しい。名詞を覚えるのは比較的簡単だった――なにしろ私は、植物のラテン語の学名や科学用語を何千も覚えたのだから。それとそんなに違わないはずだ、と私は考えた。一対一で言葉を置き換え、暗記する。少なくとも紙の上で、文字を目で見られる場合は確かにそうだ。でも耳で聞くのはまた別だ。ポタワトミ語のアルファベットは文字数が少ないので、初心者にとっては単語と単語の違いが聞き取りにくい。zh、mb、shwe、kwe、そしてmshkという美しい子音連結があるので、ポタワトミ語はまるで、松を吹き渡る風や岩を流れる水のように聞こえる。昔は私たちの耳はそうした音にもっと敏感だったかもしれないが、今ではそうではなくなってしまった。もう一度その音を覚えるためには、本当に耳をそばだてなくてはならない。

もちろん、実際に会話するためには動詞が必要で、物の名前が言えるという私の幼稚園児並みの語学力ではここから先はお手上げである。英語というのは、物のことばかり考えている文化にはふさわしい、名詞を中心とした言語だ。英語の語彙のうち動詞は三〇パーセントにすぎない。ところがポタワトミ語では七〇パーセントが動詞である。つまり、七〇パーセントの言葉は動詞活用しなければならず、七〇パーセントの言葉については時制と格の変化を覚えなくてはならないということなのだ。

ヨーロッパの言語は名詞に性別を割り当てることが多いが、ポタワトミ語は世界を男性と女性に分けることはしない。その代わり、名詞と動詞はともに、生命があるかないかのどちらかに分かれている。たとえば人の声を「聞く」のと、飛行機の音を「聞く」のには、まったく違う言葉を使うのだ。代名詞、冠詞、複数形、指示詞、動詞――高校の英語の授業で混乱してばかりいた、そうした構文単位はすべて、ポタワトミ語では、生命のある物について話すときと生命のない物について話すときとで異なっている。

話せる人が九人しか残っていないのも当然だ！　私もがんばってはいるのだが、あまりに複雑で頭痛がし、全然違うことを意味する二つの言葉が聞き分けられない。練習すればわかるようになる、と言う先生もいるが、エルダーの一人は、言葉がよく似ているのはポタワトミ語固有の性質だと認めている。知識の守り手であり素晴らしい教師でもあるスチュワート・キングは、創造主は人間を笑う者として創り、だから言語の構文にはわざわざユーモアが織り込まれているのだと言う。ほんのちょっと口が滑っただけで、「もっと薪が必要だ」が「服を脱ぎなさい」になってしまう。そう言えば、プポウィーという不思議な言葉も、キノコのことを言うときだけでなく、夜、神秘的に頭をもたげる例の竿のことを指すのにも使われるのである。

ある年のクリスマスに妹が、冷蔵庫に貼って使うオジブワ語のマグネットをセットでくれた。オジブワ語はポタワトミ語に非常に近い言語だ。私はそれを台所のテーブルに広げて知っている単語を探したが、探せば探すほど不安になってしまった。一〇〇個かそれ以上あるマグネットのうち、私にわかる単語はたったの一つ、ありがとうという意味のmegwechという言葉だけだったのだ。何か月も勉強して感じていたささやかな達成感は一瞬にして消えてしまった。

妹が送ってくれたオジブワ語の辞書をめくり、マグネットの言葉の意味を解読しようとしたものの、スペルが違うものもあるし、文字は小さすぎるし、一つの言葉にもバリエーションがたくさんある。こんなの難しすぎる、と私は感じていた。頭の中がごちゃごちゃになって、一生懸命になればなるほどそれはひどくなった。ぼやけていく文字の中に、一つの言葉が見えた。もちろん動詞だ――「土曜日る」。フン！ と私は辞書を投げ出した。いったいいつから「土曜日」が動詞になったのよ？ 「土曜日」は名詞に決まってる。再び辞書を手に取って頁をめくると、他にも色々な動詞があった――「丘る」「赤る」「長い砂浜る」、そして「入江る」。「ばかみたい！」と私は頭の中でわめき散らした。「こんなに複雑にする必要がどこにあるの。どうりで話す人がいなくなるはずよ。こんな言語、面倒臭いし覚えられやしない。それより何より、間違ってるじゃない。入江っていうのは、人の名前か場所を指すに決まってる――名詞よ、動詞じゃない」

投げ出そうと思った。いくつか単語を覚えたのだし、祖父から奪い取られた言葉を取り戻す、という義務は果たしたはずだ。私のイライラぶりを見て、寄宿学校の宣教師たちの亡霊は嬉々としていたに違いない――「こいつ、降参するぞ」と言いながら。

そのときである。誓って言うが、頭の中でシナプスがビシッと音を立てて発火したのを感じたのだ。電流が私の腕を通って指先から流れ出し、その言葉が載っている頁が焼け焦げそうなほどだった。その瞬間、入江の水の匂いがし、岸に水が打ちつけるのが見え、砂浜に寄せる波の音が聞こえた。入江が名詞なのは、水には生命が宿っていないと考えるからなのだ。入江が名詞だと考えると、それは人間に定義されてしまう。

周りの岸に囲い込まれ、その言葉の中から出ることはない。だがwiikwegamaa、「入江る」という動詞は、水を解き放ち、生命を与える。「入江る」という言葉には、今この瞬間、生きている水がこの岸と岸の間に身を寄せ、シーダー（杉）の根やアイサのヒナたちと会話しようと決めた、という不可思議さが込められている。そうしないことだってできるのだ——小川になったり、海や滝になったりすることだって。そしてそれには別の動詞がある。「丘る」「砂浜る」「土曜日る」。何もかもが生命を持っている世界では、それらはみな考えられる動詞なのである。海、陸、ある一日。マツ、ゴジュウカラ、キノコにいたるまで、あらゆるもののなかに息づく生命、世界に満ちる生命力を映し出す言葉。それこそが、私が森の中で耳にする言語だ。私たちの周りで湧き上がるものについて語らせてくれる言葉。寄宿学校の残照、石鹸を振りかざす宣教師たちの亡霊の負けである。

そこには生命あるもののための文法がある。たとえば、エプロンを着けてコンロの前に立っているあなたのおばあちゃんを指して、「それはスープを作っています。それは白髪があります」と言ったら、そんな間違いを面白がるかもしれないが、やはりヒヤッとする。英語では、家族、いやどんな人のことだろうと、「それ」とは呼ばない。そんなことをしたら大変失礼だ。「それ」という言葉は、その人から自我や家族としてのつながりを奪い、人間を単なる「もの」にしてしまう。同様に、ポタワトミ語、そして先住民族の言語のほとんどは、自然界を指すのに家族を指すのと同じ言葉を使う。だって生きているものはすべて家族なのだから。

生命あるものと「文法」

ではポタワトミ語はどこまでを、生きているもののための文法の対象とするのだろうか？　当然だが、植物や動物は生きている。だが、ポタワトミ語を習うちに、生きているとはどういうことかということに関するポタワトミ語の理解は、生物学の基礎講座で私たちが習った、生物が備える特性の一覧とは異なっていることがわかってきた。ポタワトミ語基礎講座によれば、岩は生きている。山も、水も、炎も、さまざまな土地も。私たちの魂を、聖なる癒しの力を、歌を、ドラムの響きを、あるいは物語を吹き込まれたものはすべて、生きているのだ。生命がないもののほうが少なく、それは主に人間が作ったものであるように見える。たとえばテーブルのような、生命がないものについては「それは何ですか?」と訊き、「Dopwen yewe」と答える。それはテーブルです。でもリンゴのことは「それは誰ですか?」と尋ねなければならないし、「Mshimin yawe」と答える。その人はリンゴです。

Yawe——あなた、私、彼、彼女、生きた存在を示す言葉。生命と霊魂を宿すものに言及するとき、私たちはyaweという言葉を使わなければならない。旧約聖書の神ヤハウェ(Yahweh)とアメリカ大陸のyaweが、どちらも敬虔な人々が口にする言葉だというのは、どういった言語学的な現象なのだろう? 内に生命を宿す、それこそまさに、この言葉の意味なのではないだろうか——創造主の末裔である、ということが。ポタワトミ語は、話すたびに、人間が生命ある世界のすべてとつながっていることを思い出させてくれる。

英語には、生命あるものに対する敬意を表すツールがあまりない。英語では、あなたは人間か、さもなければ物である。英語の文法は、人間以外の存在を「それ」という「物」に矮小化するか、あるいは「彼」または「彼女」という不適切な性別分けをしなければならない。単に人間以外の「生命ある存在」を示す言葉はどこにあるのだろう? Yaweにあたる英語はどこにある? 論理学者であり、非差別主義について研究している友人、マイケル・ネルソンが、ある知人の女性のことを話してくれた。人間以外の生物を研究しているフィールド生物学者だ。接する相手のほとんどが人間ではない彼女の話し方は、それに合わせて変化したと言うのだ。たとえばヘラジカの足跡を調べるために跪いた彼女は、「誰かが今朝ここにいた」という言い方をする。あるいはメクラアブを振り払いながら、「帽子の中に誰かいるわ」と言う。何か、ではなく、誰か、なのだ。

学生たちと森へ行き、植物が私たちに与えてくれるもの、それらの植物の名前について教えるとき、私は話し方に注意して、科学が使う語彙と生命あるものを表す言葉という二つの言語の両方を使おうと努める。もちろん学生は科学の役割やラテン語の学名を学ばなくてはならないけれど、同時に私は、この世界には人間以外の住民がいるのだということ、エコロジー神学者トマス・ベリーが言っているように、「この宇宙は、客体の集合ではなく、主体の交わり」であることをも教えていると思いたい。

ある日の午後、私は野外生態学の学生たちと一緒にwiikwegamaa のそばに座り、すべての生き物に主体を与える言語について話していた。アンディという男子学生が、透き通った水を足でバシャバシャと撥ね上げながら肝心の問いを口にした。「ちょっと待って」――この言語学的な特徴についてしきりに考えながら彼は言った。「それって、英語を話したり英語でものを考えたりするのは、自然をないがしろにしてもいいって言われてることになりませんか？　人間以外は誰にも人格を認めないわけですよね？　色んなものを物扱いしなかったら、世の中は今と違うんじゃないだろうか？」

この概念にひどく感銘を受けたアンディは、目が覚めたみたいな気がすると言った。目を覚ましたというより、思い出したのだと私は思う。世界が生命に溢れていることは私たちももうわかっているのだけれど、それを表す言語は今にも失われようとしている。そしてそれはネイティブアメリカンにとってだけでなく、すべての人にとっての損失だ。

よちよち歩きの子どもたちは、植物や動物について、まるでそれが人であるかのように話し、人であるかのように接し、話しかけ、愛情を見せる――大人にやめろと言われるまでは。私たちはそういう彼らを教育し直し、それまで彼らがしていたことを忘れさせてしまうのだ。木は「その人」ではなく「それ」と言うのだと教えることで、そのメープルの木は「物」になる。自分と木の間に境界を作り、木に対する道徳的責任から自分を解放し、搾取への扉を開くのである。生きている大地を「それ」と呼ぶことで、大地は「天然資源」になる。メープルの木を「それ」と呼ぶならば、チェーンソーを使うことだってできる。でもメープルの木が「彼女」ならば、私たちはチェーンソーを使うのをためらう。

別の学生が、アンディの言うことに異を唱えた。「でも『彼』とか『彼女』とは言えないわ。それは擬人化でしょ」。この学生たちはしっかりとした生物学の教育を受けていて、研究対象や人間以外の生物には決して人間的特質を与えてはいけない、と明確に指導されている。それは客観性の喪失につながる大罪なのである。「それに、動物に失礼よ。人間の感じ方を押し付けるべきじゃないわ。動物には動物のやり方があるんだもの。人がもふもふのコスチュームを着てるわけじゃないんだから」とカーラが指摘する。それに対してアンディが言い返す。「だけど、人間だとは考えないからって、生き物じゃないわけじゃないだろ。人間だけが主体性を持ち得ると考えるのはもっと失礼じゃないかな?」。英語が傲慢なのは、人間であることが、生命を持ち、敬意と道徳の対象となる唯一の方法である、という点だ。

語学を教える知人は、文法というのは言葉と言葉の関係性を図示する方法にすぎない、と説明した。もしかしたらそれはまた、私たちが互いにどんな関係性を持っているかを映し出しているのかもしれない。生命あるものをそれと認める文法があれば、私たちは今とはまったく違う形でこの世界に生きることができるようになるのかもしれない。人間以外の生き物たちがそれぞれ独立した主体であり、一つの生物種による独裁ではなくて各種の生き物が民主的に存在する世界。水やオオカミに対しても道徳的責任が存在し、人間以外の生物種の地位を尊重する法的な制度がある世界。すべては代名詞にかかっている。

アンディは正しい。生命を生命と認める文法を学べば、私たちの愚かな自然の搾取に歯止めがかかるかもしれない。だがそれだけではない。私は部族のエルダーたちが「スタンディング・ピープル〔訳注：木のこと〕のところに行きなさい」とか「ビーバー・ピープルとしばらく一緒に過ごすといい」というアドバイスをするのを聞いたことがある。人間以外の生き物が、私たちにとっての教師となり、知識の担い手となり、導き手となり得るということを彼らは言っているのだ。「バーチ・ピープル（樺の木の人々）」「ベアー・ピープル（熊の人々）」「ロック・ピープル（岩の人々）」がたくさん住んでいる世界を歩いているところを想像してほしい。尊敬し、人間が暮らす世界に含まれる価値がある「人」であると私たちがみなし、「人」と呼ぶ存在。私たちアメリカ人は、同じ人間が話す外国語さえなかなか学ぼうとしない。他の生き物の言葉などもってのほかだ。だがそれを学ぶことによってもたらされる可能性を考えてみてほしい。自分とは違った視点を手に入れ、自分とは違った目を通して見えてくることの数々、私たちを取り巻く叡智を。私たちは、すべての答えを自分たちだけで見つけなくともよいのだ。知性を持っているのは私たちだけではない。先生は周り中にいる。そう考えると、この世界は今のように寂しいところではなくなるだろう。

私は覚える言葉の一語一語を、この言語を生かし続け、その詩のような美しさを伝えてくれたエルダーたちに感謝しながら口にする。今も動詞にはすごく手を焼いているし、会話はほとんどできないし、上手に使えるのは幼稚園児並みの語彙にすぎない。でも、朝、野原に散歩に出かけて私の隣人たちの名前を呼んで挨拶できるのは嬉しい。生垣からカラスが鳴けば、私は

Mno gizhget andushukwe!　と答える。やわらかな草の上に手を滑らせて、Bozho mishkos と呟く。些細なことだけれど、それが私を幸せにする。

　私はみんながポタワトミ語やホピ語やセミノール語を学ぶべきだと言っているわけではない——仮にそれが可能だったとしても。この地に移ってきた人々はみな、言葉という財産を携えてやってきて、それを大切にしている。だがこの土地に根を下ろし、この国で生きていくためには、私たちも、隣人たちも、命あるものをそれと認める言葉を使うことを覚えなければならない。それでこそ本当に、ここが故郷になる。

　シャイアン族の長老だったビル・トール・ブルの言葉を思い出す。私が若かった頃、私は彼に向かって暗い気持ちで、植物や私が愛する土地に話しかけることのできるネイティブの言語を私は知らない、と嘆いたことがある。すると彼は言った。「たしかに彼らは、古い言葉を聴くのが大好きだ。でも——」唇に指を当てながら彼は「ここで話さなくたっていいんだ」と言った。「ここ」——胸を手の平で軽く叩きながら——「ここで話せば、彼らには聞こえるよ」。

スイートグラスを育てる

平原に生える野生のスイートグラスは、
人間が世話をすれば背が高く、芳しく育つ。
雑草を抜き、
生育環境や周りの植物を整えることがその成長を促す。

メープルシュガーの月

アニシナアベの「最初の人」——私たちの教師であり、半分は人間で半分はマニドゥ（manido）、偉大なる精霊であるナナブジョは、この世界を歩き、繁栄している人々とそうでない人々がいることに気づいた。聖なる教えを守っている者も、いない者もいた。畑の手入れがされていない村、魚を捕る網が破れたままの村、子どもたちに正しい生き方を教えようとしない村々を通りかかった彼は愕然とした。積み上げられた薪や貯蔵されたトウモロコシの代わりに彼が見たのは、メープルの木の下に寝転んで大きく口を開け、木々が気前よく与える濃くて甘い樹液を貪る人々だった。彼らは怠け者になり、創造主からの贈り物を、当たり前のものと思うようになっていたのだ。儀式も執り行わず、互いを思いやることもなかった。ナナブジョは自分が果たすべき義務を知っていたので、川へ行き、バケツに何杯も水を汲み、それをメープルの木に注いで樹液を薄めた。今ではメープルの樹液は水のようにサラサラで、わずかに甘いだけだ。人々が、可能性と責任の両方を忘れないために。それで一ガロン［訳注：約四リットル］のメープルシロップを作るのに四〇ガロンの樹液が必要なのだ。*

*口頭伝承および『The Woodland Indians of the Western Great Lakes』（Ritzenthaler and Ritzenthaler 著、1983年）より翻案

ポタリ。三月の午後、冬の終わりの太陽が明るさを増し始め、日ごとに一度くらいずつ北に動き始める頃、樹液はたっぷりと流れる。ポタリ。ニューヨーク州ファビアスにある、私たちの古い田舎家の庭には、ありがたいことに大きなメープルの木が七本ある。家に

木陰を作るために、二百年近く前に植えられた木だ。一番大きい木の根元は、幅がピクニックテーブルの長さほどもある。

引っ越してきた当初、娘たちは古い家畜小屋の屋根裏を漁るのが大好きだった。私たちの前にここに住んでいた人たちの、ほぼ二百年分のがらくたでいっぱいだ。ある日のこと、二人が木の下に小さな金属製のパップテントをたくさん並べて遊んでいた。「キャンプしてるの」――テントの下から顔を覗かせている人形やぬいぐるみのことを二人はそう言った。屋根裏には、砂糖作りの季節に、昔風の樹液用バケツを覆って雨や雪から守る、そうした「テント」がたくさんあったのだ。この小さなテントが何のためのものかを知った娘たちは、当然メープルシロップを作りたがった。私たちはバケツを洗ってネズミの糞をきれいにし、春に備えた。

その冬、私はメープルシロップ作りの工程について色々読んで勉強した。バケツと覆いはあったが、スパイルがない。木に打ち込んで、樹液が流れ出るようにするための注ぎ口だ。だがなにせ私たちが住んでいるのは「メープル・ネーション［訳注：メープルの国の意］」、近所の金物屋にはメープルシュガー作りの道具が全部揃っていた。メープルシュガーをメープルの葉の形にするための型、あらゆるサイズの蒸発器、大量のゴムチューブ、比重計、ヤカン、シロップを煮る釜、フィルター、シロップを詰める瓶――何もかもだ。どれも高くて私には手が出なかったが、店の奥の方に、もうほとんど誰も欲しがらない旧式のスパイルがしまい込んであった。私はそれを、一個七五セントで箱ごと買った。

メープルシュガー作りは時代とともに変わった。バケツや橇が引く樽に樹液を入れて雪深い森の中を運んだのは昔のことだ。現在のメープルシュガー作りは、多くの場合、木から砂糖作り小屋まで、ゴムのチューブが直接結んでいる。とは言え、樹液が金属製のバケツにポタリと落ちる音を大切に思う純粋主義者もいな

スパイルを使って、メープルシロップを集める
(lauraag/iStock/Thinkstock)

いわけではない。そしてそのためにはスパイルが必要なのだ。スパイルは、片方の端がストローのような筒型で、木の幹にドリルで開けた穴にそれを差し込む。そこから筒は長さ一〇センチほどの、雨樋のようなU字型の筒状になる。根元にはバケツを引っ掛けるフックが付いている。それから、樹液を集めて溜めておく大きな新品のポリタンクを買って準備は完了だ。そんなに大きな容器が要るとは思わなかったけれど、用意はしておくにこしたことはない。

冬が六か月も続く気候の土地では、人はいつでも一生懸命に春の兆しを探す。でもメープルシロップを作ると決めてからは、かつてないほど春が待ち遠しかった。娘たちは毎日、「まだ始めたらダメ?」と訊く。でも、いつ始められるかはその年のお天気次第だ。樹液が流れ出すためには、昼間暖かくて夜が寒くなければならない。もちろん「暖かい」というのは相対的な形容詞なのだが、摂氏二度から六度くらいになると、日差しが凍りついた幹を解かして中で樹液が流れ出すのである。私たちはカレンダーと温度計と日々にらめっこする。娘のラーキンが、「温度計が見えないのに、木はどうやって始める日がわかるの？」と訊く。本当に、目も鼻も神経も一切持っていないのに、何を、いつすべきか、どうやって知るのだろう？　太陽を感じる葉さえない。芽を除いては、すべてが厚く乾いた樹皮に覆われているのだ。それなのに木は、真冬に突然暖かい日があっても騙されない。

実際にメープルは、春の訪れを感知するための、人間よりもはるかに洗練されたシステムを持っている。木の芽の一つひとつには何百個もの光受容体、フィトクロムという色素タンパク質が詰まっているのだ。毎日光の量を測るのがその仕事だ。しっかりと丸まって赤茶色の外皮に包まれた木の芽は、その一つひとつがメープルの枝の萌芽である。そして一つひとつの萌芽がみな、いつの日か、風にざわめき日の光をいっぱいに吸い込む葉をつけた、立派なメープルの枝になりたくてたまらないのだ。けれども芽を出すのが早すぎれば凍って死んでしまうし、遅すぎれば春を逃す。だから木の芽は日々の記録を怠らない。だがそんな木の芽の赤ん坊が成長して枝になるにはエネルギーが必要である——生まれたての赤ん坊と同じで、彼らはお腹がペコペコだ。

そんな洗練された感知機能を持たない人間は、他の兆しを探す。木の根元の雪にところどころ窪みができると、そろそろ樹液を集める時期だな、と思う。黒っぽい樹皮がだんだん強くなる日の光を吸収し、それを再び放出して、冬の間中積もっていた雪を解かすのだ。そうして円形に雪が解けて地面が見えるところができる頃になると、木の上の方の折れた枝から樹液の最初の一滴が頭の上に落ちてくることもある。

大量の樹液と少量のメープルシロップ

私たちはドリルを持って庭の木の周りを歩き、穴を開けるのにちょうど良いところを探す——地面から一メートル弱で、表面がなめらかなところ。ほら、やっぱり。以前誰かが穴を開けたところの、今ではすっかり癒えた傷跡が見つかる。屋根裏にバケツを残していった人たちだ。その人たちの名前も顔も知らないけれど、今私たちの指は、その人たちの指と同じところに触れている。そしてずっと昔の、とある四月の朝、その人たちが何をしていたのかを、その人たちがホットケーキに何をかけて食べたかを、私たちは知っている。私たちの物語は、この樹液の流れでつながっている——今の私たちを知っているように、庭の木はその人たちを知っていたのだ。

スパイルは、木に差し込むとほとんど同時に樹液を滴らせ始める。最初の一滴がバケツの底でピシャッと音を立てる。娘たちがその上にカバーを取り付けると、音がますます響いて聞こえる。幹の太さがこれだけある木なら、一度に六個穴を開けても木を傷めることはないが、欲張るのはやめて差し込むのは三つだけ。設置し終わる頃には、最初に吊るしたバケツからはすでに違う音がする——底に一センチちょっと溜まった樹液の上に滴が落ちる、ポタッ、ポタッという音だ。バケツに樹液が溜まっていくにつれて、水を入れたコップを叩くと高さの違う音が出るように、その音は一日中変化していく。ピチッ、ピシャッ、ポタリ。ブリキのバケツとテント型の覆いは樹液が滴り落ちるたびにその音を響かせ、庭中が歌っている。ショウジョウコウカンチョウの強烈な鳴き声と並んで、これはまさしく春を告げる音楽だ。

娘たちは夢中でそれを見守っている。樹液は水のように透き通っているが、水よりもちょっと濃くて、スパイルの先端にキラリと光りながらぶら下がり、人をじらすように滴が大きくなっていく。娘たちが舌を出して樹液を舐めるこの上なく幸せそうな顔に、私はなぜか感動して涙ぐんでしまう。娘たちが口にするもののすべてを私が与えていた頃のことが思い出される。今、丈夫な足で立っている娘たちは、メープルの木から滋養を与えられている——まるで、母なる地球のお乳を吸うみたいに。

樹液は一日中溜まり続け、夜になる頃にはバケツは溢れんばかりだ。二一個のバケツを全部、娘と私で大きなポリタンクまで運んで中身をあけると、ポリタンクはほとんどいっぱいになってしまう。こんなに樹液が採れるなんて夢にも思わなかった。娘たちがバケツをもう一度木に吊るしている間に私は火を熾す。蒸発器は私が保存用の食べ物を瓶詰めにするのに使っている古びた釜で、それを納屋で見つけたコンクリートブロックの上に渡した焚き火用の網の上に置く。釜いっぱいの樹液が熱くなるには時間がかかり、娘たちはすぐに興味を失ってしまう。私は家を出たり入ったりしながら、家の中と外の両方の火を絶やさないようにする。夜、ベッドに入った娘たちは、翌朝までにはメープルシロップができているものとワクワクだ。

私は火の横に踏み固めた雪の上に庭用の椅子を置き、凍えるような寒さの中、シロップがぐつぐつ煮えるように薪をくべ続ける。釜からは蒸気が上がり、乾いた冷たい空に浮かぶ月がその中に見え隠れする。

私はだんだん煮詰まっていく樹液を味見する。時間とともにそれは明らかに甘くなっていくが、一六リットル用の釜で作れるメープルシロップは釜の底をかろうじて覆うくらいの量にすぎない。ホットケーキ一個分になるかどうか。だから樹液が煮詰まって減ったら、ポリタンクからまた樹液を足す。朝までに一カップ分くらいはシロップができることを願いながら。薪をくべ、また毛布にくるまり直して、次に薪か樹液を足せるときまでウトウトする。何時だったかはわからないが、目が覚めると寒くて体は椅子の中でこわばり、火は燃えさしになって樹液はなまぬるくなっている。がっかりして私は家に入り、床に就く。

朝、釜のところに戻ると、ポリタンクの中の樹液が凍っていた。もう一度火を熾しながら、私はふと、私たちの祖先がどうやってメープルシュガーを作ったか、以前聞いた話を思い出す。表面の氷は水だけなのだ。そこで私は氷を砕き、割れた窓ガラスみたいに地面に放り出す。

「メープル・ネーション」の人々は、商人が持ち込んだ煮沸用の釜を手に入れるずっと前からメープルシュガーを作っていた。釜で煮る代わりに、彼らは樺の木の樹皮で作った手桶に樹液を集め、アメリカシナノキをくりぬいて作った木製の桶に溜めた。表面積が広くて浅い桶は、氷が張るのにぴったりだった。人々は毎朝氷を取り除き、桶に残った砂糖水はそのたびに濃くなった。濃縮されてから煮詰めれば、ずっと少ないエネルギーで砂糖ができる。凍りつくような夜の寒さがたくさんの薪の代わりをしたのだ。樹液が採れるのは年に一度、この方法が可能な季節だけである——ここにもまた、自然と人の見事なつながりを見ることができる。

水分を蒸発させるための木桶は、昼も夜も燃え続ける焚き火の上に渡した平たい石に置かれた。昔は、前の年に薪や砂糖作りの道具を保管しておいた場所に一族が集まって「砂糖作りの野営」をした。年長の女性たちや赤ん坊は、やわらかくなり始めた雪の上を、トボガン〔訳注：アメリカの先住民が使っていた橇の一種〕で引かれてくる。そうやって全員が砂糖作りに参加した。砂糖作りには、あらゆる知恵と人手が必要だったのだ。鍋を掻き回している時間が一番長く、それは、冬の間あちらこちらに散らばって暮らしていた人々が集まっておしゃべりをするのにぴったりだった。

もちろん、作業には波があって、非常に忙しくなることもあった。シロップがちょうど良い濃度になると、それを攪拌して好みの形状で固める。やわらかい石鹸状にしたり、硬い飴状にしたり、あるいはザラメ状の砂糖にしたり。女たちはそれを樺の木の樹皮で作った「マカク」と呼ばれる籠に入れ、トウヒの根でしっかり蓋を縫い合わせて保管した。樺の樹皮にはもともと防黴・防腐作用があるので、砂糖は何年でも保存が利いた。

贈り物へのお返し

ネイティブアメリカンは、リスに砂糖の作り方を教わったのだと言われる。冬が終わる頃、溜め込んであった木の実が底をついてお腹を空かせたリスは、シュガーメープルの木のてっぺんに登って枝を齧る。樹皮を引っ掻くと小枝から樹液が流れ出て、リスはそれを飲むのだ。でも本当のお楽しみはその次の日の朝。リスは前日と同じ経路を辿り、夜の間に樹皮にできた砂糖の結晶を舐めるのである。氷点下の気温のおかげで樹液中の水分は昇華し、後には氷砂糖のような結晶が残る。リスたちはこうやって、一年で一番お腹を空かす季節を乗り越えるのだ。

ポタワトミ族はこの時期を、「メープル・シュガー・ムーン」、Zizibaskwet Giizisと呼ぶ。その前の月は「ハード・クラスト・オン・スノー・ムーン（雪の表面が凍る月）」と呼ばれる。自給自足の生活をしている彼らはそれを「ハンガー・ムーン（空腹の月）」とも呼ぶ——蓄えた食料が底をつき、狩りの獲物も少ない頃だ。だがメープルは、一番必要とされるときに食べ物を人々に与えて彼らを救ったのである。人々は、真冬でも母なる地球はなんとかして食べ物を与えてくれる、と信じるしかなかった。母親とはそういうものだ。お返しに、人々は樹液を集め始める前に感謝の儀式を執り行った。

メープルは毎年、「聖なる教え」が自分たちに与えた、人々を守るという役割を果たす。だがそれは同時に、メープル自身が生き残るためでもある。季節が変わる最初の兆候を感知した木の芽はお腹が空いている。たった一ミリの新芽が立派な葉に成長するためには食べ物が要る。そこで木の芽は春が来たのを感じると、あるホルモン信号を幹を通じて根に送る。光の世界から闇の世界へ、目を覚ませ、と電報を送るのである。このホルモンが引き金となってアミラーゼという酵素が作られ、それが、根に蓄えられたデンプンの大きな分子を、糖という小さな分子に分解する。根の中の糖の濃度が高まると浸透勾配ができて、土中から水分が吸い上げられる。水分の多い春先の土壌から取り込まれたその水に糖分が溶け、幹を上向きに流れて木の芽の養分になるのである。

木の芽と人々の両方を養うには大量の糖分を送り出す必要がある。そこでメープルの木は「木部《もくぶ》」と呼ばれる部分をその通り道として使う。通常は、糖分の運搬には樹皮のすぐ内側にある「師部」という薄い層だけが用いられるのだが、葉が自分で糖分を作れるようになる前の春先には、糖分の需要が非常に高いので、木部にも出番が回ってくるのである。糖分がこういうふうに移動するのは、一年でも、それが必要なこの時期だけだ。春の数週間、糖分はこうして上向きに流れる。だが、芽が開いて葉が姿を現わすと、葉が自分で糖分を作るようになるので、木部は水の通り道という仕事に戻るわけだ。

成熟した葉は、すぐには自分で使い切れないほどの糖を作るので、糖液は師部を通って逆向きに、葉から根へと流れ始める。こうして、木の芽に栄養を送った根には、今度はお返しに、夏の間中、葉が栄養を送るのだ。糖は根で再びデンプンに変換されて最初の「根の貯蔵庫」に保存される。つまり、冬の朝、私たちがパンケーキにかけるメープルシロップというのは、金色の液体となって私たちのお皿の上に溜まった夏の太陽の光なのだ。


私は夜な夜な夜更かしして火の番をし、樹液を小さな鍋で煮続けた。日中はずっと、ポタ、ポタ、ポタ、と樹液がバケツに溜まり、学校から帰った娘たちと私でバケツの中身を、樹液を集めるポリタンクに移す。私が煮る速度が採れる樹液に追いつかなかったので、ポリタンクをもう一つ買って溢れてしまった分を入れた。さらにもう一個。とうとう私たちは、集めた砂糖液が無駄にならないように、スパイルを引き抜いて、樹液を集めるのをやめた。こうして最終的には、三月に庭で椅子で寝た私はひどい気管支炎になり、木灰が混じって少々灰色がかった三リットル弱のメープルシロップができた。

今、このときのことを思い出すと娘たちは、やれやれ、という顔をして「あんなに大変だなんてね！」と言う。火にくべる枝を運んだり、重たいバケツを運びながら樹液を上着にこぼしたことを覚えているのだ。自然とのつながりを教えるためにあんな労働をさせるなんて、ひどい母親だ、と娘たちは私をからかう。たしかに二人とも、砂糖作りをさせるにはまだ早かった。けれども二人は、木から直接樹液を飲むという素晴らしい体験をしたことも覚えている。シロップではない。樹液だ。ナナブジョはあえて、シロップ作りを易しくはしなかった。彼が教えてくれたことは、地球が私たちに素晴らしい贈り物を与えてくれる、というのは真実の半分で、その贈り物をただ受け取るだけでは十分ではない、というのが残りの半分であると教えているのだ。責任はメープルだけが負っているわけではない。責任の半分は私たちにある。私たちが参加することで変容が起きる。樹液を甘い蜜に変えるのは私たちの労働であり、感謝なのだ。

　娘たちがベッドですやすやと眠っている間、私は毎晩、火の側に座り、パチパチと火が燃える音、樹液がぐつぐつと煮える音を子守唄のように聞いた。火に心を奪われて、東の空にメープル・シュガーの月が昇り、空が銀色になったことにさえ気づかないほどだった。冷たく澄んだ夜の空に浮かんだ明るい月が、家に木の影を落とした。娘たちが眠っている部屋の窓枠の周りに黒々と落ちる双子の木の影。太さも形も瓜二つで、家の正面中央の、道路との境に並んでいるこの二本の木は、玄関の扉の両側を、メープルの木でできたポーチコの柱みたいに縁取っていた。どちらも、屋根の高さまでは枝がなく、そこから上は傘のように枝を広げている。この家とともに、この家を守るような形で成長したのである。

　十八世紀の半ばには、結婚と新しい家庭の始まりを祝うために双子の木を植える習慣があった。我が家の二本の木は三メートル離れて立っていて、玄関のポーチに手をつないで立っている夫婦を連想させる。二本の木が落とす影はポーチと道の反対側の納屋をつないでいて、二つの間を行き来する若い家族に木陰を提供したことだろう。

でも、と私は考える。最初にこの家に住んだ人は、少なくとも若いうちはその木陰の恩恵には与らなかっただろう。彼らは、自分の子孫たちがここで暮らすと思っていたのだ。その二人は、木の影が道の向こうに届くずっと前から墓地で眠っているはずだ。私は今、彼らが想像した木陰のある未来に生きて、彼らが結婚の誓いとともに植えた木の樹液を飲んでいる。何世代も後の私のことを彼らが知っていたはずがない。でも私は彼らの心遣いが残した贈り物の中に暮らしているのだ。私の娘、リンデンが結婚したとき、引き出物に選んだのがメープルの葉の形をしたメープルシュガーであったことを、彼らは想像できただろうか?

私には、その人たちに、そしてこの木に対する大きな責任がある。私に——この双子の木に守られてここに住むことになった見知らぬ私に託された木々との、肉体的、感情的、そして精神的なつながり。私にはお礼のしようもない。彼らが私に与えてくれたものに見合うお返しなど、私にはとてもできない。木々はあまりにも大きくて、私が面倒を見るなど無理なことだ。もちろん、根元に粒状の肥料を撒いたり、夏の日照りの時には水をやったりはするが。もしかすると私にできる唯一のことは、彼らを愛することなのかもしれない。ただ私には、彼らのために、そして未来の、やがてここに住むことになる見知らぬ人のために、別の贈り物を残さなければならないことだけはわかっている。

マオリ族の人々は、美しい木彫りの像を作って遠くの森まで運んでいき、木々への贈り物としてそこに置いてくる、というのを聞いたことがある。だから私は、メープルの木の下の日当たりの良いところに何百ものラッパズイセンを植える。メープルの美しさに敬意を表するために。その贈り物へのお返しに。

今も、樹液が幹を昇る頃になると、足元ではラッパズイセンが顔を出す。

ウィッチヘーゼルと隣人

娘が語る私の物語

日が短くて寒い十一月は花の季節には向かない。重たい雲が垂れ込めて私の気持ちを暗くし、呪いをつぶやくかのようなみぞれが私を家の中に閉じ込める。外出は気乗りがしない。だから、たまに黄色い太陽が顔を出した天気の良い日があると――もしかしたらこれが、雪が降り始める前の最後の好天かもしれない――私は出かけないわけにはいかない。

この季節、木々に葉がなく鳥もいない森はとても静かで、ハチの羽音が妙に大きく聞こえてくる。不思議に思った私はハチの後を追う。どうして十一月にハチが飛んでいるの？　ハチはまっすぐに、葉の落ちた木の枝に向かって飛んでいく。でもよく見るとその木には黄色い花がたくさん咲いている。ウィッチヘーゼル（マンサク）だ。それはなんともみすぼらしい花だ。色褪せた布を裂いたみたいな細長い五枚の花びらが枝に張り付いて、風に吹かれて揺れる布切れみたいだ。ああ、でもそれがそこにあるのはなんと喜ばしいことか。灰色の季節を前にした、一点の色彩。冬が来る前の、この最後の喜びに、私は遠い昔のある十一月を思い出す。

その家は、主が去ってからずっと空っぽだった。背の高い窓に貼られたダンボール紙のサンタクロースは夏の日差しに色褪せて、テーブルの上のプラスチックのポインセチアにはクモの巣が張っていた。電気が途絶えた後、冷蔵庫の中でクリスマスのハムが黴の塊になっていく間、ネズミが食料の棚を食い荒らしたのが匂いでわかる。外のポーチではミソサザイが、主人の帰りを待ちながらまたランチボックスの中に巣をかけていた。垂れ下がった物干し用のロープの下に、アスターが咲き乱れている。ロープにはグレーのカーディガンがぶら下がったままだ。

ヘーゼル・バーネットに初めて会ったのは、母と一緒にケンタッキーの野原を、野生のブラックベリーを探し歩いていたときだった。身をかがめてブラックベリーを摘んでいると、生け垣の方から「こんにちは」という声がした。柵の横に、見たこともないほど歳をとった女の人が立っていた。私はちょっと怖くなって、挨拶に近づいていく間、母の手を握っていた。その人は、ピンクとワインレッドのタチアオイに囲まれ、柵に寄りかかって体を支えていた。鉄灰色の髪を首の後ろでお団子にまとめ、歯のない顔を縁取るわずかな白髪が日の光のように目を引いた。

「夜、あんたとこの灯りが見えるのが好きでね」とその人は言った。「お隣さんがいて嬉しいのよ。あんたたちが散歩してるのが見えたからね、挨拶に来たの」。母が自己紹介をして、数か月前に越してきたのだ、と説明した。「そいで、この可愛いおチビちゃんはどなた?」鉄条網から身を乗り出して私の頬を軽くつまみながらその人が言った。洗いざらして色の褪せた、ピンクと紫のタチアオイみたいな花柄の部屋着のゆったりとした胸の部分に鉄条網の柵が押し付けられた。庭に出ているのに寝室用のスリッパを履いている。私の母は絶対にそんなことさせてくれない。その人は、シワだらけの手を柵の上から差し出した。血管が浮き出て節くれだった手の薬指には、針金のように細い、その人の指には大きすぎる金色の指輪があった。それまで私は、ヘーゼルという名前の人を一人も知らなかったけれど、ウィッチヘーゼルという言葉は聞いたことがあったから、この人がまさにそのウィッチ［訳注：魔女の意］に違いない、と思った。私はいっそうきつく母の手を握りしめた。

その人が植物のことをよく知っていたことを考えると、その人を「魔女」と呼ぶ人がいた時代があったとしても不思議はない。それに、あまりにも季節はずれに花を咲かせ、静かな秋の森に夜の闇のような艶やかな漆黒の種を、妖精が歩いているみたいな音をさせて六〜七メートルも飛び散らせるウィッチヘーゼルには、たしかにどこか不気味なところがある。

意外なことにその人と母は仲良くなり、料理のレシピや庭づくりの秘訣を教え合うようになった。母は昼間は町の短期大学の教授として、顕微鏡の前に座っては研究論文を書いていたけれど、春の黄昏時には裸足で庭に出て、豆の種を蒔いたり、母のシャベルで傷ついたミミズを私がバケツに集めるのを手伝ってくれたりした。そういうミミズは、アイリスの根元に作った「ミミズの病院」で手当てをすれば元どおり元気になる、と私は思っていたのだ。母はいつもそんな私を応援して、「愛情が治せない傷はないのよ」と言った。

夜、暗くなる前に、私たちはよく野原を横切ってヘーゼルの家の柵まで会いに行った。「あんたとこの家の窓の灯りが好きでね」とヘーゼルが言う。「お隣さんが良い人たちだと何よりも嬉しいね」。ヘーゼルと母が、薪ストーブの灰をトマトの根元に撒くとヨトウムシがたかるのを防げるという話をしたり、私が字を覚えるのが早い、と母が自慢したりするのを、私は黙って聞いていた。「お利口なんだね、そうでしょ、ミツバチちゃん？」とヘーゼルが言った。時々、部屋着のポケットからペパーミントキャンディーをくれた。包んであるセロハンは古くてやわらかかった。

最初は柵のところまでだったのが、やがて私たちは家の前のポーチまで入るようになった。クッキーを焼くと、一皿分持って遊びに行き、板がたわんだポーチでレモネードを飲んだ。家の中に入るのは好きではなかった——圧倒されるほどのガラクタやゴミ袋やタバコの煙、そして、今だからわかるけれど、貧しさの匂いがしたからだ。ヘーゼルは、小さくて粗末な家に、息子のサムと娘のジェニーと一緒に暮らしていた。ヘーゼルによればジェニーは「単純」に生まれついていた。末っ子で、歳とってから産んだからだ、ということだった。ジェニーは優しくて愛情にあふれ、いつも姉と私をそのやわらかな腕の中にきつく抱きしめようとした。

サムは障害者で、仕事には就けなかったが、復員軍人の給付金と石炭会社からのいくばくかの年金を受け取っていて、三人はそれでやっとなんとか暮らしていた。調子が良くて釣りに行けるときは、川で釣った大きなナマズを持ってきてくれた。いつもすごい咳をしていたが、青い目は輝いていて、戦争で外国にいたことがあるので色々なお話をしてくれた。一度、線路の横で摘んだバケツ一杯のブラックベリーを持ってきてくれたことがある。母は、そんな贈り物はいただけない、と遠慮したが、ヘーゼルは「馬鹿言うんじゃないよ。あれは私のブラックベリーじゃない。神様が、みんなで分けろってお作りになったんだから」と言うのだった。

地に足のついた暮らし

母は体を動かして働くのが大好きで、母にとっては、石を積んで塀を作ったり、下草を刈ったりするのが楽しみだった。ときどきヘーゼルがうちに来て、母が石を積んだり木を割って焚き付けを作ったりする傍ら、オークの木の下に置いた庭用の椅子に座っていることもあった。二人は他愛のないおしゃべりをした。ヘーゼルが、薪の山が好きだという話をする——以前、ちょっとしたお金を稼ぐために洗濯物を請け負っていたときは特に、洗濯用のたらいの湯を沸かすのにたくさんの薪が必要だった、と。川を下ったところの店で料理人をしていたこともあり、かつては一度にどんなにたくさんの皿を運べたか、という話をしながらやれやれと首を振った。母は自分が教える学生の話や旅行の話をし、ヘーゼルは、飛行機に乗るということそのものに驚嘆するのだった。

ヘーゼルはまた、吹雪の中で赤ん坊をとりあげるために呼ばれたときのことや、薬草を求めて人々が彼女の家にやってきたことなどを話してくれた。別の女性大学教授がテープレコーダーを持ってやってきて彼女の話を聞き、昔ながらの彼女の知識の数々を本に載せると言ったことがあったが、その教授はそれっきり戻らず、その本も見ていない、とも言った。大きなヒッコリーの木の下でその実を拾い集めたこと、川のそばの蒸留酒製造所で樽作りの仕事をしていたお父さんにお弁当を届けたことなどを、私はうわの空で聞いていたが、母はヘーゼルの話を楽しんでいた。

母は科学者という仕事が大好きだったが、生まれてくるのが遅すぎた、ともしょっちゅう言っていた。本当は、十九世紀の農家の主婦というのが自分の天職だったに違いないと言うのだ。トマトを瓶詰めにしたり、桃を煮たり、パン生地のガス抜きをしたりしながら母は歌を歌い、そういうことを私にも是が非でも覚えさせようとした。母とヘーゼルの友情のことを今になって考えると、二人が互いに抱いていた尊敬の念は、こういうことに根ざしていたのだと思う。二人はともに、大地にしっかりと足を着けて、他の人たちのために荷物を担げる丈夫な背中を持っていることを誇りにしていた。

私にとって二人の会話はほとんどの場合、大人のおしゃべりが奏でる単調な背景音にすぎなかったのだが、一度、母が両腕いっぱいに薪を抱えて庭を歩いてきたとき、ヘーゼルが顔をその手に埋めて泣くのを見たことがある。「前の家に住んでいたときは、あんなふうに荷物を運べたんだよ。片方の腰に山ほどの桃を抱えて、もう片方に赤ん坊を抱えることだって難なくできたさ。でも今じゃもう、そんな力はなくなっちまった。風と共に消えちまったよ」

ヘーゼルが生まれ育ったケンタッキー州ジェサミン郡はすぐ近くだったが、彼女の口ぶりからは、それはまるで何百キロも離れたところみたいだった。ヘーゼルは車の運転ができないし、ジェニーとサムも同様だったので、彼女が以前住んでいた家は、大陸分水界の反対側にあるのと同じくらい、手の届かない場所になっていたのだ。

ヘーゼルは、あるクリスマス・イブにサムが心臓発作を起こしたときにここへ来て、サムと暮らすようになった。彼女はクリスマスが大好きだった——大勢のお客様とご馳走の準備。でもそのクリスマス、彼女はすべてを投げ出して家に鍵をかけ、息子の面倒を見るためにここで彼と暮らすことにしたのだ。それ以来、元の家には一度も戻ったことがなかったが、胸が痛むほど帰りたがっているのは見ればわかった。自分の家のことを話すときの彼女の目は、どこか遠くを見つめていた。

母には、故郷を懐かしむヘーゼルの気持ちがよくわかった。母は、アディロンダック山地の麓という北国で生まれ育った。大学院に行くため、また研究のために色々なところに住んだことはあるが、いつだって、いつか故郷に戻るつもりだった。燃えるようなメープルの紅葉が見られないのが淋しいと言って母が泣いていた秋のことを覚えている。良い仕事があったこと、それに父の仕事の関係もあってケンタッキー州に移り住みはしたが、自分の一族の人々や故郷の森を恋しがっていたのを私は知っている。故郷から引き離されるのがどういうことか、母はその苦さをヘーゼルと同じくらい味わっていたのだ。

歳をとるにつれてヘーゼルの悲しみは深くなり、昔のことを話すことが多くなっていった。二度と見ることのないもの。夫のローリーがどんなに背が高くてハンサムだったか、庭がどんなに美しかったか。母は一度、元の家を見に連れて行ってあげようと申し出たが、ヘーゼルは首を横に振った。「ご親切はありがたいけど、そんなお世話はかけられないよ。それに、どうせもう、風と共に消えちまったんだから」と言うのだ——「何もかも消えちまった」。でも、金色の日差しが長い影をつくるある秋の日の午後、ヘーゼルから電話があった。

「あんたがとってもお忙しいのはわかってるんだけど、もしも私の家まで車に乗せてってもらうことができるんなら、そりゃあもうとってもありがたいんだけどねぇ。雪が降る前にあの屋根を何とかしとかないとねぇ」。母と私はヘーゼルを迎えに行き、ニコラスヴィル・ロードを、川に向かって車を走らせた。今では四車線になっていて、ケンタッキー川に架かった大きな橋はあまりにも橋脚が高いので、その下を流れる濁った川の存在に気づかないくらいだ。今は閉鎖され空っぽになった古い蒸留所のところで私たちは高速道路を降り、川から離れる方向へ、舗装されていない道を走る。道を曲がった途端にヘーゼルが後部座席で泣き始めた。

「ああ、懐かしい道だよ」と言って泣くヘーゼルの手に私はそっと触れる。こういうときどうすればいいのかを私は知っている――自分が生まれ育った家の外まで私を連れて行ってくれたとき、母もこんなふうに泣いていたから。ヘーゼルの指示に従って、今にも崩れそうな小さな家々、薪ストーブ付きのトレーラーハウス、納屋の残骸などを車は通り過ぎる。黒々としたニセアカシアの鬱蒼とした木立の下の、草深い湿地の前で私たちは車を停めた。「着いた」とヘーゼルが言った。「愛しの我が家」。まるで本から引用したみたいな言い方だった。そこにあったのは古い学校だった――教会みたいな細長い窓が建物をぐるりと囲み、正面には、男子生徒用と女子生徒用の二つの入り口がある。下見板に薄く水漆喰を何度か塗っただけの、銀色がかった灰色をしている。

ヘーゼルは早く車から降りたくてたまらず、私は彼女が伸びた芝生に足を取られて転ぶ前にと急いで歩行器を渡した。スプリングハウス［訳注：湧き出る泉を護るための小屋］、鶏小屋などを一つひとつ指差しながら、ヘーゼルは母と私を家の横手の扉の方に連れて行き、私たちは入り口のポーチに上った。ヘーゼルは大きな手提げ袋の中をかき回して鍵を取り出したが、手が激しく震えてしまい、私に鍵を開けてくれないかと言った。ぼろぼろの網戸を開けると、鍵はすんなりと南京錠に入った。私が扉を開けて押さえると、ヘーゼルはよいしょ、と中に入ってそこで立ち止まった。止まって、家の中を見回している。そこはまるで教会のように静かだった。家の中のひんやりとした空気が、私の横をすり抜けて暖かな十一月の午後に流れていった。私が家の中に入ろうとすると、母の手が私の腕に触れて私を制した。母の表情は、「そっとしておきなさい」と言っていた。

その部屋は、まるで古い時代を描いた絵本のようだった。後ろの壁には大きな古い料理用の薪ストーブが置いてあり、鋳鉄製のフライパンが横にかけてある。流しの上には、食器用の布巾が木釘からきちんとぶら下がり、黄ばんだ白のカーテンがかかった窓の向こうには外の木立が見える。昔は学校だっただけに天井が高くて、青と銀色のティンセルモールの花綱飾りが、開いた扉から入るそよ風にチカチカと光り、扉の枠は黄ばんだセロテープで留めたクリスマスカードで縁取られている。キッチン全体がクリスマスのために飾り付けられて、テーブルにはクリスマス模様のオイルクロスがかかり、ジャムの瓶に挿したクモの巣だらけのポインセチアの造花が真ん中に置かれている。テーブルには六人分のお皿が並んでいて、その上には食べ物が残り、テーブルから引かれた椅子は病院からの電話でディナーが中断したときそのままだ。

「ひどいねぇ。片づけようね」。そう言ってヘーゼルは突然てきぱきと動き始める――まるでたった今夕食を終えた自宅に戻り、主婦としてその有り様を許せない、とでも言うように。歩行器を脇に置き、テーブルからお皿を集めて流しに持っていこうとする。母はそんなヘーゼルを落ち着かせようと、家の中を案内してくれるように頼み、片付けるのは今度でいいわ、と言う。ヘーゼルに連れられて居間に行くと、枝だけになったクリスマス・ツリーがあり、針のような葉が周りの床に積もっていた。裸の枝にはクリスマス飾りだけが、親のない子どものようにぶら下がっている。小さな赤い太鼓と、塗料が剝がれ尾の欠けた銀色のプラスチックの小鳥たち。居心地良い部屋だったことだろう、ロッキングチェアーとソファ、それに小さな、ひょろ長い脚のテーブルとガスランプが置いてある。古いオーク材のサイドボードには、花の模様が描かれた陶製の水差しと洗面器。ピンクとブルーの糸で手刺しのクロスステッチ刺繍を施したスカーフが、サイドボードの端から端まで掛けてある。「おやまあ」と言ってヘーゼルは、着ていた部屋着の端で厚く積もった埃を拭いた。「埃を掃除しなけりゃねぇ」

ヘーゼルと母がサイドボードに飾られた綺麗なお皿を見ている間、私は家の中を探検することにした。ドアの一つを押し開けると、寝具が乱れたままの大きなベッドの上に毛布が山になっていた。ベッドの横にはおまるのようなものがあったけれど、大人のサイズだった。部屋はちょっと臭かった。勝手に家の中をうろついているところを見つかりたくなかったので、私は急いで踵を返した。別のドアは、綺麗なパッチワークのキルトのかかったベッドがある寝室で、ドレッサーの上にかかった鏡はティンセルモールで飾り付けされ、ドレッサーの上には、煤で真っ黒のランプが置いてあった。

癒せない痛み

家の外の空き地を見て回る間、ヘーゼルは母の腕に寄りかかりながら、自分で植えた木や、とっくに雑草だらけになってしまった花壇などを教えてくれた。家の裏のオークの下に、葉のない灰色の枝の一群があり、糸のような黄色い花がたくさん、燃え上がるように咲いていた。「あらまあご覧よ、懐かしのお薬がお迎えに来たよ」とヘーゼルは言って、握手するみたいに枝に手を伸ばした。「このウィッチヘーゼルでずいぶん何度も薬を作ったよ。みんながそれをわざわざ分けてもらいに来たもんだ。秋に皮を煮て、冬の間中、痛いところや火傷や吹き出物につけるのさ。みんなが欲しがってね。森で効く薬が見つからない痛みなんかほとんどないからね」

「ウィッチヘーゼルは、体の外側だけじゃなくて内側にもいいんだよ。なんとまあ、十一月に咲く。神様は、良いことなんか何にもないような気がするときも、必ず何か良いことはあるってことを思い出させるためにウィッチヘーゼルを作ったの。ウィッチヘーゼルがあると、沈んでた心が軽くなるよ」

それ以降、ヘーゼルは日曜日の午後によく電話をかけてきて、「ちょっとドライブに行きたくない？」と言うようになった。母は、私たち姉妹も一緒に行くのが大事だと考えていた――パンを焼いたり豆を蒔いたりするのをどうしても私たちに覚えさせようとしたのと同じように。そんなことは大事ではない、と当時は思ったものだけれど、今では私はそう思わない。母とヘーゼルがポーチで話をしている間、私と姉は家の裏でヒッコリーの実を拾ったり、ちょっと傾いた屋外トイレで鼻をつまんだり、宝物を探して納屋をうろついたりした。入り口のドアのすぐ横に、古くなった黒い金属製のランチボックスが釘からぶら下げてあった。蓋は開いていて、食器棚シートのようなものが内側に敷いてあり、中には鳥の巣の名残りみたいなものが入っていた。ヘーゼルが持ってきた小さなビニール袋にはクラッカーのくずが入っていて、ヘーゼルはそれをポーチの手すりの上にばら撒いた。

「このミソサザイのおチビちゃんは、ローリーが死んでから毎年ここで巣を作ってね。これはローリーのお弁当箱だったんだけど。今じゃこの子は巣をかけるのは私が頼りだからね、がっかりさせるわけにゃいかないよ」。若くて頑健だった頃のヘーゼルを頼りにしていた人はたくさんいたことだろう。ヘーゼルの案内で近所をドライブしたときは、ほとんどの家で車を停めた。一軒を除いて。「ここは寄らなくていいよ」とヘーゼルは言って目を逸らした。でもそれ以外の人たちは、ヘーゼルに会えたことがものすごく嬉しいようだった。母とヘーゼルが近所の人たちを訪問している間、姉と私は鶏を追いかけたり飼われていた犬と遊んだりした。

それは、私たちが学校や大学のパーティーで会うのとは全然違う人たちだった。ある女の人は、手を伸ばして私の歯をコンコンと叩き、「とっても綺麗な歯だねえ」と言う。歯並びを褒めてもらえるなんて考えたこともなかった私だが、そう言えば、これほど歯が少ししか残っていない人たちを見るのも初めてだった［訳注：アメリカでは歯科医療を受けられるかどうかが生活水準を表す傾向があり、低所得者層ほど歯が欠損している割合が高い］。でも私が主に覚えているのは彼らの優しさだ。そのご婦人たちは、松の木の下に立つ小さな白い教会の合唱団で共に歌ったヘーゼルの仲間だった。少女の頃からの友人たち。川のそばでのダンスパーティーのことを思い出して一緒に笑い、この町を出て行ってしまった友人の末路について悲しんだ。午後になると私たちは、籠いっぱいの新鮮な卵だの、姉と私それぞれにもらったケーキのスライスだのを持って家に帰る。そしてヘーゼルはとても幸せそうに輝いていた。

冬になると私たちが出かけることは少なくなり、ヘーゼルの目の輝きが消えていった。ある日、私たちの家のキッチンテーブルに座っていたヘーゼルが言った。「今持ってる以上のものを神様におねだりしちゃいけないのはわかってんだけどもね、愛しの我が家でもう一回だけクリスマスができたらどんなに良いかねえ。でもそんな時代は消えちまったねえ。風と共に消えちまった」。それは、森の中にも薬の見つからない心の痛みだった。

その年、私たちは北にいる祖父母のところにクリスマスの帰郷をする予定がなく、母はそのことをとても悲しんでいた。クリスマスまでまだ何週間もあるのに、母は早くもすごい勢いで焼き菓子を焼き、私と姉はクリスマスツリーに飾るポップコーンとクランベリーを糸でつなげていた。母は、雪やバルサムモミの香りや家族のいないクリスマスはどんなに淋しいだろう、と言った。そしてそれから、いいことを思いついた。

絶対秘密のサプライズパーティー計画だ。母はサムから家の鍵を借りて、ヘーゼルの家に下見に行った。電力会社に電話をして、クリスマスの前後だけ、ヘーゼルの家の電力をオンにしてもらう手配をした。電灯が点くと、家の汚さが鮮明になった。水道が止まっていたので、私たちの家から水を運んで拭き掃除をした。私たちだけでこなすのはとても無理だったので、母は、大学で母の講義を受けている男子学生で、社会奉仕プロジェクトの単位が必要な人たちに手伝ってもらうことにした。それはまさに単位を与えていいプロジェクトだったのだ――冷蔵庫の掃除はどんな微生物学の実験にも引けを取らなかった。

私たちはヘーゼルの家がある通りを車で回り、ヘーゼルの昔からの友人たち全員に手作りの招待状を配った。数が少なかったので、母は学生たちや母の友人たちも招待した。ヘーゼルの家にはすでにクリスマスの飾り付けがしてあったけれど、追加で飾りを作った――ペーパータオルの芯を使って作ったチェーンやキャンドル。父がクリスマスツリーを伐って居間に立て、以前そこにあった、葉の落ちたクリスマスツリーから外して箱に入れてあったライトを飾り付けた。ちくちくするベイスギの枝を腕いっぱい運んでテーブルを飾り付け、クリスマスツリーには杖の形のキャンディーを吊るした。ほんの数日前までは黴とネズミの匂いしかしなかった部屋を、スギとペパーミントの香りが満たした。母と母の友人たちはクッキーをたくさん焼いた。

パーティーの日の朝、部屋は暖かく、クリスマスツリーにはライトが灯り、一人また一人と、正面ポーチの階段をよっこらしょと上ってお客様が集まってきた。母がパーティーの主賓を車で迎えに行っている間、姉と私がもてなし役を務めた。「ねえ、ちょっとドライブに行かない？」と母は言って、ヘーゼルに暖かいコートを着せた。「なあに、どこへ行くの？」とヘーゼルが訊いた。

光と友人たちでいっぱいの「愛しの我が家」に足を踏み入れたヘーゼルの顔は、まるでキャンドルに火を点けたように輝いた。母は、ドレッサーの上で見つけた、金色のラメが付いたプラスチックのベル型のクリスマスブローチをヘーゼルの服に留めた。その日、家の中を歩くヘーゼルはまるで女王様のようだった。父と姉は居間で、「聖夜」や「もろびとこぞりて」をバイオリンで弾き、私は赤くて甘いパンチをおたまですくってグラスに注ぐ係だった。このパーティーのことは、それ以上はあまり覚えていない——帰りの車の中でヘーゼルが眠ってしまったこと以外は。

そのほんの数年後、私たちはケンタッキー州を去り、北の国に戻った。母は、故郷に帰れること、オークではなくてメープルとともに暮らせることを喜んだが、ヘーゼルとの別れは辛くて、母はギリギリまでさよならを言わなかった。ヘーゼルはお別れのプレゼントに、ロッキングチェアーと、古風なクリスマスの飾りが二つ入った小さな箱をくれた。セルロイド製の太鼓と、尾が取れてしまった銀色のプラスチックの小鳥。母は今でも毎年、クリスマスツリーにそれを飾って、あのときのパーティーの話をする。まるでそれが生涯で最高のクリスマスだったみたいに。越してから二年ほど経った頃、ヘーゼルが亡くなったという知らせがあった。

「消えちまった。風と共に全部消えちまった」とヘーゼルなら言っただろう。

ウィッチヘーゼルにも癒せない痛みがある。そういう痛みのために、私たちはお互いを必要とする。一風変わった姉妹のようだった私の母とヘーゼル・バーネットは、二人がともに愛した植物からたくさんのことを学んだことだろう。そして、淋しさを癒す薬、手の届かぬものを求める痛みに耐えるためのお茶を、一緒に作ったのだ。

赤く色づいたメープルの葉が散り、雁がいなくなってしまうと、私はウィッチヘーゼルを探しに行く。ウィッチヘーゼルは必ずそこにあって、あの年のクリスマスと、二人の友情がお互いにとってどれほどの慰めであったかを思い出させてくれる。ウィッチヘーゼルのような日々を私は大切に思う——冬が迫り来る季節に窓に灯る明かりのような、その一抹の色彩を。

池と母親業

私はただ、良い母親になりたかっただけなのだ。スカイウーマンのように。どういうわけか、その結果がこの、茶色い水が溢れるヒップウェーダー〔訳注：ゴム製で、足の付け根までカバーする長靴〕なのである。池の水から身を守るつもりで履いたゴムブーツは今や、池の水で一杯だ。もちろん私も水の中だ。それとオタマジャクシが一匹――と言っていると反対側の足の後ろにも何かがちょろちょろ動いている。オタマジャクシが二匹だ。

ケンタッキー州を去り、ニューヨーク州の田舎に家を探し始めたとき、幼い二人の娘は私に、新しい家にあって欲しいものの具体的なリストを手渡した。枝の上に要塞を作れる大きな木、一人につき一本。ラーキンのお気に入りの絵本に出てくるような、パンジーで縁取った石畳の小道。赤い納屋。泳げる池。そして紫色の寝室。

一番最後のリクエストはちょっと嬉しかった。この直前に、二人の父親は、この国を――そして私たちのもとを――去り、余所へ行ってしまった。こんなにたくさんの責任を負った人生はもう要らないと言って。だから私が全責任を負うことになった。そんな状況で、少なくとも、寝室を紫色に塗れることだけはありがたかった。

冬の間中、私は次から次へと家を見て回ったが、私の予算や希望に合うものはなかった。「3LDK、浴室×二、二階建て、造園済み」という不動産物件情報では、ツリーハウスを作るのに適した木があるかどうかといった重要なことはわからない。白状すれば、私は住宅ローンや学区のこと、結局トレーラー・パークに住むことになりはしないか、そういうことの方が気にかかっていた。でも、不動産業者に連れられて大きなシュガーメープルの木に囲まれた古い農家に行ったとき、娘たちの希望事項が頭に浮かんだ。シュガーメープルの二本は低いところに枝が広がっていて、ツリーハウスにはぴったりだった。いいかもしれない。ただし、窓の鎧戸は垂れ下がり、ポーチはもう半世紀も前から傾いてしまっているのが問題だった。良い点としては、八五〇〇坪の土地があったこと、そしてその中に池があったことだ。マス池と説明された池は、そのときはただ、木に囲まれて、なめらかな氷が張っているだけだった。家は空っぽで冷たく、誰にも愛されずに打ち棄てられていたが、部屋のドアを開けて回ると、信じられないことが起こった――角部屋の寝室の壁がスミレ色だったのだ。お告げだわ、と私は思った。ここが私たちの着地するところなのだ。

私たちはその春引越しをした。ほどなくして、娘たちと私はメープルの木の上に、一人に一つずつ要塞を作った。雪が解け、雑草だらけの敷石の小道が玄関に続いているのを発見したときの、私たちの驚きを想像してほしい。私たちは、近所の人たちと知り合い、お弁当を持って丘の上も探検し、パンジーを植え、幸福という名の根を下ろし始めた。父親と母親、二人分に足る「良い母親」になることも不可能ではないように思えた。娘たちが我が家に求めたもののリストのうち、残るは「泳げる池」だけだった。

家の譲渡証書には、その池は深い湧水池となっていた。百年前はたしかにその通りだったのかもしれない。家族が代々ここに住んでいるという近所の住民の一人は、それはこの谷一帯で一番人気のある池だったと言う。夏、干し草作りを終えた青年たちが荷馬車を停めて丘を登り、池で泳いだそうだ。「服をパッと脱いで飛び込むのよ。場所的にさ、女の子には俺たちが見えないわけ。真っ裸だったからね。冷たかったね！　湧き水だから氷水みたいに冷たくってさ、干し草作りの後はそりゃあ良い気持ちだったよ。上がると草の上に寝転んであったまってさ」。私たちの池は、家の裏手の丘の上にある。池は三方が斜面になっていたし、もう一方はかたまって生えている林檎の木が完璧な目隠しになっていた。後方には石灰岩の崖があって、私の家は、二百年以上前にそこから切り出した岩でできていた。でも今では、その池にほんの爪先さえ浸そうとする人がいるとは思えない。娘たちが嫌がるのは確かだった。池は水藻でいっぱいで、どこまでが水草でどこからが水か、その見分けさえつかないほどだったのだ。

アヒルを飼ったのも良くなかった。アヒルというのは、お上品な言い方をすれば、豊富な「栄養の流入源」である。だが飼料店の店先にいるヒヨコは、それは愛くるしかったのだ――ふわふわした黄色い綿毛に包まれた大きな嘴と巨大なオレンジ色の脚で、おがくずの入った木箱の中をヨチヨチと歩き回る。それは復活祭が近い春のことで、買うべきではない理由は色々あったけれど、娘たちの喜ぶ様子にそんなものは霧消した。アヒルのヒヨコを買ってやるのが良い母親というものではないか？　池というのはそのためにあるのではないのか？

私たちは、ヒヨコを入れた段ボール箱と加熱ランプをガレージに置き、箱にもヒヨコにも火がつかないように厳重に監視した。娘たちはヒヨコの世話の全責任を引き受け、きちんと餌をやり、掃除もした。ある日の午後、仕事から帰ると、ヒヨコたちが台所の流しに浮かんでガァガァと鳴きながら泳ぎ回り、背中から水を撥ね散らかしている。娘たちは満面の笑顔だ。そのときの流しの様子を見れば、その後どんなことが起こるか予想がつくはずだった。それから数週間、ヒヨコたちは熱心に食べ、同じくらいの熱心さで糞をしていたが、ひと月と経たないうちに、私たちは白いつやつやしたアヒル六羽を箱に入れて運び、池に放した。

アヒルたちは、羽づくろいをし、バシャバシャと水しぶきを上げた。最初の数日はよかったのだが、彼らを守り、生きる術を教えてくれる母鳥がいなかったアヒルたちには、箱の外で生き長らえる能力が欠けているようだった。アヒルは毎日一羽ずつ減っていった

——五羽になり、四羽になり、そして三羽。だが残った三羽には、キツネやカミツキガメ、池の周りを徘徊するようになっていたハイイロチョウヒなどを撃退する才能があったらしく、元気だった。三羽が池を滑るように泳ぐ姿は、それはのどかで満足そうだった。けれども池そのものは、それまで以上に緑色が濃くなっていった。

それまではペットとして完璧だったのだが、冬が来ると、アヒルたちの悪い性格が露わになった。周りにぐるりとポーチがついた、とんがり屋根の鳥小屋を作って池に浮かべ、紙吹雪のごとく大量のトウモロコシを撒いてやったにもかかわらず、アヒルたちは満足しなかった。ドッグフードと我が家の裏のポーチが気に入ってしまったのだ。一月のある朝、ベランダに出ると、ドッグフードのボウルは空っぽになり、犬は外で縮こまり、雪のように白い三羽のアヒルがベンチの上に並んで座って満足そうに尾をプルプルさせているではないか。

私の住んでいるところは寒さが厳しい。とにかく寒い。アヒルの糞は山型にとぐろを巻いて凍りつき、製作途中の土器みたいにポーチの床にしっかりとこびりついて、アイスピックで削り取らなければならない。私はアヒルをシッシッと追い払い、ポーチのドアを閉め、池までトウモロコシの実を一直線に並べてやる。アヒルはガァガァ言いながらそれを辿って歩いていく。が、翌朝には戻ってきてしまうのだ。

冬の寒さと毎日のアヒルの糞攻勢は、動物愛を司る脳の部分を凍らせてしまうらしい。私はアヒルたちが死んでくれたらと願うようになった。だがあいにく私には自分の手で殺す勇気はないし、このあたりの友人には、真冬にアヒルなどという怪しげな贈り物を受け取ってくれる人などいない——たとえプラムソース付きでも。私は密かに、キツネをおびき寄せる薬をアヒルに吹きつけようかと考えた。それとも、ローストビーフを脚に結わえつければ、尾根の頂《いただき》で遠吠えするのが聞こえるあのコヨーテが興味を持つかもしれない……。だがそうする代わりに私は良い母親であり続けた。アヒルたちに餌をやり、家のポーチにこびりついた糞をシャベルで削りながら、春が来るのを待ったのだ。ある暖かな一日、アヒルたちがいそいそと池に戻って行ったかと思うと、それから一月経たないうちに三羽ともいなくなってしまった。季節外れの雪が岸に吹き寄せたみたいに、白い羽根が散らばっていた。

アヒルはいなくなったが、彼らが残していったものはなくならなかった。五月になる頃には、池は緑色の藻でどろどろになっていた。カナダ雁のつがいが棲みつき、ヤナギの木の下で雛を育てた。ある日、雛たちに筆毛が生えたかどうかを見ようと巣の方に歩いていくと、苦しそうにガーガーと鳴く声が聞こえてきた。池で泳いでいたふわふわの茶色い子ガモが、湖面に浮かんだ藻の塊に引っかかってしまったのだ。子ガモは大声で喚きながら羽をばたつかせ、自由になろうともがいていた。どうやって助けようかと私が考えあぐねているうちに、子ガモは思いっきり脚で藻を蹴った。そして水面に飛び上がったかと思うと、藻の絨毯の上を歩き始めたのである。

その瞬間、私は決心した。池の上を歩けるなんてとんでもないことだ。池は野生の動物を惹きつけはしても、捕まえたりしてはいけないのだ。この池を、泳げるようにできる可能性は——たとえそれが雁でも——ゼロではないが非常に低いように思えた。だが私は生態学者だ。少なくとも、状況を改善できるという自信はあった。生態学、ecologyという言葉は、ギリシャ語で「家」を意味するoikosという言葉に由来する。生態学を利用すれば、子ガモや娘たちに良い家を作ってやれるはずだ。

池の富栄養化と闘う

古い農場にある池の多くがそうであるように、私の池は富栄養化の餌食になっていた。時とともに栄養が溜まっていく自然な現象だ。何世代にもわたって、藻や睡蓮の葉、落ち葉、池に落ちた林檎などが堆積し、初めはきれいだった水底の小石の上にどろどろしたものが積もっていく。たっぷりの栄養のおかげで新しい植物が生え、それがさらに新しい植物を成長させるというサイクルが、加速度的に繰り返される。多くの池がそうなのだ。徐々に水底に堆積物が溜まり、やがて池は湿地になり、いつの日か野原になって、それから森になる。池は歳をとるものなのだ。そして私もまた歳をとるけれど、歳をとるのはだんだんと豊かになっているプロセスである、という生態学的な考え方が私は好きだ――徐々に何かを失うのではなくて。

富栄養化はときとして、人間の活動によっても加速する。肥料を撒いた畑からの栄養分に富んだ水や浄化槽の中味が流れ込んで、藻の発育を飛躍的に増大させるのだ。私の池はそういう影響は受けないところにあって、水源は丘から流れ込む冷たい湧き水だったし、池の上方の斜面の木々は、周りの牧草地から流れ込む水の窒素を吸い上げるフィルターになっていた。私の敵は、水が汚れることではなくて時間だったのだ。池で泳げるようにする、というのは、時間を巻き戻そうとすることだった。そう、私はまさに、時間を巻き戻したかった。娘たちの成長はあまりにも早く、私が母親でいられる時間が少なくなっているのに、泳げる池をあげるという約束はまだ果たせていない。

良い母親であるためには、娘たちのためにこの池をなんとかしなくてはならなかった。豊かな食物連鎖が存在するのは、蛙や鷺にとっては良いことかもしれないが、泳ぐのには適さない。泳ぐのに最適な湖というのは、富栄養型ではなく、水が冷たくて澄んだ貧栄養型である。

私は、私の小さな一人乗りカヌーを池まで運び、藻を取り除くための浮き台として使うことにした。柄の長い熊手で藻をすくい上げ、ゴミの運搬船みたいにカヌーに積んで岸まで運び、それが済んだら気持ち良くひと泳ぎする、というのが私の計画だった。だが実現したのは泳ぐ、というところだけ。しかもそれは気持ち良くもなんともなかった。藻をすくい上げようとしてわかったのは、藻は水の中に、透き通った緑色のカーテンのように下がっている、ということだ。軽量なカヌーから身を乗り出した状態で、重たい藻の塊を熊手の先に引っ掛けて持ち上げようとすれば、池を泳ぐ羽目になるのが物理の法則である。

藻をすくい上げようとしても無駄だった。私は水の汚れの原因ではなく、症状に対処しているだけだったのだ。私は池を復旧させる手立てについて読めるかぎりのものを読み、いくつかの選択肢を比較検討した。時間とアヒルたちがしたことを帳消しにするには、表面のあぶくを取り去るだけではなくて、池の栄養素を排除しなければならなかった。池の浅瀬に裸足で入ると、足指がドロッとしたものを踏んづけたが、その下に、この池の本来の姿であるきれいな小石があるのがわかった。泥をすくい上げてバケツで運び出したらどうだろう。でも、一番幅の広い雪掻き用シャベルを持ってきて泥をすくおうとすると、シャベルが水面に上がったときには、私の周りの水が一面茶色く濁るだけでシャベルにはほんの一掴みほどの泥しか残っていない。私は水の中に立ったまま大笑いした。シャベルで水中の泥をすくおうだなんて、まるで虫取り網で風を捕まえようとするみたいだ。

次に私は、古くなった窓の網戸をふるいにして沈殿物をすくい上げようとした。だが泥はとても細かくて、網戸には何も引っかからなかった。ただの泥ではないのである。この泥の中の有機物質は微細粒子であり、水に溶けた栄養素は凝集して動物性プランクトンがパクリと食べられるほど小さな塊を作るのだ。水から栄養素を引きずり出すのは、私には無理であることは明らかだった。だが幸い、植物にはその能力があった。

藻の塊というのは、実は単に、溶解したリンと窒素が光合成という魔法によって固形化したものにすぎない。シャベルで栄養素を運び出すのは無理だったが、栄養素がいったん植物の形になってしまえば、腕力を行使し腰をかがめてそれを水中からすくい上げ、手押し車一杯分ずつ片付けることができるのだ。

農場の池に見られるようなリン酸塩分子は、水から吸収されて生体組織を形成し、何者かに食べられるか死ぬかして、分解され、また次の藻の一部になるまで、平均すると二週間もかからない。この際限のないリサイクルの循環を遮断して、藻の形になった栄養素を捕捉し、それが再び分解して次の藻になる前に運び出す、というのが私の計画だった。そうすれば、ゆっくりと、確実に、池の中を循環する栄養素の量を減らせる。

植物学者という職業柄、私はこれらの藻が何であるかを知らねばならなかった。藻だっておそらくは、木と同じくらいたくさんの種類があるのだろうし、彼らの素性を知らないのは彼らの生命にとっても私の仕事にとっても良くない。誰だって、どんな木が生えていたのかを知らずに森を再生しようとはしないはずだ。そこで私は顕微鏡で調べるために、緑色のドロドロを瓶にすくい上げて、匂いが漏れないようにしっかりと蓋をした。

私はヌルヌルした緑色の塊を裂いて、顕微鏡に置ける小さな薄片にした。一つの標本の中に、サテンのリボンのように光沢のある長いシオグサがあり、そこに透き通ったアオミドロが巻きついている。アオミドロの中には葉緑体が緑色の螺旋階段みたいに並んでいる。玉虫色のボルボックスが回転し、ミドリムシが藻の間を伸びたり縮んだりして、その緑色の全体が動いている。さっきまで瓶の中の汚水にしか見えなかった水のたった一滴の中に、生命が溢れているのだ。彼らは池の復元における私のパートナーだ。

一年分のガールスカウトのミーティングやベイク・セール［訳注：学校やガールスカウトなどの団体が資金集めのために手作り菓子などを販売すること］、キャンプ、そのうえ忙しい本業の合間になんとか時間を作っての池の復元作業は、遅々として進まなかった。母親なら誰でも、自分のために使えるわずかな時間は貴重で、丸くなって本を読んだり、裁縫をしたりするものだが、私はほとんどの時間を池で過ごした。私には、野鳥や風、そして静けさが必要だったのだ。池にいるときだけは、自分が何かを「より良く」できるような気がした。私は学校で生態学を教えていたが、土曜日の午後、娘たちが友だちの家に遊びに行った後は、生態学を行動に移すことができたのである。

カヌーで大失敗した私は、熊手を持って岸に立ち、できるだけ腕を伸ばす方が賢明だと考えた。熊手には、シオグサがたくさんぶら下がった木の枝が引っかかり、まるで長い緑色の髪がからみついた櫛のようだった。熊手で一掻きするたびに、池の底からまた一枚、シーツが剝がれるように藻が引き上げられ、岸に棄てられた藻の山はどんどん高くなっていく。私はそれを池より低いところに運んで、池に水が流れ込む場所からどかさなくてはならない。池の岸に残したまま藻が腐れば、腐敗したところから流れ出した栄養分があっという間に池に戻ってしまうからだ。私は娘たちの小さな赤いプラスチック製のトボガンに藻を投げ入れては急な池の岸を引っ張り上げて、そこに置いてある手押し車の中にあけた。

ドロドロの泥土の上に立つのは嫌だったから、私は古くなったスニーカーを履いて岸から慎重に作業をしていた。山ほどの藻を引き上げはしたものの、私の手が届く範囲のちょっと先にはもっとたくさん藻があった。スニーカーはやがてゴムの長靴になり、私の手が届く範囲は広がったが、それではまだ足りないということがわかり、長靴が今度はウェーダーになった。腰まであるウェーダーを履くと、自分は安全だと錯覚する。ほどなくして私はほんのちょっと遠くまで進みすぎ、冷たい池の水がウェーダーの上端から中へと勢い良く流れ込んできた。水が入るとウェーダーはものすごく重くなる。私は泥の中で動けなくなった。良い母親は溺れるわけにはいかない。その次から、私は短パン姿で水に入った。

私は抗うのをやめた。初めて腰まで水にざぶざぶと入って行ったときの解放感を覚えている——体の周りに浮かぶTシャツの軽さ、素肌で感じる渦巻くような水の流れ。私はやっと安堵した。私の足をくすぐるのはアオミドロの束にすぎないし、つっつくのは好奇心の強いスズキだ。私は初めて、藻がカーテンのように目の前に広がるのを見た——それは熊手の先にぶら下がっているときよりもずっと美しかった。古い小枝からアオミドロが花のように広がり、ゲンゴロウがその間を泳ぐのも見えた。

私と泥の間には新しい関係が生まれた。泥から身を守ろうとするのではなく、私は泥のことをまったく気にかけなくなったのだ。泥がついていることに気がつくのは、家に戻ってから髪に藻が絡まっているのが見えたり、シャワーを浴びて流れるお湯が真っ茶色になったりするときだけだった。池の底に積もった泥の下にある砂利の感触、ガマが生えているあたりの泥地獄、浅瀬から水深が急に深くなるところのひんやりした静けさを私は知った。端の方をおそるおそる歩いていたのでは、変化を起こすことはできないのだ。

植物学者としての母の悩み

ある春の日のこと、あまりにもたくさんの藻が引っかかったものだから、重たくて熊手の竹の柄が曲がってしまった。私は熊手を水に浸け、藻の一部を水中に落として軽くしてから熊手を返して藻を岸に投げ上げた。もう一度熊手を水中に降ろそうとしたとき、その藻の山の中から、濡れた尾を叩きつけるような、ぴちゃっという音が聞こえた。山積みになった藻の表面からちょっと内側で、何か小さな塊が狂ったようにもがいている。中で何が暴れているのだろうかと私は藻をかき分けた。ぷっくらとした茶色い体がそこにあった——私の親指ほどもある、ウシガエルのオタマジャクシだ。オタマジャクシは、水の中を漂っている藻の網の中は自在に泳ぎ回れるが、熊手で引き上げられた網は潰れて巾着網のように彼らを捕まえてしまう。私はその、ぐにゃっと冷たいオタマジャクシを親指と人差し指でつまみ上げ、池に戻してやった。オタマジャクシは水中で一瞬じっとして休み、それから泳ぎ去った。次に熊手を引き上げると水の滴るなめらかな藻にはものすごくたくさんのオタマジャクシがくっついていて、まるでお盆に広げたピーナツブリトルの中のピーナツみたいだった。私は腰をかがめて一つ残らず放してやった。

大変なことになった。熊手ですくい上げなければならない藻はたくさんある。藻をすくい上げ、山積みにしてそれでおしまいなら問題はない。だが、罪の呵責を逃れるために、熊手を引き上げるたびに手を止めてオタマジャクシを放してやらなければならないのでは仕事がはかどらない。私は自分自身に、オタマジャクシを傷つけるつもりはないのだから、と言い訳した――私はただ彼らの生息環境を改善しようとしているだけで、彼らはその巻き添えになったのであり、いたしかたないのだと。だが私の善意など、堆肥の山の中で苦しんで死んでいくオタマジャクシにとっては何の意味もない。溜息が出たが、私は覚悟を決めた。私は良い母親になりたくて、娘たちが池で泳げるようにこれをしているのだ。そのために他の母親の子どもを犠牲にするなんてとてもできない――そもそもその子たちには泳げる池がすでにあるというのに。

池を熊手でさらう作業に、オタマジャクシをつまみ出す作業が加わった。藻の中からは、鋭い大腮《おおあご》を持つ捕食性のゲンゴロウ、小魚、トンボの幼虫など、驚くようなものが出てきた。オタマジャクシを放してやろうと藻に指を突っ込むと、蜂に刺されたような鋭い痛みが走り、慌てて手を引っ込めると、指の先に大きなザリガニがくっついてきた。私の熊手の先で一つの食物網が完結していた。しかもそれは私の目に見える生物だけで、氷山の一角、食物連鎖の頂点にすぎないのだ。絡まり合った藻にいるたくさんの無脊椎動物を、私はすでに顕微鏡で見たことがあった。カイアシ、ミジンコ、ワムシ、それにもっとずっと小さい生き物たち――糸のようなミミズ、緑色の藻の丸い塊、繊毛を一斉に動かしている原生動物。そこにいることはわかっていたが、取り出すのは到底不可能だ。だから私は一連の責任について私自身と取引し、彼らの死を無駄にはしない、と自分を説得しようとした。

池の底を熊手で掃除していると頭の中が空っぽになって、哲学的にものを考えるスペースができる。熊手で藻をすくい上げたりオタマジャクシをつまみ出したりしているうちに、無脊椎動物であろうが何であろうがすべての生命が大切だ、という私の信念は揺らいだ。理論的にはそれは正しいと私は思う。だが実際に行動するとなるとそこは曖昧になって、私の中の精神性と実用主義がせめぎ合う。熊手を一回動かすたびに、自分は生命に優先順位をつけているのだということが私にはわかっていた。私がきれいな池を欲しがったばかりに、体長の短い単細胞生物たちが死んでいく。私の方が大きいし、私には熊手もあるから勝つのは私だ。そういう世界観を私は進んで良しとはしないけれど、かと言って夜眠れなくなりはしないし、作業の手が止まることもない。私はただ、自分がしている選択に気がついているだけだ。私にできる最善の努力は、そうした小さな生命に敬意を持ち、無駄にしないことだった。私はできる限り虫を藻の中から解放したが、残りは堆肥の山に捨てられた。もう一度土に還り、新しい生命を始めるために。

最初のうちは、池からすくい上げたばかりの藻を手押し車で運び出していたが、間もなく私は、何十キロ分もの水を運ぶから大変なのだということに気づいた。そして、岸に積み上げた藻から水が流れ出して池に戻るまで待つようになった。数日経つと藻は干上がって、ペラペラの紙のようになり、手押し車に積むのも楽だった。アオミドロやシオグサといった糸状藻類には、質の良い飼料草と同じくらいの栄養がある。私は、酪農用の上質な干し草の何ベール分にも相当する栄養素を捨てていたわけだ。手押し車に一杯また一杯と、藻は堆肥の山に積み上がって、やがて黒々とした上等の腐葉土になるのである。文字通り、池が畑の肥やしになるのだ——シオグサがニンジンに生まれ変わって。

池の変化はだんだん目にも見えるようになってきた。水面に藻がない状態が数日間続くこともあったが、フワフワした緑色の藻は必ず戻ってきてしまった。

私の池にあり余る栄養を吸い上げているのが藻だけではないことにも、私は気づき始めた。岸に沿ってぐるりと、ヤナギの木が、その羽根のようにやわらかくて赤い根を水深の浅いところに伸ばしている。葉や小枝を作る窒素やリンを根系に取り込もうとしているのだ。私は剪定バサミを持っていき、揺れる枝を一本また一本と切っていった。切った枝を何束分も捨てるのは、ヤナギが池の底から吸い上げて貯めておいた栄養を倉庫ごと廃棄するようなものだ。畑に積んだ枝の山はどんどん背が高くなり、やがてワタオウサギがそれを食べる。ヤナギの栄養はウサギの糞となって広範囲に再配分される。ヤナギは枝を切ると激しく反応し、幹から細くてまっすぐな新枝を伸ばす。それは一年で私の背丈を超えるほどになることもある。池から離れたところにあるヤナギの新枝はウサギや野鳥のために切らずにおいたが、池の岸ぎりぎりのところにあるものは、籠を編むために切って束ねた。太めの枝は、インゲン豆やアサガオを這わせる棚の支柱にした。岸に沿って生えるミントやその他のハーブも摘んだ。ヤナギもそうだが、摘めば摘むほどますます増えるように思えた。とにかく何でも、池から取り去ればその分池はきれいになった。ミントティーの一杯一杯が、池の栄養を取り去る役に立ったのだ。

ヤナギの枝を切るのは、池をきれいにするのには効果があるようだった。私はますます熱心に、剪定バサミで情け容赦なく枝を切った。チョキ、チョキ、チョキと、足元にヤナギの枝を落としながら、池の岸に沿ってぐるりと枝を切り払っていったのだ。と、そのとき、目の端に何かが動くのが見えたような気がして――それともそれは声なき嘆願だったのかもしれないが――私は手を止めた。まだ枝を切っていない最後のヤナギの木の、枝が二股になったところに、糸のように細い木の根やイグサで作った、小さな美しいお椀型の鳥の巣がかかっていた。中を覗くと、ライマメほどの大きさの卵が三つ、松葉でできた輪の中に並んでいる。生息環境「改善」に熱中するあまり、私はもう少しでこの宝物を破壊するところだったのだ。巣の近くでは、母鳥である黄色いムシクイが茂みの中をせわしなく動き回って怯えたように鳴いている。私はあまりにもせっかちで、自分がしていることに無我夢中だったために、辺りに目をやることを忘れていた。私が私の娘たちに素晴らしいすみかを作ってやろうとすることが、同じことをしようとしている他の母親たちの家づくりを台無しにしている、という事実を認識し損なっていたのだ。

たとえ善意でしていることでも、ある生息環境を以前の状態に戻そうとすればそこには犠牲が伴うということを、私はあらためて理解した。私たちは、何が善いことであるかを判断できるつもりでいるが、「善」の基準は往々にして、つまらない利害関係や自分の欲望に左右される。私は、私が壊してしまった巣の安全性を多少なりとも取り戻そうと、切り取ったヤナギの枝を巣の近くに積みあげて、池の反対側の、周りから見えない岩に腰掛け、ムシクイが戻ってくるかどうかを確かめることにした。自分が慎重に選んで巣をかけた場所を荒らしながらだんだん巣に近づき、自分の家族を脅かす私を見て、彼女は何を思っただろう? この世には大きな破壊の力が野放しになっており、彼女の、そして私の子どもたちに容赦なく迫っている。人間の生息環境を改善しようという善意から出た「進化」の猛攻によって、私が娘たちのために選んだ巣は間違いなく脅かされている——私がムシクイの巣を脅かしたように。良い母親はいったいどうすればいいのだろう?

良い母親の条件

私は藻の掃除を続け、泥が落ち着くと池は前よりきれいになった。だが一週間後に戻ってみると、池にはまたしても緑色の泡状の塊ができていた。まるで台所の掃除みたいだ——しまうところにすべてをしまい、カウンターの上を拭いても、あっという間にピーナツバターとジャムがそこら中にこぼれて、また最初からやり直し。生活とはそうやって積みかさなっていくものだ。富栄養型なのである。でも私には、いずれ私の台所がきれいなままでいる時が来るのがわかっている。貧栄養型のキッチン。台所を汚す娘たちがいなくなったら、今度は私は食べ残しのシリアルのボウルを懐かしむことだろう——富栄養型のキッチンを。生命の証を。

私は赤いトボガンを池の反対側に引っ張って行き、浅瀬で作業を始める。熊手にはすぐに重たい藻の塊が引っ掛かり、私はそれをゆっくりと水面に引き上げる。それまでの、ヌルヌルしたシオグサとは重さも質感も違っている。もっとよく見ようと草の上に置き、指で塊を広げていくと、それは緑色の網タイツみたいに伸び広がった。水中に浮かぶ流し網のような、細かい網の目状の藻。アミミドロだ。

水が流れ落ちたアミミドロはほとんど重さを感じないほど軽く、指で広げるとキラキラ光る。濁った池の一見無秩序な混沌の中にこんな、ハチの巣のように整然とした幾何学模様があるとは驚きだ。アミミドロは、小さな網が融合した集合体として水中に浮かんでいる。

顕微鏡で見ると、アミミドロは小さな六角形が並んで構成され、緑色の細胞がつながって網目の穴を取り囲んでいる。独特の方法でクローン繁殖を行うのであっという間に増殖する。一つひとつの細胞の内部で娘細胞が生まれ、それが六角形に並んで、母親である網目構造とそっくりの複製を作る。娘を分散させるためには、母細胞は分解して娘を水中に解き放たなければならない。水中に浮かんだ六角形の赤ん坊は他の六角形と融合し、新しいつながりを作って新しい網を織る。

私は水面のすぐ下に見えている、大きく広がったアミミドロを眺め、新しい細胞、つまり娘たちが親元から離れ、独立していくところを想像する。良い母親は、子育てが終わったら何をしたらいいのだろう？　水の中に立ったまま、私の目には涙が溢れ、しょっぱい涙の滴が足元の淡水に落ちる。幸いにも私の娘たちは母親のクローンではないし、娘たちを自由にするために私が分解される必要もないけれど、娘細胞が出て行くときに穴が開いたアミミドロの構造はどう変わるのだろうか、と考える。穴はすぐに塞がるのだろうか、それとも穴の開いたところは空っぽのままなのだろうか？　娘細胞はどうやって他の細胞とつながるのだろう？　その構造はどうやって再び織られていくのだろう？

アミミドロは、魚や昆虫にとっての安全地帯だ。養魚場であり、捕食動物からの避難所であり、池の小さな生き物たちにとってのセーフティーネットなのである。アミミドロ、*Hydrodictyon* というラテン語は、「水網」という意味だ。なんと奇妙なのだろう、魚網は魚を捕まえ、虫網は虫を捕まえるのに、水網は何も捕らえない——そこに留めておくことのできないもの以外は。母親であるということもそれに似ている。生きた糸が愛情込めて包み込むものは決してそこに留めておくことはできず、いつかはその網目から出て行ってしまうのだ。

だが今の私の仕事はその遷移を逆向きにすること、時間を巻き戻して、娘たちがこの池で泳げるようにすることだ。だから私は涙を拭い、アミミドロが与えてくれたレッスンに敬意を払いつつ、熊手で岸に投げ上げる。

妹が遊びに来ると、乾燥したカリフォルニアの丘で育った子どもたちは池に夢中だった。カエルを追いかけて水に入り、盛大に水を撥ね上げる横で、私は藻を掃除した。木陰から義弟が「君が一番子どもみたいだね」と言った。否定はしない。泥遊びしたいという欲求から、私はいまだに卒業していなかったのだ。でも、遊ぶことでこそ社会に出る準備ができるのではないか？　妹は私が池を熊手でさらうのを、神聖な遊びだと言って庇ってくれた。

ポタワトミ族では、女性は「水の番人」だ。儀式では、女性が聖水を運び、水のために行動する。「女性はもともと水とのつながりが強いのよ、だって、水も、女性も、生命の担い手だもの」と妹は言う。「女性は体の中の池で子どもを育てるし、赤ん坊は水の流れに乗ってこの世に生まれてくるの。すべての生き物のために水を守るのは私たちの責任なのよ」。良い母親であるということには、水を守ることも含まれるのだ。


何年もの間、私は土曜日の朝と日曜日の午後、誰もいない池に行って掃除を続けた。ソウギョを放したり大麦わらを使ったりもしてみたし、何か新しいことを試すたびに、新しい反応があった。この仕事に終わりはない。具体的な作業が変わるだけだ。おそらく私が目指しているのはバランスのとれた状態で、それは標的が動いているのと同じことだ。バランスのとれた状態というのは、静的な、休止した状態ではない。与えるものと奪うもの、池から熊手で掻き出す藻と池に加えるもののバランスを保つのは大変なのだ。

冬はアイススケート、春はカエルの合唱、夏は日光浴、そして秋は焚き火。泳げようが泳げまいが、その池はいわば、私たちの家のもう一つの部屋だった。私は岸にスイートグラスを植えた。娘たちやその友だちは、岸辺の平らな原っぱでキャンプファイアーをしたり、テントを張ってパジャマパーティーをしたり、夏にはピクニックテーブルで夕食を食べたりした。日の光が眩しい長い夏の午後には寝そべって日光浴をし、飛び立つ鷺の羽ばたきが空気を震わせれば半身を起こして空を見上げた。

この池で私が過ごした時間は数えようもない。気がつけば何年も過ぎていた。私の犬は、以前は私の後を追って丘を駆け上り、私が池の掃除をしている間、岸を走って行ったり来たりしていたが、池がきれいになるのとともにだんだん体が弱り、それでも必ずついて来て、日溜まりで眠ったり池の淵で水を飲んだりした。

死んだ後は池の近くに埋めた。池は私に筋肉をつけ、私の籠を編み、畑の肥料となり、お茶を作り、アサガオの棚になった。私たちの生活と池は、物質的にも精神的にも、切っても切り離せないものになった。私たちが与え合うものはバランスが取れていた――私は池の面倒を見、池は私を成長させてくれる。そして、私たちは一緒に良い家を作ったのだ。

グランマザーは生き続ける

ある春の土曜日、私が熊手で藻を掻き出している頃、オノンダガ湖畔にある私たちの町の中心で、オノンダガ湖の汚染除去を求めるデモが行われた。何千年も前からそこで魚を獲り、岸辺で食べ物を採集してきたオノンダガ・ネーションの人々にとって、この池は神聖な場所だ。偉大なるホーデノショーニー（イロコイ）連邦が作られたのもここである。

だが現在のオノンダガ湖は、アメリカで最も汚染された湖の一つという不名誉な評判がある。オノンダガ湖の問題は、生き物が多すぎることではなく、少なすぎるということだ。熊手でどろどろした藻を掻き上げながら、私は同時に責任の重さを感じる。たった一度の短い人生で、どこまでが私の責任なのだろう？　六〇〇坪あまりの私の池の水質を改善するために、私は数え切れないほどの時間を費やし、娘たちがきれいな池で泳げるようにこうして熊手で藻を掻き出している。なのに、誰も泳ぐことができないオノンダガ湖の浄化に関しては何も言わない。

良い母親は子どもたちに、世界を愛することを教えるものだ。だから私は娘たちに、庭で花や野菜を育てる方法や、林檎の木の剪定の仕方を教えた。林檎の木は池の上に枝を伸ばし、木陰を作っている。春にはピンクと白の花が咲き、丘の下に芳しい香りを漂わせ、水面に花びらの雨を降らす。もう何年も、私はその季節の移り変わりを見てきた――小さなピンク色の花が咲き、花びらが散ってそっと子房が膨らみ始め、青くて酸っぱい若い果実ができて、九月に黄金色の熟した林檎になるまで。その林檎の木は良い母親だ。自然界のエネルギーを自分の中に集め、毎年のようにたっぷりと実をつけてそれを伝えていく。子どもたちに、旅に必要なものをたっぷりと持たせて送り出す――世界にお裾分けする甘さに包んで。

私の娘たちもここで、強く、美しく成長した。ヤナギの木のようにしっかりと根を張り、その種子のように風に乗って飛んでいく。十二年かかって、池はようやく泳げるくらいきれいになった。水草に足をくすぐられても構わなければ、の話だが。池がきれいになった頃には、上の娘はとっくに大学生になって家を出ていた。私は下の娘に手伝ってもらって小砂利をバケツ何杯分も運び、岸辺に小さな砂浜を作った。泥やオタマジャクシにはすっかり慣れていたので、時折腕に細い緑色の紐が巻きついても構いはしなかったが、砂利を敷いて小さな斜面を作ったおかげで、私が水に入り、池の中央の、深くて水がきれいなところにザブンと飛び込んでも泥が巻き上がらなくなった。暑い日に、冷たい湧き水に潜ってオタマジャクシが逃げていくのを眺めるのは素晴らしく良い気持ちだ。水から上がると、寒さに震えながら、濡れた肌に貼りついた藻のかけらを払わなくてはならない。娘たちは私を喜ばせるためにちょっとだけ泳ぐこともあるが、本当のことを言えば、時間を巻き戻したいという私の願いは叶わなかった。

今日はレイバー・デー、夏休みの最後の日だ。やわらかな日差しを味わう日。この夏は私にとって、子どもが家にいる最後の夏だ。池に張り出した林檎の木から黄色い林檎が池に落ちる。暗い水面に浮かんだ黄色い林檎を、踊るようにくるくる回る光の球を、私はうっとりと眺める。丘から吹いてくる風に水面が波立つ。西から東へ、円を描いて吹く風が池の水を掻き混ぜるが、それはほんの微かな動きで、林檎の動きでしかそれは目に見えない。林檎は水の流れに乗り、黄色い筏のように列になって汀線《ていせん》を動く。林檎の木の下をさっさと離れ、楡の木の下の曲線に沿って。風が林檎を運び去ったかと思うと、さらに林檎の実が木から落ちるので、池全体がくねくねと動く黄色い曲線模様に飾られて、暗い夜に灯した黄色いキャンドルの行進のようだ。林檎の列は幾度も幾度も螺旋を描き、その渦はだんだん広がっていく。

ポーラ・ガン・アレンは著書『Grandmothers of The Light』の中で、女性は人生のさまざまな段階を螺旋を描くように通過していきながら、まるで月が満ち欠けを繰り返すようにその役割を変化させていく、と書いている。彼女によれば、女性はまず、「娘として生きる」ことでその生を始める。両親の庇護のもとで学び、経験を積んでいくときだ。次に女性は、世界における自分の役割を学ぶ自立の年代に移る。その次には「母としての生」が待っている。「精神的な知識や価値観の全てを子どものために役立てなければならない」ときだ、とアレンは言う。

人生はだんだん広がっていく螺旋のようなもので、子どもたちが自分自身の道を歩み始めると、知識と経験が豊富な母親には別の仕事が与えられる。今度は私たちの強さは、共同体の幸せという、自分の子どもたちよりも大きな人の輪に向けられるのだ、とアレンは言う。その網はどんどん広がっていく。季節が再び巡って、祖母となった女性たちは「教師としての生」を生き、年下の女性の手本となる。ずっと歳をとっても、私たちの仕事が終わったわけではない。螺旋はどんどん大きく広がって、賢明な女性の教えは、彼女自身や家族という枠を超え、人間という共同体を超え、この惑星《ほし》を包み込んで地球の母となるのだ。

だから、この池で泳ぐのは私の孫たちであり、その後に続く者たちだ。愛情の輪は広がって、私のこの小さな池を大切にすることは、ここ以外の水をも大切にすることにつながっていく。私の池から流れ出した水は、丘を下って仲の良い隣人の池へと流れ込む。ここで私がすることは重要なのだ。人はみな、だれかの川下に住んでいる。私の池の水は小さな小川に、小川はもっと大きな川に、川は、私たちが必要とする大きい湖に流れ込む。水の網がすべての人々をつないでいるのだ。母親としての日々が終わることを想って、その水に涙を落としたこともある。だが、良い母親であるということは、ただ私の子どもたちが元気に、幸福に育つことのできる家を作っただけで終わらないのだということをこの池は教えてくれた。良い母親は、存分に富栄養化したお婆さんになる。そして、生命あるすべてのものが繁栄できる故郷を作り上げるまで、その仕事は終わらない。私には、大切に育てなければならない孫が、カエルの子どもたちが、ヒナ鳥たちが、子ガモが、苗木が、胞子がある。そして私はこれからも、良い母親でありたい。

子離れと睡蓮

気が付けば、池が泳げるほどきれいになるずっと前に娘たちはいなくなっていた。娘のリンデンは故郷から遠く離れたレッドウッド地方にある大学を選び、この小さな池を去って海の近くに行ってしまった。私は大学が始まった最初の学期に娘を訪ねた。のんびりした日曜日の午後、私たちはパトリックス・ポイント国立公園のアゲート・ビーチで石を眺めて過ごした。

浜を歩きながら、カーネリアンが含まれているなめらかな緑色の石を見つけた。これとそっくりな石をほんの数歩前に見かけていたので、私はそこに戻ってさっき見た石を探し出した。私は二つの石を再会させてやり、二つはそこに並んで、日の光の中で濡れた輝きを放った。それから波がやってきて、二つの石を引き離し、もっとなめらかに、もっと小さくしようと転がしていく。私にとってはその浜辺全体がそんなふうで、お互いから、そして岸から引き離された美しい小石でいっぱいだった。でもリンデンはその浜辺を違ったふうに見ていた。小石を並べ替えるのは同じだったけれど、リンデンは、黒い玄武岩の混じった灰色の石やピンク色の石を、深くて濃い緑色の楕円形の石の横に並べるのだ。私の目は古い組み合わせを探していたけれど、リンデンの目は新しい組み合わせを見つけていた。

彼女を初めてこの胸に抱いたときから、いずれこうなることが私にはわかっていた。その瞬間から、娘は成長とともに私から遠ざかっていくのだということが。親であることが何よりも不公平なのは、親としての務めを立派に果たすほど、私たちに与えられたこの世で一番強い絆が、じゃあね、と手を振って出て行ってしまうということだ。子どもたちの成長に従って、私たちは鍛えられていく。本当は安全なところに引き戻したくても「楽しんでいらっしゃい」と言うことを覚え、自分の遺伝子プールを守るという進化的必然性に逆らって車の鍵を——そして自由を——手渡す。それが私たちの仕事なのである。そして私は良い母親でありたかったのだ。

娘が新しい冒険を始めようとしているのはもちろん喜ばしいことだったけれど、私自身は、娘のいない淋しさに耐えなければならないのが悲しかった。すでにこれを体験済みの友人たちには、家の中が子どもたちでいっぱいだった頃の、終わってくれてよかったと思うところを思い出すようにとアドバイスされた。二度と体験せずに済んで嬉しいこと。道路に雪が積もっている季節、門限の一分前に戻ってくる車のタイヤの音をヤキモキしながら待つ不安な夜。中途半端に放り出された家事。知らない間に空になっている冷蔵庫。

朝起きると、動物たちはすでに台所に先回りしている。高いところに座っている三毛猫が、ごはんをちょうだい！　と叫ぶ。ロングヘアは餌のボウルの横に無言で立って非難するような目で私を睨んでいる。犬は嬉しそうに私の足にまとわりつき、期待に満ちた顔をしている。ごはんをちょうだい！　だから私はごはんをあげる。鍋の一つにオートミールを一つかみとクランベリーを入れ、別の鍋ではホットチョコレートを掻き回す。眠そうな顔で娘たちが下りてきて、昨夜やった宿題はどこ、と訊く。ごはん、と娘たちが言う。だから私はごはんを食べさせる。残ったものはコンポスト用のバケツに入れる――来年の夏、トマトの苗がお腹を空かせた時に栄養をあげられるように。行ってらっしゃい、とキスをして娘たちを学校に送り出すと、柵のところでは馬が餌を欲しいといななき、アメリカコガラは空っぽの餌皿からチョウダイ・イー・イー・イー！　と鳴く。窓際のシダは葉がだらりとして、無言で水を要求している。車のキーを回すと、ガソリン切れの警告音が鳴る。だからガソリンを入れてやる。車の中では大学に着くまでずっと公共ラジオ放送を聞き、今週が募金週間［訳注：非営利団体などが集中的に寄付を募る期間］でないことに感謝する。

私の乳房を吸っていた娘たち。初めての授乳――長く、深く、私の一番奥にある泉から栄養を汲み上げる娘たちの唇。私の泉は、私たちの間に交わされる眼差しによって、母と子という互いに依存しあう関係によって、何度でも満たされる。食べさせたり心配したりすることからの解放を歓迎すべきなのかもしれないが、私はそれを恋しく思うことだろう。たくさんの洗濯物を恋しいとは思わないけれど、娘たちのあの真剣な表情や、私たちの間に存在する互いへの愛情にさよならを言うのは辛いものだ。

思うに、リンデンの巣立ちが悲しかった理由の一つは、「リンデンの母親」でなくなってしまったら私はいったい何者なのかが自分でわからなかったからだ。ただしそのことで危機的局面を迎えるまでには、私にはまだ少々の猶予があった。当然ながら私はまた「ラーキンの母親」でもあったのだから。でもそれもいずれ終わるときがやって来る。

下の娘ラーキンが家を出て行く前に、私たちは池の横で最後のキャンプファイアーをし、星を眺めた。「ありがとう」と娘が囁いた。「これ全部、ありがとう」。翌朝、娘は寮で使う家具や大学で使うものの数々を車に積んだ。娘が生まれる前に私が作ったキルトが、一番大事なものを入れたプラスチックのケースに入っているのが見えた。車の後部に必要なもの全部を詰め込み終わると、娘は私の荷物を車の屋根の上に積むのを手伝ってくれた。

車から荷物を降ろして寮の部屋の飾り付けを終え、まるで何事も起こっていないかのようにお昼ごはんを食べ終わると、私には、退場するときが来たことがわかった。私のなすべきことは終わった。そして娘の仕事はこれから始まるのだ。

じゃあねと手を振るだけで両親を追い返す子もいたが、ラーキンは寮の駐車場まで私を送ってくれた。駐車場にはまだ、荷物を降ろしている途中のミニバンがたくさんいた。わざと明るく振る舞っている父親たちと強張った表情の母親たちの見つめる中、娘と私はもう一度抱き合い、二人ともとっくに枯れたと思っていた微笑みの涙を流した。私が車のドアを開けると、娘は車から離れながら大きな声で、「ママ、もし高速でどうしようもなく泣けてきちゃったら、お願いだから車を路肩に停めてね！」と叫んだ。おかげで駐車場全体が爆笑に包まれ、みなの緊張が解けた。

私はティッシュも使わなかったし、路肩に車を停める必要もなかった。だって私は家に向かってはいなかったのだ。娘を大学に置いてくるのはなんとか耐えられたけれど、空っぽの家に帰るのは嫌だった。馬もいなくなってしまったし、ずっと飼っていた犬もその春死んでしまっていた。私を出迎える係の者は誰もいないのだ。

そういう状況に備えて、私は悲しみを閉じ込めるためのとっておきのものを車の上に縛り付けて来ていた。毎週末、陸上競技の試合を見に行ったりパジャマパーティーに来た娘の友だちをもてなしたりしていたおかげで、私にはそれまで、一人でカヤックを漕ぎに出かける時間はほとんどなかった。今こそ、失ったものを嘆く代わりに、私の自由をお祝いしに行くのだ。中年の危機を迎えた人が、赤くてピカピカのコルベットを買った、という話を聞いたことがないだろうか？　そう、私のコルベットは車の上に縛り付けてあった。私はラブラドール池へと車を走らせ、新しい赤いカヤックを水に浮かべた。

カヤックの船首が最初に立てた波の音を思い出すだけで、その日のことがありありと蘇る。遅い夏の午後、金色の日差しと、池の周りに連なる丘に囲まれた瑠璃色の空。黒い体に赤い翼の鳥がガマの間で鳴いている。鏡のような水面をゆるがす風はそよとも吹かなかった。

睡蓮の葉の呼吸の仕組み

前方には広々とした水面が広がっていたが、そこに出るにはまず、岸に近いところの、ナガバミズアオイ［訳注：ミズアオイ科の水草の一種］や睡蓮がびっしりと茂って水面を覆っている湿地を通り過ぎなければならない。セイヨウコウホネ［訳注：睡蓮科の水草の一つ］の長い葉柄は池の底の泥から水面まで二メートル近く伸び、私が進むのを止めようとするかのようにパドルに絡みつく。船体に張り付いたそれらの水草を引き剝がすと、折れた茎の内側が見えた。茎の中には空気をいっぱいに含んだ海綿状の細胞が詰まっている。発泡スチロールの骨子のようなその細胞は、植物学では通気組織と呼ばれる。水面に浮く水生植物に特有の気胞で、内蔵されたライフジャケットのように、葉に浮力を与える。おかげで睡蓮をパドルで掻き分けるのはとても大変なのだが、通気組織にはもっと大事な役割がある。

睡蓮の葉は、水面で光と酸素を取り入れるが、水底では、人間の手首ほど太く、腕ほども長さのある根茎につながっている。この根茎は、空気の届かない池の深部にあるが、酸素がなければ枯れてしまう。そこで、空気の詰まった細胞が複雑につながって通気組織を作り、水面と水底を結ぶパイプとなって、地中に埋まった根茎にゆっくりと酸素を届けるのである。葉を掻き分けると、根茎が下の方にあるのが見えた。

水草から抜け出せないまま、私はちょっとの間、ジュンサイ、良い香りのする睡蓮、イグサ、ヒメカイウ、それから、イエロー・ポンド・リリー、ブルヘッド・リリー、*Nuphar luteum*、スパタードック、ブランデーボトルなどと様々な呼び方がある風変わりな花、セイヨウコウホネに囲まれて休憩した。ブランデーボトルというのはめったに使われないが、もしかしたら一番ふさわしい呼び名かもしれない——暗い水面から突き出している黄色い花は、お酒のような甘い香りを放つのだから。その香りに、ワインを持って来ればよかった、と私は思った。

ブランデーボトルの華麗な花は、受粉者を惹きつけるという目的を達成すると、水中にお辞儀をして突然姿を隠し、数週間、子房が膨らむのを待つ。種子が成熟すると茎は再びまっすぐに伸びて、水面からその種を持ち上げる。種子は、鮮やかな黄色の蓋のついたフラスコのような形をした奇妙な鞘《さや》に包まれていて、ブランデーボトルという名前の通り、ショットグラスくらいのサイズの、ブランデーボトルのミニチュアのようだ。私自身はそれを目撃したことはないが、種子が鞘から水面に飛び出す様子はドラマチックで、そこからスパタードック［訳注：spatterdock の spatter は「まき散らす」の意］という名前が付いたのだという。私の周りには、上に伸びたり、水中に沈んだり、再び水中から姿を現したり、というあらゆる段階のセイヨウコウホネが広がっていた。さまざまに変化するその水上の風景の中を前進するのは難しかったが、私は懸命に、緑の水面に赤いカヤックを進めた。

水深の深い方へ、私を押しとどめようとする水草の重さに逆らいながら必死にパドルを漕ぎ、とうとう水草から抜け出した。私の心と同じくらい空っぽになるまで肩を疲れ果てさせると、私は目を閉じて水の上をたゆたいながら、悲しみが訪れるに任せた。

少し風が出てきたのかもしれないし、隠れたところに水の流れがあったのかもしれないし、池の水を揺らそうと地球がその軸の上でちょっと傾いたのかもしれない。目に見えないその手が何であったにしろ、私の小さなカヤックが、水に浮かぶ揺りかごのようにそっと揺れ始めた。丘に抱かれ、水に揺られ、そよ風に頬を撫でられて、私は思いもかけず、その心地良さに身を委ねた。

どれくらいの間そうして浮かんでいたのかはわからないが、私の小さな赤いカヤックは池の端まで流されていた。船体の周りでカサカサと音がして夢から覚め、目を開けると、つややかな睡蓮とセイヨウコウホネの葉が、暗い水の底に根を張りながら光の中に浮かび、私を見上げて微笑みかけているのが目に入った。水面に浮かぶハートが私を囲んでいる。輝く緑色のハートだ。睡蓮はまるで光とともに脈打っているように見えた——私のハートと一緒に鼓動するハート。水面より下には伸びている途中の若い葉があり、水面に浮かんでいる古い葉の中には、ひと夏中の風や波、それに間違いなくカヤックのパドルも手伝って、端がぼろぼろになっているものもあった。

植物学者たちはかつて、水面に浮かぶ睡蓮の葉から根茎に酸素が動くのは、単にゆっくりとした拡散が起きているにすぎないと考えていた。酸素濃度が高い空中から酸素濃度が低い水中へと酸素分子が流れる、効率の悪い移動方法だと思われていたのである。だが最近の研究で、植物が私たちに教えてくれたことを忘れずにさえいたら直感的にわかっていたであろう、ある過程が明らかになった。

新しい葉は、若くてまだ成長途中の細胞にびっしり詰まった気孔の中に酸素を取り込み、その密度の高さによって気圧が高くなる。古い葉は切れ目や裂け目で葉が開き、気孔が緩んでいるので、気圧の低いところができて酸素が空中に放出される。こうしてできた圧力勾配が、若い葉が取り込んだ酸素を引っ張ろうとする。睡蓮の葉は空気の詰まった毛細管系でつながっているので、酸素は若い葉から古い葉へと流れ、その過程で、根茎を通過しながら酸素を送り込む。若い葉と古い葉は長い呼吸でつながっているのだ。吸い込んだ息にはそれに対応した呼気が必要で、それが、若い葉と古い葉が共有する根茎に栄養を与える。新しい葉から古い葉へ、古い葉から新しい葉へ、母から娘へ——相互関係は続いていく。睡蓮が教えてくれることに、私は慰められる。

岸まで漕いで戻るのは行きよりも楽だった。薄れていく光の中、カヤックを車の上に積もうとした私は、中に残っていた池の水を頭から被ってしまった。悲しみをカヤックに封じ込めたつもりでいたことに私は苦笑いした。そんなことはできはしないのだ。私たちは世界に、そして世界は私たちの中へと溢れ出すのである。

良き母親の中でも一番である地球は、私たちが自分自身に与えることのできない贈り物を私たちに与えてくれる。私は自分がこの池に、空っぽの心を満たしてもらいに来たことに自分では気づいていなかったけれど、私はこうして満たされたのだ。私には素晴らしい母親がいたのだ——頼まなくても、私たちが必要とするものを与えてくれる母親が。マザー・アースは疲れることはないのだろうか、と私は考える。それとも、彼女もまた与えることによって元気を得ているのだろうか。「ありがとう」と私は囁いた。「これ全部、ありがとう」

家に着いたときには外はほぼ暗くなっていたけれど、私は用意周到に、ポーチの明かりをつけてあった。このうえ真っ暗な家に帰るのは辛すぎたからだ。ライフジャケットをポーチに運んで家の鍵を取り出したとき、私はプレゼントの山に気づいた。どれもみな色鮮やかな薄紙に綺麗に包んであって、まるでピニャータ［訳注：お菓子やおもちゃが入ったくす玉］が私のドアの前で破裂したみたいだった。ドアの敷居には、ワインのボトルとワイングラスが一個置かれていた。どうやらこのポーチではさよならパーティーが開かれ、ラーキンはそれを逃したらしい。「なんて運の良い子なんだろう、こんなに愛されて」と私は思った。

　贈り主の名前を書いた札やカードがついていないかと探したけれど、この遅ればせの贈り物を持ってきたのが誰なのかを示すものは何もなかった。包み紙は薄紙だけだったので、私は手がかりを求めて、贈り物の一つを包んでいる紫色の薄紙をピンと伸ばし、中身の製品ラベルを読もうとした。瓶入りのヴィックスヴェポラップ！　薄紙の折れ目から小さなメモが落ちた。「元気出して」。それは私の従姉妹の筆跡だとすぐにわかった。ここから何時間も離れたところに住む、姉と言ってもいいくらい大切な従姉妹だ。いつでも私を優しく見守ってくれる彼女は、メモ付きのプレゼントを一八個置いていってくれた――ラーキンを育てた十八年間の、一年に一つずつ。羅針盤は「あなたが新しい道を見つけられるように」。箱入りのスモークサーモンは「サケは必ず故郷に戻ってくるから」。万年筆は「ものを書く時間ができたお祝いに」。

　私たちは日々たくさんの贈り物を受け取っているけれど、それは私たちがずっと持っているためではない。贈り物は動いていてこそ生命を宿すのだ、私たちが分かち合う呼気と吸気のように。贈り物を次の人に伝え、この宇宙に自分が差し出すものは必ず戻ってくる、そう信じることこそが私たちの仕事であり、そして私たちの喜びなのだ。

すべてのものに先立つ言葉

　ほんのしばらく前までは、夜が明ける前に起き、オートミールとコーヒーの用意を始めてから娘たちを起こすのが私の朝の日課だった。学校へ行く前に馬に餌をやるように娘たちに言い、それが済んだら娘たちのお弁当を作り、なくした宿題を見つけてやり、スクールバスがガタゴトと丘を登って来たら、娘たちのピンク色の頬にキスをして送り出す。それから猫と犬に餌をやり、まともな服に着替えて、大学に向かう車の中で午前中の授業を予習する。あの頃は、何かをじっと考えることなどあまりなかった。

　木曜日だけは午前中の授業がなく、家を出るのがちょっと遅かったので、牧草地を丘のてっぺんまで歩いてきちんと一日を始めることができた——鳥の声に囲まれ、朝露に靴を濡らし、納屋の向こうに昇る朝日でピンク色に染まった雲とともに、溜まった感謝の借金を一部返済するのだ。

　でもその木曜日、私は前の晩に六年生の娘の担任からあった電話のせいで、コマドリの声や若葉にも上の空だった。どうやら私の娘が、「忠誠の誓い」の際に起立するのを拒否するようになったらしいのだ。担任の先生は私を安心させるように、娘は決して周りに迷惑をかけているわけでも先生に反抗しているわけでもない、と言った。ただおとなしく席に着いたままで、忠誠の誓いに参加しようとしないだけなのだ。数日経つと、同じようにする生徒が出始めた。先生は、「お耳に入れておいた方がいいと思って」電話をくれただけなのだった。

　私も、幼稚園から高校まで、同じ儀式で朝を始めたものだった。指揮者が指揮棒をトントン、と叩いたときのように、スクールバスで騒いだり廊下で押し合いへし合いしたりしている私たちも、それが始まれば気がついた。椅子をガタガタ言わせたり、お弁当を自分の棚にしまったりしているとき、スピーカーから流れてくる音が私たちの胸ぐらをつかんだのだ。私たちは机の横に立って、黒板の隅に棒からぶら下がっているアメリカ国旗の方を向く。床ワックスや工作糊の匂いと同じように、どこにでもある光景だ。

私たちは、胸に手を当てて忠誠の誓いを唱えた。その言葉の意味は私には理解できなかったが、ほとんどの生徒がそうだったと思う。そもそも共和国とは何なのかが皆目わかっていなかったし、神というものもよくわからなかった。それに、「万民のための自由と正義」という前提が信用できないことは、八歳のインディアンだって知っている。

でも、全校集会に集まった三〇〇人の声、白髪交じりの保健室の先生から幼稚園生までの声が一つとなり、決まった抑揚で忠誠の誓いを唱えるのを聞くと、私は自分が何ものかの一部だと感じた。まるでその一瞬だけ、私たちの心が一つになったようだった。その、捕まえにくい正義というものは、みなが求めれば手に入れることができるのではないか、とその頃の私は想像したのだ。

だが今の私には、学校が生徒に対してある政治制度への忠誠を誓わせるのはあまりにも奇妙なことに思える。殊に、大人になり、ものの道理がわかるとされる年齢になると、大方の人はこの言葉を暗唱しなくなるということはみんなよくわかっているのだからなおさらだ。どうやら私の娘もその年齢に達したらしく、私の干渉を望まなかった。「だってママ、嘘をつくのは嫌なのよ」と娘が説明した。「それに、強制的に言わされるのは自由じゃないでしょう?」

娘はそれとは別の朝の儀式を知っていた。おじいちゃんがコーヒーを地面にこぼす儀式と、私が家の裏手の丘の上で行う儀式。そして私にはそれで十分だった。私たちポタワトミ族は朝日の儀式によって、世界に感謝を送り、与えられたものすべてを認めてお返しに最高の感謝を捧げる。世界各地の先住民族の多くは、さまざまな文化的違いはあれど、この点で共通している――私たちの文化は感謝に根ざしているのだ。

私たちが住む古い農園は、オノンダガ・ネーションの祖先から伝わる土地の中にあり、オノンダガ・ネーションの保留地は私の丘から西に尾根を二つ三つ越えたところにある。そこでも、スクールバスを降りた一群の子どもたちが、運転手の「走らないで！」と怒鳴る声にもお構いなしに駆け出すのは尾根のこちら側と同じだ。だがオノンダガの学校の入り口にはためく旗には、ホーデノショーニー連邦の象徴であるハイアワサのワムパム・ベルトが紫と白で描かれている。その小さな肩には大きすぎる派手な色彩のバックパックを背負った子どもたちが流れ込むドアは、ホーデノショーニーの伝統色である紫に塗られ、ドアの上にはNya wenhah Ska: nonhという言葉がかかっている――あなたが健康であることに感謝します。黒い髪の子どもたちは、差し込む日の光の中、吹き抜けになっている中央ホールのスレートの床に刻まれた一族のシンボルの上を走り回る。

この学校では、忠誠の誓いではなく「感謝のことば」で一週間が始まり、終わる。ホーデノショーニーの人々と同じだけ古く、オノンダガ族の言葉ではもっと正しく「すべてのものに先立つ言葉」と呼ばれている。古くから伝わるこの慣習は、感謝の気持ちを何よりも重要なこととしている。そして感謝は、自分の力を世界と分かち合う者たちに対して直接捧げられる。

生徒全員が中央ホールに集まり、週ごとに一つの学年が朗唱の係になる。まずその学年が全員で、最初の部分を朗唱する――英語よりも古い言葉で。ホーデノショーニーの人々は、人数の多少に関係なく、集まったときには何よりも先にまず、立ってこの言葉を唱えるよう指示されたと言われている。教師たちはこの儀式を通じて生徒たちに、毎日、「私たちの足が最初に地面に触れるところから始めて、自然界のすべてのものに挨拶し、感謝を送る」ことを教えるのである。

今日の担当は三年生だ。三年生は一一人しかおらず、クスクス笑ったり、黙って床を見ているだけの生徒をこづいたりしながら、懸命に声を揃えて朗唱を始めようとする。集中するあまり小さな顔をくしゃくしゃにし、生徒たちは言葉に詰まると助けを求めて先生の方を見る。生まれてからずっと、毎日のように聞いている言葉を、彼らは彼らの言語で唱える。

私たちは、生きとし生けるもののすべてと互いに
調和とバランスを保つことによって生かされて
います。この生命の輪を絶やさず今日ともにこ
こに集い、喜びを分かち合えることに、感謝の
ことばをささげます。今、私たちの心はひとつ
です。*

ちょっと間を置いて、生徒たちが小声で同意を示す言葉を応唱する。

生きるために必要なものすべてを与えてくれる
大いなる母、地球に感謝します。その上を歩く
ものの足をしっかり支えてくれる母なる大地は、
時の始まりよりいまも変わることなく私たちを
見守ってくれています。大いなる母に、感謝の
ことばをささげます。いま、私たちの心はひと
つです。

＊「感謝のことば」の実際の文言は人によって違う。原書に掲載されたのはジョン・ストークスとカナワヒエントンのバージョン（一九九三年）だが、日本語訳はSix Nations Indian Museum 監修、多田悦子訳によるものを引用した（一部訳者による補足を含む）。

子どもたちは、驚くほどじっと座って耳を傾けている。ロングハウス［訳注：ネイティブアメリカンの共同大家屋］で伝統的な躾をされて育ったことが見て取れる。

　忠誠の誓いはここでは出番がない。オノンダガは自治領であり、四方を「共和国」に囲まれてはいるもの

の、アメリカ合衆国の法的権限の外にある。一日を感謝のことばで始めるのは、自らのアイデンティティーを主張することであり、政治的、文化的な自治権を行使することでもある。そしてそれ以上の意味がある。

感謝のことばをお祈りの言葉だと勘違いする人もいるが、子どもたちはうつむいてはいない。オノンダガのエルダーたちによれば、感謝のことばは、単なる誓いや祈り、あるいは詩よりもずっと大きな意味を持つものだ。

女の子が二人、腕を組んで一歩前に出て続ける。

渇きをいやし、力で満たしてくれる世界中の水に感謝をささげます。水は生命です。滝、雨、霧、せせらぎ、河、海などさまざまな姿で現れる、この力に満ちたいのちに、感謝のことばをささげます。いま、私たちの心はひとつです。

私たちの心はひとつ

感謝のことばの本質は感謝の気持ちを呼び起こすことだと言われるが、それは同時に、自然界にある物質を科学的に羅列するものでもある。「自然界への挨拶と感謝」という別名もある。先に進むにつれて、生態系を構成する要素の名が、その役割とともに、一つひとつ順番に挙げられていく。それはいわば、ネイティブ・サイエンスの授業だ。

つぎに、水の中に住むさまざまな魚に思いをはせます。水は魚が住むことによって清く保たれます。水を清め、そして私たちの糧となってくれる魚に、感謝のことばをささげます。いま、私たちの心はひとつです。

つぎに、見わたすかぎりの世界を覆いつくす植物に思いをはせます。植物はこのふしぎに満ちあふれる地球のいのちを支えています。末永く生きつづけてくれるであろう植物に、感謝のことばをささげます。いま、私たちの心はひとつです。
美味しいベリーは今も実り、春になると最初にリーダーのイチゴが熟します。この世界にベリーがあることに、感謝と愛と尊敬をささげます。いま、私たちの心はひとつです。

私の娘のように、反抗し、地球にありがとうと言うのを拒む子どももはいるのだろうか、と私は考える。ベリーが実ることへの感謝に異論を唱えるのは難しいはずだ。

心をひとつにして、すべての畑の作物、中でも私たちに豊かな食べ物を与えてくれる三姉妹［訳注：トウモロコシ、豆、スクウォッシュのこと］に感謝します。穀物、野菜、豆にベリーたちは、太古より私たちの糧となり、力となってきました。多くの生きものが、これらの作物から力を授かります。私たちは畑の作物と心をひとつにして収穫し、すべてに感謝のことばをささげます。いま、私たちの心はひとつです。

子どもたちは、新しい名前が出てくるたびに頷いて賛成する。それが食べ物の場合は特に。ラクロスのチーム、レッドホークスのTシャツを着た男の子が前に出る。

つぎに、世界中のすべての薬草に思いをはせます。昔から身近にある薬草は、病を取り除くように定められています。そして、いやしをもたらすように努めてくれます。うれしいことには、この薬草を使って病を治せる類まれな人もまた身近にいます。いやしてくれる薬草とそれを使う人に、感謝の言葉をささげます。いま、私たちの心はひとつです。
つぎに、樹木に思いをはせます。地球の上にはさまざまな樹木が育ち、私たちをいろいろな形で支えてくれます。こかげや屋根になってくれるもの、くだものや美しい花をつけるもの。樹木のリーダーのメープルの木は、私たちがそれを最も必要とするときに砂糖を与えてくれます。木は世界中のたくさんの人々の、平和と強さの象徴です。私たちは、樹木に感謝のことばをささげます。いま、私たちの心はひとつです。

私たちを支えてくれているものすべてに感謝する、というその性質上、感謝のことばはとても長い。ただし、それを短くまとめることも可能だ。もちろん、愛情込めて詳細に述べることもできる。学校で行う場合は、子どもたちの語学力に合わせて調整する。

感謝のことばのパワーの一部が、とてもたくさんのものに挨拶し感謝を述べるためにかかる「時間の長さ」にあるのは間違いない。聞いている人は、話している人の言葉という贈り物に対し、じっと耳を傾け、意識を「心を合わせたところ」に向けることで報いる。言葉と時間が流れていくのをただ聞いている場合でも、感謝のことばのひとくくりごとに「私たちの心は一つです」と応唱することが求められる。だから集中が必要だ。聞くことだけに没頭しなくてはならないのだ。キャッチーでわかりやすい言葉や、即座に得られる満足感に慣れっこになっている今の時代、それはなかなかに努力を要することである。

ネイティブアメリカンではない、ビジネスマンや政府の役人が参加するミーティングで感謝のことばの長いバージョンが使われると、彼らは往々にして落ち着きをなくす——弁護士は特に。さっさと仕事を始めたくて、腕時計に目をやりたいのを必死にこらえながら部屋のあちらこちらをキョロキョロ見渡している。私の学生たちでさえ、感謝のことばという経験を共有できたのは素晴らしかった、と言いはするものの、長すぎる、というコメントを、一人、いや数人が必ず口にする。「かわいそうに」と私は言う。「感謝すべきことがこんなにたくさんあるなんて悲しいわね」

心をひとつにして、世界中の動物たちに感謝のことばをささげます。動物は、私たち人間にいろいろなことを教えてくれます。家の近くに、また森の奥深くに動物を見かけることは、うれしいことです。いまも、これからもずっと動物たちがいっしょに住んでくれますように。いま、私たちの心はひとつです。

感謝することを他の何よりも大切にする文化の中で育つ子どもを想像してほしい。オノンダガ・ネーション・スクールに勤めるフリーダ・ジャックスは、クランマザー［訳注：母系社会であるネイティブアメリカンの部族に特有の女性リーダーで、部族全体の健全さを保つ責任を負い、男性首長を指名する権限をもつ］であり、学校とコミュニティーの橋渡し役であり、同時に寛大な教師である。彼女の説明によれば、感謝のことばは、オノンダガ族の、世界との関わり方を具体化している。創造物の一つひとつに対して順番に、彼らが創造主から与えられた他者に対する責任を果たしてくれていることを感謝するのである。「私たちは十分なものを持っているのだということを、感謝のことばは毎日思い出させてくれるのよ」とフリーダは言う。「十分以上ね。私たちの生命を支えるのに必要なものはすべて、もうここにある。感謝のことばを毎日朗唱することで、満足し、創造物のすべてに敬意を払えるようになるの」

感謝のことばを聞いていると、否応なく豊かな気持ちになる。それに、感謝の気持ちを表現するというのは素朴な行為に見えるかもしれないが、それは実は革命的な考え方だ。消費社会においては、満足であるというのは過激なことなのだ。自分に不足しているもののことではなく、自分がいかに豊かであるかを認識するのは、満たされない欲求を作り出すことによって繁栄する経済を弱体化させる。感謝の念は充足感を育てるが、経済の繁栄には欠乏感が必要なのだ。感謝のことばは、あなたはすでに必要なものすべてを持っているということを思い出させる。感謝の念があれば、満足感を得るために買い物に行こうとは思わない。満足感というのは買えるものではなく、贈り物であって、それは経済全体を根幹から揺るがす。地球にとっても人にとっても、それは良い薬になる。

心をひとつにして、私たちの上を飛ぶ鳥に感謝します。鳥は大いなるいのちよりさずかった美しい歌をうたい、生きているよろこびを思い出させてくれます。鳥たちのリーダーとして、世界を見守るために選ばれた鷲をはじめとするすべての鳥たちに、いま感謝のことばをささげます。いま、私たちの心はひとつです。

自然界に忠誠を誓う

感謝のことばは単なる経済モデルに留まらない。それはまた、人間の権利や義務についても教えてくれる。フリーダは、感謝のことばを毎日聞くことで、若い人はリーダーシップのあり方を学ぶのだと強調する。ベリー類のリーダーとしてのイチゴ、鳥類のリーダーとしてのワシ。「自分に多くが期待される日がいずれはやって来るということを、感謝のことばは若者に思い出させるの。優れたリーダーであるというのはどういうことかを教えるのよ——ビジョンを持ち、寛大で、人々のために自らを犠牲にするということをね。メープルの木と同じように、リーダーは、自分の持っているものを最初に差し出すの」。リーダーシップとは、権力と権威ではなく奉仕と叡智に根差したものであることを、感謝のことばがコミュニティー全体に教えてくれるのだ。

四方からの風と呼ばれる力に感謝します。耳を澄ますと、空を清める風のうねりが四方から聞こえてきます。風は四季の変化をもたらし、四方から力と空のたよりを運びます。空を清める四方からの風に、感謝のことばをささげます。いま、私たちの心はひとつです。

フリーダの言うように、「感謝のことばは、人間は世界を牛耳っているわけではなくて、人間以外のすべての生命と同じ力の支配下にある、ということを忘れないためのもので、どれほど頻繁に聞いても頻繁すぎるということがない」。

私の場合、小学生の頃から大人になるまで繰り返した忠誠の誓いにどんな累積効果があったかといえば、皮肉なものの考え方が身に付いたことと、この国は偽善的だ、という感覚であって、忠誠の誓いが植え付けようとする、この国に対する誇りではなかった。地球が私たちに与えてくれているものを理解するにつれ、「愛国心」を唱えるものが国そのものの存在を認めないのはなぜなのか、私は理解に苦しんだ。「忠誠の誓い」が忠誠を誓う相手は国旗でしかない。人と人、そして地球に対する誓いはどこへ行ってしまったのだろう？

感謝することを糧として育ち、すべての生き物で構成される民主社会の一員として自然界に語りかけ、その相互依存関係に忠誠を誓うとしたらどうだろう？政治的な忠誠を誓う必要はない。ただ、「与えられたものすべてに感謝するということに同意できるか？」という、何度も繰り返される問いに答えるだけでいい。感謝のことばには、人間以外のすべての生き物たちへの尊敬がある。特定の政治的実体ではなく、生きとし生けるものすべてに対する尊敬だ。忠誠を誓う相手が、国境など知らず、売ることも買うこともできない風や水であったなら、国家主義や国境はどうなるだろう？

西の空に住む雷のおじいさんは、稲妻ととどろく声とともに、いのちを新しくする雨をもたらしてくれます。このおじいさん雷に、感謝のことばをささげます。いま、私たちの心はひとつです。
お兄さんの太陽は、休むことなく東から西へとわたり、日々新たな光を届けてくれます。太陽はすべての生命、炎の源です。太陽に感謝のことばをささげます。いま、私たちの心はひとつです。

ホーデノショーニーの人々は昔から交渉の達人として知られており、その優れた政治的能力であらゆる困難を乗り越えて生き残ってきた。感謝のことばはさまざまな形で人々の役に立ってきたが、外交交渉もその一つだ。難しい会話や議論が白熱することがわかっているミーティングなどの前に、緊張して胃が締め付けられるというのは、ほとんどの人には思い当たる経験だろう。あなたは何度も書類の束を並べ直し、準備してきた議論の数々はあなたの喉で、戦場に送られるのを待つ兵隊のごとく気をつけの姿勢で出撃命令を待っている。そんなとき、「すべてのものに先立つ言葉」が流れ始め、あなたもそれに応唱し始める。そう、もちろん私たちはみな、母なる地球に感謝している。そう、私たちの一人ひとりに、同じ太陽の光が降り注ぐ。そう、木々を尊敬する私たちの気持ちは一つだ……。祖母である月への感謝を述べる頃には、優しい記憶の光に照らされて、人々の厳しい表情がいくらか和らいでいる。少しずつ、感謝の言葉は論争という大きな岩の周りに渦を巻き、人々を隔てる壁を端から侵食していく。そう、海や湖が今もあることはみんなわかっている。そう、私たちは気持ちを一つにして風に感謝できる。

驚くほどのことではないが、ホーデノショーニーの人々が何かを決めるとき、それは多数決ではなく、全員一致でなくてはならない。「私たちの心が一つに」ならなければ何も決まらないのだ。感謝のことばは、政治的な交渉ごとには素晴らしい前置きになる。意見が異なる派閥の対立を和らげる強力な薬なのだ。アメリカ政府の会議が感謝のことばで始まったらどうなるだろう？　この国の政治家たちが、相違する点を論《あげつら》って争う前に、まず自分たちに共通する点を見つけることができたなら？

心をひとつにして、夜空を照らす月のおばあさんに感謝します。世界中の女たちを導く月のおばあさんは、潮の満ち引きを起こします。満ち欠けするその顔で時の流れを知らせ、生まれてくる子どもたちを見守ってくれます。たくさんの感謝をひとつに集めて、グランマザーに見えるよう、よろこびとともに夜空に高く投げあげましょう。月のおばあさんに、感謝のことばをささげます。いま、私たちの心はひとつです。

宝石をちりばめたように輝く、夜空の星に感謝します。星は月とともに闇を照らし、夜に旅するものを家へと導きます。輝く夜露をもたらし野や畑を育む星に、感謝のことばをささげます。いま、私たちの心はひとつです。

感謝のことばはまた、この世界が最初に、どんなふうであるように作られたのかということを思い出させてくれる。私たちに与えられた贈り物を一つひとつ読み上げて、現在の状態と比較することができるのだ。生態系の構成要素は今もすべてあって、その務めを果たしているだろうか？　水は今も生命を支えてくれているか？　鳥たちはみな健康だろうか？　光害のために星が見えなくなってしまったとき、感謝のことばは、私たちが失ったものに気づかせ、元に戻すための行動を起こさせてくれるはずだ。星々が私たちを導くように、感謝のことばは私たちを故郷へと導いてくれるのだ。

いつの時代にも現れ、助けてくださるこころの師に感謝します。調和を失うと、人として歩むべき調和に満ちた道を示してくださる、慈しみ深い師たちに、感謝のことばをささげます。いま、私たちの心はひとつです。

感謝のことばはきちんとした構成に沿って進行するが、唱える人によって、一語一句同じというわけではない。ほとんど聞こえないような小さい声で呟く場合もあるし、歌と言ってもいいようなものもある。私は、トム・ポーターというエルダーが唱える、輪になって聞いている人たちを虜にせずにはおかない感謝のことばが大好きだ。聞いている人は誰もが楽しそうで、感謝のことばがどれほど長かろうと、もっと聞いていたいと思わずにはいられない。「私たちの感謝の気持ちを、毛布の上に花を積み上げるように積み重ねよう。一人ずつ毛布の隅を持って、空高くに投げ上げるんだよ。だから感謝の気持ちは、世界から私たちに雨のように降り注ぐ贈り物と同じくらいにたっぷりでなければね」とトムが言う。そして私たちはそこに、一緒に立って、雨のように降り注ぐ恩恵に感謝するのだ。

思いをグレイト・スピリット、大いなるいのちにはせ、私たちが頂いているすべての創造物に感謝いたします。生きるのに必要なものすべてをこの母なる地球の上に用意してくださる、大いなるいのち。その恵みに深々と感謝の言葉をささげます。いま、私たちの心はひとつです。

世界への感謝

使っている言葉はシンプルだけれど、その巧みな並べ方によって、それは主権の主張となり、政治機構となり、人間の責任を宣言するものとなり、教育モデルとなり、家系図となり、生態系サービスの科学的な目録となる。パワフルな政治文書、社会契約、人間としての生き方が一つにまとまっているのだ。だが何よりもまず、それは感謝を土台にした文化を作ろうという信念なのである。

感謝に根差した文化はまた、レシプロシティーに拠って立つ文化でなくてはならない。人間であろうがなかろうが、すべての「人」は、自分以外のあらゆる「人」と相互依存関係によって結ばれている。すべての生き物が私に対するある義務を負っているのと同じように、私にも彼らに対する義務がある。私に食べさせるために動物が自分の生命を差し出すならば、お返しに私は彼らの生命を支えなければいけない。川が私に清らかな水という贈り物をくれるなら、私も同様に贈り物を返さなくてはならないのだ。そうした義務とはどういうもので、どうすればそれを果たせるかを学ぶことが、人間の教育には不可欠である。

感謝のことばは、義務と贈り物は同じ硬貨の裏と表であることを思い出させてくれる。遠くまで見える目という贈り物を与えられたワシには、私たちを見守る義務がある。雨は生命を支える力を贈り物として与えられたがために、地上に降りながらその義務を果たす。人間の義務とは何だろう？　もしも与えられたものと義務が同じものならば、「私たちにはどんな責任があるか」と問うのはつまり、「私たちは何を与えられているか」と問うのと同じことだ。感謝する能力は人間だけのものだと言われている。それは私たちに与えられた贈り物の一つなのだ。

とてもシンプルなことなのだけれど、感謝には互いに感謝し合う循環を引き起こす力があることは私たちの誰もが知っている。白状するが、娘たちがお弁当を摑んで「ありがとうママ！」と言わずに走って出て行ってしまうと、私は自分が費やした時間や労力がちょっと惜しくなる。ところが、娘たちが私に抱きついてありがとうと言おうものなら、私は夜遅くまで、明日のお弁当に入れるクッキーを焼きたくなるのだ。感謝は豊かさを生むことを私たちは知っている。毎日私たちのお弁当を作ってくれるマザー・アースだって同じことではないだろうか？

ホーデノショーニーの人々の隣人として暮らす私はこれまで、感謝のことばがいろいろな形で、いろいろな声で語られるのを聞いてきた。そして、雨に向かって顔を向けるように、私は感謝のことばに心を向ける。

でも私はホーデノショーニー連邦の住民でもないし、研究者でもない。ホーデノショーニーを尊敬するただの隣人として耳を傾けるだけだ。彼らに教わったことについて勝手に本に書き、彼らの領域を侵すのが怖かったので、感謝のことばについて、またそれが私のものの考え方にどんな影響を与えたかについて書いてもいいかと許可を求めた。そして何度も、これらの言葉はホーデノショーニーから全世界への贈り物なのだ、という答えが返ってきた。オノンダガ族のフェイス・キーパー（信仰の守り人）、オレン・ライオンズに尋ねたときは、彼独特の、ちょっと困ったような笑顔を浮かべて「もちろん書くべきだ。人々と分かち合うためのものなんだから。さもなければ効果はないだろう？　私たちは五百年の間、人々が耳を傾けてくれるのを待っているんだ。五百年前にみんなが感謝のことばを理解していたら、今こんなひどい状況にはいないはずだがね」と言った。

感謝のことばはホーデノショーニーの人々によって広く一般に公開され、今では四〇か国語に翻訳されて世界中で朗唱されている。それなのになぜアメリカではそれが行われないのだろう？　学校の朝礼が今とは違い、感謝のことばに似たものを唱えることがその一部になったらどうだろう、と私は想像する。私の町に住む年配の退役軍人が、通り過ぎる星条旗に向かって手を胸に当てて起立したり、しわがれた声で忠誠の誓いを唱えながら涙を浮かべたりするのを軽んじるつもりはない。私だってこの国を、自由と正義に対する希望を愛している。けれども、私が敬意を払う対象となるものの範囲は、共和国よりも広いのだ。私は生き物すべてに対し、互いに助け合うことを誓いたい。感謝のことばは、私たち人間が、すべての生き物による民主社会を構成する一員として担うべき義務を描写している。この国の人々に愛国心を持ってもらいたいのなら、この大地そのものに語りかけ、この国に対する本当の愛情を呼び覚まそう。優れたリーダーを育てたいのなら、子どもたちにワシやメープルの木のことを教えよう。善良な市民を育てたければ、レシプロシティーについて教えよう。万人のための正義を目指すなら、すべての創造物のための正義を求めよう。

終わりに、もし不用意にもこの場で語り残したことがあれば、一人ひとりの心のなかで、それを思い浮かべ感謝のことばをささげます。いま、私たちの心はひとつです。

ホーデノショーニーの人々は、毎日そう言って世界に感謝する。最後に訪れる静寂の中で、私は耳を傾ける――いつの日か、この世界がお返しに、人間に感謝してくれる、その言葉が聞こえることを心の底から願いながら。

スイートグラスの収穫

スイートグラスは真夏に収穫する。
葉は長くてつやつやしている。
一枚一枚刈り取って、
変色しないよう日陰で乾かす。
刈り取ったら必ずお返しの贈り物をする。

愛すること

幸せになる秘密、豆の収穫中にひらめく

私は、円錐形に立てたインゲン豆の棚に巻きつく蔓の中でインゲン豆を収穫していた。深緑色の葉を持ち上げると、長い緑色の鞘が両手にいっぱいになるほど見つかる。身は引き締まって、やわらかな毛が生えている。二本つながって下がっている細い鞘をポキリともぎ、一本を齧ってみる。それはまさに、シャキッとした純粋な豆に凝縮された八月の味だ。この豊かな夏の恵みは冷凍庫送りが決まっていて、大気が雪の香りに満たされる真冬に再び姿を現わす。棚一つ分を収穫しただけで私の籠はいっぱいだ。

籠の中身を台所にあけに行こうとして、私はびっくりと実をつけたスクウォッシュの蔓と、なった実が重すぎて倒れてしまったトマトの株の間に足を踏み入れる。スクウォッシュとトマトはヒマワリの根元にあって、ヒマワリは成熟しつつある種子の重さでお辞儀をしている。ジャガイモの列の横を、籠を持ち上げて通りかかると、畝と畝の間に掘り起こされたところがあって、赤い皮のジャガイモの塊が見えているのに気づく。その日の朝、娘たちがここで収穫をやめたのだ。太陽光にあたってジャガイモが緑色にならないように、私は足先でジャガイモに上から土をかける。

畑の手伝いを嫌がるのは子どもの常だけれど、いったん作業を始めると、娘たちは土のやわらかさや昼間のいろいろな匂いに引き込まれて、何時間も戻ってこない。私の籠の中のインゲン豆も、娘たちが五月に指で種を植えた。娘たちが種を蒔き、収穫するのを見ると、自分は良い母親であると感じる――自分で自分を養う術を教えているのだから。

ただし、私たちは自分で種を手に入れたわけではない。スカイウーマンが愛する娘を地中に埋めたとき、

人々への特別な贈り物である植物がその体から芽吹いたのだ。頭からはタバコが。髪からはスイートグラスが。心臓からはイチゴ、乳房からはトウモロコシ、お腹からはスクウォッシュが生え、そして彼女の手には細長い豆の房が握られていた。

娘たちに私の愛情を示すにはどうするかって？　六月の朝なら野生のイチゴを摘んでやる。二月の午後には雪だるまを作って焚き火をする。三月にはメープルシロップを作る。五月にはスミレを摘み、七月には一緒に泳ぐ。毛布の上に寝転んで流星群を眺める八月の夜。十一月には薪割りという立派な先生のお出ましだ。まだまだある。自分の子どもに愛していることを伝えるには？　人それぞれのやり方で、私たちはたくさんの贈り物とお説教の雨を降らせるのだ。

それは、熟したトマトの匂いのせいだったのかもしれないし、ムクドリモドキのさえずり、それとも黄色がかった午後の、斜めに差した光の中で、私の周り中にぶらさがっているインゲン豆のせいだったかもしれない。突然私は幸福感に襲われて大声で笑い出し、地面に黒と白の外皮を撒き散らしながらヒマワリの種を食べているアメリカコガラをびっくりさせてしまった。九月の日差しのように、暖かく、はっきりと、私は確信したのだ――地球は私たちを愛してくれている。豆やトマトやトウモロコシ、ブラックベリーや鳥の鳴き声で。たくさんの贈り物とお説教の雨で。地球は私たちに糧を与え、そして自分で自分を養う方法を教えてくれる。良い母親とはそういうものだ。

菜園を見渡すと、この見事なラズベリー、スクウォッシュ、バジル、ジャガイモ、アスパラガス、レタス、ケール、ビーツ、ブロッコリー、ベルペッパー、芽キャベツ、ニンジン、ディル、タマネギ、リーキ、ホウレンソウを、地球が喜んで私たちに与えてくれているのが感じられる。娘たちが小さかった頃、「お母さんはあなたたちをどれくらい愛してると思う？」と訊くと、腕を思い切り開いて「こーーーれくらい」と答えたのを思い出す。だからこそ私は娘たちに作物を育てることを教えたのだ——私がいなくなってしまった後もずっと、娘たちを愛してくれる母親がいるように。

豆に囲まれて突然ひらめいた真実。普段の私は、私たちと地球の関係のことを始終考える。地球からどれほどたくさんのものをもらっているか、どうしたらお返しができるか。相互依存と義務の方程式や、生態系と持続可能な関係を築くのはなぜ、何のためなのかを解明しようとする。すべて、私の頭の中で。ところが突然、理性的な分析も合理化もなくなってしまったのだ。そこにあるのは、籠いっぱいの母親の愛情、という純粋な感覚だけだった。愛することと、お返しに愛されること——それは究極の相互関係だ。

私の席に座り、私の服を着て、私の車を使うこともある植物学者がいる。私が「菜園はこの世界が『愛してるよ』と私たちに伝える手段なのだ」と言うのを聞いたらゾッとするだろうと思う。菜園というのは、恣意的に選択された栽培種を、労働や作業用具を投入することで環境的条件を操作し、収穫高を増加させて、純一次生産性を向上させる、ということではないか？栄養に富んだ食事と個々人の健康を生み出す文化的な適応行動が選択されるのであって、愛なんて関係ないではないか？　作物がよく育つのは菜園があなたを愛しているから？　では育たなかったら、ジャガイモの胴枯れ病は愛情が足りなかったせいか？　ベルペッパーが熟さないのは不仲の印なのか？

私はときどき彼女に物事を説明しなくてはならない。菜園で野菜を育てるのは、物質的であると同時に精神的な仕事である。デカルト的二元論に徹底的に洗脳されてしまった科学者にとって、それは理解しがたいことだ。「でも、それが単に土のせいではなくて愛情のおかげだというのはどうしたらわかるの？」と彼女は訊く。「どこに証拠があるの？　愛情のこもった行動を察知するために重要な要素は何？」

そんなのは簡単だ。私が私の娘たちを愛していることに疑念を抱く人はいないし、量的研究を行う社会心理学者だって、私が挙げる「愛情のこもった行動」のリストに文句は言わないはずだ。

□健康と幸福を育む
□危害から護る
□一人の人間としての成長と発達を助ける
□一緒にいることを望む
□持っているものを惜しげなく分け合う
□共通の目標に向かって協力し合う
□共有する価値観を大切にする
□相互に依存している
□一人のためにもう一人が犠牲を払う
□美を創り出す

二人の人間の間にこういう行動が観察されれば、私たちは、「彼女はその人を愛している」と言うだろう。あなたはまた、ある人と、丁寧に手入れされた土地の一角の間にこうした行動を観察し、「彼女は菜園を愛している」と言うかもしれない。だったらなぜあなたはこのリストを見ていながら、菜園も彼女を愛している、と思い切って言おうとはしないのだろうか？

植物と人間の間に交わされたやりとりは、双方の進化を形作ってきた。農場、果樹園、葡萄園には、人間が栽培種化した植物がいっぱいだ。植物の果実を食べたいがために、私たちは植物に代わって土地を耕し、余分な枝を剪定し、灌漑し、肥料をやり、雑草を抜く。もしかすると植物の方が人間を飼い慣らしたのかもしれない。野生の植物は変化して、きちんと整列するようになり、野生動物だった人間は、畑の近くに腰を据えて植物の世話をするようになった。いわば、お互いに相手を手なずけたのである。

人間と植物は、共進化の環でつながっている。モモが甘ければ甘いほど、私たちはその種を広く蒔き、苗木を育て、危害が加えられないように護る。食用植物と人間は、互いの進化において選択圧として働く——一方の繁栄が他方にとっても最大利益をもたらすのである。私はそれが、愛情に似ているように思う。

自然界からの愛

一度、大学院で、地球との関係性をテーマにした論文の書き方を指導したことがある。学生たちはみな、自然に対する深い敬意と愛情を表現した。自然の中にいるときに最も強い帰属感や幸福感を味わえる、と彼らは言った。地球を愛している、と言うことには何のためらいも見せなかった。それから私は彼らに、「地球もあなたを愛してくれていると思う?」と尋ねた。誰も答えようとしない。まるで私がその教室に、頭が二つあるヤマアラシを連れてきたかのようだった――それは思いもかけない、触れるとチクチクするような質問だったのだ。学生たちはゆっくりと後ずさりした。教室いっぱいの、文章を書くのが得意な学生たちが、自然への報われぬ片思いに、情熱的に胸を焦がしているのだ。

そこで私は質問を仮定形に変えて尋ねた。「仮に、地球も人間を愛し返してくれている、というとんでもない概念を私たちが信じたとしたら、どんなことが起こると思う?」。それが堰を切った。学生たちみなが発言したがった。私たちは突如として、世界平和や完璧な調和に向かって夢中で突き進もうとしていた。「あなたを愛してくれるものを傷つけようとはしないよね」と一人の学生がまとめた。

自分が地球を愛しているということがわかると、あなたは変化する。そのことであなたは、地球を護り、賞賛するようになる。だが、地球もまたお返しにあなたを愛してくれているということを感じたとき、その感覚は、人と地球の関係を一方通行の片思いから神聖なつながりに変容させるのだ。

私の娘リンデンの菜園は、世界中でも私が一番気に入っているものの一つだ。トマティーヨやチリ・ペパーなど、私には思いもよらないようなさまざまな作物を山地の痩せた土壌で育てている。堆肥も作るし花も栽培するが、一番大事なのは作物ではない。雑草を抜きながら私に電話してきて、おしゃべりをするのが楽しいのだ。私たちは一緒に、雑草を取ったり作物を収穫したりする。今では私たちは五〇〇〇キロ近く離れているけれど、娘が小さかったときのようにおしゃべりに花を咲かせる。リンデンはものすごく忙しいので、どうして野菜を育てるの？　と私は尋ねる。野菜作りには時間がかかるのだ。

食べ物を育てるため、それと、一生懸命働いて豊かな作物を収穫する満足感のため、と娘は言う。それに、手で土をいじっているとくつろげるのだ、とも。「あなたの菜園が大好きなのね？」と私は尋ねるが、答えはもうわかっている。それから私はためらいながら、「あなたの菜園はあなたを愛していると思う？」と訊く。娘はちょっとの間黙っている。こういうことについては決して軽率に口を開かない子なのだ。「きっとそうだと思うわ」と娘は答えた。「私の菜園は、私のママみたいに私の面倒を見てくれるの」。これで私は思い残すことなく死ねる。

私はかつて、生涯のほとんどを大都市に暮らしたある男性を愛したことがある。無理やり海や森に連れて行けば、彼はそれなりに楽しんでいたようだった——インターネットに接続できさえすれば。彼はずいぶんいろいろなところに住んだことがあったので、その中で一番しっくりきた場所はどこか、と尋ねたことがある。彼には私が何を言っているかわからなかった。一番支えられ、滋養を受け取ったと感じたのはどこかが知りたいのだ、と私は説明した。あなたが一番理解できたのはどこ？　あなたが一番よく知っていて、お返しにあなたのことを一番良くわかってくれる場所は？

答えるのに時間はかからなかった。「車の中」と彼は言った。「俺の車の中だね。必要なものは全部、俺の好み通りに揃ってる。好きな音楽、完璧に調整可能なシート、オートマのミラー、カップホルダー二個。安全だし、いつでも好きなところに行ける」。それから何年も経って、彼は自殺しようとした。彼の車の中で。

彼は一度も自然界との関係を育てることをしなかった。その代わりに彼は、テクノロジーによる華麗な孤立を選んだのだ。まるで、種子の袋の底にあるしなびた種みたいな人だった。一度も土に触れることのなかった種。

私たちの社会を苦しめる問題の多くは、自然界を愛する心、そして自然界から私たちに送られる愛から、自分たちを切り離してしまったことが原因なのではないのだろうか。そうした愛こそ、傷ついた自然界や空虚な心を癒す薬なのに。

ラーキンは子どもの頃、雑草取りが嫌でものすごく文句を言った。だが今は、帰郷のたびに、ジャガイモを掘ってもいい？　と訊く。地面に膝をつき、レッドスキン・ポテトやユーコン・ゴールドを掘り起こしながら鼻歌を歌っている。ラーキンは今、大学院でフードシステムを勉強しながら、都会で菜園を作っている人たちとともに、空き地を開墾した土地で貧窮者のための食料庫用に野菜を育てている。家庭環境に問題のある子どもたちが土を耕し、種を蒔き、収穫する。彼らは収穫した食べ物が無料だということに驚く。それまでは、食べるものはすべて、お金を払わなくてはならなかったのだ。土から直接引き抜いたニンジンを、彼らは初め、怪訝そうに眺める――それを口に入れるまで。ラーキンは贈り物を伝えているのだ。そして子どもたちは大きく変化していく。

もちろん、私たちが口にするものの多くは地球から無理矢理に奪ったものだ。そういう形で食物を取り上げるのは、農家にとっても、作物にとっても、また侵食されていく土壌にとっても好ましくない。プラスチックに包まれたミイラのように売買される食べ物を、地球からの贈り物とはもはや認識しにくい。愛がお金で買えないことは誰だって知っている。

菜園で食べ物を育てるのはパートナーシップだ。私が石ころを拾ったり雑草を抜いたりしなければ、私は私の役目を果たしていないことになる。親指のある私の手はこういうことをするには便利で、道具を使ったり、堆肥をシャベルですくうこともできる。でも私には、鉛を金に変えることができないのと同様に、トマトを実らせたり棚に豆をつたわせたりすることはできない。それは植物の責任であり、植物にはその力が備わっている――生命のないものに、生命を吹き込む力が。なんという贈り物だろう。

自然界と人間の関係を修復するために何か一つ推薦するとしたらどんなことか、とよく人に訊かれる。私は必ずと言っていいほど「菜園を作ること」と答える。地球の健康のためにも良いし、人間の健康のためにもなる。菜園というのは、互いに栄養を与え合うつながり合いの温床であり、土は日常の中に畏敬の念を育ててくれる。そしてその影響は菜園の中だけに留まらない。地球のほんの一角との関係がいったん生まれれば、それは種子として結実する。

菜園ではあるとても大切なことが起きるのだ。そこでは、もしも「愛してる」と声に出して言えなくても、それを種という形で伝えることができる。そして自然はそれに応えてくれる――豆、という形で。

三人姉妹

これは彼女たちが語るべき物語だ。トウモロコシの葉がカサカサと、紙が擦れるようなおなじみの音で、互いに、そしてそよ風と会話している。暑い七月、節間が拡がるキューッという音――トウモロコシは一日で一五センチも伸びることもある――とともに、茎は光に向かって伸びる。ゆっくりと、きしむような音とともに葉は葉鞘《ようしょう》を脱け出し、辺りが静まり返ると、水分が詰まった細胞が大きく膨らみすぎて茎の中に収まりきらなくなり、髄が突然破裂するのが聞こえることもある。こうした音は生きている証ではあるが、何かを語っているわけではない。

豆が立てる音は優しいにちがいない。やわらかな毛の生えた蔓がザラザラしたトウモロコシの幹に巻きつくときの、シューッという小さな音。葉や茎の表面がそっと揺れて擦れあい、巻きひげはトウモロコシの幹をしっかりと締め付けながら脈打つ。その音は近くにいるノミハムシにしか聞こえない。だが豆は、歌を歌っているのではない。

私は熟していくカボチャの間に寝転んで、傘みたいな葉が揺れながらギシギシと音を立てるのを聞いていたことがある。蔓でつながった葉の縁を、風が持ち上げてはそっと下ろす。大きくなっていくカボチャの中にマイクを入れたなら、一団の種が膨らみ、ジューシーなオレンジ色の果肉を水分が満たしていく音が聞こえただろう。でもそういう音は音であって、物語とは違う。植物はその物語を、言葉ではなくて行動で語るのだ。

もしもあなたが教師であるにもかかわらず、あなたの知識を伝えるための声を持たないとしたらどうだろう？　もしも言語というものが存在せず、それでも何か伝えなくてはいけないことがあるとしたら？　あなたはそれを踊りで表現するのでは？　あなたはそれを演技することで表現し、あなたの体の動きの一つひとつが物語を語りはしないだろうか？　そのうちにあなたの表現はとても豊かになり、誰もがあなたを一目見れば言いたいことがわかるようになる。物言わぬこの三つの植物もそれと同じだ。たとえば石の彫刻とは、ハンマーで叩いたりノミで削ったりして凸凹をつけた岩の塊にすぎないが、その岩の塊はあなたの心を開かせ、それを見たことであなたの何かが変化する。それは一言も発せずにメッセージを伝えるのだ。ただし、誰にでも伝わるわけではない——石の言葉は理解するのが難しい。不明瞭なのである。だが植物は、生き物なら誰でも理解できる言葉で話す。植物が教えるのは、食べ物、という万物共通の言語だ。

ずいぶん前のことだが、チェロキー族のアウィアクタという作家に小さな包みを手渡されたことがある。乾いたトウモロコシの葉を折って作った小袋が紐で縛ってあった。彼女は微笑んで、「春になるまで開けちゃダメよ」と言った。五月になって紐をほどくと、贈り物が出てきた――種が三つ。一つは金色で三角形をしていた。トウモロコシの実。上の方は幅が広くてくぼみがあり、下に向かって細くなって、先端は白くて硬く尖っている。それからつややかな豆。茶色い斑模様があり、なめらかな曲線を描いて、内側には白い目のようなへそがある。親指と人差し指でつまむと磨かれた石のようにツルツル滑るが、これは石ではない。そして、楕円形の陶器のお皿みたいなカボチャの種。中身がいっぱい詰まったパイの皮みたいに、縁がひだ状に閉じている。私の手の中には、先住民による農業の天才的な知恵、三人姉妹が乗っていた。トウモロコシ、豆、スクウォッシュ。この三つの植物が一緒になって、人々に食べ物を与え、土地を豊かにし、私たちの想像力を掻き立てて、生き方を教えてくれるのだ。

何千年もの昔から、南はメキシコから北はモンタナまで、女性たちは土を盛り上げてはこの三種類の種を蒔いてきた。同じ畑に三つを一緒に植えるのだ。マサチューセッツ州の沿岸に入植した白人たちは、初めて先住民の畑を見たとき、この野蛮人たちは農業の仕方を知らないのだと推察した。彼らにとっての農園とは、一種類の作物がまっすぐな列に植えられているところのことで、豊かな作物が三次元的に拡がるその畑ではなかったのだ。とは言いつつ、彼らはその作物を食べ、もっとよこせと言った――何度も何度も。

五月の湿った土に蒔かれると、トウモロコシの種はすばやく水分を吸収する。種皮が薄く、内胚乳と呼ばれるデンプン質の中身が水を吸い寄せるのだ。水分を得ると、種皮に含まれる酵素がデンプンを糖に分解し、それが種の先端にある胚を成長させる。こうしてまず初めにトウモロコシが土から顔を出す。細くて白い茎は日光に当たるとほんの数時間で緑色になり、一枚、また一枚と葉を広げる。他の二人がまだ準備をしている最初のうちは、トウモロコシは独りぼっちだ。

土中の水分を吸ってインゲン豆の種は膨らみ、斑模様の種皮を破って地中深く根を伸ばす。茎がかぎ針のような形に伸びて地上に顔を出すのは、しっかりと根が生えた後だ。インゲン豆は太陽光を焦って探す必要がない。必要なものはちゃんと揃っているからだ。最初に出る葉は二つに分かれた種の内部に初めから用意されている。その二枚の肉厚の葉が、地面を突き破って、すでに一五センチほどになっているトウモロコシの仲間入りをする。

カボチャやスクウォッシュは急がない。のんびり屋の妹だ。最初の茎が地上に顔を出すのは何週間も先かもしれないし、二枚の葉の合わせ目がほどけるまで、茎はまだ種皮に包まれたままだ。昔の人たちは、植える一週間前から種を鹿革の袋に少々の水または尿と一緒に入れておき、成長を急がせたと聞く。でもこの三つの植物にはそれぞれに成長するペースがあり、発芽する順番、つまり出生順が、三つの間の関係性と、うまく実がなるためには重要なのである。

長女であるトウモロコシの茎は、非常に高い目標を掲げて堅くまっすぐに育つ。梯子のように、細長い葉を一枚ずつ広げながら急いで背を伸ばすのだ。初めのうちは、強靭な茎を作るのが最優先だ——妹のインゲン豆の成長を助けるために。インゲン豆は、ほんの短い茎の上にハート形の葉を二枚出し、それからもう二枚、さらに二枚、どれも地面に近い所に葉を広げる。トウモロコシが背を伸ばすことに専念している間、インゲン豆は葉を増やすことに集中する。トウモロコシが膝くらいの高さになった頃、いかにも真ん中の子らしく、インゲン豆の気が変わる。葉を増やす代わりに、長い蔓を伸ばすのだ——ある使命を持った、細い緑色の糸のような蔓を。思春期のホルモンのおかげで、この若い芽の先端は空中に円を描くように徘徊する。回旋運動と呼ばれる現象だ。蔓の先端は一日に一メートルも動くことがあり、くるくると旋回しながら奇怪なダンスを披露し、やがて探していたものを見つける。トウモロコシの茎、あるいは何か他の支柱である。蔓に備わっている触覚受容器に導かれて、蔓はトウモロコシの茎に優雅な螺旋を描きながら巻き付いていく。そしてしばらくの間は葉を増やすのを控え、トウモロコシの背が伸びるのに合わせて茎に抱きつくことに没頭する。トウモロコシが先に芽を出していなければ、インゲン豆の蔓に絞め殺されているところだが、うまくタイミングが合えば、トウモロコシは軽々とインゲン豆を支えることができる。

一方、遅咲きのスクウォッシュは、トウモロコシとインゲン豆とは逆向きに、地面を這うようにして着々と成長し、中が空洞になっている葉柄の先には、深い切れ込みのある大きな葉が一連の傘みたいに揺れている。葉と蔓は見るからに硬くごわごわしていて、葉を食べる毛虫をたじろがせる。葉は大きく広がり、トウモロコシとインゲン豆の根元の土を覆って水分が逃げないようにし、また他の植物が生えないようにする。

ネイティブアメリカンの人たちはこの栽培方法を「三人姉妹」と呼ぶ。それがどうやって始まったかには諸説あるが、この三つの植物が女性であるという点ではどれも一致している。いくつかの物語によれば、飢えによって次々に人が死んでいくある長い冬のこと、三人の美しい女性が雪の降る夜に部族の住まいにやって来たという。一人は背が高く、黄色い服を着て、長い髪をなびかせていた。二人目は緑色の服、三人目はオレンジ色の服を着ていた。三人は家に入り、火のそばに座った。食べ物は乏しかったが、人々はわずかに残った食べ物をこの見知らぬ客にたっぷりとふるまった。その寛大さへの感謝の印に、三人姉妹は自分たちの正体を明かした――トウモロコシ、インゲン豆、そしてスクウォッシュ。そして、人々が二度と飢えることのないように、自らをひと塊の種にして差し出したのだ。

日が長く、強い日差しが照りつけ、雷とともに雨が大地を濡らす夏の盛り、三人姉妹の育つ畑を見れば、レシプロシティーが教えてくれることは一目瞭然だ。私には、三種の植物の茎が一緒になったところが、まるでこの世界の青写真、バランスと調和への案内図に見える。

トウモロコシは背丈が二・五メートル近く、細かく揺れる緑のリボンのような葉は茎から四方八方に反り返るように伸びて日の光を捉えている。葉は隣の葉と重ならないように生えていて、すべての葉が他の葉の陰にならずに光を集められるようになっている。

インゲン豆は、トウモロコシの葉の間を縫うようにして茎に蔓を絡ませ、トウモロコシの邪魔は決してしない。トウモロコシの葉が生えていないところでは、インゲン豆の蔓から芽が出て葉が伸び、芳しい花がかたまって咲く。インゲン豆の葉は、トウモロコシの茎に近いところに下向きに垂れ下がる。

トウモロコシとインゲン豆の根元には、スクウォッシュの大きな葉がカーペットのように広がって、柱のように聳えるトウモロコシの間から差し込む光を捕まえる。葉は層をなすように重なって、太陽の贈り物である光を無駄なく効率的に利用する。有機的な左右対称の形状もそうだ。葉の一枚一枚の位置や調和のとれた形が彼らのメッセージを伝えている。互いを尊重し、支え合い、自分が提供できるものを世界に提供し、他者が差し出すものを受け取れば、誰もが十分なものを手にできるのだ。

夏も終わりに近づく頃には、インゲン豆はなめらかな緑色の鞘に入ってたわわな房となってぶら下がり、茎から斜めに突き出したトウモロコシは太陽を浴びて実を太らせ、カボチャは足元で膨らんでいく。一定の広さの土地で比べると、三姉妹が育つ菜園の収穫高は、姉妹のそれぞれを単独で栽培した場合より多い。

協調し合う植物

この三つが姉妹であることは明らかだ。一人がもう一人に、リラックスした様子で楽々と巻きつき、末っ子の妹は、二人の足元の、遠くはないが近すぎもしない距離のところでのんびりとくつろいでいる。三人は競争し合うのではなく、協調しあっているのだ。私はこれと同じことを、人間の家族の、姉妹同士のやり取りの中でも見たことがあるような気がする。何しろ我が家も三姉妹なのだ。長女には、自分が一番偉いことがわかっている――背が高くてはっきりしていて、公正で有能な長女は、妹たちが従うべき行動の枠組みを創る。トウモロコシだ。一つの家にはトウモロコシ的女性一人分の居場所しかないので、真ん中の姉妹は別の方法で適応する。このインゲン豆の少女は、柔軟さと順応性を身につけ、支配的な構造をうまく避けて自分に必要な光を手に入れる。可愛い末の妹は好きな道を選ぶことができる――家族の期待はすでに姉二人が満足させてくれた。地に足をしっかりと着けて、誰にも何を証明して見せる必要もなく、末娘は自分の生きたいように、すべての人のためになる生き方を選ぶ。

トウモロコシの支えがなかったらインゲン豆は地面の上にごちゃごちゃにからまって手に負えず、お腹をすかせた捕食動物の餌食になってしまうだろう。インゲン豆は、トウモロコシの背の高さとスクウォッシュが作る日陰の恩恵を蒙るばかりで、この菜園で一人だけ得をしているように見えるかもしれない。だが、レシプロシティーのルールは、自分が与える以上のものを受け取ることを誰にも許さない。トウモロコシはみなに太陽の光が届くようにし、スクウォッシュは雑草を減らす――ではインゲン豆は何をするのだろう？　その答えを知るには、地中に目をやらなくてはならない。

三人姉妹は地上では、互いのスペースを侵害しないよう慎重に葉を茂らせることで協調し合う。そしてそれと同じことが地中でも起こっているのである。トウモロコシは単子葉植物に分類される。大きく育ちはするが基本的にイネ科の植物なので、根は細い繊維状で、土を払うと、トウモロコシの茎でできた柄の先にくっついた、紐状のモップみたいに見える。根は深くは伸びず、浅いところでネットワークを作り、雨が降るとまず最初にその恩恵にあずかる。トウモロコシが水を飲み終わると、雨水はトウモロコシの根が届かないところに降りていく。地中深くに届いた水は、インゲン豆が深く伸ばした主根が、吸収しようと待ち構えている。スクウォッシュは、他の二種から遠ざかることで水の分け前にありつく。スクウォッシュの茎は、地面と触れるどこからでも不定根の束を伸ばして、トウモロコシとインゲン豆の根から遠いところの水を吸うことができるのだ。三姉妹は、光を共有するのと同じ方法で土壌を共有する。全員に行き渡るように、自分だけが取りすぎない、ということだ。

ただし、三人全員に必要なのに、常に不足がちのものが一つある。窒素だ。窒素不足が植物の成長を妨げるというのは生態学的パラドックスである——空気は、なんとその七八パーセントが窒素ガスだというのに。問題は、ほとんどの植物は空気中の窒素を使うことができない、ということだ。植物は、硝酸塩やアンモニウムといった無機窒素が必要なのである。空気中の窒素は、お腹がペコペコな人から見えるところに、鍵をかけて置いてある食べ物のようなものだ。だが、この空気中の窒素を無機窒素に変える方法がある。そしてその最良の方法がインゲン豆だ。

インゲン豆はマメ科の植物で、大気中の窒素を植物が使える窒素に変える素晴らしい能力を持っている。ただし、インゲン豆だけではそれはできない。私の学生たちはよく、掘り出したインゲン豆の根の束を持って私のところに大慌てでやってくる。根には小さな白い粒がついている。「病気ですか?」と学生が訊く。「この根っこ、何か変ですよね?」むしろ、これは大変好ましいことなのよ、と私は答える。

このつややかな根粒の中には、リゾビウムという細菌が入っている。窒素固定細菌である。リゾビウムは、ある特定の条件下でしか窒素を変換できない。つまりリゾビウムが持つ触媒酵素は、酸素があるとはたらかないのだ。平均的な土は五〇パーセント以上が空気だから、リゾビウムが機能するためにはどこかに隠れなくてはいけない。そしてインゲン豆は喜んでその役を引き受けるのである。インゲン豆の根が地中で極小の棒状をしたリゾビウムを見つけると、化学物質の交信が起こり、ある取引が行われる。インゲン豆は酸素を含まない根粒を作ってその中にリゾビウムをかくまい、お返しにリゾビウムは窒素をインゲン豆に提供するのである。こうしてこの二つが一緒になって窒素肥料を作り、それが土壌に放出されて、トウモロコシ、それにスクウォッシュの成長を助けるのだ。

　この菜園には何層にも重なった相互依存関係、レシプロシティーが存在する。インゲン豆と細菌、インゲン豆とトウモロコシ、トウモロコシとスクウォッシュ、そして最終的には人間とのレシプロシティー。

　この三つの植物は意図的に協力し合っているのだ、と想像したくなるし、実際にそうなのかもしれない。だが彼らのパートナーシップの素晴らしいところは、それぞれの植物の行動は、自分自身の成長のためにしていることだ、という点だ。たまたま、個々の植物が元気に育てば全体も元気になる、ということなのである。

　三人姉妹のあり方を見ていると、私の部族に伝わる根本的な教えの一つを思い出す。私たち一人ひとりにできる一番大切なことは、自分だけに与えられた力は何であるかを知り、それをこの世界でどうやって使うか、ということだ。個性は大切であり、大事に育てられる。なぜなら部族全体の繁栄のためには、私たち一人ひとりがありのままに強くあり、与えられた力を自信を持って掲げ、他者と分かち合わなければならないからだ。この三姉妹は、メンバーの一人ひとりが自分の能力を理解し、他者と分かち合ったときにどんなコミュニティーが生まれるか、そのことを可視化している。レシプロシティーという関係によって私たちは、お腹を満たすだけでなく、精神もまた満たすのだ。

　私は長いこと、一般植物学の授業に、光合成の驚異に対する十八歳の学生たちの情熱を掻き立たせずにはおかないであろうスライドや図、植物にまつわるエピソードなどを使っていた。植物がどのように地中に根を伸ばすかを知れば彼らは夢中になり、花粉についてもっと知りたくてウズウズしない学生などいるわけないではないか？　ところが学生たちはみな無表情で、ほとんどの者にとってそんなことは、文字通り、草が育つのを眺めるくらい退屈だったのだ。春、土の中から顔を出すインゲン豆の優美さについて私が雄弁に語るのを、熱心に頷いては質問の手を挙げるのは最前列に座った学生たちだけで、残りの学生たちは居眠りをした。

苛立った私は、学生たちに、私の質問に挙手で答えさせることにした。「何か植物を育てたことのある人は？」。最前列は全員が手を挙げ、後ろの列にはためらいがちに手を挙げる学生が何人かいた。母親がセントポーリアを育てていたけれど枯れてしまった、という学生もいた。

突如として私は学生たちがなぜ退屈しているのかを理解した。私は私の記憶を頼りに教えていたのだ――それまでに目にしてきた植物たちの姿を思い出しながら。ところが、スーパーマーケットが菜園に取って代わったおかげで、人間なら誰もが共有していると思っていた植物の姿を彼らは知らなかった。最前列にいる学生たちだけは私と同じくそうした植物を見たことがあって、日常的に目にする奇跡がどうしたら可能なのかを知りたがったが、授業をとっている学生のほとんどは、種や土に触った経験もないし、リンゴの花が実になる過程も見たことがなかった。彼らには新しい教師が必要だったのだ。

そういうわけで今では毎年新学期になると、授業を菜園で始めることにしている。そこには私の知る最高の教師、美しい三姉妹がいるからだ。九月のある一日、彼らは午後いっぱいを三姉妹と過ごす。収穫高や成長の度合いを測り、自分たちに食べ物を与えてくれる植物の生体構造について学ぶのだ。私は最初にまず、ただ見てごらんなさいと言う。学生たちは、三姉妹がどんなふうに関係し合っているかを観察し、それを絵に描く。美術を専攻している学生がいて、観察すればするほど興奮していく。「見てよこの構図。美術の先生が今日教室で言ってたことそのまんま。統一性、バランス、色彩。完璧よ」。私はその学生のノートのスケッチを覗き込む。彼女はまるで絵を見るように植物を見ているのだ。細長い葉、丸い葉、切り込みが入った葉、なめらかな葉。緑色の土台の上に乗った、黄色、オレンジ色、黄褐色。「わかる？　トウモロコシが垂直の要素でスクウォッシュは水平。そして全体を、曲線を描くインゲン豆がまとめているわけよ。うっとりしちゃう」と仰々しく彼女が言う。

女子学生の中に一人、ナイトクラブでは魅力的かもしれないけれど生物学の野外授業には不向きな服装の子がいる。ここまで彼女は一切土に触れていない。私は彼女が授業に参加しやすいように、スクウォッシュの蔓を端から反対の端まで辿ってその伸び方を図にする、という、比較的手を汚さずに済む仕事をするように指示する。蔓の若い方の先端には、彼女のスカートみたいに派手なフリル付きのオレンジ色のスクウォッシュの花が咲いている。私は受粉した花の子房が膨らんでいるのを見せる。誘惑がうまくいった結果だ。ハイヒールで小股に歩きながら彼女は蔓を根元まで辿る。そこでは花はしおれて、雌しべがあった場所に小さなスクウォッシュの実がなっている。根元に近づけば近づくほど実は大きくなり、まだ花がついたままの、一円玉硬貨くらいの小さな塊だったのが、直径二五センチもある熟れたスクウォッシュになる。まるで妊娠の過程を見ているみたいだ。学生と私は一緒に熟したバターナッツ・スクウォッシュを摘み取り、中の空洞に種があるのを見るためにナイフで切って中を開ける。

「スクウォッシュって花からできるの？」。その成長の過程を蔓に沿って見た彼女が、信じられない、というように言う。「サンクスギビングに食べるこのスクウォッシュ、大好きなの」

「そうよ」と私は答える。「蔓の一番端に咲いていた花の子房が成熟するとこうなるの」

彼女は驚きのあまり目を大きく見開く。「私今までずっと卵巣［訳注：子房と卵巣は英語ではどちらもovary］を食べてたってこと？　いやだー。もう絶対スクウォッシュなんか食べない」

関係性に育まれる贈り物

菜園にはどこか、素朴な性を感じさせるものがあって、学生たちのほとんどは、植物が実をつける営みに惹きつけられる。私は学生たちに、トウモロコシを、先端に束になっている毛を乱さないように丁寧に剥かせたことがある。まずは外側の硬い葉を剥き、一枚また一枚と内側の葉を剥いていく。葉は一枚ごとにより薄くなり、最後の一枚はとても薄くてトウモロコシにぴったりと張り付いているものだから、粒の形が透けて浮き出ている。葉の最後の一枚を剥ぎ取ると、裸になったトウモロコシの、丸くて黄色いつぶつぶから甘い香りが立ち昇る。私たちは目を近づけて、トウモロコシの毛の一本一本を辿る。皮の外に出ている部分の毛は茶色くて縮れているが、皮の内側の部分は特に色はなく、まるで水分で満ちているように瑞々しくてパリッとしている。この細い毛の一本一本が、皮の内側のトウモロコシの粒のそれぞれを外の世界とつないでいるのだ。

トウモロコシの穂軸は非常に精巧にできた花の一種で、トウモロコシの毛というのはとても長く伸びた雌しべなのである。雌しべの片方の端はそよ風に揺れながら花粉を受け取り、もう片方の端は子房につながっていて、雌しべが捕まえた花粉粒から送り出された精子を輸送する水路となる。トウモロコシの精子はこのなめらかな管の中を通って乳白色の粒、つまり子房へと泳いでいくのである。そうやって受精して初めて、トウモロコシの粒は丸く、黄色くなる。トウモロコシの穂軸には、もしかするとそれぞれに父親が違う、粒の数に相当する何百という子どもたちがいるわけだ。トウモロコシを指して「コーン・マザー」と呼ぶというのももっともなことだ。

インゲン豆もまた、子宮の中の赤ん坊のように育つ。学生たちは嬉しそうに生のインゲン豆を齧っている。私は、まず細長い鞘を開けて、自分が何を食べているのか見てごらんなさい、と言う。ジェッドが親指の爪で切れ目を入れて鞘を開けると、インゲン豆の赤ん坊が一〇個、一列に並んでいる。その一つひとつが、もろい緑色のひも状のもの、珠柄《しゅへい》で鞘とつながっている。長さはわずか数ミリだが、これは人間のへその緒にあたるものだ。母親である植物はこの珠柄を通して成長中の子どもたちに栄養を送るのである。学生たちがそれを見ようと集まってくる。「ということは、インゲン豆にはへそがあるってことですか?」とジェッドが訊く。みな笑うが、まさに正解だ。豆には一つひとつ、珠柄がつけた傷が残っている。種皮に一か所色の違う小さな点があって、それをへそと呼ぶのである。そう、インゲン豆にはへそがある。植物の母親たちは、私たちの食べ物となり、またその子どもたちを種として私たちに残してくれるのだ、何度も何度も繰り返し、私たちが食物を得られるように。

八月になると私は、三人姉妹の持ち寄りパーティーを開く。メープルの木の下にテーブルを並べてテーブルクロスをかけ、どのテーブルにもガラスの広口瓶に野の花のブーケを挿して飾る。それから友人たちが、手に手に手料理や食べ物を入れた籠を持って集まってくる。金色のコーンブレッドや三種類の豆のサラダ、丸くて茶色いビーンケーキ、ブラックビーン・チリ、それに夏に採れるスクウォッシュのキャセロールといった料理の数々がテーブルいっぱいに並ぶ。友人のリーは、小型パンプキンにチーズたっぷりのポレンタ[訳注：トウモロコシの粉を粥状にしたもの]を詰めたものを持ってくる。熱々の三姉妹スープは緑と黄色で、薄切りにしたスクウォッシュが浮かんでいる。

それでもまだ食べるものが足りないかのように、全員が揃うと、私たちは決まって一緒に菜園に行き、さらに作物を収穫する。大きな籠がトウモロコシでいっぱいになる。大人がボウルに山盛りのインゲン豆を摘んでいる間、子どもたちがトウモロコシの皮剝き係をし、一番年下の子どもたちはトゲトゲした葉の下を覗いてスクウォッシュの花を探す。オレンジ色の花の中にはチーズとコーンミールを混ぜたものをスプーンで丁寧に詰めて口を閉じ、サクッと揚げるが、作るそばから消えてしまう。

三姉妹の見事さは、その成長するプロセスだけでなく、食卓に上がったときにこの三つが互いを補完し合う点にもある。一緒に食べれば美味しいし、人間の生命を維持する三要素が揃うのである。トウモロコシはどんな形で食べても優れたデンプン質の補給源で、夏の間中、太陽の光を炭水化物に変え、冬中人々にエネルギーを提供する。だが人間はトウモロコシだけでは生きられない。栄養素的にそれだけでは不十分だ。菜園でインゲン豆がトウモロコシを補完するように、食事においてもこの二つは協調し合う。インゲン豆は、窒素固定能力があるおかげでタンパク質が豊富で、トウモロコシだけでは不足な栄養素を補うのである。トウモロコシとインゲン豆のどちらか一方ではダメだが、人間は、この二つを食べていれば健康に生きていける。ただし、インゲン豆にもトウモロコシにも、カロチンが豊富なスクウォッシュの果肉が持っているビタミンは含まれない。この点でもこの三つは、それぞれ単独の場合より一緒になった方が素晴らしいのである。

食事が終わるとお腹がいっぱいでデザートは入らない。インディアン・プディングとメープル・コーンケーキが待っているのだが、私たちはただ座って、走り回る子どもたちを横目に眼下に広がる谷を眺める。我が家の下に広がる土地一帯は主にトウモロコシが栽培されていて、細い長方形の畑が植林地ギリギリのところまで並んでいる。午後の陽を浴びて、トウモロコシの列は互いに長い影を落とし、丘の輪郭を縁取っている。遠目に見ると、長い緑色の文字の列が丘の斜面を横切るさまは、まるで本の一ページのようだ。人間と土の関係の真実は、どんな本よりもこの土地にはっきりと記されている。私が丘の斜面から読み取るのは、画一性と収穫効率を重視する人々の物語であり、機械の使いやすさと市場の需要に合わせて自然の形が変えられてしまう物語だ。

先住民族の農作は、その土地に合わせて作物を変化させる。その結果、私たちの祖先が栽培品種化したトウモロコシにはたくさんの種類があり、どれもさまざまな土地に適応して育つようになっている。一方近代農業は、大きなエンジンと化石燃料を使ってそれとは正反対のやり方をする——土地を作物に合わせるのである。そしてその作物はみな、恐ろしいほどよく似たクローンだ。

いったんトウモロコシを自分の姉妹の一人と思ってしまうと、そう考えるのをやめるのは難しい。だが、普通の農場に並ぶトウモロコシは、まったく別の作物のように思える。トウモロコシと私たちの関係は姿を消し、個々の存在は匿名性の中に失われてしまうのだ。大好きな顔は、画一的な群衆に呑み込まれて区別することもできない。広大な農地はそれなりに美しくはあるが、三姉妹の親交を見た後では、あのトウモロコシたちは淋しくないのだろうか、と思ってしまう。

あの農地には何百万本というトウモロコシが植わっているに違いない。びっしりと肩を並べ、インゲン豆もスクウォッシュもなく、雑草さえほとんど見あたらない。私の隣人の農場がそんなふうで、こういう「清潔な」畑を作るトラクターがそこを走るのを私は何度も目にしている。トラクターに乗せたタンク式噴霧器で肥料を撒くのだ。春には農場からその匂いが漂ってくる。インゲン豆の代わりは硝酸アンモニウム。そしてスクウォッシュの葉の代わりには、トラクターがもう一度、除草剤を積んで戻って来る。

この谷全体が三姉妹の育つ農園だった昔は、たしかに虫もいたし雑草も生えていたが、三姉妹は除草剤なしで元気に育った。混作、つまり多種の作物が一緒に栽培される畑は、単一栽培の畑よりも害虫の被害が発生しにくい。植物の多様性がさまざまな虫の生息環境を提供するからだ。トウモロコシにつく毛虫やビーンリーフビートル［訳注：ハムシの一種］、それにスクウォッシュにつくキクイムシなど、作物を食べようとする虫も中にはいる。だが、作物の多様さは、作物を食べる虫を食べる虫の生育環境も生む。菜園には捕食性の甲虫や寄生蜂もいて、作物を食べる虫が増えすぎることはない。菜園が食べ物を提供するのは人間だけではなく、他の生き物の分もたっぷりあるのだ。

三人姉妹は、ともに地球に根ざす先住民族の知識と西洋科学の間に生まれつつある関係性を示す、新しいメタファーでもある。私にとってトウモロコシは、生態系に関する伝統的な知識であり、その物理的、精神的な枠組みに導かれて、インゲン豆という好奇心の強い科学が二重螺旋のように絡みつく。そしてスクウォッシュは、二つが共存共栄できるための倫理的な環境を作り出すのである。知性のみからなる科学という単一文化が、それを補完する知識の数々からなる複合文化に取って代わられる日がいつか来ることを私は思い描く。すべての人が満足できるように。

フランが、インディアン・プディング用のホイップクリームが入ったボウルを持ってくる。私たちは、糖蜜とコーンミールがたっぷり入ったカスタードクリームをスプーンで食べながら、畑が暗くなっていくのを眺める。スクウォッシュのパイもある。このご馳走を食べることで私は三姉妹に、私たちが彼らの物語を聞き届けたということを知ってほしい。自分に与えられた力を使って互いを大切にし、力を合わせれば、すべての者に十分な食べものが行き渡る、と三姉妹は言っているのだ。

三姉妹はみな、このテーブルにそれぞれの贈り物を提供してくれたけれど、それは彼女たちだけでしたことではない。この共生関係には、もう一人のパートナーがいることを忘れてはならない。その人はこのテーブルにも座っているし、谷の向こうの農家にもいる。三つの植物それぞれの育ち方に気づき、三つが一緒に生きるところを想像した人。もしかしたらこの菜園は三姉妹の菜園ではなくて、四姉妹の菜園と呼ぶべきかもしれない――この三つを植えた人もまた、なくてはならないパートナーなのだから。土を耕すのも、カラスを追い払うのも、土に種を蒔くのもその人なのである。そしてこの、種蒔く人というのは私たち人間のことだ。土地を開拓し、雑草を引き抜き、虫を取り除く。冬の間、種を保管し、春になったら再び蒔く。いわば私たちは、彼らからの贈り物を取り上げる助産師なのだ。

彼らなしでは私たちは生きられないけれど、彼らもまた私たちなしでは生きられないのも事実だ。トウモロコシ、インゲン豆、そしてスクウォッシュは完全に栽培品種化されていて、彼らが生きられる環境を私たちが作ってやらなければならない。私たち人間もまた、相互依存関係の一部なのである。私たちが私たちの責任を果たさなければ、彼らも彼らの責任を果たすことはできない。

私が生きる中で出会った賢明な教師はたくさんいるけれど、この三姉妹ほど雄弁に、言葉ではなく葉や蔓によって、関わり合いについての知恵を具象化しているものはない。それ単独では、インゲン豆はただの蔓だし、スクウォッシュの葉は大きすぎる。トウモロコシと一緒になって初めて、個々の植物を超えた全体性が姿を現わす。それぞれが持っている贈り物は、バラバラにではなく一緒に育てられた方がより完全にその価値を発揮する。成熟し、大きくなった彼らの果実は、すべての贈り物は関係性の中でより大きくなる、と私たちに教えている。世界はこうやって続いていくのだ。

ブラックアッシュの籠

　ドン、ドン、ドン。静寂。ドン、ドン、ドン。

　丸太を斧頭《ふとう》で叩く音がくぐもった音楽を奏でる。一箇所を三回叩くと、ジョンの視線は丸太の上を少しだけ移動し、今度はそこを叩く。ドン、ドン、ドン。ジョンは、頭の上に斧を振り上げるときには両手の間隔をあけ、振り下ろすときには近づける。シャンブレー織りのシャツの下で肩に力が入り、斧が丸太を打つたびに細い三つ編みが跳ねる。そうやって丸太の一番端まで、一箇所を三回ずつ、思い切り叩いていく。

　ジョンは丸太の端をまたいで、木の切り口に入れた切り込みに指を差し入れてグイッと持ち上げる。ゆっくりと、確実に、斧頭くらいの幅の、厚みのあるリボンのような木片が剝がれる。彼は斧を手に取り、さらに一メートルくらいにわたって丸太を叩く。ドン、ドン、ドン。そしてもう一度、細長い木片の根元を摑んで、斧で叩いた線に沿って木片を丸太から剝がし、丸太は少しずつ分解されていく。最後の一メートルを叩き終わると、長さ二・四メートルのツヤツヤした白材のへぎ板が出来上がる。ジョンはそれを鼻へ持っていき、剝きたての木の香りを吸い込んでから、私たちに回して見せてくれる。それから木片をきちんと輪にまとめてしっかりと端を留め、近くの木の枝に吊るすと、「君たちの番だ」と言って斧を渡す。

　この暑い夏の日、私の先生はジョン・ピジョンと言って、ポタワトミ族の籠作りで有名なピジョン一家の一員だ。この日初めて丸太叩きの手ほどきを受けて以来、ありがたいことに私は、ピジョン家とその一族の数世代にわたる人々が、ブラックアッシュの籠の作り方を教えるところに何度か同席している。スティーブ、キット、エド、ステファニー、パール、アンジー、それに彼らの子どもや孫たち。彼らの手にはへぎ板があった。みな、籠作りの才能に恵まれており、文化の継承者であり、寛大な教師だ。そして丸太もまた、優れた教師である。

均等な力で丸太に斧を繰り返し振り下ろすのは見た目より難しい。一か所を強く叩きすぎれば繊維質が切れてしまうし、弱すぎればへぎ板が完全に丸太から剝がれず、薄い部分ができてしまう。私たちのような初心者はそれぞれやり方が違って、頭の上から鋭い音をたてて斧を振り下ろす者もいれば、釘を打ち付けているような鈍い音を立てる者もいる。叩く人によって音が違うのだ——野生の雁の鳴き声のように高く響く音だったり、コヨーテが驚いたときの鳴き声のようだったり、ライチョウのドラミングみたいなくぐもった音だったり。

ジョンが子どもだった頃は、村のそこら中で丸太を叩く音がした。学校から歩いて帰る途中、誰が仕事をしているかが丸太を叩く音でわかったものだった。チェスターおじさんの音は硬くてテンポの速いカーン、カーンという音。生垣の向こう側から聞こえてくるのはベルばあさんのゆっくりとしたドスン、という音で、休み休み叩くので長い間があいた。でも今では、年寄りが亡くなり、子どもたちは沼を歩くよりゲームの方が楽しくて、村はどんどん静かになっている。だからジョン・ピジョンは、来る者は拒まず教えるのだ——年寄りや木々から教わったことを次の人たちに伝えるために。

ジョンは籠作りの達人であると同時に、素晴らしい伝統の担い手でもある。ピジョン一家が作った籠は、スミソニアン博物館をはじめ、世界中の博物館やギャラリーで見ることができるし、毎年開かれるポタワトミ・ギャザリング・オブ・ネーションズでは彼らのブースで買うこともできる。テーブルには色とりどりの籠が並び、二つと同じ物がない。鳥の巣ほどの大きさの装飾的な籠もあれば、野菜や果物の収穫に使うもの、ジャガイモを入れておく籠、トウモロコシの粒を洗うのに使う籠など色々ある。ジョンの家族は全員が籠を編むし、ギャザリングに来た人でピジョン家の籠を買わずに帰る人はいない。私も毎年、籠を買うために貯金する。

彼の家族はみなそうなのだが、ジョンもまた教え方が非常に上手く、彼の先祖から代々伝わるものを人々と分かち合おうという強い決意を持っている。自分に与えられたものを、今度は人々に与えようとしているのだ。私がこれまでに参加した籠作り教室の中には、初めから材料がきちんと用意され、きれいなテーブルの上に並べて置いてあるものもあった。だがジョンが籠作りを教えるときは、へぎ板があらかじめ用意されているのを嫌がる。彼が教える籠作りは、生きた木から始まるのである。

木に尋ねる

ブラックアッシュ（*Fraxinus nigra*）は足が濡れているのを好み、氾濫原森林や沼地の淵などに、アメリカハナノキ、ニレ、ヤナギなどと交じって生える。ブラックアッシュが大勢を占めるところはなく、あちらこちらに散在するだけなので、ちょうどいい木を見つけるためにはぬかるんだ地面を一日中歩き回らなければならないこともある。湿った森を見渡すと、樹皮でブラックアッシュを見分けることができる。樹皮が硬い灰色の板状をしているメープルの木や、コルクみたいな畝が網状になっているニレの木や、深く皺の寄ったヤナギの木を通り越し、ブラックアッシュの、畝が交錯して細かい模様を作り、イボ状の突起がある樹皮を探す。突起は指で強く押すとスポンジのように弾力がある。沼地に生えるトネリコ属の木は他にもあるので、葉の形をチェックすることも大切だ。グリーンアッシュ、ホワイトアッシュ、ブルーアッシュ、パンプキンアッシュ、そしてブラックアッシュなど、トネリコ属の木はどれも、頑健な、コルクのような小枝に、複葉が向かい合わせについている。

だが、ブラックアッシュの木を見つけただけでは十分ではない。適切な木、つまり、籠になる用意が整っている木でなくてはならないのだ。籠作りに理想的なのは、幹がまっすぐで、下の方に枝がないものだ。枝があると、へぎ板のまっすぐな木目を節目が邪魔してしまう。直径が手のひらの幅くらいで、樹冠に葉がふさふさと茂った健康な木が良い。太陽に向かってまっすぐに伸びた木は木目が細かくてまっすぐだが、光を確保するのに苦労した木は木目が曲がったりねじれたりしている。籠を作る者の中には、湿地に突き出た小丘に生えた木だけを選ぶ人もいるし、シーダーの隣のブラックアッシュは避けるという人もいる。

木の成長には、苗木だったときの環境が影響する。人間が幼年時代に影響されるのと同じだ。もちろん、木の成長の歴史はその年輪に表れる。成長具合が良かった年は年輪の幅が広く、悪かった年は狭い。そして籠作りには、年輪がどんなふうになっているかが非常に重要だ。

年輪は、季節の移り変わりとともに、樹皮と一番新しい木部の間にある脆い細胞の層、維管束形成層が目を覚ましたり眠ったりすることによって形成される。樹皮を剝がすと、その下の形成層は濡れてつるつるしている。形成層の細胞は常に萌芽期にあって活発に細胞分裂し、それによって木は太くなる。春、日が長くなり始めたのを木の芽が感知し、樹液が上昇し始めると、形成層は景気が良いとき向きの細胞を作る。たっぷりの樹液を葉に運ぶための、大きくて広い導管だ。この太い導管が並んだものを数えるとその木の樹齢がわかるのである。導管は成長が速く、そのため細胞壁が薄い傾向がある。樹木の研究者はこの部分を春材とか早材と呼ぶ。夏になり、栄養分と水分が少なくなると、形成層が作る細胞は不景気に合わせてより小さく、厚くなる。この、細胞がみっちりと詰まった部分は、秋材または晩材と呼ばれる。日が短くなって葉が落ちると形成層は冬季休暇に入り、一切細胞分裂をしなくなる。だが春の気配を感じれば、形成層はあっという間に再び活動を始め、春材の大きな細胞を作り始めるのである。前年できた細胞の細かい晩材から、春に作られる早材へ、その突然の替わり目が線を引いたように見える。これが年輪だ。

ジョンの目はこうしたものを見定められるよう鍛えられているが、ときどき、念のために、ナイフを取り出して楔形に木を切り取り、年輪を確認することがある。ジョンが好きなのは、年輪の数が三〇本から四〇本あり、その一つひとつの幅が厚さ一ミリくらいの木だ。ちょうど良い木を見つけると、収穫が始まる。ただし、まずはノコギリではなく木との会話からだ。

伝統的な木こりは、木の一本一本に個性を認める。人間ではないが、木は「森の人」である。人間は木を奪うのではなく、彼らの協力を要請する。木を伐る者は、その目的を丁寧に説明し、木に収穫の許しを求めるのだ。ダメだという答えが返ってくることもある。木が収穫されるのを嫌がっているとわかる手がかりは、周りの環境にある場合もある。たとえば枝にモズモドキの巣があったり、中を調べるためのナイフが入るのを樹皮が頑なに拒んだり。あるいは、何か言葉では言い表せない理解によってその木に背を向けることもある。木が伐採に同意してくれれば、祈りを捧げ、お返しの贈り物としてタバコを置いてから、木が倒れるときにその木や周りの木を傷つけないよう、細心の注意を払いながら伐採する。倒れたときの衝撃を和らげるためにシーダーの枝を地面に敷く人もいる。伐り終わると、ジョンとジョンの息子は丸太を肩に担ぎ、家までの長い道のりを運ぶ。

ジョンと彼の親族はたくさんの籠を作る。彼の母親は今でも自分で丸太を叩いてへぎ板を作りたがるが、関節炎が痛むときには彼や彼の息子たちが代わりにそれをすることも多い。籠を編むのは一年中だが、木を伐採するのは特定の季節が適している。伐採したらすぐ、まだ水分が残っているうちにへぎ板を作るのが良い。ただしジョンは、穴を掘って丸太を埋め、湿った土で覆っておけば、新鮮なまま保てると言う。伐採する時期で彼が好きなのは、春、「樹液が上昇し、地球のエネルギーが木に流れ込んでいる」ときと、秋、

「エネルギーが再び地中に流れているとき」だ。

木の生命を使い切る

講習会で、ジョンはまず、斧で叩く効果を弱めてしまう、弾力性のある樹皮を削り取ってから作業にかかる。ジョンが一枚目のへぎ板を端から剝がし始めると、中で何が起こっているのかがよくわかる――丸太を叩くことで、細胞壁が薄い早材の細胞が潰れ、早材はバラバラになって晩材から分離するのだ。春材と秋材の境い目に裂け目ができるわけで、つまり剝がれたへぎ板は年輪と年輪の間の木質部である。

その木の生育の歴史と年輪のパターンによって、一度に五年分の木質部が剝がれることもあれば一年分だけのこともある。木は一本一本違うが、籠を作る人は、丸太を叩いてへぎ板を剝くという作業を通じて時間を遡っているのだという点は変わらない。一枚、また一枚と、木の生命がその手の中に剝がれ落ちるのだ。丸めたへぎ板が増えていくのとともに丸太は細くなり、数時間のうちに細い棒になる。「ほら」とジョンがその棒を私たちに見せながら言う。「苗木だった頃までの時間を剝ぎ取ったんだよ」。そして私たちが作ったへぎ板の山の方を指しながら彼は、「それを絶対に忘れないことだ。あそこに積んであるのはこの木の生命全部なんだ」。

剝ぎ取った長いへぎ板は厚さがまちまちだ。そこで次に、年輪の重なりをさらに分離して最小単位の層にする。洗濯物入れや狩猟用の背負い籠には厚いへぎ板が必要だし、最も高級な飾り籠には、厚さが一年分の木質部にも満たないリボンのようなへぎ板しか使わない。ジョンが買ったばかりの白いピックアップトラックの荷台から取り出したスプリッターは、二枚の木の板をクランプで固定してあって、大きな洗濯バサミのようだ。ジョンは椅子に浅く腰掛けてスプリッターを膝で挟み、開いた脚が地面に着き、閉じた方の先端が膝の上に出るようにする。ジョンは全長二・五メートルのへぎ板をそのままクランプに通し、先端が二〜三センチ出た状態で固定する。そして折りたたみ式ナイフを開くと、へぎ板の断面に刃を差し込み、年輪に沿って小刻みに動かして切り込みを入れる。ジョンの褐色の手が切り込みの両側をつかみ、なめらかな動きで縦に割くと、長い二枚の草のようになめらかで均等な厚さのへぎ板が二枚できる。

「これだけのことだよ」と彼は言うが、私を見る彼の目は笑っている。私はスプリッターにへぎ板を通し、スプリッターを腿で挟んで安定させようとしながら、二枚に割るための切り込みをナイフで入れる。すぐに、スプリッターは脚で相当きつく挟まないといけないということがわかるが、私にはそれがなかなかできない。「まあな」とジョンが笑う。「昔のインディアンが考えたことだ——太腿の達人だね！」。いい加減うんざりした頃、私のへぎ板の端はまるでリスに齧られたみたいだ。ジョンは辛抱強く教えてはくれるが、私の代わりにやってはくれない。ただニコニコして、ほつれた私のへぎ板の端を手早く切り取り、「もう一度やってごらん」と言う。ようやく、両手で両側を摑んで引っ張れる切り込みを入れることに成功するが、左右で厚さが均等でないため、三〇センチほどのへぎ板しかできない。一枚は薄く、もう一枚は厚い。ジョンは私たちの間を歩き回って私たちを励ましてくれる。生徒全員の名前を覚え、それぞれ、どうすればやる気が出るかということも心得ている。腕の力が足りないと言ってからかう生徒もいれば、優しく肩を叩く生徒もいる。イライラしている生徒がいれば、横に座って「そんなに無理しなくていい。気楽にやりなさい」と言う。ただへぎ板を渡すだけの生徒もいる。木を見極めるのと同じくらい、人を見る目も確かなのだ。

「この木は立派な教師なんだ。ずっとこのことを教えてくれてきた。人間であるということは、バランスを見つけることだ、とね。へぎ板を作っていると、いつもそのことを考えさせられるよ」

慣れてくると、へぎ板は均等の厚さに割れるようになり、その内側は思いのほか美しい——つややかで、温かく、クリーム色のサテンのリボンみたいに光を捉える。外側はでこぼこでザラザラしており、裂け目の端から長い「毛」がぶら下がっている。

「さて、今度はよく切れるナイフが要る」とジョンが言う。「毎日砥石で研がないといけない。切って怪我をしやすいから気をつけて」。ジョンは私たち一人ひとりに「レッグ」を渡す。履き古したジーンズから切り取ったもので、その二枚重ねのデニムを左足の腿の上に置く方法を見せてくれる。「一番いいのは鹿の皮なんだ、あればの話だがね。ジーンズでも十分だよ。とにかく気をつけること」。ジョンは私たち一人ひとりの横に座って手本を見せてくれる。ナイフの角度、力の入れ方がほんのちょっと違うだけで、上手くいきもすれば血を見ることにもなるからだ。ジョンはへぎ板のザラザラな方を上にして腿の上に置き、ナイフの刃を当て、もう片方の手でへぎ板をナイフの下から、氷の上をアイススケートのブレードが滑るようになめらかな動きで引っ張り出す。へぎ板がナイフの下を通るとナイフに削りくずがつき、へぎ板の表面はすべすべになる。彼がやると、これも簡単に見える。私はキット・ピジョンが、糸巻きからリボンを引き出しているかのようになめらかにへぎ板を削っているのを見たことがあるが、私のナイフはへぎ板に引っかかってばかりで、しまいにはへぎ板をなめらかにするどころか穴を開けてしまう。ナイフを当てる角度が大きすぎて下まで切れてしまい、長くて美しいへぎ板が使い物にならなくなる。

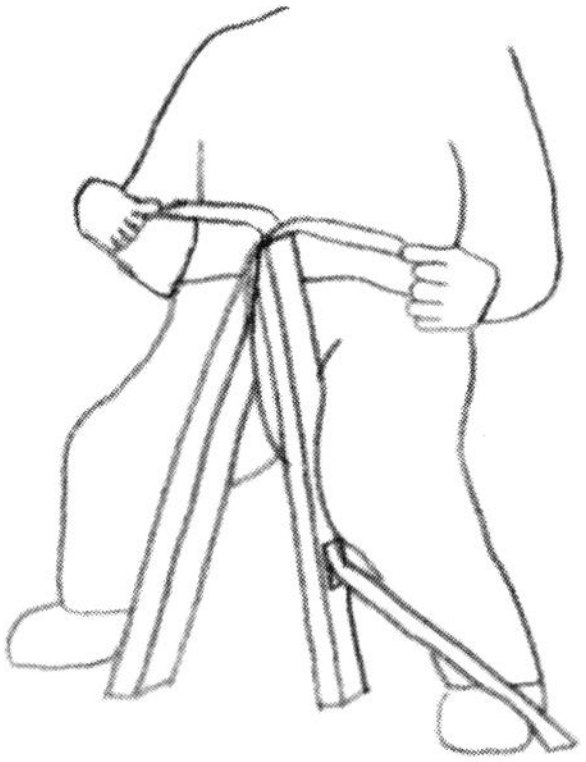

スプリッターの使い方。脚できつく挟んだスプリッターに、へぎ板を通して縦に2枚に割く。

「パンが一斤無駄になったな」。私がさらに一枚へぎ板をめちゃめちゃにすると、やれやれというようにジョンが言った。「俺たちがへぎ板をダメにするとおふくろはそう言ったもんだ」。ピジョン家は今も昔も籠作りで生計を立てている。彼らの祖父の時代には、食べ物をはじめ、必要とするもののほとんどを湖や森や畑から手に入れたが、店でしか買えないものが必要なこともあり、籠を売ったその金で、パン、桃の缶詰、学校用の靴などを買った。へぎ板を無駄にするのは食べ物を捨てるようなものなのだ。大きさやデザインにもよるが、ブラックアッシュの籠は良い値段で売れる。「値段を見るとみんなちょっと腹を立てるよ」とジョンは言う。「『たかが』籠を編んだだけじゃないか、と思うんだね。だが仕事の八〇パーセントは籠を編むずっと前のことだ。木を見つけて、叩いて引っ張ってへぎ板の準備が整うと、ようやく次は籠を編む番だ……そんなこんなで、最低賃金を稼ぐのがやっとさ」

——籠作りと言えば編むことだ、と私たちは勘違いしていたわけだが。だがジョンはここで講習会を中断し、優しい声をちょっと尖らせて言う。「一番大事なことをわかってないな。周りを見てごらん」。私たちは辺りを見回す。森、テント、そしてお互いの顔。「地面だよ！」とジョンが言う。新米籠職人の一人ひとりを囲むように、削りくずの円ができている。「あんたらが持ってるものが何なのか考えてごらん。このブラックアッシュの木は、あそこの沼地で三十年育ってたんだ、葉を出しては落とし、それからもっと葉を茂らせてね。鹿に食べられたり霜にやられたりしながら、毎年毎年、年輪を重ねてきたんだよ。地面に落ちたへぎ板はあの木の丸々一年分の生命なのに、あんたらはその上を踏んづけ、折り曲げ、泥まみれにしようっていうのかい？　あの木は自分の生命をあんたらに捧げたんだ。へぎ板をダメにしたっていいんだ、やり方を覚えてるとこなんだから。だがどんなことをしても、あの木に対する尊敬を忘れちゃいかんし絶対に無駄にしちゃならん」

そうしてジョンは、私たちが作った残骸を整理する手引きをしてくれる。短いへぎ板は、小さい籠や装飾品を作る材料に。形がまちまちな切れ端や削りくずは箱に集めて乾かし、火口として使う。ジョンは、必要なものだけを収穫し、収穫したものはすべて使い切る、という「良識ある収穫」の伝統を守っているのだ。

ジョンの言葉は、私が両親からよく聞かされたこととも重なっている。両親は大恐慌の時代に育ち、ものは決して無駄にしてはいけなかったし、当時は無駄にできるものなどありはしなかった。だが、「全部使い切り、使えるだけ使い、あるものでやりくりし、なければないで済ませる」というのは、経済的であると同時に環境にも優しい倫理観だ。へぎ板を無駄にするのは、木を侮辱し、家計も逼迫させる。

私たちが使うもののほとんどすべては、別の生命を犠牲にして得たものだ。だが私たちの社会でその単純な事実が顧みられることはほとんどない。たとえば私たちが作るブラックアッシュの帯はほとんど紙のように薄いわけだが、アメリカの「廃棄物の流れ」は紙が主なものだと言われている。ブラックアッシュのへぎ板と同様、一枚の紙もまた木の生命から、そしてそれを作るために使われた水、エネルギー、副産物である毒物からできている。それなのに私たちは紙を粗末にする。郵便受けからゴミ箱へ一直線に運ばれる紙類を見ればそれは明らかだ。けれども私たちが、その不要な郵便物の山の中に、それらのかつての姿であった木の存在を認めることができたらどうだろう？　そこにジョンがいて、木の生命の大切さを思い起こさせてくれていたら？

ブラックアッシュと人の共生

この山脈の一部の地域では、籠を作っている人たちが、ブラックアッシュの木が減り始めたことに気付いた。彼らは伐採のしすぎを――ブラックアッシュの籠が市場で注目されすぎ、材料の木が不足したのではないかと心配した。私は、大学院で教えているトム・

トゥーシェットという学生と一緒に調査をすることにした。私たちはまず、私たちが住むニューヨーク州の一帯で、ブラックアッシュの木の分布を分析することから始め、木の生活環のどの段階に問題があるのかを理解しようとした。足を運んだすべての湿地でブラックアッシュの木を数え、テープでその太さを測った。トムはそれぞれの場所で数本の木の幹に穴を開けて樹齢を調べた。どの木立でも、古い木と苗木はあったが、その中間にあたる木が見当たらない。樹齢分布に大きな穴が空いているのだ。種子と苗木はいくらでも見つかるのだが、その上の、将来の森を背負って立つ若木は、枯れていたり、まったくなかったりした。

若い木がたくさんある場所が二か所だけあった。一つは、病気か暴風のために古い木が数本倒れて樹冠に穴が開き、光が差し込むようになったところ。面白いことに、ニレ立枯病でニレが枯れてしまったところでは代わってブラックアッシュが育ち、減った種と増えた種が均衡を保っていた。苗木から木に育つためには、若いブラックアッシュの木には光の当たる場所が必要だったのだ。ずっと日陰にいると、彼らは死んでしまうのである。

若木が元気に育っている場所のもう一つは、籠の作り手の集団が暮らす村の近くにあった。ブラックアッシュで籠を作る伝統が今も盛んなところでは、ブラックアッシュの木もまた元気だったのである。私たちは、ブラックアッシュが減っているのは伐採のしすぎが原因ではなく、十分な伐採がされていないためだという仮説を立てた。村に丸太を叩く音が響いていた頃は、森に入る籠作り職人も多く、樹冠に隙間ができて光が苗木に届き、若木は樹冠に向かって伸びて成木になれるのだ。籠を作る人がいなくなってしまった、あるいはほんの少数になってしまったところでは、森には十分に光が届かず、ブラックアッシュが生い茂ることはできないのである。

ブラックアッシュと籠作りの人々は、収穫する者とされる者という共生関係を持つパートナーなのだ。ブラックアッシュは人々に依存し、人々はブラックアッシュに依存している。彼らは運命共同体なのである。

ピジョン一家がこの、人と木のつながりについて教えるのは、伝統的な籠作りを復興させようという高まりつつあるムーブメントの一環であり、先住民族の土地、言語、文化、哲学を再生しようとする動きとも関係している。タートルアイランドのそこかしこで、ネイティブ・アメリカンの人々が先頭に立ち、後からやってきた者による圧力で消えかかった、伝統の知識や生き方を蘇らせようとしているのだ。だが、ブラックアッシュの籠作り復活の気運が高まる中、もう一つ別の侵略者がそれを脅かしている。

ジョンの講習会は休憩時間となり、生徒たちは冷たい飲み物を飲んだり疲れた指を伸ばしたりする。「次に教えることは冷静に聞いてほしい」とジョンが言って、首や手をほぐすなどして休憩中の私たち一人ひとりに米国農務省が作ったパンフレットを手渡す。表紙はつややかな緑色の甲虫の写真だ。「ブラックアッシュの木を大切に思うなら、ぼんやりしていてはダメだ。攻撃されているんだよ」とジョンが言う。

中国から入ってきたアオナガタマムシは、木の幹に卵を産み付ける。卵から孵った幼虫は、蛹になるまで木の形成層を食べ、蛹から羽化すると木を突き破って次の生育地を求めて飛び立つ。だが、どこに着地したにしろ、アオナガタマムシがついた木はいずれ必ず枯れてしまう。五大湖地帯やニューイングランド地方に住む人々にとっては不運なことだが、アオナガタマムシの一番の宿主はトネリコ属の木だ。アオナガタマムシの生息域が広がるのを防ごうと、今では丸太や薪の移動には検疫が設けられているが、アオナガタマムシは科学者の予測よりも速く広がっている。

「だから気をつけていなさい」とジョンが言う。「我々の木を護るのは我々の仕事だからな」。秋、ジョンやジョンの家族がブラックアッシュを伐採するときには、特に気をつけて地上に落ちた種を拾い集め、湿地のあちこちに蒔く。「何だってそうだが、貰ったものにはお返しをしなきゃならん。この木はわしらの面倒を見てくれるんだから、わしらも木の面倒を見ないとな」

すでに、ミシガン州の広大な地域でトネリコ属の木が枯れてしまった。人々に愛された籠作りの土地は、樹皮がなくなってしまった木々の墓場となった。はるか大昔から続いていた関係性の鎖が断ち切られてしまったのだ。ピジョン家が代々にわたってブラックアッシュの木を伐り出し、また面倒を見てきた沼地も、アオナガタマムシに感染している。「私たちの木は全滅してしまいました。この先、籠が作れるかどうかわかりません」とアンジー・ピジョンは書いている。ほとんどの人にとって、害虫による侵襲で失われるのは景観であり、空いてしまった所は何か他のもので埋めればいい。だが古《いにしえ》からの関係性を引き継ぐ責任を背負う者にとってこの空っぽの隙間は、仕事を失い、一族みんなの心に穴があいてしまうことを意味している。

多くの木が失われ、何世代にもわたって受け継がれてきた伝統が危機にさらされている今、ピジョン家の人々は、木と伝統の両方を護る努力をしている。彼らは虫に立ち向かい、その影響になんとか順応するため、森林学の研究者たちと協力している。関係性を構築し直そうとしているのだ。

ブラックアッシュを護ろうと努力しているのはジョンとジョンの家族だけではない。ニューヨーク州とカナダの国境をまたぐモホーク族の居留地アクウェサスネには、ブラックアッシュを護ろうとする人がもっとたくさんいる。この三十年ほど、レス・ベネディクト、リチャード・ディヴィッド、マイク・ブリッゲンという三人に率いられて、生態系に関する伝統的な知識と科学的な手法を動員してブラックアッシュを護ろうという努力が行われているのだ。彼らは何千というブラックアッシュの苗木を育て、この一帯のネイティブアメリカン・コミュニティーに無料で提供している。なんとレスは、ニューヨーク州が管轄する育苗園でブラックアッシュを育て、学校からスーパーファンド・

サイト〔訳注：スーパーファンドは公害や汚染の浄化活動を目的とする連邦政府の制度で、対象となる地区をスーパーファンド・サイトと呼ぶ〕まで、さまざまなところに植樹するよう説得することに成功した。アオナガタマムシが北米に到達する頃には、すでに数千本が再生林や再生コミュニティーに植樹されていたのである。

アオナガタマムシの脅威が彼らの住む土地に迫る毎年秋、レスとレスの仲間たちは有志を募ってできるだけ質の良い種を拾い集め、将来に望みを託し、この害虫の蔓延が収まった後に森を再生させるために保存する。植物にはみな、彼らの味方となり護ってくれる、レス・ベネディクトやピジョン一家のような人が必要だ。ネイティブアメリカンに伝わる教えの多くは、特定の植物が人間を助け、導いてくれると考える。「聖なる教え」は、私たちもまた彼らにお返しをしなければいけないということを思い出させる。自分たちとは違う生き物の保護者になれるというのは名誉なことだ――そして私たちは忘れがちだが、その名誉は私たち一人ひとりの手の届くところにあるのである。ブラックアッシュの籠は、他の生き物たちが私たちに与えてくれる贈り物を思い出させてくれる。そして私たちは、彼らを支援し、護ることで、その贈り物に対してありがたく返礼をすることができるのである。

籠の三つの列

ジョンは再び私たちを集合させて次のステップに移る。籠の底を編むのだ。今日作るのは伝統的な丸底の籠なので、最初に二枚のへぎ板を、中央で直角に交差するように置く。楽勝だ。「見てごらん」とジョンが言う。「目の前にある四つの方角から始まるんだ。それがその籠の心臓だ。籠はすべて、それを中心に編んでいく」。ネイティブアメリカンは神聖な四方向と、それぞれの方向に住まう力を尊敬する。この四方向が交わる、二枚のへぎ板が出会うところこそ、私たち人間が立っているところなのだ――その中でバランスを取ろうと努めながら。「わかるかい」とジョンが言う。「人生で我々がすることは何もかもが神聖なんだ。四つの方向の上にすべてがある。だから籠はこうやって始めるんだ」

籠の枠組みになる八本のへぎ板を、できるだけ薄い紐状のへぎ板で放射状に固定すると、そこから籠編みが始まる。私たちは次の指示をもらおうとジョンを見るが、ジョンからは何の指示もない。「あとは自分でやるんだよ。籠のデザインはあんたら次第だ。どんなものを作れと誰に言われるもんでもない」と彼は言う。へぎ板には厚いものと薄いものがあり、さらにジョンが袋の中から、色鮮やかに染めたへぎ板を取り出す。あらゆる色が揃っている。もつれ合って山になっている色とりどりのへぎ板は、パウワウで男性が着るリボン付きシャツの、さらさらと音を立てるリボンみたいだ。「編み始める前に、木のこと、木がしてくれた仕事のことを考えなさい」とジョンが言う。「この籠のために木はその生命をくれたんだから、あんたらは自分の責任がわかるだろ。お返しに、美しいものを作りなさい」

木に対する責任を思って私たちはしばし考える。私はときどき、一枚の白紙を前にしてそれと同じことを感じる。私にとって、書くという行為はこの世界へのお返しだ。私に与えられたすべてのものに対して、お返しに私にできるのが書くことなのだ。今度はそれにもう一つの責任が加わる。薄い木の一片に綴る私の言葉に、そうするだけの価値があることを願う――そう考えると、書けなくなってしまう人もいることだろう。

籠は、最初の二列を編むのが一番難しい。一列目、へぎ板は自分勝手に動いて、軸の上と下を交互にくぐらせながら円を描くリズムに従ってくれない。パターン通りに動こうとせず、バラバラで定まらない。そういうときはジョンが助け舟を出してくれる。励ましの言葉をかけながら、しっかりした手で意に沿わないへぎ板を押さえてくれるのだ。二列目も同様に難しい。隣のへぎ板との間隔もめちゃくちゃだし、クリップで固定しておかないと動いてしまうし、固定してもすぐに外れて、へぎ板の端にピシャリと顔を叩かれる。ジョンは笑うだけだ。まとまりのつかないへぎ板の寄り集まりからは全体像がまるで見えない。それから三列目。私の一番のお気に入りだ。三列目になると、軸の上を通るへぎ板の張力に、下を通るへぎ板の張力が釣り合って、反対向きの二つの力の均衡がとれ始める。ギブ・アンド・テイクの関係（レシプロシティー）が生まれて、バラバラの各パーツが一つの全体を作り始めるのだ。へぎ板は正しい位置に収まり、楽に編めるようになる。混沌の中から、秩序と安定が姿を現わす。

大自然と人々の健康を紡ごうとするとき、私たちはこの三つの列が教えてくれることに目を向けなければならない。最初の列には必ず、生態系の健全さと自然の摂理。それがなければ豊かさという籠を編むことはできない。最初の列があって初めて二列目の円を編むことが可能になる。二列目が示しているのは物質的な繁栄であり、人間が生きていくのに必要とする物質である。生態系の上に構築された経済。だがその二列だけでは、籠はまだバラバラになってしまう危険性がある。三列目を編んで初めて、最初の二列がしっかりとまとまるのだ。そうやって、生態系、経済、そして精神性が一つになる。与えられた贈り物であるかのように素材を使い、お返しに、それに相応しい使い方をすることでバランスがとれる。三列目の呼び方は色々あると思う。尊敬。レシプロシティー。生きとし生けるものすべて。私はそれをスピリットの列だと思っている。それを何と呼ぶにしろ、この三つの列は、私たちの生命が互いに依存しあっているということ、人間のニーズは、すべての存在を収める籠を構成する、たった一列にすぎないことを私たちが認識している、そのことを示している。バラバラのへぎ板は関係性を持つことで籠という全体になる。そうしてできた籠は、私たちを未来へと連れて行ってくれるだけの頑丈さと柔軟性を持っている。

幼い子どもの一群が、私たちのしていることを見にやってくる。ジョンは生徒全員を手伝うためにあっちへこっちへと引っ張りだこだが、立ち止まってきちんと子どもたちの相手をする。講習に参加するには小さすぎるけれど、子どもたちがそこにいたがるので、ジョンは私たちが作り損じたへぎ板の残骸の中から短いものをいくつか拾い上げる。ゆっくり慎重に手を動かしてへぎ板を曲げたり捻ったりしていたかと思うと、ものの数分後には彼の手のひらの上に小さな玩具の馬が乗っている。ジョンは子どもたちにへぎ板とお手本を渡し、ポタワトミ語で何か言うが、馬の作り方は教えようとしない。子どもたちは彼のこういう教え方には慣れっこで、質問しようともしない。お手本をよくよく眺め、自分で作り方を考え始める。間もなくテーブルの上には馬の群れが走り回り、子どもたちは籠がだんだん編み上がっていくのを眺めている。

午後も遅くなり、影が長く伸びる頃、作業台には完成した籠が並び始める。ジョンは、小さい籠につけるのが慣例になっている装飾用の巻き飾りをつけるのを手伝ってくれる。ブラックアッシュの薄いへぎ板はとても柔軟なので、トネリコの木に特有のつややかな輝きがよくわかるように輪にしたり捻ったりしたもので籠の表面に装飾を加えることができるのだ。完成したものの中には、あらゆる質感や色の、縁の低い円形のトレイ、細長い壺、ぽっちゃりしたリンゴ用の籠などがある。「最後の仕上げだよ」とジョンは言って、マジックペンを私たちに渡す。「署名しなくちゃいけない。自分が作ったものに誇りを持って。籠は自分で勝手にできたんじゃない。間違いも何もかも含めて、これは自分が作ったと宣言しないとな」

ジョンは写真を撮るために、私たちに籠を持って並ばせる。「今日は特別な日だ」――誇らしげな父親のように彼が言う。「今日学んだことを見てごらん。籠があんたらに教えてくれたことを見てごらん。どれもみんな美しいだろう。一つひとつ違うが、でもこれは全部同じ木からできたんだ。全部同じ素材でできているが、一つひとつが独特だ。わしら人間も同じだ、同じものからできているが、それぞれにそれぞれの美しさがある」

その夜、私はパウワウに集う人々の輪をこれまでとは違った目で見る。ドラムが置かれているシーダーでできたあずまやは、四つの方角に立てた支柱で支えられている。心臓の鼓動のようなドラムの音が私たちをダンスの輪に誘う。ドラムのビートは一つだけれど、踊り手はそれぞれに自分のステップで踊っている――時々しゃがみこむグラス・ダンサー、低く身を沈めるバッファロー・ダンサー、ファンシー・ショール・ダンサーはくるくると回転し、ジングル・ドレスの少女たちは高々と足を上げ、トラディショナル・ダンサーの女性たちには凛とした気品がある。男性、女性、子どもたちの一人ひとりが、自分の夢に出てきた色の衣装をまとい、リボンをひるがえらせ、フリンジを揺らし、誰もが美しく、心臓の鼓動に合わせて踊っている。私たちは夜通し輪になって踊り続ける――ともに一つの籠を編みながら。

手の中の時間

今、私の家は籠だらけだが、私の一番のお気に入りはピジョン一家が作った籠だ。その中に私はジョンの声を、ドン、ドン、ドンと丸太を叩く音を聞き、沼地の匂いを感じる。木が生きていた年月が私の手の中にあるのだということを、ピジョン家の籠は思い出させてくれるのだ。それと同じくらいに、私たちが生きるために差し出された生命に対して敏感に生活したらどんな感じだろう、と私は考える。ティッシュペーパーの中の木、歯磨き粉の中の藻、床板の中のオークの木、ワインの中のブドウ。そうやってあらゆるものの中にある生命の片鱗を辿り、それらに感謝したら？　いったんそれを始めるとなかなかやめられない。そして自分の周りには贈り物が溢れていることに気づくのだ。

私は台所の棚を開く。贈り物がたくさんありそうなところだ。そして頭の中でこう言う――「こんにちは、瓶入りのジャムさん。ガラスさん、あなたは昔は浜辺の砂で、波が寄せては返し、海の水とカモメの鳴き声に包まれていたのに、いつの日かもう一度海に帰る日まで、今はガラスでいてくれるのね。そしてあなたたち、ふっくらした実に六月をいっぱい詰め込んだベリーは、二月の今、私の食料棚にいてくれる。そしてお砂糖さん、カリブ海の故郷からこんなに遠いところまで旅してくれてありがとう」。

そんなふうに意識しながら、私は私の机の上にあるものを眺める——籠、キャンドル、紙。そしてその起源を地球まで辿っては嬉しくなり、オニヒバを削って作られた魔法の杖、鉛筆を指の間でくるくる回す。アスピリンにはヤナギの樹皮が含まれている。金属製のランプさえ、その起源は地球の地層にあることを考えさせてくれる。けれども私の目は、机の上のプラスチック製のものの上はさっさと通り過ぎるし、それについて考えようともしないことに私は気づく。コンピューターのことはほとんど無視だ。プラスチック製のものについてはじっくり考えようという気が少しも起こらない。あまりにも自然界から距離がありすぎるのだ。そうやって、ある物の中に宿る生命が見えにくくなってしまったときに、人間と世界の乖離が始まり、自然への畏怖が失われたのかもしれない、と私は考える。

とは言え私は、二億年前に生き、古代の海の底に沈んだ珪藻や海生無脊椎動物たちをばかにしているわけではない。彼らはそこで、移動する地層の巨大な圧力によって石油となり、地中から掘り起こされて精製所に送られ、分解され、重合されて、私のラップトップの筐体《きょうたい》やアスピリンのボトルになったのだ。だが、極端に工業化された膨大なネットワークの産物について思いを巡らそうとすると頭が痛くなる。私たちは常にそんなふうに意識するようにできてはいない。他にやらなきゃならないことがあるのだ。

でも時折、籠だの桃だの鉛筆だのを手にすると、頭と心がすべてのつながりに開かれる瞬間がある。すべての生命と、それらを上手に使うという私たちの責任について。そしてそういう瞬間に、私にはジョン・ピジョンがこう言うのが聞こえるのだ――「落ち着きなさい。あんたの手の中にあるのは、この木の三十年分の生命なんだ。あんたはそれで何をしようとしてるのか、ちょっとくらい考えてやってもいいんじゃないのかね?」。

スイートグラスについての考察

1 はじめに

夏、スイートグラスの草原は、目にするよりも前に匂いでわかる。風になびくスイートグラスの香りを犬のように嗅ごうとすると、それは消えてしまい、代わりに沼地の湿った地面の匂いがする。それから再び、甘いバニラのような香りが戻って来て、こっちへおいでと手招きする。

2 文献レビュー

だが、レナは簡単には騙されない。長い歳月が培った自信とともに草原に分け入り、細い体で草を掻き分けていくレナは白髪交じりの小柄な老婦人で、草はレナの腰まで届く。さまざまな植物を見渡していたかと思うと、ある一画を目指してまっすぐ歩き始めるが、経験のない者の目には、そこは周囲と何も変わらないように見える。レナは草の一本に、皺くちゃの茶色い親指と人指し指を滑らせる。「ほら、とてもツヤがあるでしょ？　スイートグラスは他の草に隠れて見えないこともあるけど、私たちに見つけて欲しいの、だからこんなに光ってるの」。だがレナはこの一画には手をつけず、スイートグラスは彼女の指の間をすり抜ける。最初に見つけたスイートグラスは採ってはいけないという祖先の教えを守っているのだ。

私は、ヒヨドリバナやセイタカアワダチソウに愛おしそうに指先で触れながら歩くレナに後ろからついていく。レナは草地の中に光っているところを見つけて歩を早める。「ああ、Bozho」。ハロー。レナは着古したナイロン製の上着のポケットから、縁に赤いビーズ飾りのついた鹿革のポーチを取り、手のひらに少々のタバコを取り出す。そして目を閉じ、小声で何かを呟きながら手を四方向に向かって上げ、それからタバコを地面に撒く。「知ってるだろうけど」──質問するように眉を上げながらレナが言う。「必ず贈り物をして、採ってもいいか訊くんだよ。訊かないのは失礼なの」。それからようやくレナはかがんで、スイートグラスの茎を根元から、根は抜かないように気をつけながら指で摘み取る。それから近くの草叢《そうそう》を手で掻き分けると、一本、また一本と摘み取れるスイートグラスを見つけ、やがてつややかなスイートグラスの太い束ができる。曲がりくねった小道がレナの仕事の捗り具合を示す──彼女が通ったところだけ、草と草の間に隙間ができている。

レナはスイートグラスが密集している区画をいくつも、手をつけずに通り過ぎる。「これが私たちのやり方」と彼女が言う。「必要な分だけもらうこと。見つけたものの半分以上は採らないように、と昔から教わってきたの」。一本も採らないこともある。ただ草原をチェックしにここへ来て、スイートグラスの育ち具合を見るのである。「私たちの教えはとてもしっかりしていてね。役に立たない教えは伝わらないからね。一番良く覚えとかなきゃいけないのは、私のおばあちゃんがいつも言ってたことなんだけどね。『敬意を持って礼儀正しく草を使えば、草はずっといなくならずに元気に育つ。世話をしなければいなくなってしまう。敬意を払わなければ私たちのもとを去ってしまう』ってね」。スイートグラスが教えてくれたこのことを、ポタワトミの言葉ではmishkos kenomagwenという。「草が教えてくれたこと」という意味だ。森の中を通る帰り道に向かって草原を後にするとき、レナは通り道沿いに生えているオオアワガエリを数本束ね、その場でゆるい結び目を作る。「こうやって、他にスイートグラスを摘みに来た人たちに、私が先にここに来たってことを教えるの」とレナが言う。「だからもうこれ以上は摘んじゃいけないってわかるようにね。ここはいつでも良いスイートグラスが採れるよ、きちんと面倒を見てるから。でもスイートグラスが見つからなくなってる場所もある。摘み方が間違ってるんじゃないかね。急いでまるまる引っこ抜いちゃう人たちもいるからね。根っこまでね。私はそうは教わらなかった」

私はそういうやり方をする人たちがスイートグラスを摘むところに居合わせたことがある。数本を根こそぎ引き抜くと、そこは地面が剝き出しになり、引き抜かれた茎の根元には、綿毛のような、千切れた根が付いていた。そういう人たちも、タバコを捧げ、半分以上は採らないのは同じで、彼らに言わせれば彼らのやり方が正しいのだった。彼らの摘み方がスイートグラスを減少させているという非難については、そんなことはないと言っていた。そのことをレナに尋ねたが、レナはただ肩をすくめるだけだった。

3 仮説

各地で、伝統的にスイートグラスが収穫されてきた場所からその姿が消えつつある。そこで、スイートグラスで籠を編む人々から植物学者に対し、スイートグラスが姿を消しているのは収穫の仕方が原因ではないか、調査して欲しいという依頼があった。

手助けはしたいが、私はちょっとためらった。私にとってスイートグラスは実験の対象ではなく、与えられた贈り物だったからだ。科学と伝統的な知識の間には、使う言葉やそれが意味するところに隔たりがある。知識の種類も、その伝え方も違うのだ。スイートグラスの教えに、厳しく統一された科学的思考や、学術の世界に求められる論文の書き方を押し付けるのは気が進まなかった。はじめに。文献レビュー。仮説。方法。結果。考察。結論。謝辞。参考文献。だが人々はスイートグラスのためを思って私に依頼してきたのだ。私にはそれをするのが自分の責任であることがわかっていた。

自分の言いたいことを聞いてもらいたければ、聞いてもらいたい人が使う言語を話さなくてはならない。そこで私は大学に戻り、大学院生のローリーに、これを修士論文のテーマにしてはどうかと提案した。単に学術的なだけの疑問に飽き足らず、彼女はずっと、書いたら書棚に並んでそれっきりではなく「誰かの役に立つ」研究プロジェクトを探していたのだ。

4　方法

ローリーは乗り気だったが、それまでスイートグラスというものを見たことがなかった。「スイートグラスからは学ぶことが多いわよ」と私は言った。「だからまず知り合わないと」。そして、復元したスイートグラスの草原にローリーを連れて行った。一度その香りを嗅いだだけで彼女は虜になり、間もなく自分でスイートグラスを見分けられるようになった。それはまるで、スイートグラスが彼女に見つけて欲しがっているみたいだった。

私たちは、籠を編む人たちが教えてくれた二種類の収穫方法がスイートグラスに与える影響を比較する実験を考案した。ローリーはそれまで、科学的方法だらけの教育を受けてきていたが、私は彼女に、それとは少々スタイルが違う研究を体験してもらいたかった。私にとって実験というのは、植物との一種の会話だ。私は植物に訊きたいことがあるのだが、私たちは同じ言語を話さないので、私には直接質問することができないし、彼らは言葉で答えようとはしない。けれども植物は、身体的な反応や行動によってとても雄弁に語ることができる。植物は、どう生きるか、変化にどう対応するかを示すことで質問に答えてくれるのだ――質問の仕方さえ覚えれば。同僚たちが「○○を発見した」というのを聞くと私は苦笑いする。まるでコロンブスが、自分がアメリカを発見したのだと主張するようなものだからだ。アメリカは昔からずっとここにあって、コロンブスはそれを知らなかっただけなのに。科学実験とは、何かを発見しようとすることではなくて、人間以外の生き物が持つ知識に耳を傾け、翻訳する、ということなのだ。

籠を作る人たちを科学者と呼べば同僚は笑うかもしれないが、レナとレナの娘たちは、見つけたスイートグラスの五〇パーセントを収穫し、その結果を観察し、わかったことを評価し、そこから管理のためのガイドラインを作成するのだから、それは実験科学に非常に似ていると私は思う。何世代にもわたって集めたデータを時間をかけて確認すれば、そこからきちんと検証された理論が生まれるのだ。

多くの大学がそうであるように、私が教える大学でも、大学院生は論文の題材を論文指導委員会の教授陣に提出しなければならない。ローリーは提案する実験の概要を、複数の実験実施箇所、実験の反復の仕方、徹底的なサンプリング手法などをうまく説明して見事な提案書にまとめた。だが彼女がその説明を終えたとき、会議室には気まずい沈黙が流れた。教授の一人が提案書をペラペラとめくり、素っ気なく脇にどけてこう言った。「科学的に新しいことは何もないように思うがね。理論的枠組みさえない」

科学者が使う理論という言葉は、一般的に使われる、推測されること、まだ検査されていないこと、という意味とはかなり違う。科学的理論というのは、あるまとまった知識体系であり、さまざまな事例に共通して当てはめられる説明であり、未知の状況で何が起こるかの予測を可能にするものである。そしてこの場合がまさにそれだ。私たちの実験が、先住民族に伝統的に伝わる生態系に関する知識に則った理論——主にレナの理論だが——に根差したものであることは間違いない。つまり、敬意を持って礼儀正しく植物を利用すれば植物は元気に育つが、世話をしなければ姿を消してしまう、というものだ。これは、数千年にわたって収穫に対する植物の反応を観察した結果生まれ、籠を作る人から薬草医まで、数世代にわたる実践者が評価してきた理論なのだ。そういう事実があるにもかかわらず、論文指導委員会の面々は、あからさまにあきれた顔を見せまいと必死の様子だった。

学部長は、鼻の途中までずり落ちた眼鏡の上からローリーを険しい顔で見つめ、私の方を横目で見た。「植物を刈り取れば個体群に悪い影響を与えるということは誰だって知ってる。時間の無駄だよ。悪いが、伝統的知識が云々というのは説得力がないと思うね」。さらに説明を加える間、元学校教師らしくローリーは落ち着いて物腰はやわらかだったが、その目は冷ややかだった。

だが後になって彼女は泣いた。私もだ。どんなに周到に準備をしても、駆け出しの女性科学者にとってこれはいわば通過儀礼のようなものなのだ。見下され、学会の権威から言葉で攻撃される——おそらく高校も出ておらず、おまけに植物と会話するような老女の言うことに基づいて研究するなどと厚かましいことを言えばなおさらである。

先住民族の知恵に正当性があるかもしれないという可能性を科学者に認めさせるのは、氷のように冷たい川の流れに逆らって泳ぐようなものだ。彼らは、最も確かなデータでさえ疑ってかかるように徹底的に叩き込まれているので、通常求められるグラフや数式を使わずに検証された理論に耳を貸すのは非常に難しいのである。さらに、真実の市場は科学が独占している、という揺るぎない思い込みがそこに加われば、議論の余地などほとんど残らない。

それでも私たちはくじけずに実験にとりかかった。籠を作る人たちからはすでに、科学的方法論の要件である、観察・規範・検証可能な仮説が示されており、それは十分に科学的であるように思えた。だから私たちはまず、「この二種類の収穫方法は、スイートグラスの数の減少の原因となっているか?」という質問をスイートグラスに投げかけるための実験区を設営した。そしてその答えを見つけようとした。私たちは、ネイティブアメリカンが実際にスイートグラスを採取している場所を傷つけないよう、個体数を人為的に回復させたスイートグラスの密生地を選んだ。

信じられないような根気で、ローリーは各実験区内のスイートグラスの個体数調査を行い、採取前の個体密度を正確に測った。さらに、スイートグラスの茎一本一本に色付きの結束バンドで印をつけ、追跡調査が出来るようにした。そうやって全部の個体を記録し終わると、ローリーは採取にとりかかった。

各実験区には、籠を作る人たちがしている二種類の採取方法のうちのどちらかが割り振られた。ローリーは、各実験区の個体数の半数を、一部の実験区では一本ずつ根元から丁寧に切り取り、他の実験区では根ごと抜き取った。抜き取った後には地面にでこぼこの隙間ができた。実験にはもちろん対照群が必要なので、ローリーは同数の実験区には手をつけず、一切の採取を行わなかった。草原のあちらこちらを、ローリーが実験中である区画を示すピンク色の旗が飾った。

ある日、私たちは草原で日向ぼっこしながら、この方法が伝統的な収穫の方法を本当に再現しているだろうか、と話し合った。「していないわ」とローリーが言った。「だって、人間とスイートグラスの関係は再現できていないもの。私はスイートグラスに話しかけたり捧げ物をしたりしないわけだし」。彼女はこの点で悩んだ末、それはしないと決めたのだった。「そういう伝統的な関係性は大切だと思うけど、実験の一部としてそれをするわけにはいかないでしょ。どう考えても正しくないわ——私には理解できないし、科学が数量化を試みることさえできない変数を加えるなんて。それに、私にはスイートグラスに話しかける権利なんかないもの」。後になってローリーは、実験の間、中立の立場を守り、スイートグラスに愛情を感じないようにするのは難しかった、と認めた。スイートグラスから学び耳を傾けながら何日も何日も過ごした後では、何の感情も持たないでいることは不可能だったのだ。

やがて彼女は、すべてのスイートグラスに対して同様に気配りをし、敬い、常に一定の手入れをして、実験の結果に偏った影響を与えないことだけに気をつけるようになった。採取したスイートグラスは、数を数え、重量を量ると、籠を作る人たちに寄贈した。

ローリーは、全実験区のスイートグラスを数か月ごとに数え、印をつけた。枯れたもの、生きているもの、地面から生えてきたばかりの新しい茎。彼女はスイートグラスの一本一本について、その誕生と死、そして生殖を記録した。翌年の七月になるとローリーは、ネイティブアメリカンの女性たちがするのと同じように、もう一度スイートグラスを採取した。そうやって二年間、一団の学生たちの手を借りながらスイートグラスを採取し、その反応を計測したのである。最初のうち、手伝ってくれる学生はなかなか見つからなかった——草が成長するのを見守るのが仕事だったのだから無理もない。

5　結果

ローリーは細心の注意を払って観察し、測った数値をノートに記録し、各実験区のスイートグラスの成長を表にした。対照区のスイートグラスの元気がなくなったのを見て彼女は心配した。実験区での採取がスイートグラスに与える影響を比較するためには、採取を行わない対照区を基準点にできなくてはならなかった。私たちは、春になって対照区のスイートグラスが元気を取り戻してくれることを願った。

二年目になる頃には、ローリーは第一子を妊娠していた。スイートグラスはどんどん育ち、彼女のお腹も大きくなっていった。スイートグラスの根元につけたタグを読むために寝転ぶのはもちろんのこと、体を曲げたりかがみこんだりするのも大変になった。それでもスイートグラスに対するローリーの忠誠は変わらず、地面に座ってスイートグラスを数えたり印をつけたりした。野外作業の静けさや、スイートグラスの香りに囲まれて花咲く草原の中に座っているときの落ち着いた気持ちは、胎教にいいはずだと彼女は言った。その通りだと思う。

夏が終わりに近づくにつれ、子どもが生まれる前に実験を終わらせようと私たちは焦り出した。出産予定日が数週間後に迫ると、チームの全員が一致協力した。ローリーがある実験区での作業を終えると、野外作業を手伝っているスタッフを呼んで立ち上がるのを助けてもらう。これもまた、女性が野外生物学者になろうと思えば避けて通れない通過儀礼だ。

お腹の赤ん坊が成長するにつれてローリーは、彼女のメンターである籠作りの女性たちの知見をより強く信じるようになっていった。西欧科学にはそれができないことが多いのだが、昔からスイートグラスやその生息環境と近しい関係を持っている女性たちによる観察の質の高さに、彼女は気付いたのである。そうした女性たちはローリーにたくさんのことを教え、そして赤ん坊の帽子をたくさん編んでくれた。

シリアは秋の初めに生まれた。揺り籠の上には三つ編みにしたスイートグラスが吊るされた。シリアが眠る横で、ローリーはデータをコンピューターに入力し、二つの収穫方法の比較を始めた。茎の一本一本に結ばれた結束バンドによって、ローリーは、各実験区のスイートグラスの誕生から死までを図表化することができた。新しい、若いスイートグラスがたくさんあってきた。元気のいい個体群もあれば、そうでないものもあった。

ローリーの統計分析は正しかったし綿密だったが、何が起きているかを見るのにグラフはほとんど必要なかった。草原を遠くから眺めるだけで違いは明らかだった――つややかな、金色がかった緑色に輝く実験区もあれば、茶色がかって元気のない実験区もあったのだ。ローリーの頭からは、「植物を刈り取れば個体群に悪い影響を与えるということは誰だって知っている」という論文指導委員会の批判が離れなかった。

だが驚いたことに、予想に反し、元気がないのはスイートグラスを刈り取ったところではなく、刈り取らなかった対照区だった。刈り取らず、またどんな方法でも手の入らなかったスイートグラスの個体群は、枯れた茎でいっぱいになってしまっていたのに対し、刈り取りを行った実験区のスイートグラスは至極健康だったのだ。毎年、数えた茎の半分が刈り取られたにもかかわらず、スイートグラスはたちまちのうちに再び成長して刈り取られた部分を補填したばかりか、採取される前よりたくさんの茎が生えていた。スイートグラスは、刈り取ることで成長が促進されるようだったのだ。一年めの刈り取りの後、最も成長が芳しかったのは、数本まとめて根ごと引き抜かれたものだった。だが、一本一本根元で摘み取られた場合も、まとめて引き抜かれた場合も、最終的な結果に差はなかった。収穫の方法はどうでもよかったのだ――とにかく収穫しさえすれば。

ローリーの論文指導委員会は最初からこの可能性を排除していた。彼らは、収穫すると個体数が減少する、と教えていたのだ。ところがスイートグラスそのものは、それとは反対の論拠をはっきりと示していた。研究提案に対してあれほど厳しく詰問されたローリーだから、論文審査会のことはさぞや心配していたと思うかもしれない。だが彼女は、疑い深い科学者が何よりも大事にするものを持っていた。データである。眠るシリアを誇らしげな父親に預け、ローリーは図や表を駆使し、スイートグラスは収穫すると繁栄し、しなければ減少する、ということを示して見せた。疑い深い学部長は押し黙ったままだった。籠を作る女性たちは笑顔だった。

6 考察

私たちは誰しも、私たちの世界観によって作られている。純粋な客観性を求める科学者とて例外ではない。スイートグラスについて科学者たちが立てた予想は、彼らが持つ西欧科学の世界観、つまり、人間を「自然界」の外側に置き、人間以外の生物種とのやり取りは概してネガティブなものだとする考え方と一致している。彼らは、数が減少しつつある生き物を護る最良の方法は、人間が近づかずにそれをそっとしておくことである、と教えられてきた。だが草原は私たちに、スイートグラスにとっては人間も生態系の一部であり、欠くことのできないものである、と教えている。ローリーの発見は、理論としての生態学を研究する者は驚いたかもしれないが、私たちの祖先が訴えてきた理論とは一致しているのだ――「敬意を持って植物を利用すれば、その植物はずっと私たちのもとに留まり、元気に育つ。世話をしなければ植物はいなくなってしまう」。

「あなたの実験は重大な影響を明示しているようだが、あなたはそれをどう説明するんですか」と学部長が言った。「収穫してもらえなかったスイートグラスは、無視されたからといって心が傷ついたとでも？　どういう仕組みでこういう結果が出たんですか？」

籠を編む人たちとスイートグラスの関係について説明している科学文献はない、とローリーは認めた。そんなことは通常、科学的に解明するに値する質問とは捉えられないからだ。そこで彼女は、草が、それ以外の要素――たとえば火災や家畜の放牧――にどのように反応するかに関する研究を参照した。すると、彼女が目撃した収穫という刺激による植物の繁茂は、放牧地管理の研究者にはよく知られた事実であることがわかった。なんとなれば、草というのは攪乱に見事に順応するようにできている。だからこそ私たちは芝を植えるのだ。芝は刈ると増殖する。地表のすぐ下に成長点があって、芝刈り機、草食動物、火災などによって葉がなくなっても素早く回復するのである。

ローリーは、収穫によって個体数が減ると、残った個体はその分増えたスペースと光に反応して生殖の速度が早まる、と説明した。根から引き抜く方法でもそれは同じことである。根と根を結ぶ地下茎には芽が点在していて、軽く引っ張られることで地下茎が折れ、それらの芽から元気の良い若い茎が生えて空隙を埋めるのだ。

失われた枝葉を補填するためにそれ以上の枝葉を急激に成長させる、代償成長と呼ばれる生理学的変化は、さまざまな野草に見られる現象だ。反直観的に聞こえるが、バッファローの群れが新鮮な草を食べてしまった草地では実際、それに応えて草の成長速度が早まる。それによって、草が回復するだけでなく、そのシーズンの後半に再びバッファローの群れを食事に呼び戻すことができる。草を食べるバッファローの唾液に草の成長を促す酵素が含まれていることもわかっている。通り過ぎるバッファローの群れが落としていく肥料のことは言うまでもない。草とバッファローは、互いに与え合う関係なのだ。

これは良くバランスのとれた仕組みではあるが、それが保たれるのはバッファローの群れが敬意を持って草を利用した場合のみだ。放牧されたバッファローは草を食べては次の草地に移り、何か月も先まで同じ草地には戻らない。そうやって、半分以上は奪わず、食い荒らさない、という掟を守っているのだ。これと同じことを人間やスイートグラスがしてもおかしくないではないか？　私たちは、バッファロー以上の存在でもそれ以下でもない。同じ自然の法則に縛られているのだ。

文化の一部として使われてきた長い長い歴史の中で、スイートグラスは、その代償成長を促す「攪乱」を人間が作り出すことに依存するようになったらしい。人間はこの共生関係の一部なのだ――スイートグラスは芳しい葉を人間に提供し、人間はそれを採集することでスイートグラスが元気に繁殖する条件を整えるのである。

地域によってスイートグラスが減少しているのは、採りすぎではなくむしろ収穫不足が原因ではないか、と考えるのは興味をそそられる。ローリーと私は、以前私が教えた学生、ダニエラ・シェビッツが作成した、昔からスイートグラスが収穫されてきた場所の地図をじっくり調べた。青い点は、以前はスイートグラスが生えていたけれど今は生えなくなってしまったところ。スイートグラスの存在が歴史的に報告され、かつ現在も繁殖している数少ない場所は赤い点。そしてこれらの赤い点は、ランダムに散らばっているわけではなく、ネイティブアメリカンのコミュニティー、とりわけスイートグラスの籠作りで知られる村の周りにかたまっている。スイートグラスは、それが利用される場所では栄え、そうでないところではその姿を消すのである。

科学と伝統的な知識では、問う内容も違うし使う言葉も異なるかもしれないが、両者が本当に植物の言うことに耳を傾けるならば、この二つには重なるところがあるのではないだろうか。だが、祖先が私たちに話してくれた物語を大学の教室にいる学者たちに伝えるためには、ものごとの仕組みと客観性を重んじる言語を使って科学的に説明しなくてはならなかった。「生物量の五〇パーセントを排除すると、茎は資源を求めて競争する必要がなくなります。代償成長が刺激となって、個体密度は高まり、植物の成長力も高まります。攪乱がない限り、資源は枯渇して個体間の競争が熾烈化し、その結果、植物は成長力を失い、枯死率が高くなります」

委員会のメンバーたちはローリーに温かな拍手を送った。ローリーは彼らがわかる言葉で、スイートグラスの収穫には成長を刺激する効果があり、収穫者とスイートグラスの間には相互依存性があるという、説得力のある主張を展開して見せたのである。メンバーの一人は、この実験は「科学に何一つ新しい知見を加えない」という当初の批判を撤回した。審査会に出席した籠作りの女性たちは満足げに頷いた。年寄りが言った通りではないか？

問題は、ではどうやって敬意を示すのか、ということだった。実験を進めるにつれ、スイートグラスがその答えを教えてくれた——私たちは、環境を壊さないように植物を利用することによって敬意を示すことができるのだ。それが、敬意とともにその贈り物を受け取る、ということなのである。

このことを明らかにしてくれたのがスイートグラスだったというのは偶然ではないのかもしれない。スカイウーマンがタートルアイランドの亀の甲に最初に植えたのがWiingaashk、スイートグラスだった。芳しいスイートグラスは自らの体を私たちに差し出し、私たちは感謝してそれを受け取る。スイートグラスを刈り取る者は、その贈り物を受け取る、というまさにその行為によって、スペースを作って日の光が届くようにし、また根を優しく引っ張ることで眠っていた芽を奮い起こし、そこから新しいスイートグラスが育つ。レシプロシティーとは、与えることと受け取ること、という決して終わることのない連環を通じて、贈り物を常に動かし続けるということに他ならないのだ。

部族のエルダーたちは、植物と人間の関係はバランスのとれたものでなくてはならないと言う。多くを奪いすぎれば植物の生産能力を超え、再び私たちに分け与えることができなくなる。「半分以上採ってはならない」という教えは、辛い経験によって培われた考え方なのだ。と同時に彼らによれば、収穫が少なすぎてもいけない。伝統を死に絶えさせ、関係性が色褪せれば、自然にそのしわ寄せがいく。これらは辛い経験や過去の過ちから得られた不文律である。さらに、すべての植物が同じわけではなく、それぞれに異なった再生の方法がある。たとえばスイートグラスと違って、刈り取ることが損害を与えやすい植物もある。レナならきっと、それぞれの植物をよく知って、その違いを尊重することが重要なのだと言うだろう。

7 結論

ネイティブアメリカンの人々は、タバコと感謝をもってスイートグラスに「私はあなたを必要としています」と伝える。刈り取られた後に再生することによってスイートグラスは、「私もあなたが必要です」と言う。

Mishkos kenomagwen。これこそが、植物が教えてくれる教訓ではないだろうか？　贈り物はレシプロシティーを通して補充され続ける。私たちの繁栄はすべて、お互いさまの関係とともにあるのだ。

8 謝辞

丈高く草の伸びた草原に一人立ち、ただ風の音だけを聞いていると、科学と伝統的なものの考え方、データと祈りの違いを超越する言葉があるのがわかる。風は草を渡り、草の歌を歌う。まるで、さざ波のように揺れる草の上で、風が何度も何度もスイートグラスの名を呼んでいるように聞こえる。スイートグラスが教えてくれたすべてのことに、感謝します。

9 参考文献

スイートグラス、バッファロー、レナ、祖先の人々。

メープルの国の市民権を得るには

私の町にはガソリンスタンドが一つしかない。そしてそれは、同じく町で唯一の信号の脇にある。そういう町なのだ。正式な名称はあるのだろうが、私たちはただそこをポンペイモールと呼んでいる。コーヒー、牛乳、氷、ドッグフード、その他、生活必需品のほとんどはそこで手に入る。物が動かないようにするためのガムテープや、物が動くようにするためのWD－40［訳注：防錆スプレーの商標］。去年製造されたメープルシロップの缶もあるが、私には必要ない。できたてのシロップが待っているシュガーハウスに向かう途中なのだから。ガソリンスタンドの利用客はピックアップトラックが多く、それにときどきプリウスが交じる。雪はほぼ消えているので、給油するスノーモービルの姿はない。

ガソリンを入れられるのはここだけなので、給油には長い列ができることが多い。今日はみんな車の外に出て、車に寄りかかって春の日差しを浴びながら自分の番を待っている。店の棚の品揃え同様、会話の内容も生活に必要不可欠なことが主だ。ガソリンの値段、樹液の流れ具合、誰それが税金の申告を終えた。この辺りでは、メープルシロップ作りと税金申告の時期が重なるのである。

「ガソリンは高いし税務署はうるさいし、もうすっからかんだよ」。ガソリンのノズルを戻し、油まみれの作業着で手を拭きながらカームが愚痴を言う。「今度は学校の発電用風車の税金を上げるって？　地球温暖化のせいだか知らんが、俺は払わんね」。列の前方に町のお役人が並んでいる。体の大きい、元社会科の教師だったこの女性は、からかうように彼を叱る。カームは彼女の生徒の一人だったのかもしれない。「気に入らないの？　人任せにしといて文句言ってもダメ。

話し合いに参加しなさい」

木の下にはまだ雪が残り、灰色の幹の根元と、赤くなり始めたメープルの木の芽を、輝く毛布のように包んでいる。昨夜は早春の紺碧の空に、銀色の細い月が浮かんでいた。この新月とともに、アニシナアベの新年の始まりがやってくる――Zizibaskwet Giizis、「メープル・シュガー・ムーン」。休むべくして休んでいた地球が目を覚まし、人々への贈り物を新しくする季節だ。それをお祝いするために、私はメープルシロップを手に入れに行く。

丘陵地帯を通ってシュガーメープルの林に向かう私の車の助手席には、今日届いた国勢調査の用紙が置いてある。この町に暮らす「人」の数を、生物学的な多様性を包含した形で数えたならば、メープルの木の数が人間の一〇〇倍になるだろう。私たちアニシナアベ流のやり方では、木も「人」として数えるのだ――「木の人」。政府はこの町の人間しか数えないけれど、私たちが「メープルの国」に住んでいるということは否定しようがない。

伝統的な食文化の復興を目指すある団体が作った、生命地域（バイオリージョン）を示す美しい地図がある。その地図には州の境界線はなく、その代わりに、その地域に棲む主な生物によって決まる生態域（エコリージョン）が示されている。景観を作り、私たちの日々の暮らしに影響を与え、物質的な意味でも精神的な意味でも私たちを養ってくれる、各地域を象徴する生き物たちのことだ。たとえばその地図には、太平洋岸北西部の「サーモンの国」、アメリカ南西部の「ピニョン［訳注：マツの一種］の国」などが載っている。アメリカ北東部の私たちは、「メープルの国」に抱かれている。

「メープルの国」の市民権を得るとはどういうことだろう、と私は考える。カームならおそらく素っ気なくこう答えるだろう――「税金を払う」。彼は正しい。ある国の国民であるとは、そのコミュニティーを支える一翼を担うということだ。

所得税申告納税期限日が近づき、人間たちは社会の健全性に貢献する準備をしている。だがメープルの木々は、一年中休まずに貢献しているのだ。メープルが大枝を寄付してくれたおかげで、私の隣人のケラーさんは灯油を買うお金がなくても冬中暖かかったし、ボランティアによって運営される消防団と救急隊も、新しい消防車を買う資金を集めるために月に一回、ホットケーキの朝食会を開催することができた。メープルの木々が木陰を作ってくれるおかげで、学校の光熱費はずいぶん助かっているし、メープルが大きく葉を広げてくれるおかげで、私の知り合いにはエアコンを使っている人は一人もいない。戦没者追悼記念日のパレードにも毎年、頼まれなくても木陰を落としてくれる。それにメープルの木が風を防いでくれなかったら高速道路局は、吹き溜まった雪を今の二倍の頻度で除去しなければならないだろう。

私は両親がどちらも市政に長年携わっていたので、一つのコミュニティーの管理がどのように行われるかを直接この目で見てきた。「良いコミュニティーというのは自然にできるものじゃないんだよ」と父は言った。「感謝すべきことはたくさんある。そしてそれが続いていくように、誰もがそれぞれの役割を果たさないといけない」。このとき父は町会議長の職を定年退職したばかりで、母は土地区画規制委員会の委員だった。私が二人から学んだのは、優れた町政というのはほとんどの住民の目には触れないものであるということだ。おそらくはそれが正しい姿なのだ――必要な公共サービスがあまりにも円滑に提供されるため、人はそれが当たり前だと思うのである。道路の雪掻き、きれいな飲み水、きちんと手入れされた公園。新しい高齢者センターもやっと建った。そしてそれらすべてが、大げさに宣伝もされずに行われるのだ。自分に不都合なことがない限り、ほとんどの人はそういうことに無関心である。その一方で、常に不満ばかり言っている人もいる――始終電話で課税制度に異議を唱え、その制度がうまくいかないとやはり電話で出費や人員の削減に文句を言う。

幸運なことに、どんな組織にも必ず、自分の責任を認識し、その責任を果たすことで生き生きとする、数は少ないけれどかけがえのない人たちがいるものだ。そういう人たちのおかげで物事は達成されるのだ。私たちはみな、そういう人たちを頼りにしている——私たちみなの面倒を見てくれる、言葉少ないリーダーたちを。

メープル国の通貨

私が属するオノンダガ・ネーションの人々は、メープルを木のリーダーと呼ぶ。メープルは環境品質管理委員会を構成し、二十四時間、年中無休で空気と水の浄化サービスを行っている。歴史協会主催のピクニックから高速道路局、教育委員会、図書館まで、さまざまな行政機関に参画してもいる。町の美化にかけては、独力で秋を真紅に染め、ほとんど褒められることもない。

それだけではない。メープルは野鳥のすみかや野生動物の隠れ家を、踏みしめて歩ける金色の葉を、木の上の要塞を、ブランコを下げる枝を提供する。何百年にもわたって積もったメープルの落ち葉がこの土壌を作り、そこでは今、イチゴやリンゴ、トウモロコシ、牧草などが栽培されている。この谷の酸素のどれだけが、メープルによって作られたものなのだろう？　どれほどの二酸化炭素が大気中から吸収され、蓄えられたことだろう？　この作用を生態学者は「生態系サービス」と呼ぶ。生命の存在を可能にする、自然界の構造と働きのことだ。私たちは、メープルの材木や一ガロンのメープルシロップに値段をつけることはできるが、生態系サービスはそれよりもずっと価値がある。それなのにこういうサービスは、人間の経済活動の中で顧みられることがない。地方自治体が提供するサービスと同じく、それが欠落するまで私たちはその存在に気づかないのだ。雪掻きや学校の教科書にはお金を払うが、メープルによる生態系サービスに支払う正式な税金は存在しない。私たちはそれを、絶え間ないメープルからの寄付によって無償で受け取っているのである。メープルは私たちに対する責任を果たしてくれている。では、彼らは私たちの行動をどう評価しているだろうか?

シュガーハウスに到着する頃には、すでに鍋はぐつぐつと沸騰している。換気口からはすごい勢いで湯気が噴き出し、近隣の人たちや谷の向こう側にまで、今日メープルシロップを作っているということを知らせている。私がそこにいる間、おしゃべりに立ち寄り、出来立てのメープルシロップを一ガロン買っていく人が引きもきらない。建物の入り口で彼らはみな立ち止まる――メガネが曇るのと、沸騰している樹液の甘い香りが彼らの足を止めるのだ。私はその香りが嗅ぎたくて、何度も出たり入ったりする。

シュガーハウスそのものは粗末な木の小屋で、屋根に沿ってずっと、特徴的な換気用キューポラがあり、湯気を逃がすようになっている。シューシューと吐き出された湯気は、やわらかな日差しの春の空に浮かぶ綿毛のような雲に溶けていく。

蓋のない蒸発器の一端から注がれた採れたての樹液は、水分の蒸発とともに増していく重力に導かれて導管の中を進む。初めのうち樹液は泡立ちながら激しく煮え立ち、大きな気泡ができるが、工程が進んで濃度が高まるにつれて穏やかになり、色も最初は透明だったのが最後には深いキャラメル色になる。シロップは、丁度良い濃さになったときに丁度良いタイミングで取り出さなければならない。煮詰めすぎれば全部が美味しい砂糖の塊になってしまう。

重労働だ。蒸発器を監視したりシロップを検査したりしている職員二人は今朝早くからここにいる。私は彼らが作業の合間に一口ずつ食べられるよう、パイを差し入れに持ってきた。樹液が煮えるのを見ながら私は彼らに、メープルの国の良き市民であるというのはどういうことだろうか、と尋ねる。

薪をくべる係のラリーは一〇分ごとに、肘まで覆う手袋とフェイスシールドを着け、炉の蓋を開ける。ものすごい熱が噴き出す中、ラリーは一メートル弱の薪を一本ずつ炉にくべる。「よぉく沸騰させとかないと」と彼が言う。「僕たちのやり方は旧式なんです。重油やガスバーナーを使うようになった人たちもいますけどね。僕たちはいつまでも木を使いたいですね、それがしっくりくるから」

薪の山の大きさは、シュガーハウスそのものと肩を並べるほどで、乾かしたトネリコや樺の木、それにもちろん堅いメープルの木を割ったものが、高さ三メートルにも積み上げてある。そのうちのかなりの量は、森林管理を勉強している学生たちが、大学敷地内のすべてのトレイルから、枯れた木を伐って集めたものだ。「ほらね、うまくできてるんですよ。シュガーメープルからたくさん樹液を採集できるように、日光を奪い合う木を間引く。そうするとシュガーメープルはたっぷり枝を広げて大きく育つ。間引いた木はたいがい薪になる。無駄になるものは何もない。良い市民であるって、いわばそういうことじゃないのかな？　僕たちが木の面倒を見れば、木は僕たちの面倒を見てくれる」。シュガーメープルの林を持っている大学がそうそうあるとは思えないが、私の大学にはそれがあることを私は嬉しく思う。

瓶詰め作業用のタンクの横に座っているバートが相槌を打つ。「石油は、どうしても必要なことのためにとっておけばいいんですよ。この作業には木の方が合ってるし、カーボンニュートラルだしね。シロップ作りのために燃やす薪から出る炭素はもともと、それを吸収した木から来てるわけだし、純増加ゼロでまた木に戻っていくんだから」。彼はさらに、この森は、完全にカーボンニュートラルであろうとする大学の計画の一部なのだと説明する。「大学の森を守ると税額が控除されるんですよ、森が二酸化炭素を吸収しますからね」

ある国の国民であるということの条件の一つは、通貨を共有することだろう。メープルの国の通貨は炭素だ。炭素は、大気から、木、甲虫、キツツキ、キノコ、丸太、薪へと、このコミュニティーの構成員の間で取引され、両替され、交換されて、再び大気に放出され、木に戻る。浪費されることはなく、それは共有の財産であり、そこにはバランスとレシプロシティーがある。持続可能な経済のあり方を示す、これほど優れたモデルが他にあるだろうか？

メープルシロップを味わう

メープルの国の市民であるとはどういうことか？私は、大きな櫂《かい》と、糖分濃度を測る比重計を手にして仕上げを担当しているマークにもこの質問をしてみる。「良い質問ですね」。ぐつぐつ煮え立つメープルシロップの泡立ちを抑えるためにクリームを少量垂らしながらマークが言う。彼は質問には答えず、出来上がったシロップの受け皿の底の栓を開け、できたてのメープルシロップをバケツに移す。それが少し冷めると、彼は小さなカップに黄金色で温かいシロップを注いで私たち一人ひとりに手渡し、カップを上げて乾杯の仕草をする。「こういうことじゃないですかね」と彼が言う。「メープルシロップを作ってそれを味わう。与えられたものを受け取って、それを正しく使うってこと」

メープルシロップを飲むと体に糖分が満ちる。これもまた、メープルの国の市民であるということだ――血の中に、骨の中にあるメープルの存在。私たちが食べるものが私たちになる。そして黄金色のシロップを一匙食べるたびに、メープルの中にあった炭素は私たちの体内の炭素になる。昔から伝わる考え方は正しかった。メープルは人であり、人はメープルなのだ。

アニシナアベの言葉でメープルはanenemikという。男性の木、という意味だ。「僕の妻はメープルケーキを作るよ」とマークが言う。「クリスマスにはメープルシロップをメープルの葉っぱ型に固めたキャンディをみんなに振る舞うんだ」。ラリーはシロップをバニラアイスクリームにかけて食べるのが気に入っている。

九十六歳になる私の祖母は、たまに気分が落ち込むとスプーンでそのままシロップを舐める。祖母はそれをビタミンMと呼ぶ。来月には大学主催の朝食でホットケーキが供される。シュガーハウスのスタッフ、教員やその家族が集まって、メープルの国の市民であることと、互いのつながり、この土地とのつながりを、指をべたべたにしながら祝うのだ。ともに祝うのもまた、市民の営みなのである。

蒸発器の樹液が少なくなっているので、私はラリーにくっついて、新鮮な樹液が一滴また一滴、ゆっくりとタンクを満たしているシュガーメープルの木立に行く。私たちはしばらくの間森の中を歩き回る――樹液を集めるタンクまで、小川のせせらぎのような音を立てながら樹液を運ぶチューブが張り巡らされているのに引っかからないよう頭を引っ込めながら。昔のような、バケツにポタリ、ポタリと樹液が落ちて奏でる音楽とは違うが、チューブのおかげで、二〇人必要だった作業が二人でできるようになった。

森はいつも通り、何も変わらない。メープルの国の住民は目を覚ましつつある。鹿の通り道にある井戸にはトビムシがたくさんいるし、木々の根元の苔からは雪解けの水が滴っているし、早く故郷に戻りたい雁たちは、乱れたV字の隊列を組んで飛んでいく。

なみなみと樹液の入ったタンクを積んでシュガーハウスに戻る途中、ラリーが言う。「もちろん、シロップ作りは毎年賭けみたいなもんですよ。樹液の量をコントロールできるわけじゃないしね。良い年もあればそうじゃない年もある。手に入るものに感謝するだけ。温度次第なわけで、俺たちがどうこうすることじゃないんだから」。だが、もはやそうとも言い切れなくなってしまった。化石燃料に対する人間の執着と現在のエネルギー政策のおかげで、二酸化炭素の放出量は年々増加し、気温が全世界的に高まっているのは明らかだ。春の訪れは、たった二十年前と比べて一週間早くなっている。

ずっとシュガーハウスにいたいが、仕事に戻らなくてはならない。車で家に向かいながら私は、メープルの国の市民であることについて考え続ける。娘たちは子どもの頃、学校で権利章典を暗記させられたが、メープルの苗木は権利章典ではなく義務章典を教わるのではないだろうか、と私は敢えて想像する。

家に着くと私は、人間が住む色々な国の市民憲章を読んでみる。共通している要素がたくさんある。施政者への忠誠を求めるものも中にはあるが、ほとんどは、共有する理念を表したものであり、その国の法に従うことを誓うものだ。アメリカ合衆国は二重国籍をまず認めず、国籍は選択しなければいけない。ではいったい私たちは何を根拠にして、自分が忠誠を誓う国を選ぶのだろう？　どうしてもと言われれば、私はメープルの国を選びたい。市民権を持つというのが、ある理念を共有するということであるならば、私はすべての生き物による民主制を信じるからだ。市民権を持つためにリーダーに忠誠を誓えと言うならば、私は木々のリーダーを選ぼう。その国の法を守るのが善き市民であるならば、私が選ぶのは自然の法であり、レシプロシティー、再生、相互繁栄という法則だ。

アメリカ合衆国に対する忠誠の誓いは市民に、必要とあらば武器を取り、あらゆる敵から国を守ることを要求する。もしもそれと同じ誓いがメープルの国に当てはまるならば、今頃は森に覆われた山々に集合ラッパが鳴り響いているはずだ。アメリカのメープルは今、恐ろしい敵に襲われている。最も高く評価されるモデルによれば、ニューイングランド地方の気候は今後五十年以内にシュガーメープルに適さなくなるというのである。気温の上昇によって苗の生存率は低下し、森の再生ができなくなり始める。再生はすでに滞っている。続いて害虫が増え、オークが優勢になるだろう。メープルのないニューイングランド地方なんて想像もできない。燃えるような紅ではなく、茶色い秋の木々。閉鎖されたシュガーハウス。空に芳しい湯気がたなびくこともない。それでもそこは故郷と呼べるだろうか？　そんな悲しみに私たちは耐えられるだろうか？
政治的信条にかかわらず、すべての人に脅威は迫っている。「状況が変わらなければカナダに移住する」と人は言うが、メープルの木はどうやらそうせざるを得ないように見える。バングラデシュの農民が、海面上昇のために避難しなければならないのと同様に、メープルの木々も気候変動避難民になってしまうだろう。生き残るためには北に移動し、寒帯にすみかを見つけなければならない。私たちのエネルギー政策の結果、彼らはこの土地を立ち去らざるを得ないのだ。安いガソリンと引き換えに、彼らは故郷を追われるのである。

ガソリンスタンドで私たちが払う代金には、気候変動によってメープルをはじめとする木々による生態系サービスが失われた、その損失分は含まれない。今安いガソリンを買うか、次の世代のためにメープルを残すか？　頭がおかしいと言われたってかまわない。その問題を解消するためなら、私は喜んで税金を払う。

私よりはるかに賢い人たちが、人間には自分たちに見合った政府が与えられるのだと言っている。そうかもしれない。だが、誰よりも寛大な私たちの後援者であり誰よりも信頼のおける市民であるメープルには、こんな政府はふさわしくない。あなたにも、私にも、メープルのために声を上げる責任がある。この町の町会議員が言った通り、「話し合いに参加」しなければならない。政治活動や市民の社会参画は、自然にお返しをするための力強い行動だ。メープルの国の義務憲章は私たちに、木の人々のために立ち上がり、メープルの叡智をもって人々を導け、と求めているのである。

良識ある収穫

畑の向こうのカラスたちには近づいてくる私が見える。籠を抱えた女だ、どこから来たんだろうと大声で議論している。足元の地面は硬くて何も生えていないが、ところどころ、鋤の引っ掻いた跡がある石や去年のトウモロコシの茎が散らばっていて、トウモロコシの支持根の残骸は、漂白された蜘蛛の脚がしゃがみこんでいるみたいに見える。長年にわたって除草剤を撒き、休みなしにトウモロコシを栽培してきたせいで、ここは不毛の地になってしまった。雨ばかりの四月でさえ、地表には緑の草一本生えていない。八月になる頃にはここで再びトウモロコシの単一栽培が行われ、奴隷のようにトウモロコシが整列することだろう。でも今は、ここは森へ行く私の近道だ。

カラスたちは石壁のところまでしかついて来ない。氷河期の石を畑から掘り起こし、畑の境界線を作るために適当に積んだ石の壁だ。壁の反対側の地面はやわらかく、何百年分の腐葉土が厚く積もって、スプリングビューティーの小さなピンク色の花や黄色いスミレの花が咲き乱れている。茶色く積もった冬の落ち葉の中から今にも顔を持ち上げようとしているカタクリやエンレイソウの花に腐葉土がまといつく。鈴を鳴らすようなモリツグミのさえずりが、まだ裸のメープルの枝に響く。春に最初に生える野草の一つであるリーキ（西洋ネギ）がびっしりかたまって生えている。その緑があまりにも鮮やかで、まるで「私を摘んで！」と書いてあるネオンサインみたいだ。

彼らの誘いにすぐにも応えたいという気持ちを抑え、私は教えられたとおりにリーキに挨拶する。まずは、私が何者かを忘れているといけないから自己紹介——もっとも私たちはこうやって毎年、長い間付き合ってはいるのだけれど。それからなぜ私がここへ来たのかを説明し、収穫の許可を求める。丁寧に、分けていただけますか、と尋ねるのだ。

春に生える野生のリーキは、食べ物とも言えるし薬とも言える。冬のだるさから体を目覚めさせ、血の流れを良くしてくれるのだ。でも私には、この森に生えるリーキにしか満足させられないもう一つの目的がある。この週末、遠いところに住んでいる娘たちが二人とも帰ってくるのである。私はリーキに、娘たちをもう一度この土地に結び付けてくださいとお願いする。彼女たちの骨に含まれるミネラルの中に、いつでも故郷の一部があるように。

リーキの中には、すでに太陽に向かって葉を広げているものもあるし、腐葉土の中から顔を出してはいるけれどもまだ固く丸まった葉を尖らせたままのものもある。私はかたまって生えている縁に沿って移植ゴテを差そうとするが、根が深くびっしりと生えているのでなかなか差し込めない。移植ゴテは小さいし、冬の間にやわらかくなってしまった手が痛い。でもようやくのことで私はひと塊のリーキを掘り出し、根の土を払い落とす。

ぷっくらとした白い球根が付いているものと思ったのに、球根のあるべきところにはみすぼらしいペラペラの葉鞘《ようしょう》があるだけだ。弱々しくしぼんで、まるで水分がすっかり吸い取られてしまったように見える。実際にそうなのだ。質問をしたのなら、その答えは尊重しなければならない。そこで私はリーキを土に戻して家に帰ることにする。石壁沿いにはニワトコ（エルダーベリー）が芽を出し、手袋をした紫色の手みたいに胚葉を伸ばしている。

ゼンマイの葉が開き、空気が花びらのようにやわらかく感じられる今日のような日、私には欲しくてたまらないものがある。「隣人の葉緑体を欲してはならない」［訳注：旧約聖書出エジプト記二〇章一七節「隣人の家を欲してはならない」をもじっている］というのが賢明なアドバイスだというのはわかっているけれど、白状すると、葉緑素を持っている植物が羨ましくてたまらないのだ。光合成ができたらどんなにいいだろう、と時々思う。だってそうすれば、そこにいるだけで――草原の片隅でキラキラ光ったり、ぼんやりと池に浮かんだりしているだけで、黙って太陽を浴びながらこの世界の役に立つことができるのだから。濃い影を落とすアメリカツガの木々や波打つ草原の草は、ムシクイの鳴き声に耳を傾け、水面に光が踊るのを眺めながら、その間ずっと糖分子を生成してお腹を空かせた動物や虫に食べさせているのだ。

自分以外の生き物の健康のために差し出せるものがあったらさぞや満足感が味わえることだろう。もう一度母親になり、必要とされるみたいに。木陰、薬、木の実、根――差し出せるものは数限りない。私が植物だったら、キャンプファイアーの薪となり、鳥の巣を支え、傷を癒し、ぐつぐつ沸いた鍋を満たせるのに。

でも私にはそんな寛大な行為はできない。だって私は単なる従属栄養生物にすぎず、他の生物が作った炭素を食べて生きているのだから。生きるためには、私は消費するしかない。それがこの世界の定めなのだ――一つの生命が生きるために別の生命が差し出され、私の体とこの世界という体の間には際限のない循環がある。どちらかを選べと言われたら、私は従属栄養生物の役割の方がいいと白状しなければならない。それにもし私に光合成ができたなら、リーキを食べることができないではないか。

だから私は、他の生き物の光合成を通して生きるのだ。私は森の地面を覆う鮮やかな緑の植物とは違う。私は籠を手にした人間の女性であって、大事なのは私がその籠をどうやって満たすかである。完全に目覚めている人なら、自分が生きるために自分の周りの生命を奪うことについて、倫理的な疑問を抱くはずだ。野生のリーキを掘るのだとしても、ショッピングセンターに買い物に行くのだとしても、私たちが奪う生命に正当に報いるような消費の仕方をするにはどうしたらよいのだろう？

私たちに伝わる最も古い物語は、それが私たちの祖先にとってとても重要な問いであったことを思い出させてくれる。自分以外の生き物に完全に依存して生きるとき、それらの生命を守ることは是が非でも必要である。わずかな所有物しか持たなかった私たちの祖先がこの問題について深く考えていたのに対し、大量の持ち物に埋もれている私たちはそのことをほとんど考えようともしない。文化的景観は変化したかもしれないが、この難問は依然解決していない——身の回りの生命を大事にするということと生きるためにその生命を奪うということの間にある避けようのない葛藤からは、人間である以上は逃れられないのだ。

ナナブジョの教訓

数週間後、私は再び籠を抱えてトウモロコシ畑を横切る。石壁の向こう側には季節外れの雪が降ったような純白のエンレイソウが咲き乱れているのに、畑はまだ裸のままだ。繊細なコマクサの茂み、ブルーコホシュの神秘的な青い新芽、かたまって咲いているアカネグサ、アリサエマ・トリフィルムの緑の新芽、それに落ち葉の中からニョッキリ伸びているアメリカハッカクレンなどの間を爪先立って回転するように歩く私は、バレリーナのように見えたに違いない。私はその一つひとつに声をかけ、彼らもまた私に会えたのを喜んでいるように感じる。

私たちは、進んで差し出されたものだけしか貰ってはいけないと教えられる。そして、前回私がここへ来たときは、リーキには差し出すものはなかった。球根は、あたかも銀行に預金するように次の世代のためのエネルギーを蓄える。去年の秋にはつやつやと太っていたリーキの球根だが、春先になると、地中から太陽に向かって伸びる新芽の燃料にするために、蓄えられたエネルギーが根から送り出されるので、預金口座は残高がなくなってしまう。生まれたての葉は消費するばかりで、エネルギーを奪うだけ奪って根をしぼませ、何一つ還元しない。だがほんの数週間たつと、葉は広がってパワフルな太陽電池となり、根に再びエネルギーを蓄え、消費と生産の相互関係が成立する。

今日のリーキは、前回来たときの二倍ほどの大きさになっていて、鹿が葉を傷つけたところは強いネギの匂いがする。私は最初に見つけたリーキの塊を通り過ぎ、二つめの塊の横に膝をついて、もう一度、静かに収穫の許可を求める。

許可を求めることで植物の「人格」に対する敬意を示すのだが、それは同時に、その植物の群れの健全さを測ることにもなる。だから私は右脳と左脳の両方を使って答えを受け取らなくてはならない。分析的な左脳は経験主義的なサインを読んで、その群れが、一部を収穫されても維持できるくらい大きく健康であるかどうかを判断する。一方、直観的な右脳はそれとは別のものを読み取る。それは、その植物が醸し出す寛大な雰囲気だったり、気前よく「持ってお行き」と言っているかのようなつややかさだったりするが、あるいはいかめしい顔をして抵抗されることもある——そういうとき私は移植ゴテをしまう。言葉では説明できないのだが、私にとってそれは、立ち入り禁止の看板と同じくらいの説得力を持って訪れる理解なのだ。

今回は、私が移植ゴテを深く差し入れると、つやつやした白い球根の束がごっそり採れる。ふっくらして、すべすべで、良い匂いだ。「どうぞ」という声が聞こえたので、ずっと使っているやわらかいタバコ・ポーチをポケットから取り出してタバコの贈り物をし、それから掘り始める。

リーキは分裂によって増殖するクローン植物で、群れはどんどん横に拡がる。そのために群れの中心部が混み合ってしまう傾向があるので、私は中心部から収穫することを心がける。こうすれば、私が収穫したことでその部分の個体が減り、残った個体の成長を助けられるのだ。ユリネ、スイートグラス、ブルーベリーから籠を編むヤナギの枝まで、私たちの祖先は、植物にとっても人間にとっても長期的な恩恵をもたらすような収穫の仕方を見つけたのである。

尖ったシャベルを使えば効率よく掘り出せるが、正直に言うと、それでは作業があまりにも早く終わってしまう。必要なだけのリーキがたったの五分で手に入るなら、膝をついたままカンアオイが地中から顔を出すのを眺めたり、戻ってきたばかりのムクドリモドキのさえずりに耳を傾けたりする時間は失われてしまう。移植ゴテを使うのは、本当の「スローフード」のための選択なのだ。それに、シャベルという便利な物を使えば、周りの植物を傷つけたり、必要以上の量を採ってしまったりもしやすくなる。アメリカ各地の森で、熱狂的収穫者たちによってリーキは絶滅の危機にある。掘るのが大変なのは、採りすぎないために大切なブレーキになるのだ。何でも便利なら良いというわけではない。

昔からこの土地に住んで動物を捕ったり植物を収穫してきた人々に継承されてきた生態学的理解には、資源を維持するための知恵が豊富に含まれている。ネイティブアメリカン流の科学や哲学、生活様式や習慣などにそれらを見ることができるが、何よりもそれをよく表すのが物語だ。世界にバランスを取り戻し、生き物たちの輪の中にもう一度戻るために語られる物語である。

アニシナアベのエルダー、バジル・ジョンストンが語る物語の中に、私たちの先生であるナナブジョが、いつものように、夕食のために湖で釣りをしていたときのお話がある。アシをかき分けながら、長くて曲がった脚、槍のように尖ったくちばしをした鷺がやってくる。鷺は魚を捕まえるのが上手だし気前がいいので、魚を捕まえる新しい方法をナナブジョに教えてくれる。この方法を使えば魚を獲るのがずっと楽になるのだ。鷺はナナブジョに、魚を獲りすぎてはいけないと警告するが、ナナブジョはご馳走を食べることしか頭にない。翌朝早く出かけた彼の籠は間もなく魚でいっぱいになった。籠は運ぶのもやっとなほど重く、魚は多くてとても食べきれなかった。そこで彼は全部の魚の内臓を取り出し、自分の小屋の外の乾燥棚に並べて干した。次の日、まだお腹はいっぱいだったが、彼は湖に再び出かけて鷺に教わった通りに魚を獲った。「あぁよかった、この冬は食べるものがたくさんあるぞ」と、魚を家に運びながら彼は思った。

来る日も来る日も彼はお腹いっぱい食べ、湖の魚が減っていく一方で、彼の乾燥棚はいっぱいになっていき、美味しそうな匂いが森に漂った。狐たちは涎を垂らした。そしてナナブジョは再び、大得意で湖に出かけた。だがその日、彼の網には魚がかからず、鷺は湖の上を横切りながら彼を咎めるような目で見下ろした。小屋に帰ってきたナナブジョには大事な教訓が待っていた──必要以上に獲らないこと。魚を干してあった棚は倒され、すっからかんになっていた。

獲りすぎるとどんな結果になるかを警告する物語は、ネイティブアメリカンの文化ならどこにでもあるが、英語で書かれたものは一つも思い浮かばない。ひょっとするとこのことは、消費の対象だけでなく消費する私たち自身をも破滅に導く過剰消費の罠に私たちが嵌ってしまっているのはなぜなのか、それを説明する一助になるかもしれない。

生きるために他のものの生命を奪う際にネイティブアメリカンが規範とする行動原則や慣行を、総称して「良識ある収穫」という。それは一種のルールであり、私たちの収穫の仕方を司り、自然界と私たちの関係性を形作り、必要以上に消費しやすい人間の性癖にブレーキをかける。七代先の世代にとってもこの世界が、私たちの世代にとってと同じように豊かなものであるように。その細かな決まりは文化によって、また生態系によってそれぞれ異なるけれど、根本的な考え方は、自然に近しく生きるほぼすべての人々に共通している。

そうした考え方については、私は学びの途上にいて、深い知識を持つわけではない。光合成ができない人間である私は、四苦八苦して良識ある収穫を行わなければならない。だから、私よりもはるかに賢い人たちのすることを懸命に観察し、彼らの言うことに耳を傾ける。私が教わったのと同じようにしてここで私が伝えることは、そういう人たちの集合知という畑で採れた種であり、氷山の一角であり、彼らの知恵という大きな山に生える苔にすぎない。私は彼らの教えに感謝しつつ、それをできる限り上手に次の人に伝える責任を感じている。

収穫のガイドライン

私には、アディロンダック地方の小さな村の役場で書記をしている友人がいる。夏と秋、彼女のオフィスの扉の前には、入猟許可証と狩猟許可証を求める人たちの列ができる。ラミネート加工された許可証を渡すとき、彼女は必ず、猟に関する規制が書かれたポケットサイズの小冊子を一緒に手渡す。薄い紙に印刷された冊子は白黒だが、実際の獲物の写真だけは光沢紙にカラー印刷されて綴じ込んである。万が一、狩りをする人が、何を撃っていいのか知らない場合のためだ。実際にそういうことがあるのである。毎年必ず、鹿を撃ちに来た人がバンパーに獲物を縛り付けて勝ち誇ったように高速を走っていたら警察に止められ、それがジャージー種の子牛であったことがわかる、というようなことが起こるのだ。

友人の一人が、ヤマウズラの猟のシーズン中に検査所で働いたときのことだ。大きな白いオールズモビルに乗った男性が、獲物の検査のために誇らしげにトランクを開けた。するとそこには、キャンバス地のシートの上に、羽もほとんど乱れていないハシボソキツツキがずらりと横向きに並べてあったのである。

伝統的に狩猟採集によって一族を養ってきた人々にも、収穫に関するガイドラインがある。野生生物の健康と活力を維持するために考えられた詳細な決まりごとである。政府による規制と同じく、それらもまた、生態系に関する洗練された知識と、長期にわたる個体数のモニタリングに基づいている。どちらも、狩猟管理官が言うところの「資源」を、資源そのもののため、また後世の人々に維持可能な資源を残すために護る、という目的は共通している。

タートルアイランドの初期の入植者たちは人々の豊かさに驚き、自然に恵まれているからだ、と考えた。五大湖地方に入植した人々は日記に、ネイティブアメリカンが収穫するワイルドライス［訳注：イネ科マコモ属の植物。北アメリカ北東部の湿地に自生し、濃褐色の種子をネイティブアメリカンが食料にしていた］はとてつもなく豊富で、ほんの数日カヌーで収穫に出れば、一年食べられるほどのワイルドライスが採れる、と書いている。だが入植者たちが不思議がったのは、一人が日記にしたためているように、「野蛮人たちは、「ワイルドライスがまだたくさん残っているのにさっさと収穫をやめてしまうことだった。続けて日記にはワイルドライスの収穫はまず、感謝と、次の四日間が良い天候であることを祈ることから始まる。教えられた通りに四日間、夜明けから夕暮れまで収穫するとそこで収穫は終了し、往々にして、収穫されなかったワイルドライスがたくさん残る。彼らによればそれは彼らのものではなく、雷のためのものなのだ。何を言っても彼らはそれ以上は収穫を続けようとはせず、大量のワイルドライスが無駄になる」とある。入植者たちはこのことを、野蛮人たちが働かず、怠け者である証拠だと考えた。ネイティブアメリカンの、自然を護るためのそうした習わしこそが、自分たちが目にした作物の豊富さに寄与しているのだということを、彼らは理解しなかったのだ。

ヨーロッパから遊びに来ていた工学科の学生に会ったことがある。彼は、オジブワ族の友人の家族と一緒にミネソタ州でワイルドライスの収穫をするのだ、と興奮した面持ちで話し、ネイティブアメリカンの文化の一端を経験するのを楽しみにしていた。夜明けには湖に着き、彼らは一日中、ワイルドライスの茂みの中を竿でカヌーを進めながら、熟した種子をカヌーの中に叩き落とした。「すぐに、かなりたくさん集まりましたよ」とその学生は報告した。「ただ効率が悪いんですよ。少なくとも半分は水に落ちてしまうのに、気にしないんですよね。無駄にしているんです」。彼を収穫に連れて行ってくれたのは、昔からワイルドドライスを収穫している家族だったが、感謝の印に彼は、カヌーの船べりに装着してワイルドドライスをこぼさずに受け止める装置をデザインしようと申し出た。そしてそれを図に書き、こうすれば今より八五パーセント多くワイルドドライスを集められる、と説明した。その家族は礼儀正しく説明に耳を傾けた後でこう言った。「そうだね、そうすればもっとたくさん採れるね。でもワイルドドライスは来年用の種を蒔かなきゃならん。わしらが収穫せずに残しておく分は、無駄にしてるんじゃないんだよ。ワイルドドライスが好きなのは人間だけじゃない。わしらが全部採ってしまったら、鴨はここに来ると思うかね?」。ネイティブアメリカンの教えでは、半分以上獲ってはいけないのだ。

夕食用に十分なリーキを集めた私は家に向かう。花々の間を歩いていると、ヒロハセネガの一群がつややかな葉を広げていて、知り合いのハーバリストが話してくれたことを思い出す。その人は私に、植物を採集するときの鉄則を教えてくれた――「最初に見つけた株は決して採ってはだめ。それが最後の一つかもしれないのだから。それにその株には、他の株に、あなたのことを良く言ってもらわないとね」。たとえばフキタンポポが小川の岸に咲き乱れていて、最初に見つけた株のすぐそばにいくつも株が並んでいるのならば、その言いつけを守るのは簡単だ。けれども、その植物がめったになく、欲しくてたまらないものである場合はそうはいかない。

「ある日、夢にヒロハセネガが出てきて、次の日に出かけることになっていた旅行に持っていかなきゃいけない、と思ったの。理由はわからないけど、そうする必要があったのよ。でもヒロハセネガを摘むにはまだちょっと早くて、もう一週間かそこらしないと葉が顔を出さない頃だったの。どこかで早目に芽を出しているのがあるかもしれないと思って――日当たりのいいところとか――、普段ヒロハセネガを摘む場所に見に行ったの」と彼女は思い出しながら話してくれた。アカネグサはもう生えていたし、スプリングビューティーも咲いていた。彼女はそれらに挨拶しながら歩いたが、お目当てのヒロハセネガは一つもなかった。彼女は歩く速度を落とし、意識を広げて、自分の全存在で周り中を見回すようにした。すると、南東の方角にあるメープルの木の根元にひっそりと隠れるようにして生えている、ヒロハセネガの濃い緑色の葉が見えた。彼女はにっこりして膝をつき、そっと話しかけた。間もなく始まる旅のこと、ポケットの中にある空の袋のことを考え、それから彼女はゆっくりと立ち上がった。最初に見つけた株を摘むのは控え、歳をとって痛む膝で彼女はその場を後にしたのである。

彼女は森の中を彷徨い歩きながら、地面から頭を出したばかりのエンレイソウやリーキをほれぼれと眺めた。でもヒロハセネガはどこにもない。「なきゃないでどうにかするしかないと思ったの。家までの道を半分くらい来たとき、シャベルをなくしたことに気がついてね、薬草掘りにいつも使っているシャベルなの。だからしかたなく探しに戻ったのよ。シャベルは見つかったわ——取っ手が赤いから目立つのよ。そうしてなんと、そのシャベルはね、私のポケットからまっすぐ、ヒロハセネガの真ん中に落ちていたの。だから私はヒロハセネガに話しかけたの、助けてもらいたい人に話しかけるのと同じようにね。そしてヒロハセネガに少しばかり分けていただいたの。旅行先に着いたらね、案の定、ヒロハセネガの薬効を必要としている人がいてね。おかげで私はその人に、ヒロハセネガの贈り物を分けてあげられたわけ。ヒロハセネガは、尊敬を持って植物を摘めば、植物は私たちを助けてくれるんだってことを思い出させてくれたのよ」

良識ある収穫のガイドラインは明文化されているわけではないし、まとまったものとして一貫して語られるものでもない。それはただ、日常の些細な行動を通して絶えず強化されていくものだ。でも、敢えてガイドラインを挙げるなら、こんなふうになるかもしれない。

あなたを大事にしてくれるもののことをよく知りなさい、あなたもそれを大事にできるように。

自己紹介をしなさい。その生き物の生命を奪おうとしている者としての責任を負いなさい。

生命を奪う前に許可を求め、その答えには従いなさい。

最初の一つと最後の一つの生命は決して奪わないこと。

自分に必要なもの以外は奪わないこと。

進んで与えられたもの以外は奪わないこと。

半分以上を自分のものにしてはいけない。他の者にも残しておきなさい。

与えるダメージを最小限にする方法で収穫すること。

敬意を持って使うこと。手に入れたものは決して無駄にしてはいけない。

分け合いなさい。

与えられたものに感謝しなさい。

あなたが奪ったもののお返しに贈り物をしなさい。

あなたを生かしてくれるものの生命を守りなさい、そうすれば地球は永続するだろう。

地球が与えてくれるものとそうでないもの

狩猟採集について政府が定めた規則は生物物理的な領域のみを対象としているが、「良識ある収穫」の規則は、物理的世界と精神的世界のどちらに対しても責任を負うことを前提としている。生命を奪う相手を「人」――人間ではないが、意識も知性も精神も持っており、家で彼らの帰りを待つ家族がいる「誰か」と認識すれば、自分の生命を維持するために別の生命を奪うのははるかに重大な意味を持つ。「誰か」を殺すのは、「何か」を殺すのとはわけが違うのだ。人間ではないがそういう「誰か」である存在を自分の縁者であると考えれば、捕獲数の上限や合法的に狩猟採集できる季節といったこと以上の、守らなければならない規則がある。

政府の規制というのは概して、「体長が三〇センチを超えないニジマスを放流しないのは違法である」というように、違法行為を挙げて並べたものである。違反すればどんな罰則があるかは明確に定められていて、親切な環境保護官のところに出向いて罰金を支払うことになる。

国の規制と違って、「良識ある収穫」は法律として施行されているわけではない。だが、それが人々の間で、中でも消費する者と与える者との間で交わされた契約であることに変わりはない。そしてその主導権は与える者の側にある。鹿やチョウザメ、ベリー類やリーキは、「これこれこういう決まりを守るならば、あなたたちが生きていけるように私たちの生命をこれからもあげましょう」と言っているのだ。

想像力は、私たちが持っている最もパワフルなツールの一つである。私たちに想像できることならば、それは実現が可能だ。私は、「良識ある収穫」が、かつてそうであったように、今でもこの国の行動規範であったならばどんな世の中になっていただろうかと想像するのが好きだ。空いている土地にショッピングセンターを造ろうと狙っている土地の開発業者が、アキノキリンソウやマキバドリやモナークに、彼らからすみかを取り上げる許可を求めなくてはならないとしたら？ そして彼らの返答に従わなければならないとしたら？ だって従うべきではないか？

村役場の書記をしている私の友人が入猟許可証や狩猟許可証として発行する、ラミネート加工されたカードに、「良識ある収穫」のルールが刻まれているところを想像するのも好きだ。そうすれば誰もが同じ法律に従うことになる——だってそれこそが、本当の政府の命ずるところ、すなわちすべての生き物による民主制、つまり母なる自然の法則なのだから。

私たちの祖先は、この世界を完全で健康な状態に保つためにどんな生き方をしていたのか、と部族のエルダーたちに尋ねると、自分に必要なもの以外はもらわないことだ、という答えが返ってくる。だが、ナナブジョの子孫である私たち人間は、ナナブジョと同じく自己抑制に苦労する。自分に必要な分だけもらう、という金言には大きな解釈の余地がある。私たちは、必要なものと欲しいものをごちゃまぜにしてしまっているからだ。

このグレーゾーンから、必要なものをもらうよりもさらに根源的なルールが生まれるのだが、その昔からの教えは今や、産業と技術の騒音の中でほとんど忘れ去られてしまっている。感謝の文化に深く根ざしたその古い教えとは、単に「自分に必要な分をもらう」のではなく、「進んで与えてくれるものだけを受け取る」ということだ。

人間同士の関係においては私たちはこれを実践しているし、子どもたちもそう教えられる。たとえば、大好きなおばあちゃんのところに遊びに行き、おばあちゃんが手作りのクッキーをお気に入りの陶器のお皿に乗せて出してくれたらどうすればいいかは明らかだ。ちゃんと「ありがとう」と言ってクッキーをもらい、シナモンとお砂糖で強まったおばあちゃんとの関係を大切に思うだろう。あなたは、与えられたものを感謝して受け取ったわけだ。だが、食べていいと言われてもいないのに食料の棚を勝手に開けてクッキーを全部いただき、ついでにお皿まで失敬しようとは夢にも思わないはずだ。そんなことをすれば、礼儀に欠けるのはもちろん、愛情で結ばれたおばあちゃんとの関係を裏切ることになる。それだけでなく、おばあちゃんは悲しみに打ちひしがれて、当分あなたにクッキーを焼いてくれないだろう。

ところが、文化全体として見ると、私たちはこうした礼節を施す対象を自然界にまで拡大することができないようなのである。今では「良識のない」収穫が当たり前になってしまった。そして私たちは、自分に与えられたわけでもないものを略奪し、修復しようのないほどにそれを破壊してしまう。オノンダガ湖、アルバータ州のオイルサンド、マレーシアの熱帯雨林など、例を挙げればきりがない。それらはみな、地球という私たちのグランマザーからの贈り物だったのに、私たちはもらってもいいかと訊きもせず奪ってしまうのだ。ではどうすれば私たちは再び、良識ある収穫ができるようになるのだろう?

ベリー類を摘むとき、あるいは木の実を集めるときには、差し出されたものだけを受け取る、というのはとてもわかりやすい。彼らは自らを私たちに差し出し、それを受け取ることでお返しするのが私たちの責任だ。そもそもそうした植物は、人間がそれを収穫し、拡散させることを目的として果実をつけるのだ。彼らの贈り物を私たちが利用することによって、植物と人間のどちらもが栄え、生命が拡がっていく。だが、互いに利益になることが明らかでないのに何かを奪取し、それによって誰かが損をするとしたら?

地球が私たちに与えてくれているものとそうでないものを見分けるにはどうしたらよいのだろう? 授受と奪取の境目はどこにあるのだろう? エルダーたちなら、それを見分ける方法は一つではなく、私たち一人ひとりが自分のやり方を見つけなければならない、と答えるだろう。私自身、この問いとともに歩いてきたけれど、袋小路にはまってしまうこともあれば進む道が明らかなこともあった。この問いが意味することを完全に理解しようとするのは、下草が鬱蒼と生い茂る森を進むようなものだ。私には、時折鹿の通り道がかすかに見えることがあるだけだ。

一発の弾

狩りの季節がやってきた。ある霞みがかった十月の日、私たちはオノンダガ・ネーション・クックハウスに集まっていた。私たちが男たちの狩りの話を聞いている間、くすんだ黄金色の木の葉がハラハラと舞い落ちた。頭に赤いバンダナを巻いたジェイクが、息子の「絶対に失敗しない」七面鳥の鳴き声の真似の話をしてみんなを笑わせた。柵に足を乗せ、椅子の背に黒い三つ編みを垂らしたケントは、新雪の上に残された血痕を辿って熊を追ったが逃してしまった話をした。男たちのほとんどは、まだこれから狩猟の腕前について評判を築いていく若者だが、一人だけエルダーがいる。「Seventh Generation」というロゴの入った野球帽を被り、白髪交じりの細い三つ編みを後ろに垂らしたオレンが話す番が来る。私たちは彼に導かれて、鬱蒼とした茂みを越え、峡谷を下って彼のお気に入りの狩りのスポットへと向かう。記憶を辿りながら彼はにっこりし、「その日、一〇頭は鹿を見たと思うが、わしが撃ったのは一発だ」。そして椅子を後ろに傾かせ、そのときのことを思い出しながら山に目をやる。若者たちはポーチの床をじっと見つめながら話を聞いている。「一頭目は、乾いた落ち葉の上をバリバリ音を立てながらこっちに近づいてきたが、斜面を降りていくそいつは茂みの陰になって見えんかった。わしがそこに座ってるのに見向きもせんかった。それから若い牡鹿がわしの方に向かって斜面を登ってきて、大きな岩陰に入った。そいつの後を付けて、小川の向こう側まで追っていくこともできたが、そいつじゃないってことがわしにはわかった」。一頭ずつ、オレンは、その日出会ったがライフル銃を構えることさえしなかった鹿たちの話をした。川の岸辺にいた雌鹿、アメリカシナノキの向こうに隠れて尻だけ見えていたスリー・ポインター［訳注：鹿の角は一年に一回枝分かれする。尖った先端が三本あるものを「スリー・ポインター」という］。「わしは弾は一発しか持っていかん」とオレンが言う。

オレンの正面のベンチに座っているTシャツを着た若者が身を乗り出す。「そのとき、なぜだかはわからんが、一頭が、周りが開けたところに歩いてってわしと目を合わせたんだ。そいつにはわしがそこにいることがよぉくわかってる。そいつは、わしが撃ちやすいように横っ腹をわしの方に向ける。わしが撃つべき一頭がそいつだってことは、わしにもそいつにもわかってる。なんと言うか、同意し合うんだな。だからわしは一発しか弾を持って行かんのだ。その一頭を待つんだよ。そいつはわしに自分の生命を差し出した。わしはそうやって教えられたんだ、差し出されたものだけを受け取り、敬意をもって扱え、とな」。そしてオレンは聞いている者たちにもう一度繰り返す――「だからわしらは、動物たちのリーダーである鹿に感謝するんだ、寛大にも、わしらに食べ物をくれるんだからな。わしらの生命を支えてくれる他の生命に感謝し、その感謝の気持ちを示すような生き方をすることが、この世界を動かし続ける力なんだよ」。

「良識ある収穫」をするために、私たちが光合成を行う必要はない。生命を奪うな、と言っているのでもなく、それはただ、奪うべき生命についてのヒントと手本を見せてくれるのである。「してはいけないこと」のリストというよりもむしろ、「するべきこと」のリストなのだ。良識を持って収穫したものを、一口ひとくち祝福しながら食べなさい。与える危害を最小限にする方法を使いなさい。与えられたものは受け取りなさい。こうした考え方のガイドラインは、食べ物だけでなく、マザー・アースが与えてくれるあらゆる贈り物にあてはまる――空気や水、それに、岩や土や化石燃料など、文字通り地球の体そのものも含めて。

地中深く埋まっている石炭を掘り出すためには、回復不能な傷を地球に負わせなくてはならず、それは「良識ある収穫」のあらゆる教えに背く行為だ。どうこじつけようが、石炭が私たちに「差し出されて」いるとは言えない。私たちは石炭を母なる地球からえぐり出すために、土地や水を傷つけないわけにはいかないのだ。アパラチア山脈の古い石炭層を露天掘りしようと計画している石炭会社に法的に採取が許されているのが、進んで差し出されたものだけだとしたらどうなるだろう？　ラミネート加工された許可証を手渡し、規制が変更になったと告げることができたらどんなに素晴らしいだろう。

必要なエネルギーを消費してはいけないと言っているのではなく、私たちは与えられたものを正しく使うべきだと言っているのだ。毎日風は吹くし太陽は照る。

波はいつでも岸に打ち寄せ、地殻は熱を持っている。これらの再生可能エネルギーは、私たちに差し出されたものと考えることができる——なぜならそれは、地球が生まれた時からずっと、地球上の生命を生かしてきた原動力なのだから。それを利用するのに地球を破壊する必要もない。太陽、風、地熱、潮汐《ちょうせき》などの、いわゆる「クリーンエネルギー」による発電を賢く利用するならば、「良識ある収穫」のための行動規範と一致するように私には思えるのだ。

規範はまた、エネルギーを含め、収穫したものはそれにふさわしい目的に使うことを求める。オレンが仕留めた鹿はモカシンになり、三家族の腹を満たした。私たちはエネルギーを何に使おうか?

トルコの祖母の教え

私はかつて、授業料が年額四万ドルを超える小さな私立大学で、「感謝という文化」というタイトルで講演をしたことがある。与えられた五十五分間を使って私は、ホーデノショーニーの「感謝のことば」、太平洋岸北西部の先住民に伝わるポトラッチの伝統〔訳注：裕福な家族や部族の指導者が家に客を迎えて祝宴でもてなす習慣。富を再分配するのが目的とされる〕、そしてポリネシア諸島の贈与経済について話した。それから、トウモロコシが大豊作で貯蔵所が一杯になってしまった年についての伝承の話をした。

その年、トウモロコシの畑が村人たちにあまりにも寛大であったため、人々はほとんど働く必要がなかった。だから彼らは働かず、鍬は木に立てかけられたままだった。人々はすっかり怠け者になり、トウモロコシの儀式の時期が来ても感謝の歌ひとつ捧げなかった。彼らは、三人姉妹が神聖な食べ物としてトウモロコシを人々に与えたときに意図したのと違うトウモロコシの使い方をし始めた——薪を割るのが面倒な時に燃料として燃やしたのだ。安全な穀物倉に保存せず、ぞんざいに積み上げたトウモロコシの山から、犬がトウモロコシを持ち去った。子どもたちが遊びでトウモロコシを蹴って歩くのを止めようとする者もいなかった。

こうした無礼な扱いを悲しく思ったトウモロコシの精霊は、その村を去り、人々に感謝されるところに行ってしまった。村人たちは初め、そのことに気づきもしなかった。だが翌年、トウモロコシ畑は雑草だらけで何も実らなかった。貯蔵所はほとんど空になり、誰も世話をしなかった穀物には黴が生え、ネズミに囓られた後だった。食べる物は何もなかった。人々は絶望し、ただ呆然として、次第に痩せ細っていった。彼らが贈り物への感謝を忘れたとき、贈り物も彼らを忘れたのだ。

一人の男の子が村を出て、お腹を空かせたまま何日もさまよい歩いたすえにやっと、トウモロコシの精霊が森の中の日の当たる空き地にいるのを見つけた。彼は精霊に、村に戻ってくださいと懇願した。精霊はにっこり微笑んで、男の子に、村の人々が忘れてしまった感謝と尊敬について教えなさい、そうしなければ村には戻らない、と言った。男の子は精霊に言われたとおりにし、精霊は、村人たちにトウモロコシのない厳しい一冬を過ごさせて感謝を忘れた代償を思い知らせた後、春になると村に戻ってきたのだった。*

＊北米南西部から北東部まで伝わる伝承。そのバージョンの一つを、カデュートとブルーカックの共著『Keepers of Life』の中でジョゼフ・ブルーカックが語っている。

聴いていた学生の何人かがあくびをした。彼らにはそんなことは想像ができないのだ。スーパーマーケットに行けば商品棚にはいつでも商品がずらりと並んでいる。講演の後のパーティーで、学生たちは発泡スチロールの皿におなじみの食べ物を山盛りにし、私たちはプラスチックのコップに入れた飲み物をこぼさないようバランスをとりながら、質問したり意見を交換したりした。学生たちはクラッカーのチーズ乗せをむしゃむしゃとほおばり、大量の野菜スティックに、巨大な容器に入ったディップをつけて食べた。小さな村の村人全員をお腹いっぱいにできるほどの食べ物があった。食べ残しは、丁度都合よくテーブルの隣に置かれたゴミ箱行きだった。

黒い髪をスカーフでまとめた一人の美しい少女が、私たちの話には加わらず、自分の番が来るのを待っていた。ほとんどの人がいなくなると、少女は私に近づき、申し訳なさそうに微笑みながら、無駄になったパーティーの残りの食べ物の方を身振りで指した。

「先生のおっしゃったこと、誰も理解していないと思わないでくださいね」と少女は言った。「私にはわかります。先生のお話、故郷のトルコの村にいる私の祖母にそっくり。アメリカにお姉さんがいるのねって祖母に伝えます。祖母も『良識ある収穫』の決まりを守っています。祖母の家では、私たちが口にするものすべて、私たちを生かしてくれるものすべては、別の生命からの贈り物だと教えられたの。夜、祖母と寝るときは、祖母の家の垂木やかけている毛布に感謝させられました。それはみんな贈り物なんだと、だからどんなものでもきちんと扱って、その生命に感謝を示すんだって、口を酸っぱくして言われたわ。それに、お米にキスすることも教わりました。お米が一粒地面に落ちたら、拾ってキスしなくてはいけないの——大切じゃないから無駄にしようとしたわけじゃない、ということを示すために」。少女は、彼女が初めてアメリカに来たときの一番大きなカルチャーショックは英語でも食べ物でもテクノロジーでもなく、無駄の多さだったと言った。

「これ、今まで誰にも言ったことがないんですけど、カフェテリアに行くと気分が悪くなるんです——みんなの食べ物の扱い方を見ているとね。ここで一日分のランチの後に出る食べ残しで、私の村の人たちを何日も食べさせられるわ。こんなこと、誰にも言えなかったんです……。お米の粒にキスをするなんて、理解してくれる人いないから」。話してくれてありがとう、と私が礼を言うと、少女は「贈り物だと思ってください、そして他の人にも分けてあげて」と言った。

地球が与えてくれるものに対する返礼は感謝の気持ちだけで十分なこともある、と人は言う。感謝の気持ちを表現するのは私たち人間に独特の能力だ。それはつまり、私たちに、この世界が今とは違う、これほど寛大ではない場所でもあり得るのだという認識があり、集団としての記憶があるということだからだ。でも私たちは今、感謝する以上のことをしなければいけないと私は思う。もう一度、与え、与えられるという文化を取り戻さなければいけないと思うのだ。

先住民族が持つ持続可能性モデルに関するある会議で、アルゴンキン族の環境保護活動家であるキャロル・クロウに会った。キャロルは、部族議会に会議出席の費用を出してくれと要請したときの話をしてくれた。議会のメンバーに、「その、持続可能性というのは何のことかね？　いったい何の話だい？」と尋ねられ、彼女は「将来の世代の欲求を満たしつつ、現在の世代の欲求も満足させるような形で天然資源および社会的機関を管理すること」を含む、「持続可能な開発」の一般的な定義の概要を説明した。彼らはしばらく黙って考えていたが、とうとうエルダーの一人がこう言った。「その『持続可能な開発』とやらはどうも、今までどおり、もらうだけもらい続けたい、と言っているように聞こえるがな。もらう、ということばかりだ。行ってこう言ってやりなさい、我々のやり方は、最初に『マザー・アースから何をもらえるか？』と考えるのではなく、『マザー・アースに何を差し出せるか？』と考える。そうでなくちゃならんのだと」

「良識ある収穫」は、もらったものに対してお返しをすることを私たちに求める。相手の生命を奪うことによって生じる倫理的葛藤は、私たちの生命を維持してくれるものを維持するために、何か価値あるものを返すことで解決する。人間として私たちが果たさなければならない責任の一つは、人間を超えた世界とレシプロシティーの関係を築くということだ。感謝すること、儀式、土地の管理、科学、芸術、そして常日頃から畏敬の念を持って行動することなどを通して私たちはそうすることができる。

テンを捕って、テンを護《まも》る

白状するが、私は彼に会いもしないうちから彼に対して心を閉ざしていた。毛皮を採るために動物を捕獲する人間の言うことなど聞きたくもなかった。ベリー類、木の実、ワイルドリーキ、そして、議論の余地はあるかもしれないがハンターの目をまっすぐに見つめる鹿などはどれも、「良識ある収穫」の範疇だが、雪のように白いオコジョや足音も立てずに歩くオオヤマネコを、裕福な女性が着飾るために罠にかけるだなんて、とても正当化できない。もちろん、失礼にならないように話は聞くが。

ライオネルは北の森育ちで、狩猟、漁獲、ガイドなどをしながら、人里離れた丸太小屋に住み、「森の走者」［訳注：coureurs des bois。ヌーヴェル・フランスの植民地開拓の過程で活躍した、辺境生活者の特殊なタイプの名称］さながら、森で生計を立てて暮らしていた。彼は、罠猟の上手さで知られていたネイティブアメリカンの祖父からその技術を学んだ。ミンクを捕まえるためにはミンクのように考えることができなければいけない。彼の祖父が罠を仕掛けるのが上手かったのは、動物の知恵に対する深い敬意を持っていたからだった。どこを移動し、どうやって獲物を捕り、天候が悪いときはどこに隠れるか。彼はイタチの目を通して世界を見ることができ、そうやって家族を養ったのだ。

「山の中で暮らすのが大好きだった。それに動物も」とライオネルは言う。食べる物は釣りと狩りでまかなった。木を燃やして暖を取り、自分たちが必要とする暖かな帽子と手袋を作った残りの毛皮は毎年売って、その金で灯油やコーヒー、豆、学校に着ていく服などを買った。彼も当然同じ商売を継ぐものと思われていたが、若かった彼はそれを拒絶した。彼が罠猟に関わりたくなかったのは、その頃、レッグホールドトラップ［訳注：トラバサミ。狩猟に使う罠の一つで、ばねが仕掛けられた板に獲物の足が乗ると、鋭い歯のついた金属板が合わさって脚を強く挟み込む」が当たり前に使われるようになったからだった。残酷な技術なのだ。彼は、罠から自由になるために動物が自分の足を嚙み切るのを見たことがあった。「俺たちが生きるためには動物が死なないわけにはいかないが、苦しんで死ぬ必要はない」と彼は言う。

山暮らしを続けるために、彼は木こりになった。冬、雪が毛布のように地面を覆っている間に木を伐り、凍った道路を橇で丸太を運ぶ昔ながらのやり方は知っていた。だがこうした旧式な、環境に優しいやり方は、森を引き裂き、動物が生きるのに必要な土地をめちゃくちゃにする巨大な機械に取って代わられていた。鬱蒼とした森はみすぼらしい切り株の集まりに、澄んだ小川は泥水が流れる溝になってしまった。彼はブルドーザーやフェラーバンチャ［訳注：立木を伐倒し、伐った木をそのまま摑んで集材に便利な場所へ集積する自走式機械］の運転の仕事を試みたが、彼にはできなかった。

それからライオネルは、オンタリオ州サドベリーの鉱山で働いた。地下の鉱山から、溶鉱炉にくべるニッケルを掘り出すために森を去ったのだ。積み上げられた鉱物の山からは二酸化硫黄や重金属が流れ出し、有害な酸性雨となって辺り一帯のあらゆる生き物を殺し、そこには巨大な火傷の跡ができた。草木は生えず土壌が洗い流された丸裸の地面はまるで月面を思わせ、NASAが月面車の走行テストに使ったほどだった。サドベリーの金属精錬会社は地球をレッグホールドトラップに嵌め、森はゆっくりと苦痛にのたうちながら死んでいこうとしていた。やがてサドベリーは、大気浄化法を求める運動のシンボルとなったが、時すでに遅し、手遅れだった。

家族を養うために鉱山で働くのは恥ずかしいことではない。重労働と引き換えに食べ物と住まいを手に入れるのだから。だが、自分の労働にはそれ以上の意味があると思いたい——毎晩、自分の労働の結果である月面のように荒涼とした景観の中を車を走らせて帰宅するライオネルは、自分の手が血に染まっているかのように感じた。だから仕事を辞めた。

ライオネルは今、冬の昼間は雪靴を履いて罠猟をし、夜は毛皮をなめす。脳みそを使ってなめすブレイン・タンニングは、工場で使われる刺激の強い化学薬品と違って、この上なくしなやかで強靭な革を作る。膝の上にヘラジカの皮を載せ、驚嘆のこもった声で彼は言う。「ヘラジカの脳みそは、自分の皮をなめすのにちょうど足りるくらいなんだよ」。彼自身の脳みそと心臓は彼を、故郷の森へと導いた。

ライオネルはメティ・ネーションの一員だ。彼は自分を「青い目のインディアン」と呼ぶ。彼の歌うようなアクセントが示す通り、ケベック州北部の深い森の中で育った。彼との会話には「ウィ、ウィ、マダム」という言葉がしばしば織り交ぜられるのが楽しく、私は彼が今にも私の手に接吻するのではないかと想像してしまう。彼自身の手は、その生活を物語っている――罠を仕掛けたり伐木搬出用のチェーンを扱ったりできるほど大きくて強いのに、動物の皮を撫でただけでその厚さがわかるほど繊細だ。私が彼に会った頃には、レッグホールドトラップはカナダでは使用が禁止されていて、認可されているのは、ボディーホールドトラップと呼ばれる、獲物を瞬殺するものだけだった。彼はその一例を見せてくれた。その罠の口を開けてセットするには二本の剛腕を必要とし、罠が強烈な勢いで閉まれば一瞬で動物の首が折れてしまう。

近頃は、罠猟をする猟師ほど長い時間を山林で費やす者はいないし、彼らは獲物を詳細に記録している。ライオネルのベストのポケットには、みっちりと書き込まれたノートが入っている。彼はそれを取り出してヒラヒラさせながら、「最新型スマートフォンを見せようか？　データはこの天然コンピューターにダウンロードするんだよ。ほら、プロパンガスが動力なんだ」と言う。

彼の罠にかかるのは、ビーバー、オオヤマネコ、コヨーテ、テン、ミンク、それにオコジョなどだ。彼は生皮を撫でながら、冬に生える密度の高い下毛と毛足の長い上毛のことや、その動物が健康かどうかは毛皮を見ればわかることなどを説明する。絹のようになめらかな、豪華な毛皮を持つことで有名なテン（アメリカン・セーブル）の毛皮を手に取ると、彼は一瞬押し黙る。見事な色合いの、羽のように軽い毛皮だ。

テンは、ライオネルのここでの生活の一部である。テンは彼の隣人であり、準絶滅危惧状態から回復したことをありがたく思っている。野生動物の個体数と健全性を監視する最前線にいるのが、彼のような罠猟師だ。彼らには、自分の生活がかかった動物を守る責任があり、罠を見回るたびに得られるデータが、彼らが次にとる行動を決める。「オスしかかからなければ、罠は仕掛けたままにしておくんだ」とライオネルは言う。つがいになれずに余っているオスは、あちこち動いているから罠にかかりやすいし、若いオスが多すぎると他のテンの食べ物がそれだけ少なくなる。「でもメスが罠にかかったら、すぐに罠はやめる。余ってるオスを獲り尽くしたってことだから、それ以上は捕まえない。そうすれば、増えすぎず、誰も腹を空かせずに、個体数は増え続ける」

冬も後半になり、まだ雪は多いけれど徐々に日が長くなり始めた頃、ライオネルはガレージの梁の上から梯子を下ろす。そして足にかんじきをくくりつけ、肩には梯子を担ぎ、ハンマーと釘と木材の端切れを背負い籠に入れて山に入り、最適な場所を探す。一番良いのは空洞がある大きな古い木だが、その空洞の大きさと形が、特定の動物種だけに合っていなくてはならない。彼は、雪にしっかりと固定して高い枝に立てかけた梯子を登り、そこに木材で平らな餌場を作る。暗くなる前に家に戻り、翌朝同じことを繰り返す。森の中を梯子を担いで歩くのは大変だ。餌場作りが終わると、冷凍庫から白いプラスチックのバケツを取り出し、薪ストーブの横に置いて解凍する。

夏の間ずっと、ライオネルは生まれ故郷の人里離れた湖や川で釣りのガイドとして働く。今では自分のためだけに働いているんだ、と彼は冗談めかして言い、自分の会社を「シーモア&ドゥーレス」〔訳注：もっとたくさんのものを見て、行動は欲張るな、という意味のSee More and Do Lessをよくある会社名のようにもじっている〕と名付けた。なかなか良いビジネスプランだ。趣味で釣りをする彼の顧客たちが釣った魚のはらわたを抜き出すと、彼はそれを大きな白いバケツに集めて冷凍庫で保存しておくのだ。顧客が「冬は魚のはらわたシチューを食べるんだな」と小声で言っているのを漏れ聞いたことがある。

翌日、彼は再びバケツを積んだ橇を引いて森に出かけ、仕掛けた罠に沿って何キロも歩く。餌場を取り付けた木の一本一本に梯子をかけては登るが、片手がふさがっているのでイタチのように優雅には登れない（魚のはらわたがこぼれて体にかかったら大変だ）。はらわたをたっぷりすくって餌場に置くと、彼は次の木に移動する。

捕食動物の多くはそうだが、テンも繁殖が遅いため、個体数が減少しやすい。資源として利用されている場合はなおさらだ。妊娠期間は約九か月で、三歳にならないと子どもを生まない。生まれるのは一頭から四頭で、そのうち何頭が育つかは食べ物の量次第だ。「母親が子どもを生む直前にはらわたを配るんだ」とライオネルが言う。「他の動物に届かないところに置いてやりゃ、母親はちょっと良いメシが食える。そうすりゃ乳も出やすくなって生き残れる赤ん坊が増えるからね。遅い時期に雪が降ったりすりゃあなおさらだ」。優しさに溢れた彼の言い方はまるで、雪で家から出られない隣人に温かい料理を届ける人みたいだ。私が持っていた罠猟師のイメージとは違う。「いやさ」――ちょっと顔を赤らめながら彼は言う。「こいつらは俺の、俺はこいつらの面倒を見るってことさ」

昔から伝わる教えには、それが良識ある収穫であるかどうかは、奪うものの代わりに自分が何を差し出すかによって決まる、とある。ライオネルがこうやってテンの面倒を見た結果、彼の罠にかかるテンが増えるという事実からは逃れようがない。そしてそれらのテンが殺されることもまた事実だ。テンの母親に餌をやるのは奉仕活動ではない。そこにあるのは、この世界の仕組み、私たちみながつながっていること、生き物から生き物へと流れ込む生命に対する、深い畏敬の念なのだ。彼が差し出すものが多ければ多いほど彼に与えられるものも増える。そして彼は、自分が奪う以上のものを差し出すために人一倍の努力をするのである。

ライオネルが動物たちに抱く愛情と尊敬、動物たちが何を必要としているかについての深い知識が生むその思いやりに、私は感動する。彼は、獲物を愛するという葛藤を心に抱え、それを解決するために、良識ある収穫を信条とするのである。だが、彼が捕獲したテンの毛皮が、大富豪が着る豪華なコートになるであろうこともまた逃れられない事実だ。もしかするとそれはサドベリー鉱山の持ち主かもしれないのだ。

テンはライオネルの手にかかって死ぬだろう。でもそれまでは、ライオネルにも助けられて彼らは元気に暮らすのだ。知りもしないで私が非難した彼のライフスタイルは、森を護り、湖や川を護る。彼や毛皮を持つ動物たちだけのためではなく、森に棲むすべての生き物のために。良識ある収穫とは、奪う者だけでなく、与える者をもまた支えている。そして今、ライオネルは優れた教師として、各地の学校に招かれ、野生動物や動物保護に関する伝統的な知識を伝えている。与えられたものへのお返しに。

サドベリー鉱山の役員室にテンの毛皮を着て座っている人には、ライオネルの住む世界――自分が必要とする以上の物は受け取らず、受け取った物にはお返しを差し出し、自分を育んでくれるこの世界を自分もまた育もうとし、野生の森の樹上にある巣穴で子どもを育てる母テンに餌を運ぶ、そういう生き方など、思い付きもしないし、想像することさえできはしないだろう。けれど、今以上に不毛の地を求めるのでなければ、彼はそれを学ぶ必要がある。

市場経済と「良識ある収穫」

狩猟採集にまつわるこうしたルールはどれも、なかなか魅力的ではあるが、バッファローが消えるとともにとっくの昔に通用しなくなってしまっている、と思うかもしれない。だが、思い起こしてもらいたい――バッファローは絶滅などしておらず、実際、バッファローを忘れずにいる人たちの努力によって復活しつつある。

私たちには、失われたものを取り戻すための行動が必要だ――水の汚染や環境破壊に対してだけでなく、世界と私たちの関係を取り戻す行動が。自然界に生きる人間以外の生き物たちから、恥じ入って目を逸らすことなく、堂々と、彼らから尊敬とともに迎えられることができるように。

野生のリーキ、タンポポの若葉、リュウキンカ、それにヒッコリーの実などが手に入るのは幸運なことだと思う――リスたちに先んじることができればの話だが。でもそれらは飾りにすぎず、私の食材は主に私の菜園とスーパーマーケットで手に入れるものだし、それは誰でも同じだ。田舎よりも都会に住む人の方が多い今はなおさらである。

都会というのは動物細胞の中のミトコンドリアのようなもので、独立栄養生物、つまりはるか遠くの緑豊かな土地で行われる光合成の産物を餌にする消費者である。都会の住民には、土地に直接お返しをする手段がほとんどない、と嘆くことはできる。でも都会人は、自分たちが消費するものの出処からは離れているかもしれないが、お金をどう使うかによってお返しをすることができる。リーキを掘り起こしたり石炭を採掘したりするのはあまりにも遠い世界の話かもしれないが、消費者である私たちのポケットには、レシプロシティーを築くための強力な手段が入っている。お金という手段を使って、間接的にレシプロシティーを築くことができるのだ。

「良識ある収穫」の原則を、自分の消費行動の質を評価するための鏡と考えることができるかもしれない。鏡の中には何が映っているだろうか？　あなたは、あなたが消費した生命にふさわしい購入のしかたをしただろうか？　お金はいわば代理人だ。土中に手を突っ込んで収穫する人に代わって、「良識ある収穫」を支援することもできるし、その逆も可能なのである。

これは難しい議論ではないし、「良識ある収穫」の原則は、過剰消費が私たちの幸せをあらゆる意味で脅かしているこの時代にあって、大いに共感できるものだと私は思う。だが、そうすることの責任という重荷を、石炭会社や土地開発業者に押し付けてしまうこともあまりにも安易である。彼らの製品を購入し、良識のない収穫に加担している私はどうなのだろう？

私は田舎住まいで、大きな菜園を作り、近隣の農家から卵を手に入れ、隣の谷からリンゴを買い、再野生化したほんの数千坪の私の土地でベリー類を摘む。持ち物の多くは中古品で、これを書いているデスクも、元々は上等のダイニングテーブルを誰かが道端に捨てたものだ。暖房は薪だし、生ゴミは堆肥にし、リサイクルもするし、他にも色々と「責任ある行動」をとってはいるけれど、私の家の中を正直に点検すれば、ほとんどの物は「良識ある収穫」の基準に合格しないと思う。

この市場経済に生きながらも「良識ある収穫」のルールを守ることが可能かどうか、実験したいと思った私は、ショッピングリストを持って街に繰り出す。

実のところ、この町のスーパーマーケットでは、自然と人間の双方が益を得られる、というお題目に気を配りながら品物を選ぶのは難しいことではない。地元の農家と提携して、有機栽培野菜を、普通の人が買える値段で提供しているからだ。環境に優しい再生利用製品にも力を入れているので、私は購入したトイレットペーパーを堂々と「良識ある収穫」の鏡に映して見ることができる。気をつけながら商品の棚を見れば、その食品がどこから来たものかはほとんどの場合明示されている。ただし、チートスとディンドン［訳注：ともにアメリカのお菓子の名称］が生態的にどこからやってくるのかは未だに謎のままではあるが。疑問の余地はあるがどうしても消えないチョコレート願望も含み、大部分の製品については、環境に良い選択をするための手段としてお金を使うことができる。

　私は、有機栽培飼料を与えて放し飼いしたフェアトレードのジャージービル・ミルク以外は拒絶する食品宣教師には我慢がならない。私たちは人それぞれに、自分にできることをしているのだ。「良識ある収穫」とは、物質的なことばかりでなく、関係性のことでもある。私の友人の一人は、「環境に優しい」製品は週に一つしか買わない、と言う。それが彼女にできる精一杯だからそうするのだ。「私は私の持ってるお金で一票を投じたいの」と彼女は言う。私の場合は自由に使えるお金があるので、安い製品よりも「環境に優しい」製品を選ぶことができるし、そのことが市場を正しい方向に向かわせてくれたらいいと思っている。だが「食の砂漠」である貧しい地域にはそんな選択肢はなく、そうした恥ずべき社会の不公平は、食料の調達に限らず、もっとずっと根が深い。

　野菜売り場で私は思わず足を止める。発泡スチロールのトレーにラップをかけ、四五〇グラムが一五ドル五〇セントという高い値段で野生のリーキが置いてある。リーキの上からラップが押し付けられて、リーキは身動きできず、息が詰まっているように見える。私の頭の中で警告音が鳴り響く――本来贈り物であるはずのものが商品と化していること、そういう考え方が引き起こすさまざまな危険に対する警告音が。リーキを販売すればそれは単なる「物」となり、たとえ四五〇グラムにつき一五ドル五〇セントという値段をつけても、その価値は下がってしまう。野生のものは売ってはいけないのだ。

　次に行ったのはショッピングセンターで、普段私が何としても避けようとしているところなのだけれど、今日は私の実験のために敢えて悪の巣窟に足を踏み入れる。車の中でしばし、森に入るときと同じように、心を開いて観察力を研ぎ澄まし、感謝の気持ちを持った意識と態度になろうと試みるが、私がここで集めるのは野生のリーキではなくて紙とボールペンだ。

ここにも越えなくてはならない石の壁がある。それは三階建ての高さがあるショッピングセンターの敷地の壁で、死んだようなもう一つの駐車場に隣接し、支柱にはカラスが留まっている。その壁を横切ると、床は硬くて靴のヒールが人造大理石のタイルにコツコツと響く。私はちょっと立ち止まって音に耳を傾ける。この建物の中では、カラスやモリツグミの声は聞こえない。代わりに聞こえるのは、低い音でブーンと唸る換気装置の音の上に重なる、弦楽器用に奇妙に簡略化されたオールディーズの曲だ。照明は薄暗い蛍光灯で、床のところどころをスポットライトが照らしている。その方が、各店舗を特定する色彩や、森のそこかしこにかたまって生えているアカネグサと同じくらいにわかりやすい店のロゴが目立つのだ。春の森の中と同様に、私は空中に色々な香りが寄せ集まった中を歩きまわる——この辺はコーヒーの香り、あちらはシナモンロールの香り、香り付きキャンドルの売り場もある。そしてそうしたすべての香りの下には、フードコートにあるファストフード店の中華料理の匂いが辺り一帯に漂っている。

そのウイングの一番端にお目当ての店がある。私は書き物に必要なものを長年ここに仕入れに来ているので、店の中はよくわかっている。入り口に、真っ赤なプラスチック製で金属の持ち手がついた買い物籠が積んである。その一つを手に取り、私は再び「籠を持つ女」に変身だ。紙売り場には、ものすごい種類の紙が並んでいる。罫線の太いもの、細いもの。コピー用紙。便箋。スパイラル綴じのノート。ルーズリーフ。それらが、ブランドや目的別に分類されて並んでいるのだ。私はまさに探していたものを見つける。オオバキスミレみたいに黄色い、お気に入りの法律用箋だ。

私は棚の前に立ち、収穫のときの気持ちを思い出して、考慮すべき「良識ある収穫」のルールのすべてを思い浮かべようとするが、それは徒労に終わる。その紙の束の背後にある木の存在を感じ、そこに想いを向けようとするのだが、それらの生命が奪われたのはこの棚からはあまりにも遠いところの話で、ほんのかすかな気配しか感じられない。どんなふうに伐採されたのだろう、と私は考える——皆伐されたのだろうか？ 製紙工場の廃液やダイオキシンの匂いについても考える。幸い「再生紙」と書かれた列があるので、他よりはちょっと高いけれど私はそれを選ぶ。それからしばし、黄色く染めてあるものは漂白したものより良くないのではないかと考える。疑いつつも、私はいつものように黄色のものを選ぶ。緑色か紫のインクで字を書くと、まるで菜園のようでとても素敵なのだ。

それから私はペン類、つまり「筆記用具」の売り場に行く。その選択肢はさらに多くて、それらの製品がどこから来たものか、石油から合成されたものであること以外は皆目見当がつかない。製品の背後に何の生命も見えないのに、どうしたら尊厳のある買い方をし、そのために私のお金を使うことができるだろう？ 私がそこであまりにも長いこと立っているものだから、店員がやってきて、何か特定のものをお探しですか、と訊く。赤い買い物籠を持って突っ立っている私は、「筆記用具」の万引きを企んでいるみたいに見えたのだろう。私はその店員に、「この製品はどこから来たの？ 原料は何？ 地球に与えるダメージが一番小さい方法で製造されたのはどれ？ 野生のリーキを掘り起こす人と同じ考え方でペンを買うことはできる？」と訊きたい衝動に駆られる。でもそんなことをしたらおそらく彼は、お洒落な制帽に付いているイヤホンで警備係を呼ぶだろうから、私は何も言わずに、ペン先が紙に触れる感じが好きで、紫と緑色のインクのものがある、いつものお気に入りを選ぶ。レジで私は文房具と引き換えにクレジットカードを差し出し、そうやってレシプロシティーに参加する。店員も私も「ありがとう」と言うが、その相手は木ではない。

私は何とかこの実験を成功させようと懸命なのだが、私が森の中で感じる脈打つような生命感はここにはない。そして私は、レシプロシティーという考え方がここではなぜ機能しないのか、このきらびやかな迷宮がなぜ「良識ある収穫」を嘲笑うのか、その理由を悟る。当たり前のことなのだが、製品の背後にある生命を探すことで頭がいっぱいになっていた私は気づかなかったのだ。生命を見つけられなかったのは、それがそこにないからだ。ここで売られているものはみな死んでいる。

私はコーヒーを買ってベンチに座り、目の前の光景を眺めながら、膝の上にノートを広げてできる限りの証拠を集める。自我を満足させてくれるものを買いたがっている不機嫌な若者たちや、一人でフードコートに座っている悲しげな老人。植物さえプラスチック製だ。私はこれまで一度もこんなふうに、ここで起きていることに意図的に注意を向けながら買い物をしたことはなかった。大抵は急いでショッピングセンターに入り、買うものを買って出てしまうので、そういうことが視界に入ってこなかったのだろう。でも今日の私は、五感のすべてを研ぎ澄まして周囲の光景に目をやっている。Tシャツにも、プラスチックのイヤリングにも、iPodにも。足を傷める靴にも、人を傷つける妄想にも、大事にできる美しい緑の地球が私の孫の世代まで存続できる可能性を損なう不要なものの山にも。ここには「良識ある収穫」という考え方を持ち込むことさえ辛い。良識ある収穫が可哀想だ。私はそれを、小さくて温かな動物のように手の中に包み込んで、それとは正反対の考え方の猛攻から護ってやりたいような気がする。でも私は、良識ある収穫という考え方はもっと強いものだということも知っている。

「良識ある収穫」が常軌を逸しているのではない。おかしいのはこの市場の方なのだ。伐採された森ではリーキは育つことができないのと同様に、こんなところでは「良識ある収穫」は生き残れない。人間は巧妙な策略、いわば生態系にとってのポチョムキン村［訳注：ロシアのエカテリーナ二世がウクライナとクリミアを行幸した際に随行したポチョムキン将軍が、行く先々で絵のような美しい書き割りの村を作り、女帝はそれを本物だと喜んで見物したことより、好ましくない事実を隠すために企てられた派手で見事な外観を意味するようになった］を作ってしまった。私たちはそこで、自分たちが消費するものは地球から奪い取ったのではなくサンタクロースの橇から転がり落ちたのだ、という錯覚を作り出している。そしてその錯覚のおかげで私たちは、私たちに与えられた選択肢はどのブランドを選ぶかということだけだ、と思い込むのである。

「良識ある収穫」を取り戻す

家に戻ると私は、黒い土を全部洗って落とし、長くて白い根を切り取る。ただしひとつかみ分のリーキは土がついたままでとっておく。娘たちはほっそりとした茎と葉を刻み、それを全部、私のお気に入りの鉄のフライパンに、多すぎと思われる量のバターと一緒に放り込む。バターで炒めたリーキの匂いが台所を満たす。その匂いを嗅ぐだけで良い薬だ。ピリッと鋭い匂いはすぐに消えて、その後に、腐葉土と雨水の香りをちょっとだけ含んだ深く芳しい香りが残る。ジャガイモとリーキのスープ、野生のリーキのリゾット、あるいはリーキをそのまま食べるのも、体と心の栄養になる。日曜日に娘たちが帰っていくとき、子どもの頃歩いた森の一部を一緒に持ち帰ってくれるのが私は嬉しい。

夕食の後、私は洗っていないリーキの入った籠を持って池の上の小さな森に行き、リーキを植える。収穫のときとは逆の手順だ。私はまず、そこにリーキを連れてきて、彼らのための場所を作る許可を求める。それから肥沃で湿った窪地を探し、籠をいっぱいにするのではなく空っぽにして、リーキを土中に押し込む。この辺りの木立は二次林か三次林で、悲しいことにリーキはとうの昔になくなってしまっている。この地方では、農業のために伐採された森が再生しても、樹木はすぐに回復するが低層植物は元に戻らないのだ。

遠目には、そうした再生林は健康に見える。樹木は太く、しっかりと育っている。ところが森の中には何かが不足しているのだ。四月に雨が降っても五月の花が咲かない。エンレイソウもポドフィルムもアカネグサも生えていない。伐採されたことのない壁の向こう側の森には花が咲き乱れているのに、何百年も経った再生林でも、いったん農業に使われた森は土地が痩せているのだ。そこには薬になる野草が生えず、生態学者たちにもその理由はまだわからない。微小生息域の問題かもしれないし、分散がうまくいっていないのかもしれない。だが明らかに、昔から使われてきたそうした薬草のもともとの生息域は、その土地がトウモロコシ畑になるとともに起こった一連の、意図せぬ影響によって壊滅してしまった。この土地はもはや薬草にとって居心地のよいところではなくなってしまい、その理由は私たちにはわからない。

谷の向こう側のスカイウーマンの森は一度も耕されたことがないので今でも見事な森のままだが、それ以外のほとんどの森には林床植物が生えていない。リーキがそこら中に生えている森は希少になってしまった。時間の経過と成り行きだけに任せていたら、私の伐採林地には二度とリーキやエンレイソウは生えてこないだろう。壁のこちら側にそうした植物を連れてくるのは私の役目なのだ。何年もこうやって敷地の丘の斜面に植物を植え続けた結果、四月になるとあちこちに鮮やかな緑色をしたところができて、リーキは故郷に戻ってくることができるし、私が歳をとったときに、春をお祝いする夕食がすぐ近くで手に入るだろうという希望を持たせてくれる。彼らは私に与え、私は彼らに与える。レシプロシティーとは、食べる者と食べられる者の両方にとって、豊かさのための投資なのだ。

私たちには今、「良識ある収穫」が必要だ。だが、それはリーキやテンと同様に、昔から受け継がれてきた知識が遺していったものの中から、別の時代の別の場所で生まれた絶滅危惧種なのである。貰ったらお返しする、という倫理観は、森とともに消えてしまった。公正な行いの美しさが、より多くの物質と引き換えにされたのだ。私たちは、リーキと良心のどちらの成長にも適さない文化的・経済的景観を作り出してしまった。仮に大地が単に生命を持たない物質にすぎず、生命が売り買いされるものにすぎないのだとしたら、「良識ある収穫」という考え方もまた、もはや生きてはいない。だが、生き生きとした春の森に立てば、そんなことはない、とわかるのだ。

テンに餌をやり、お米に接吻しろ、と私たちに呼びかけるのは、生きた大地の声である。野生のリーキや自然に根差した考え方は今、絶滅の危機にさらされている。私たちはその両方を、それらがもともと生まれた土地に植え直し、育まなくてはならない。壁を越えてそれらを連れ戻し、「良識ある収穫」を回復させ、薬草を呼び戻すのだ。

スイートグラスを編む

スイートグラスはマザー・アースの髪であり、伝統的に、その健康と幸福へのいたわりを示すために編まれてきた。三本を編み合わせた三つ編みのスイートグラスは、思いやりと感謝の気持ちを表すものとして贈り物にされる。

「最初の人」ナナブジョを追って

霧がたちこめている。薄暗闇の中、この岩と、轟く音を立てて打ち寄せては引き返す波が、この小さな島で暮らす私の存在がどれほどちっぽけなものであるかを思い起こさせる。冷たく濡れたこの岩の上に立つのは、私の足ではなく彼女の足であるかのように感じる――暗い海に囲まれ、ほんのわずかの地面の上に立つスカイウーマン。私たちの故郷を創造する前のことだ。彼女がスカイワールドから落ちてきたとき、タートルアイランドは彼女にとってのプリマスロック［訳注：アメリカに渡ったイギリスの清教徒たちが一六二〇年にメイフラワー号からプリマス（現在のマサチューセッツ州東岸）に上陸した際、最初に踏んだとされる岩］であり、エリス島だった。先住民の母となった人は、初めは移民だったのだ。

私もこの、大陸の西端の海岸に来てまだ間もない。この土地で、潮の満ち引きや霧とともに地面が消えたり現れたりするのも初めての経験だ。ここでは誰も私の名前を知らないし、私も彼らの名前を知らない。お互いの名前という最低限の認識さえ持たない私は、この霧の中で、他のものと一緒に消えてしまいそうな気がする。

この世界の創造主は、四つの神聖な元素を集め、そこに生命を吹き込んで「最初の人間」を創り、それからタートルアイランドに送り出したと言われている。あらゆる生き物の中で最後に創造された「最初の人間」には、ナナブジョという名前が与えられた。創造主は、他の生き物たちにこれからやって来るのが何者かを知らせるため、その名前を四つの方向に向かって叫んだ。半分は人間、半分は偉大なる精霊であるナナブジョは、生命力の化身であり、アニシナアベの文化の英雄であり、人間としてどうあるべきかを教えてくれる偉大な教師でもある。「最初の人間」であるナナブジョも私たち自身も、人間は地球に一番最後にやってきた若造であり、自分たちの生きる術を学んでいるところなのだ。

最初のうち、まだ他の生き物たちが彼を知らず、彼も他の生き物たちのことを知らなかった頃、地上での生活がどんなふうだったかは想像がつく。私だって初めは、海辺の高い岸壁にあるこの鬱蒼として雨の多い森ではよそ者だった。でも私はエルダーを見つけた——たくさんの孫たちが座れるほど大きな膝を持つグランマザー、シトカトウヒの木。私は自己紹介をし、私の名前と、私がなぜここにやって来たのかを告げた。そしてポーチからタバコを取り出して捧げ、しばらくの間この森に滞在してもいいかと尋ねた。シトカトウヒは私に座るように言い、ちょうど彼女の根と根の間に座るところがあった。シトカトウヒの樹冠は林冠よりもずっと高く、ゆさゆさと揺れる枝葉は絶えず隣人の木々たちに何かを囁いている。いずれ彼女は風に乗せて、私がここに来たことと私の名前を隣人たちに伝えてくれるに違いなかった。

ナナブジョは、自分の両親も、自分がどこから来たのかも知らなかった。知っていたのはただ、自分が、植物や動物、風、そして水などの住人で一杯の世界にやって来たのだということだけだった。彼もまた移民だったのだ。彼がやって来る前からこの世界はすべてここにあり、バランスと調和に満ちて、それぞれが創造の過程で与えられた目的を果たしていた。ここを「新世界」と呼んだ者たちにはわからなかったのだろうが、そこは自分がやって来る前にすでに古い世界であったことが、ナナブジョにはわかっていた。

年老いたシトカトウヒの横で私が座っている地面は、松葉が厚く積もり、何百年もかかってできた腐葉土でふかふかだ。その木の古さに比べたら、私の一生など鳥のさえずりほどの長さしかない。ナナブジョもまた私のように、畏敬の念に駆られて上を見上げてばかりいるものだから躓いたりしながら、ここを歩いたのではないだろうか。

創造主はナナブジョに、「最初の人間」の役目としていくつかの仕事を与えた。これが「聖なる教え」だ。[*] アニシナアベのエルダーであるエドワード・ベントン－バナイは、ナナブジョの最初の任務を美しい言葉で語っている。スカイウーマンが生命を吹き込んだ世界の中を歩くこと。彼に与えられた指示は、「一歩一歩を、マザー・アースへの挨拶として」歩くこと、というものだったが、それが何を意味するのか、彼にはまだよくわかっていなかった。だが幸いなことに、この地上に足跡を残した人間は彼が初めてだったが、辿ることのできる道はすでにたくさん残されていた――すでにここが故郷であったたくさんの生き物たちによって。

「聖なる教え」が与えられたときのことを、私たちは「大昔」と呼ぶかもしれない。一般的な考え方では、歴史というのは一本の「線」を描く――あたかも時間が一方向だけに行進しているかのように。時間というのは川のようなもので、まっすぐに海に流れ込んでいるので、一度足を踏み入れたら出ることはできない、と言う人たちもいる。だがナナブジョの頃の人々は、時間は円を描くものだと考えていた。時間とは、容赦なく海に流れていく川ではなく、海そのものなのだ。潮は満ちては引き、立ち昇った霧は雨となって別の川に降り注ぐ。過去にあったことはやがて再び巡ってくる。

時間を直線として捉えると、ナナブジョの物語は過ぎたことを伝える伝説であり、はるか昔、どうやってこの世界ができたのかを語っているものだと思うかもしれない。だが環を描く時間の中では、こうした物語は過去のことであると同時にまた、予言、すなわちまだこれから起こることでもある。時間という環が回転しているとするなら、過ぎ去ったこととこれから起こることが交わる点がある。「最初の人」の足跡は、私たちが背後に残した道にも、この先歩いていく道にも残っているのだ。
人間の持つ力のすべてと欠点のすべてを用いて、ナナブジョは精一杯に「聖なる教え」に従い、彼の新しい故郷に根付こうとした。彼が遺した足跡を追って、私たちは今もその努力を続けている。だが教えは時とともにぼろぼろになり、その多くは忘れられてしまった。

＊この伝統的な教えは、エドワード・ベントン－バナイの著書『The Mishomis Book』に収容されている。

コロンブスの上陸以来幾多の世代を経た今も、ネイティブアメリカンの最も賢明なエルダーたちの一部は、アメリカ大陸に渡ってきた人たちについて頭を捻る。エルダーたちは自然に与えられた損害を見てこう言うのだ――「新しくやってきた人たちのどこが問題かと言うと、あの人たちは陸地に両足を着けとらんのだ。片足はまだ船に残っているんだな。ここにずっとおるのかおらんのか、わからんようじゃないか」。これと同じことを言っている現代の学者もいる。社会の病巣やどこまでも物質主義的な文化は、住む家のない、根を張るところを持たなかった過去の産物であると考えるのだ。アメリカは、二度目のチャンスの国と呼ばれている。人々のためにもこの土地のためにも、「二番目の人」たちが今すぐにしなければならないのは、入植者としての生き方をかなぐり捨てて、この土地に根付くことなのかもしれない。だが、移民の国アメリカは、この先ずっとここにいる覚悟をし、両足を大地に着けて生きることを学べるだろうか？

ある土地に真に根付き、ようやくそこが本当の故郷になったとき、いったい何が起こるだろうか？　その道案内をしてくれる物語はどこにあるのだろう？　もしも本当に、時間というものがもう一度巡ってくるのならば、ひょっとしたら「最初の人」が辿った道に、後に続く私たちの旅路を導いてくれる足跡が残っているかもしれない。

歩きながら学ぶナナブジョ

ナナブジョの旅路はまず彼を、昇る朝日の方向、一日が始まるところへと連れて行った。歩きながら彼は、どうやって腹を満たそうかと心配した。もうすでに腹が減っていたからだ。どうすれば道に迷わずに済むのか？　彼は「聖なる教え」のことを考え、生きていくために必要な知識はすべてこの土地にあるということを理解した。彼の役目は、人間としてこの世界を支配したり変容させたりすることではなく、この世界から、人間としての生き方を学ぶことなのだった。

Wabunong、つまり東は知識を得る方向だ。私たちは、日々学ぶ機会を与えられること、新たな始まりに対して感謝を捧げる。東へ行ったナナブジョは、マザー・アースこそ私たちにとっての最も賢明な教師である、ということを学んだ。Sema、つまり聖なるタバコを知り、それを使って自分の思いを創造主に伝える術を覚えた。

探求を続けるナナブジョに新しい責任が与えられた——あらゆる生き物たちの名前を知ること。彼はそれぞれの生き物がどんなふうに生活しているか注意深く観察し、彼らと話をして、彼らがどんな力を持っているかを学んだ——彼らの本当の名前を知るためだ。自分以外の生き物たちを名前で呼ぶことができるようになり、彼らも通りすがりに「Bozho!（やあ！）」と声をかけてくれるようになると、たちまち彼はくつろいだ気持ちになり、もう淋しくなくなった。今でもそれが私たちの挨拶だ。

今、私はメープル・ネーションの隣人たちから遠く離れたところにいて、知っている植物も中にはあるけれど知らないものも多い。そこで私は、おそらく「最初の人」がしたように、初めてのそれらを眺めながら歩く。私は自分の科学者脳のスイッチを切って、ナナブジョと同じ態度でそれらに名前をつけようとする。いったん学名をつけた生き物に対しては、それが何者なのかをそれ以上知ろうとしなくなる人がいることに私は気付いている。でも、新しく自分で作った名前で相手を呼ぶと、私はますますその相手をよく見るようになる。名前が当たったかどうかが知りたいからだ。だから今日は、*Picea sitchensis* ではなく「苔に覆われた強い腕」とそれを呼ぶことにする。*Thuja plicata* ではなくて「羽のような枝」と。

ほとんどの人は、私たちの縁者であるこれらの木の名前を知らない。それどころか、ほとんど目にすることさえない。私たち人間は、名前を使って相手との関係を形作る――人間同士だけではなく、この世界との関係を。自分の身の回りの植物や動物の名前を知らないまま生きるというのはどんな感じか、私は想像しようとする。私の性格や仕事からして、そんな生き方は知る由もないが、それはちょっと恐ろしくて、自分がどこにいるかわからないような感じなのではないかと思う。ちょうど、道路の標識が読めない外国の街で道に迷ったときのように。哲学者は、孤立して他者とのつながりを失ったこういう状態を「種の孤独」と呼ぶ――周りの生き物たちから遠く離れてしまったこと、関係性の喪失からくる、深い、名前のない悲しみだ。人間による世界支配が進むにつれて、私たちはますます孤立し、隣人に声を掛けられないおかげでますます淋しくなる。創造主がナナブジョに最初に与えた仕事が生き物に名前をつけることだったというのも不思議なことではない。

彼は地上を歩き、アニシナアベのリンナエウス［訳注：スウェーデンの博物学者、生物学者、植物学者であるカール・フォン・リンネのこと。「分類学の父」と称される］よろしく、出合ったもののすべてに名前をつけた。私は二人が一緒に歩いているところを想像するのが好きだ。スウェーデンの植物学者であり動物学者でもあったリンナエウスは、ローデン［訳注：防水・防寒に優れた毛織物］製の上着とウールのズボンを身に着け、つばが上に曲がったフェルトの帽子を被り、植物採集箱を小脇に抱えている。一方ナナブジョは腰布と羽根一枚以外は裸で、バックスキンの袋を抱えている。二人はさまざまなものの名前について議論しながら歩く。二人とも夢中になって、美しい形をした葉や比類のない美しさの花々を指差す。リンナエウスは、あらゆるものの関連性を示すために彼が考案した、「自然の体系」という考え方を説明する。ナナブジョは大きく頷いて、「そうだ、俺たちのやり方も同じだ。『すべてはつながっている』んだ」と言う。そして、かつてはすべての生き物が同じ言葉を話し、お互いの言うことを理解することができたため、地上に創られた生き物たちはみなお互いの名前を知っていたのだ、と説明する。リンナエウスはそれを聞くと悲しそうな顔をし、「私は結局、全部の名前をラテン名に訳さなければならなかったよ」と言う。二名式命名法のことを言っているのだ。「それ以外の共通言語はとうの昔になくしてしまったからね」。リンナエウスはナナブジョが花の細かな部位を見られるように、自分の拡大鏡を貸してやる。ナナブジョはリンナエウスが花々の精霊を見ることができるように歌を教える。二人とも淋しくはない。

しばらく東にいた後、ナナブジョの足跡は今度はzhawanong、南へと向かう。誕生と成長の場所だ。南からは、春になると世界を覆う緑が暖かな風に乗ってやってくる。そこでナナブジョは、南の地の聖なる木、シーダーことkizhigからその叡智を受け取る。シーダーが広げる枝には、それが包み込む生命を浄め、護る力がある。ナナブジョはそれからはいつもシーダーの枝を持ち歩く――その土地に根差すということは、地上の生命を護るということでもあるということを忘れないように。

ベントン‐バナイの語るところによれば、「聖なる教え」に従うナナブジョはまた、兄や姉たちから生き方を学ばなければならなかった。食べ物が必要になるとナナブジョは、動物たちが何を食べているかを観察してそれを真似た。鷺は彼にワイルドライスを集めることを教えた。ある夜小川の岸辺で、尾に環紋のある小さな動物がそのか細い手で食べ物を丁寧に洗っているのを見かけたときは、「ああ、食べてもいいのは汚れのない食べ物だけなんだな」と学んだ。

ナナブジョはまた、たくさんの植物からも知恵を分けてもらい、常にできるだけの敬意を持って彼らに接することを学んだ。だって何しろ植物たちはナナブジョよりも先に地上にいたのだし、色々なことを理解する時間はたっぷりあったのだから。こうして、植物も、動物も、すべての生き物たちが、必要なことを彼に教えてくれた。創造主の言った通りだった。

兄や姉たちを見てナナブジョはまた、生き残るために新しいものを創る意欲が湧いた。たとえばビーバーは斧の作り方を教えてくれたし、クジラはカヌーの形のヒントをくれた。自然から教わったことと、彼自身の賢さを組み合わせることができれば、後に続く人々の役に立つ新しいものを見つけることができる、と教えられていたのだ。ナナブジョの頭の中で、グランマザーである蜘蛛がかけたクモの巣は魚捕り網になった。冬の間にリスから教わったことをお手本にして、メープルシュガーを作った。ナナブジョがこうして教わったことが、ネイティブアメリカン流の科学や医療、建築、農業、そして生態学的理解の伝説上のルーツである。

けれども時間はまさに環を描いていて、科学技術は今、ナナブジョのやり方を採り入れることでネイティブアメリカン流の科学に追いつこうとしている。つまり、バイオミミクリーといって、自然のあり方を学び、模倣しようとしているのだ。自然界に存在する知恵に敬意を払い、それを伝えるものを大切にすることで、私たちはその土地に根を下ろし始める。

ナナブジョはその長くて強い脚で、四つの方角それぞれに歩いて行った。歩きながら大きな声で歌っていたので、鳥たちが気をつけろとさえずる声が聞こえず、グリズリーが襲いかかったときにはとてもびっくりした。それ以降は、他の生き物の縄張りに近づいたとき、まるで世界の全部が自分のものであるかのように迂闊にそこに足を踏み入れなくなった。森の入り口に静かに座って、招き入れられるのを待つ。招かれたら、ナナブジョは立ち上がってその森の住人にこう言う――「この世界の美しさを損なうつもりも、兄弟たちの邪魔をするつもりもありません。この地を通る許可をいただけますか」。

彼は、雪の中で咲く花を、オオカミと対話するワタリガラスを、草原の夜に灯をともす虫を見た。彼の中で、動物たちが持つ力に対する感謝の念はつのり、力を持つとはまた、果たすべき責任があるということでもあると理解した。創造主はモリツグミに美しい鳴き声という贈り物を与え、それと一緒に、森におやすみ、と歌う義務を与えたのだ。夜遅くには、星々が輝いて道しるべになってくれるのがありがたかった。水の中で呼吸をしたり、地の果てまで飛んで行って戻ってきたり、土の中に巣穴を掘ったり、薬を作ったり――すべての生き物はある力を与えられ、それと一緒にある責任を与えられている。彼は自分の、何も持たない手のことを考えた。この世界が彼の面倒を見てくれるのに頼るしかなかった。

足跡はもう辿れない

私が立っている海岸沿いの高い崖の上から東の方角には、皆伐されたみすぼらしい森が並んでいる。南には大きな川の河口が堰き止められ、堤防が築かれて、サケはもう通れない。西の水平線には、底引き網を引きずるトロール漁船が海底をさらっている。そしてはるか遠く北の方角では、石油のために地表が引き裂かれている。

新しくこの地にやって来た人々が、「最初の人」が動物たちに教えられたこと、つまり、創造主が創ったものを決して傷つけず、生き物に与えられた神聖な役目を決して邪魔しない、ということを学んでいたならば、タカが見下ろす世界は今とは違ったものだっただろう。川はサケでいっぱいだろうし、リョコウバトの群れで空は暗いことだろう。そこには、オオカミ、ツル、ティラムーク族の人々、クーガー、レナペ族の人々もいるし、原生林がまだあって、それぞれがその神聖な役目を果たしていることだろう。私はポタワトミ語を話しているだろう。私たちの目には、ナナブジョが見たのと同じものが映っていただろう。あまり想像しても仕方ない——想像の先には失望が待っているのだから。

こうした歴史の背景を考えると、移住民社会の人々がこの土地に根を下ろすのを歓迎するのは、まるで押し込み強盗の一味に招待券を送るようなものに思える。わずかに残っているものを、どうぞ無償でお持ちくださいと言っているようなものだ。入植者たちがナナブジョに倣って、「一歩一歩を、マザー・アースへの挨拶として」歩く、と信じても良いだろうか？ わずかな希望は感じるが、その後ろには今もまだ悲しみと恐れが隠れていて、私の心を閉ざしたままにしておこうとする。

でもその恐れはまた、入植者たちのものでもあることを忘れてはいけない。彼らもまた、ヒマワリがゴシキヒワと戯れるトールグラス・プレーリーの中を歩くことは二度とできないのだ。彼らの子どもたちだって、メープル・ダンスを踊るチャンスを失ってしまったし、メープルウォーターを飲むこともできない。

北の方角を訪ねたナナブジョはそこで、薬について教えてくれる教師を見つけた。彼らはナナブジョにスイートグラスを与え、思いやり深く、優しくあり、そしてすべての人を癒す方法を教えた。そこにはひどい間違いを犯した人も含まれていた——だって、間違いを犯したことのない人などいるだろうか？ その土地に根差すということは、癒しの輪を、すべての生き物を含むまで大きく育てることだ。スイートグラスで編まれた長い三つ編みは、旅人を護ってくれる。ナナブジョも数本を荷物の袋に入れた。スイートグラスの香りのする道は、赦しと癒しを必要としているすべての者にそれが与えられるところへと続いている。スイートグラスは、一部の者だけに贈り物を贈ったりはしない。

西の方角に来ると、そこにはナナブジョを恐れさせるものがたくさんあった。足元の地面が揺れる。自然が炎に包まれるのも見た。西の聖なる植物であるmshkodewashk、セージが、恐れを手放すのを助けてくれた。ベントン－バナイは、火守りその人がナナブジョの前に現れた、と語る。「これは、お前の小屋を暖めてくれるのと同じ炎なのだよ」と火守りは言った。「すべての力には二つの面がある。創造の力と破壊する力だ。私たちはそのどちらも存在することを認めなくてはならないが、自分に与えられた力は創造することに使わなくてはいけない」

ナナブジョは、すべてのものには二元性があること、自分には双子の兄弟の片割れがいることを知った。彼がものごとの調和を大切にするのと同様に、その双子は不調和をもたらすことに熱心だった。彼は創造と破壊が相互に作用し合うことを知っており、波立つ海に揺れる小舟のようにその関係を揺さぶっては人々の調和を乱した。傲慢さというパワーを使えば、果てしのない拡大が可能であることを彼は知っていた――それは慎みを知らず、がんのように増殖し、いずれは破壊につながる創造だ。ナナブジョは、双子の兄弟の傲慢さと釣り合いをとるために、自分は謙虚に生きようと誓った。それもまた、ナナブジョの足跡を追う者の義務である。

帰化したセイヨウオオバコ

私は年老いたシトカトウヒの傍に行って座り、考える。ここは私の生まれ故郷ではなく、私は、感謝と尊敬の気持ち、そして、人がある場所の一部になるというのはどういうことなのかという問いを抱えているただのよそ者だ。それでもシトカトウヒは私を歓迎してくれる――西の方角の大きな木々が物語の中で、ナナブジョに親切にしてくれたのと同じように。

シトカトウヒの静かな木陰に座っていても、私の心は千々に乱れている。先人たちもそうしたように、ここに移住してきた人々がこの土地の土着民（インディジナス）となる方法を思い描きたいのだが、私はその言葉に躓いている。移住者というのはその定義からして、その土地に土着の存在ではあり得ない。「インディジナス」というのは生得権を表す言葉なのだ。どれほどの時間と努力を費やそうが、歴史は変えられないし、魂で深くつながったその土地との結びつきに代わることはできない。ナナブジョの足跡を追っても、「二番目の人」が「最初の人」になれる保証はない。

だが、自分が「インディジナス」ではないと感じながらも、この世界を生まれ変わらせる深いレシプロシティーの関係に身を投じることは可能だろうか？　それは学んで身につけることができるものだろうか？　それを教えてくれる人はどこにいるのだろう？　私は、ヘンリー・リッカーズというエルダーの言葉を思い出す。「あの人らは、自然を利用して金持ちになろうと思ってここへやってきた。だから鉱山を掘り返し、木を伐った。だが力を持っているのは自然の方なんだ。あの人らが自然を利用しようとしている間、自然はあの人らを教育しようとしていたんだ」

長いことそこに座っているうちに、やがてシトカトウヒの枝を渡る風の音が言葉を掻き消し、私はただ耳を傾ける——歯切れの良い月桂樹の声、ハンの木のおしゃべりの声、地衣類の囁き声。ナナブジョがそうだったように、私もまた、一番古くからいる私たちの教師は植物であることを思い出さなくてはならない。

グランマザーの根の間の、松葉でふかふかの窪みから立ち上がって小道に戻り、そこで思わず足を止める。巨大なモミの木やイノデシダ、レモンリーフなど、新しくご近所さんになった植物にばかり目を奪われて、私は古い友人を見過ごしていたのだ。もっと早く挨拶しなかったのが恥ずかしい。彼は東海岸からここ西の端まで歩いてきたのである。「白い人の足跡」——ネイティブアメリカンは、この丸い葉をした植物をそう呼ぶ。

茎と呼ぶほどのものもなく、地面の近くに押し付けられるように丸く葉を広げるこの植物は、最初の入植者とともにこの大陸にやってきて、入植者の行くところどこへでも付いて行った。森の中の小道を、馬車道や鉄道の脇を、まるで忠実な犬のように入植者から離れずに進んだのだ。リンナエウスはこれを*Plantago major*（セイヨウオオバコ）と名付けた。このラテン語名のPlantagoという種小名は、足の裏という意味だ。

ネイティブアメリカンは初め、この植物を信用しなかった。あまりにもたくさんの問題がその後ろにくっついてきたからだ。だがナナブジョの子孫は、すべてのものには目的があり、それを邪魔してはいけないということを知っていた。「白い人の足跡」がタートルアイランドに居続けることが明らかになると、彼らはその植物が持っている力について学び始めた。春、夏の暑さが葉を硬くしてしまう前のセイヨウオオバコは美味しく食べられる。葉を巻いたり嚙み砕いて湿布にしたりすれば切り傷や火傷、特に虫刺されによく効く救急薬になることがわかると、人々はセイヨウオオバコが一年中生えていることを喜んだ。セイヨウオオバコはあらゆる部分が役に立つ。その小さな種は消化を助ける薬になるし、葉は出血をたちどころに止めて感染症を起こさずに治してくれる。

入植者に忠実に付いてきた、この賢くて気前の良い植物は、植物たちのコミュニティーの大切な一員として迎えられた。海の向こうからやって来た移住者ではあるが、良き隣人として五百年も暮らせば、人々はそんなことは忘れてしまう。

外来種の植物の中には、新しい大陸で何をすると歓迎されないのか、そのさまざまな形を教えてくれるものがある。たとえばニンニクガラシは土壌を汚染して土着の植物を枯らしてしまうし、ギョリュウは土壌の水分を全部吸い取ってしまう。エゾミソハギ、クズ、ウマノチャヒキのような侵略的外来種は、他の植物の生息域を乗っ取って際限なく繁殖しがちだ。だがセイヨウオオバコは違う。人の役に立ち、狭い場所にしっくり収まり、付近に育つ植物と共存し、傷を癒す、というのがセイヨウオオバコの作戦だった。セイヨウオオバコは本当にどこにでもあり、とてもうまく周囲に溶けこんでいるものだから、私たちはそれを在来種だと思っている。セイヨウオオバコには、私たちの植物の一つになったものを植物学者が指して呼ぶ名称が与えられている――在来植物ではなくて「帰化」植物なのだ。海外で生まれた人がこの国の市民になった場合に使うのと同じ言葉だ。帰化する人は、この国の法律に従うことを誓う。ナナブジョの「聖なる教え」にも従うことだってできるだろう。

もしかすると「二番目の人」に与えられた課題は、クズのやり方を捨て去り、「白い人の足跡」のやり方に従ってその土地に帰化し、自分はよそ者だという考え方をやめるということなのかもしれない。その土地に帰化するとは、その土地が自分に食べ物を与えてくれているのだ、自分はそこを流れる川の水を飲んでいるのだ、そしてそれらが自分の体を作り、魂を満たしてくれるのだ、と考えて暮らすということだ。帰化するということは、自分の祖先の骨がその地に埋まっているのを知る、ということである。そして自分の持つ力をその土地に捧げ、責任を果たすのだ。帰化するということは、自分の子どもたちの未来を大切にすることであり、自分たちやすべての生き物の生命がそれにかかっているかのように自然を大切にする、ということだ――だって本当にそうなのだから。

時間が環を描いて戻ってくると考えれば、「白い人の足跡」はまさにナナブジョの足跡を追っているのかもしれない。セイヨウオオバコはきっと、家路に向かう道にも生えていることだろう。私たちはそれについていけばいい。気前が良くて癒しの力を持つ「白い人の足跡」は、地面にとても近いところに葉を広げる。そうやって一足ごとに、マザー・アースに挨拶をしているのだ。

シルバーベルの音

南部に住みたいと思ったことは一度もなかったのだが、夫の仕事で南部に暮らすことになったとき、燃える火のように赤く染まるメープルを恋しく思いながらも、私はそこの植物相をじっくり学び、くすんだ茶色のオークを好きになろうとした。そこが心から居心地良い環境とは言えなかったとしても、せめて私が教える学生たちには植物との親和感を持ってもらいたかった。

このささやかな目標を達成しようと、私は医学部進学課程の学生たちを近くの自然保護区に連れて行ったことがある。そこは山の斜面を覆う森が下から上へ異なった色の帯を作り、氾濫原から山頂まで、さまざまな植生があることを示していた。私は学生たちに、この見事なパターンが存在する理由を説明する仮説をいくつか考えるように言った。

「神様の思し召しだわ」と学生の一人が言った。「すべては神の壮大な計画でしょう?」。この世界がどのように機能しているかの説明として、十年間、物質主義的な科学を最重要視することにどっぷりと浸かっていた私は、それを聞いて信じ難い思いだった。今まで住んでいたところでそんな答えを言おうものなら、笑われるか、少なくとも呆れた顔をされたことだろう。だがそこにいる学生たちは、そうだ、と頷くか、少なくともそれを受け入れているようだった。「それは重要な視点ね」と私は慎重に言った。「でも科学は、ここにはなぜメープルがあってあっちにはトウヒが生えているのか、植生の分布についてそれとは違う見解を持っているの」

私はこういうやり取りに慣れようと努めていた。バイブル・ベルト［訳注：キリスト教原理主義の影響が強い米国南部・中西部を指す］で教えるというのはこういうことなのだ。でもそれはなかなかに難しかった。「この世界はどうやってこんなに美しくなったのか考えてみたことはある？　なぜ特定の植物が、ここには生えるのにあっちには生えないんだろうって？」。行儀よく、だがぽかんとしている彼らの様子を見れば、それが彼らにとってさして重要な問いではないことがわかった。生態学に対して彼らがまったく関心を持っていないのが私はとても悲しかった。

私にとって、生態学についての知識は天球の音楽にも等しかったのに、彼らにとって、それは医学部進学課程で必要な必修科目の一つにすぎなかったのだ。人間以外のものについての生物学的知識など彼らにはどうでもよかった。私は、自然界に目を向けず、自然の歴史や流れるような自然の力の優美さを知りもせずに、どうやったら生物の専門家になれるのか、理解できなかった。この地球はこれほど豊かな恵みに満ちているのだから、そのお返しに、せめてそのことに注意を払ってもいいではないか。そんなわけで、私の方もちょっとした布教者精神を発揮して、学生たちの科学者魂を目覚めさせようと目論んでいたのである。

すべての人の目が私に注がれ、私が失敗するのを待っていた。だから私はあらゆるディテールにまで気を使い、間違っているのは彼らの方であることを証明しようとした。私が最後にもう一度準備の点検をしている間、ワゴン車はアイドリングしながら管理棟の前に輪になって停まっていた。地図の用意よし。キャンプ場も予約した。双眼鏡一八個、顕微鏡六台、三日分の食料と救急用品、それに学生たちに手渡す大量のグラフや学名の一覧も準備した。学部長は、学生を野外授業に連れて行くのはお金がかかりすぎると言ったが、私は、連れて行かないことのつけはもっと大きいと反論した。乗っている人がそれを望もうと望むまいと、大学のワゴン車が連なって走る高速道路は、石炭の産地として知られるこの地域の、地面を剝ぎ取られた尾根を走る。そしてそこを流れる川は鉱毒で真っ赤だった。人の健康に身を捧げようとしている学生たちは、それをその目で見るべきではないのか？

まだ暗い高速道路を走りながら、私には、初仕事で学部長の神経を逆撫でするようなことをしてよかったのだろうかと考える時間がたっぷりあった。大学はすでに経営難だったし、私はと言えば、学位論文を書きながらいくつかの授業を受け持つ非常勤講師にすぎなかった。そして私は、他人の子どもに、本人たちが少しも興味のないことを教えるために、私の幼い娘たちを夫に託して家に残してきたのである。このこぢんまりとした私立大学は、医学部への進学率が高いことで南部では評判だった。だから、南部の富裕層の子弟たちがここに送られ、特権階級として人生を送る、その最初の一歩を踏み出すのだ。

学生を医学部に進学させるという使命にふさわしく、学部長は毎朝、まるで神父が式服を着るように、儀式的に白衣を身に着けた。学部長の卓上カレンダーに書き込まれているのは、運営ミーティングや予算の審議や同窓会関連の会合ばかりだったが、それでも実験用白衣は必需品だった。私は彼が実際に実験室にいるのを見たことは一度もないが、私のようにフランネルのシャツを着た研究者を彼が信用しないのも当たり前だった。

生物学者パウル・エールリヒは生態学を「破壊的科学」と呼んだ。自然界における人間の立ち位置について改めて考えさせずにはおかない力があるからだ。この学生たちは今日までの数年間を、たった一つの生物種について学ぶことに費やしてきた。彼ら自身という生物種だ。だが今日から丸三日間は、「破壊的」な私の授業が彼らの注目をホモ・サピエンスから逸らし、ちらりとではあるけれど、人間がこの惑星を共有する六百万種類の生物に目を向けさせるのだ。学部長は「単なるキャンプ」に予算を使うことへの不満を口にしたが、私は、グレート・スモーキー山脈は生物多様性の宝庫として指折りだし、これはきちんとした学術旅行である、と請け合った。オマケとして白衣も着ますから、と言いたい誘惑に駆られた。学部長は溜息をついて申請書にサインしてくれた。

作曲家アーロン・コープランドは正しかった。アパラチア山脈の春はまるで舞踏のための音楽のようだ［訳注：コープランドは「アパラチアの春」というバレエ曲の作曲者］。森は、野生の花々、会釈しているみたいなハナミズキの白、アメリカハナズオウのふわっとしたピンク色などの色彩にあふれ、小川は勢い良く流れ、濃い山々の色が加わって、まるでダンスをしているようだ。だが私たちがここに来たのは勉強のためである。初日の朝、私はクリップボードを手に持ち、授業計画を頭の中で考えながら自分のテントを出た。

空回りの授業

谷間にキャンプしている私たちの頭上に山脈が広がっている。早春のグレート・スモーキー山脈は、国ごとに色が付いている世界地図みたいな、さまざまな色が散らばるパッチワークだ。若葉が芽吹いたポプラの淡い緑色、まだ葉を出していないオークの生えているあたりは灰色の塊だし、メープルが芽を出しているあたりはくすんだ赤をしている。ところどころに、アメリカハナズオウの鮮やかなピンクとハナミズキの白が交じり、濃い緑色をしたアメリカツガは、地図製作者のペンよろしく水路を縁取っている。大学の教室で私は、チョークで指を真っ白にしながら、山の勾配に沿って変化する温度、土壌、植物の生育期などを図解した。そして今、私たちの目の前に、この野外授業の目的であるパステルカラーの山の斜面が広がっていた。授業要項が花々に姿を変えたのだ。

この山の斜面を登れば、生態学的にはカナダまで歩いて行くのと同じことになる。暖かい谷間の平地は、夏はジョージア州みたいに暑くなるし、一五〇〇メートルを超える山頂の気候はトロント並みだ。「暖かい上着を持って行きなさいね」と私は学生たちに言ってあった。標高が三〇〇メートル高くなると北に一六〇キロ移動したのと同じことになり、春も遠ざかる。斜面の下の方のハナミズキはもう満開で、芽吹いたばかりの若葉を背景にクリーミーホワイトの花を咲かせていたが、斜面の上の方に行くにつれて、まるでコマ撮りカメラを逆に回しているみたいに、花が咲いた状態から、まだ暖かさで目を覚ましていない固い蕾の状態へと逆戻りする。斜面の中腹まで行くと生育期間が短くなりすぎてハナミズキはすっかり姿を消し、季節外れの霜にも強いシルバーベル［訳注：和名アメリカアサガラ］の木がそれに取って代わる。

私たちは、この生態系マップの上を、ユリノキやキューカンバーツリー［訳注：和名キモクレン］が生えるコーブ・フォレスト［訳注：二つの稜線に挟まれた窪地状の谷にできるアパラチア山脈特有の混合落葉樹林で、植生の多様性が非常に豊かである］から山頂まで、高度の違う地域をまたいで歩き回った。鬱蒼としたコーブ・フォレストには、野生の花々やかたまって生えているつややかなカンアオイ、それに九種類のエンレイソウなどが咲き乱れていた。学生たちは律儀に私の言うことをノートに書き、私の頭の中の「見るもの」リストとそのまま同じものを作っていたが、大して興味はなさそうだった。あまりにもたびたび学名の綴りを訊かれるので、私はまるで「スペリング・ビー［訳注：単語の綴り（スペル）の正確さを競う競技会］森林大会」に出場しているような気分だった。学部長もさぞかしお喜びだろう。

三日間、私はこうして遠出したことを正当化しようと、チェックリストの生物種や生態系を消化していった。私たちはアレクサンダー・フォン・フンボルト［訳注：ドイツの博物学者兼探検家、地理学者。カール・リッターとともに、近代地理学の祖とされている］ばりの熱心さで植生、土壌、気温の地図を作成した。夜は焚き火を囲んでデータをグラフにした。中山地帯はオークとヒッコリーが多く、ザラザラした砂利混じりの土壌――確認済み。高山地帯では樹木は背が低く、風が強い――確認済み。標高の変化に準じた生物季節学的パターン――確認済み。この地方に固有のサンショウウオとニッチ多様性――確認済み。私は学生たちに、自分の体という境界の外側にある世界を見て欲しくてたまらなかった。生真面目に、何かを教えられる機会は一つとして逃さず、静かな森を情報と数字で一杯にした。夜自分の寝袋に潜り込む頃には顎が痛いほどだった。

大変な仕事だった。普段私は黙ってハイキングをするのが好きだ。見るだけ、そこにいるだけでいい。ところが今の私はひっきりなしにしゃべり、あれやこれやを指し示し、頭の中でディスカッションのための設問を考えていた。教師であろうとして。

教師らしくできなかったのは一度きりだ。私たちは稜線の頂上に近づいていて、道は徐々に険しくなり、きついヘアピンカーブに苦労するワゴン車に強風が吹きつけた。そこにはもう、やわらかなメープルや、ピンク色の泡のようなアメリカハナズオウの花はない。標高が高く、モミの根元の雪はようやく最近解けたばかりだった。見渡すと、この北方林の帯の幅がとても細いのがわかった。トウヒやモミの森で一番近いものからさえ何百キロも南の、ここノースカロライナ州に、ほんの一筋存在するカナダの生息環境。北の大地が氷に覆われていた時代の名残である。今、この高い山の頂が提供している避難場所は、トウヒやモミにとっては故郷だろう――それは、南部の広葉樹の海に囲まれて、カナダの気候を再現できるほど高いところにぽっかりと浮かぶ島なのだ。

北の木々が生えているこの島は、私にとっても故郷のように思えた。冷たく爽やかな空気に包まれ、私は一瞬授業のことを忘れた。私たちは木々の間をぶらぶらと歩き、バルサムの香りを吸い込んだ。マットレスみたいに積もったふかふかの松葉、ウィンターグリーン、アメリカイワナシ、ゴゼンタチバナ――北にいる私の家族が揃って森の地面を覆っていた。それを見た私は突然、自分の森からこんなに離れた他の人の森で教師をしていることに、自分がどれほどの違和感を感じているか気が付いたのだ。

私は苔のカーペットの上に寝転んで、クモの視点から授業をした。この山地の山頂は、学名を*Microhexura montivaga*という絶滅危惧種のクモの、最後に残された生息地である。医学部進学課程の学生はそんなことにはまるで関心ないだろうと思ったが、クモのために、私は黙っているわけにいかなかった。彼らは、氷河期が終わってからずっとここに生息し続け、そのささやかな生を、苔むした岩にクモの巣をかけながら生きてきた。彼らと彼らの生息地にとっての最大の敵は地球温暖化である。気候が温暖化すればこのぽつんと残された北方林は溶けてなくなり、数々の生物がそれとともにいなくなって二度と戻ってはこない。すでに、より温暖な標高の生息域に棲む昆虫や病気の侵食による被害が始まっている。山頂に棲む生き物には、暖かな空気が昇ってきても逃げ場はない。クモの糸に乗って飛んで逃げても避難場所はどこにもない。

私は苔むした岩に手を這わせ、生態系の崩壊について、緩んだ糸を引っ張って解こうとする者たちについて考える。そして「彼らの故郷を奪う権利など私たちにはないわ」と思う。ひょっとすると私はそれを声に出して言ったのか、それとも狂信者みたいな目をしていたのかもしれない——学生の一人が突然、「それ、先生の宗教かなんかですか？」と言った。

真の教師

進化論を教える私にある学生が異を唱えるということがあって以来、私はこういう話題は慎重に扱うようになっていた。学生たちは全員私を見ている。一人残らず敬虔なキリスト教徒だ。私はためらいながら森への愛情について語り、環境に対するネイティブアメリカンの考え方や人間以外の生き物たちとの深いつながりについて説明し始めたのだが、学生たちがあまり訝しげな顔で見るものだから途中でやめ、近くに生えている胞子嚢の付いたシダに急いで話題を変えた。私の人生におけるその瞬間、その状況の中で私は、霊的なものに支えられた生態学を説明することなどできないように感じた——その感覚はキリスト教や科学からはあまりにもかけ離れていて、彼らに理解できるはずがないと思ったのだ。それに、私たちは科学の授業でそこにいたのだから。訊かれた質問には、ただ「そうよ」と答えておけばよかったのだ。

さんざん歩き、たくさんの講義をした後、やっと日曜の午後がやってきた。やるべきことはやり、山に登ってデータも集めた。体は汚く、疲れてはいたが、学生たちのノートには一五〇種以上の人間以外の生物種と、その分布の背後にある仕組みが書き込まれていた。学部長に良い報告書を出せそうだ。

遅い午後の金色の光の中、私たちはワゴン車まで歩いて戻ろうとしていた。途中通りかかった木立は、内側から真珠色に輝いているように見える、ペンダントみたいなシルバーベルの花にあふれていた。学生たちはとても静かだった。疲れているのだろう、と私は思った。使命を果たした私は、かすみがかった光が山を斜めに照らすのを見ているだけで幸せだった。この国立公園がその景観で有名なのももっともだった。木陰からチャイロコツグミの鳴き声が聞こえ、その見事な景色の中を歩く私たちに、そよ風が白い花びらの雨を降らせた。

と突然、私は悲しくなった。その瞬間私は、自分の失敗に気付いたのだ。セイタカアワダチソウとアスターの秘密を知りたいと思っていた、大学生になりたての私が求めていたような、そういう科学を教えることが私にはできなかった——単なるデータではない、もっと深い科学を。

私は学生たちに山ほどの情報を与え、多くのパターンやプロセスをあまりにも厚く積み重ねたものだから、一番大切な真実が見えなくなってしまっていた。私はチャンスを逃したのだ。私は彼らにあらゆる道筋を示して見せた——ただ一つ、最も重要なものだけを残して。学生たちに、この世界を贈り物として認識し、反応することを教えなければ、苔に棲むクモに待ち受ける運命を人々が気にかけるはずがないではないか？

私は学生たちに自然界の仕組みをさんざん教えたが、それが何を意味するのかは何一つ教えなかった。こんなところまで来ずに、グレート・スモーキー山脈の本を読んだってよかったではないか。実は私は、あんなに偏見を持っていた実験室の白衣を、この大自然のただ中まで着て来たのだ。裏切られた、という思いは心に重くのしかかる。急に疲れを感じ、私はとぼとぼと歩いた。

紗のかかったような光の中、花びらに覆われた道を私の後ろから降りて来る学生たちを見ようとして私は振り返った。そのとき、誰かはわからないけれど学生の一人がとても小さな声で、聴き慣れた歌を歌い始めた。聴けばつい自分も歌わずにはいられないあの歌だ。Amazing grace, how sweet the sound（アメージング・グレイス〈驚異すべき恵み〉／なんと美しい響きであろうか）――一人また一人と学生たちは歌に加わり、長い影を落とす光と肩に降り注ぐ白い花びらの中で歌い続けた。That saved a wretch like me. I once was lost but now I'm found（私のような卑しい者までも救ってくださる／進む道を見失っていた私を／神は救い上げてくださった）。

私は恥ずかしかった。私がよかれと思ってした講義が伝えられなかったことのすべてが、彼らが歌うこの歌にはあったのだ。歩きながら彼らは延々と歌い続け、ハーモニーを加えていった。彼らは私よりもハーモニーのことをよく知っていた。彼らの歌声の中に、私はスカイウーマンがタートルアイランドの上で初めて歌ったのと同じ創造主への愛と感謝があふれ出るのを聴いた。その古い賛美歌を歌う彼らの、耳に心地よく響く声を聴いて、私は理解したのだ――大切なのは、驚嘆すべきものの源に名前を付けることではなくて、驚嘆し、畏怖する気持ちそのものなのだと。私がむきになって頑張り、学名を教えることばかりに熱中していたにもかかわらず、学生たちは大切なことを見逃してはいなかったということがわかった――Was blind, but now I see（今まで見えなかった神の恵みを／今では見出すことができる）。彼らはそれを見出した。そしてそれは私にとっても同じだった。もしも私が、これまで覚えた植物の属や種の名前を全部忘れてしまったとしても、この瞬間のことを私は決して忘れない。世界最悪の教師の言葉も、最高の教師の言葉も、シルバーベルやチャイロコツグミの声には掻き消されてしまう。一番最後に耳に残るのは、滝が流れ落ちる音であり、苔の静寂なのだ。

科学の傲慢さに心を侵されたやる気満々の若き博士だった私は、そこにいる教師は私だけだと勘違いしていた。自然こそが真の教師なのだ。学ぶ者である私たちに必要なのはただ、しっかりと気付けるようにしていることだけだ。注意を向ける、というのは、生きた世界とお互い様の関係を持つひとつの形だ——与えられた贈り物を、しっかりと目を開け、心を開いて受け取るということである。私はただ、学生たちがしっかりとそこに存在し、耳を傾けることができるようにしてやりさえすればよかったのだ。霞がたちこめるその午後、山々は学生たちにそのことを教え、そして学生たちは私にそれを教えてくれた。

その晩、大学に戻る車中では、寝ている学生もいたし、減光フラッシュライトで勉強している学生もいた。その日曜日の午後以来、私の教え方は一変した。教師は、あなたに学ぶ準備ができたときに現れるのだと言う。教師の存在を無視すれば、教師は声を大きくする。でもあなたが静かにしていなければ、その声は聞こえない。

大地に抱かれて

民族植物学の授業に出席するために、自然保護区にあるフィールドステーションにやってきたブラッドは、ローファーにポロシャツといういでたちだった。汀線に沿って歩きながら、どうしても誰かに電話をしなくてはいけないのだという様子で携帯電話の電波を探すのだが見つからない。「自然はすごいと思います」と、ステーションの中を案内している私に彼は言ったが、あまりの辺鄙さが彼を不安にしているのだ。「ここは木しかないんですね」

ここクランベリーレイク・バイオロジカル・フィールドステーションに来る学生のほとんどは、興奮して嬉しそうな顔をしている。でも必ず何人かは、ネットワークですべてがつながっている世界から離れて暮らす五週間に耐えなければならない、と諦めきった面持ちでやってくる。卒業要件だからしかたない。年とともに変化するこうした学生たちの態度は、彼らと自然の関係の変化をかなり忠実に映し出していた。昔の学生たちは、キャンプや釣りに行ったり森の中で遊んだりした子ども時代の思い出に駆られてここへやってきた。今の学生は、自然への情熱が弱くなったわけではないけれど、彼らにその情熱を与えるのは「アニマル・プラネット」や「ナショナル・ジオグラフィック」といったテレビ番組だと言う。リビングルームの外にある自然の本当の姿が彼らを驚かせる、ということが、年々多くなっている。

私はブラッドに、森というのは世界中で一番安全な場所である、と言って安心させようとする。白状すれば、私は都会に行くと同じような不安を感じる——人、人、人ばかりの場所で、どうすればいいのかわからず、ちょっとしたパニック状態になるのである。だから違いに慣れるのが大変なのはわかっている。ここへ来る道路はなく、幅一一キロの湖を渡らなくてはならない。舗装された道は一つもなく、四方を大自然に囲まれていて、そこから出るには丸一日歩かなければならない。医療機関までは車で一時間かかるし、ウォルマート［訳注：大型スーパーのチェーン店］までは三時間だ。「だって、何かが必要になったらどうするんです？」とブラッドが言う。そのうちわかるだろう。

ほんの数日ここで過ごすと、学生たちは野外生物学者に変貌し始める。器具類の使い方にも自信がついたし専門用語も覚えて鼻高々だ。彼らは新しいラテン語の学名を覚えるのに余念がなく、それらを口にしては自慢し合う。野外生物学のフィールドステーションでは、夜になってバレーボールをして遊んでいるとき、カワセミがけたたましく鳴きながら浜辺を飛んで行くのを見て相手が「*Megaceryle alcyon!*」と叫んだら、ボールを落としても許される。学名を覚えるのはいいことだ――生物界の個々の生き物を見分けられるようになり、森を織り成す様々な糸を識別して、自然というもののありように同調しようとしているのだから。

でも同時に、人は科学機器を手にすると自分の感覚を信用しなくなる。そして、ラテン語の学名を暗記することにばかり一生懸命になれば、それらが示す生き物そのものを見なくなってしまう。ここに来る学生たちはすでに生態系についてよく知っているし、感心するほどたくさんの植物を識別することができる。ところが、そうした植物がどんなふうにあなたの役に立っているか、と訊くと答えられない。

そこで、私が教える民族植物学の授業ではまず初めにブレーンストーミングをして、人間が必要とするもののリストを作る。それらのニーズのうち、アディロンダック山地の植物が満足させられるものはどれかを理解するのが目的だ。おなじみのリストができあがる――食べ物、住むところ、暖かさ、着るもの。喜ばしいことに、酸素と水も上位一〇位以内に入っている。学生の中にはマズローの欲求五段階説を勉強した者がいて、生きるために必要なものに留まらず、「より高次な」欲求である芸術、友情、精神性などもリストに盛り込む。もちろん、中には人気がなくて友情を育む相手はニンジンだけという人もいるけど、とジョークを言う学生がいる。それはさておき、私たちはまず、住むところを作ることから始める。教室を建てるのだ。

学生たちは場所を選び、図面に沿って地面に印をつけ、若木を伐ってきて根元を土中深く埋める。等間隔に立てられたメープルの柱で直径三・五メートルの円ができる。暑い中で汗だくになりながら、初めのうちはほぼ一人ひとりが個別に作業する。だが、支柱の円が完成し、最初の二本をアーチ型に結び合わせる段になると、作業する仲間の必要性が明らかになる。一番背が高い者が支柱のてっぺんをつかみ、一番体が重い者がそれを曲げた状態で押さえ、体が一番小さい者がよじ登って二本をロープで固定する。一つアーチができると次、というようにして、徐々にウィグワム［訳注：ネイティブアメリカンの伝統的なドーム型住居］の形が姿を現す。特有の左右対称性のおかげで、失敗するとそれが目立ち、学生たちはうまくいくまで何度も結んだりほどいたりする。森に彼らの明るい声が響く。最後の二本を結び終わると学生たちは静かになって、自分たちが造ったものを眺める。それは逆さにした鳥の巣のようにも見える、太い若木を亀の甲のようなドーム状にした籠である。思わず中に入りたくなる。

円周は、私たち一五人全員がゆったりと座るに十分だ。覆いがなくても居心地良くくつろげる。壁も角になったところもない丸い家に住む人は、今ではほとんどいなくなってしまったが、先住民の建てるものは概して、小さくて丸いものが多い——鳥の巣や動物の巣穴、サケの産卵場所、卵、子宮などをお手本にしているのだ。それはまるで、家というものには普遍的なパターンがあるかのようだ。

私たちは支柱を背に寄りかかりながら、この、デザインの共通性について考える。球体は体積に対して表面積が最も小さく、したがって居住空間の確保に必要な材料が最も少なくて済む。球という形は、水を弾き、雪の重さを分散させるし、効率良く暖まり、風にも強い。そうした実質的な理由に加え、輪が教えてくれることに従って暮らす、という点には文化的な意味がある。入り口は必ず東を向いている、と私が言うと、学生たちはすかさず、風が主に西から吹くということを踏まえてその利点を評価する。夜明けを歓迎することの有用性は、まだ彼らの思考にはない。でも太陽がそれを彼らに教えることだろう。

骨組みだけの裸のウィグワムからは、まだ学ぶことがある。壁はガマで編んだゴザで覆い、天井は樺の木の皮をトウヒの根で結びつけなければならない。まだまだやることがあるのだ。

ガマの収穫

授業の前に見かけたブラッドは、まだ機嫌が悪い。私は彼を元気づけようとして、「今日は湖の向こうに買い物に行くわよ！」と言う。たしかに、湖の反対側の町にはエンポリアム・マリーンという名の小さな店がある。辺鄙なところにあって、靴の紐やキャットフードやコーヒーフィルターやシチューの缶詰や胃薬などと並んで、あなたが必要としているまさにそのものが必ずある（ように思える）、そんな雑貨屋だ。でも私たちが行くのはそこではない。ガマの生えた沼はエンポリアム・マリーンと似ている点もないわけではないが、その広大さは、どちらかと言えばもっとウォルマートに似ているかもしれない。今日はその沼地で買い物だ。

沼地と言えばかつては、ヌルヌルした生き物や病気、いやな匂いのほか、不快なことが色々あって、人々がその貴重さに気づくまでは評判が悪かった。今では学生たちは湿地帯の生物多様性と生態系におけるその役割を称賛するが、だからと言って彼らが沼の中を歩きたがるわけではなく、ガマは水の中で刈り取るのが一番効率がいい、と説明する私を怪訝な目で見る。私は、これほど北の沼には毒のある水ヘビもいないし、流砂もないし、カミツキガメは人が近づいてくる音を聞くと大抵隠れてしまう、と彼らを安心させる。ただし、ヒルのことは黙っている。

最終的には、全員が私の後について、転覆させずにカヌーから降りるのに成功する。私たちは鷺のごとく——ただし鷺のような優雅さや落ち着きには欠ける——沼の水の中を歩く。学生たちは、ところどころに島のように浮かんでいる低木や草の塊の間を恐る恐る進み、一歩一歩、まず水底が堅いかどうかを確かめてから体重をかける。若い彼らがこれまでの短い人生でまだ学んでいないとしたら、彼らは今日学ぶはずだ——堅実性など幻想であるということを。この沼の水底は、数メートルの厚さで水中に浮かんでいる腐植土の下にある。腐植土はチョコレートプリン程度の堅さしかない。

一番怖いもの知らずのクリスが、果敢にも先頭に立つ。五歳の男の子のようににんまり笑いながら、彼は平然と水路の真ん中に腰まで水に浸かって立ち、盛り上がったスゲの塊に、肘掛け椅子みたいに肘をかけている。彼にとってもこれは初体験なのだが構わず他の学生たちをけしかけ、丸太の上をおっかなびっくり歩いている学生には「思い切りが肝心なんだよ、あとはリラックスして楽しめんだからさ」とアドバイスしている。ナタリーが「内なるマスクラットと合体！」と叫んで水に飛び込むと、クローディアは泥水がかかるのをよけようと後ずさりする。クローディアは怖いのだ。エレガントなドアボーイのように、クリスが優しく手を差し出してクローディアが水に入るのを助けてやる。そのとき、クリスの背後に泡が長い列になって浮かんできて、ゴボゴボと大きな音を立てて水面で割れる。クリスは泥まみれの顔を赤くして、みなが見つめる中、足の位置を変える。と、またひとしきり、悪臭のある泡が一列になって昇ってきてクリスの後ろで破裂する。これには全員が笑い出し、間もなく全員が水の中の泡を潰し始める。沼を歩いていると、一連の「おならジョーク」が出るのはやむを得ない。私たちの足が沼ガス、つまりメタンガスを放出させるのだ。

沼のほとんどの場所は水深は腿《もも》くらいまでだが、ときおり叫び声が、続いて笑い声が聞こえる。誰かが、胸まで水が来る穴に落ちたのだ。ブラッドでなければいいが、と私は思う。

ガマを引き抜くには、水の中に手を入れ、ガマの根元をつかんで引っ張る。堆積物がそこそこやわらかければ、またはあなたに十分な腕力があれば、根茎ごとまるまる引き抜くことができる。問題は、茎が折れるかどうかはあらかじめわからないので、力一杯引っ張った結果突然茎が折れ、どろどろした腐植土を滴らせながら水の中に尻もちをつくことになりかねない、ということだ。

根茎とは、要は地下にある茎のことなのだが、これがとても貴重なのだ。外側は茶色くて筋張っているが、中はまるでジャガイモのように白くてデンプン質が豊富である。焚き火でローストするととても美味しい。根茎を切ってきれいな水に浸けておくと、すぐにねっとりした白いデンプンがボウルの底に溜まり、それを粉にしたり粥状に煮たりできる。もじゃもじゃした根茎の中には、先端から堅くて白い別の茎が生えているものもある。かなりあからさまに男根を思わせるが、そうやって横に増殖するのである。そこを成長点として、ガマは沼地に拡がっていく。人間の欲求段階を刺激されたのか、男子学生の中には、私が見ていないと思ってガマの根茎でふざける者もいる。

ガマは学名を *Typha latifolia* といい、いわば巨大な草である。はっきり幹と呼べるものはなく、まるまった何枚もの葉が互いを包み、同心円状の層になっている。一枚の葉では風や波に耐えることはできないが、葉が集まったものは強く、水中に大きく広がる根茎のネットワークがガマをしっかりと固定している。六月に収穫すると丈は九〇センチくらいだが、八月まで待って収穫すれば葉の長さは二メートル半ほどになり、その一枚一枚は幅二・五センチほどで、根元から優しく揺れる葉先まで平行に走る葉脈のおかげで強靭である。この環状の維管束はそれ自体が頑丈な繊維質に包まれており、そのすべてが一緒になってガマを支えている。そしてガマはお返しに人間を支えるのだ。裂いて捻ったガマの葉は、一番簡単に植物繊維が採れる材料であり、私たちはそれで糸や紐を作る。ステーションに戻ったらこれで、ウィグワムを作るための紐と、織物にできるほど細い糸を作るのだ。

間もなくカヌーにはガマの葉の束が山積みになり、熱帯の川を行く筏の船団のようだ。私たちは岸までそれを引っ張っていき、それから一本一本、葉を一枚一枚外側から順にバラバラにして仕分けし、汚れを落とす。葉を剝ぎ取ろうとしたナタリーの手からたちまちガマが地面に落ちる。「いやだ、すごくヌルヌルしてる」とナタリーは言って泥だらけのズボンに手をこすりつけるが、そんなことをしても無駄だ。ガマの葉の根元をバラバラにすると、ねばねばしたゼリー状のものが、透明で水っぽい粘液のように葉と葉の間に伸びる。初めは気持ち悪いが、それがついた手はとても気持ちがいいことがすぐにわかる。私は、「薬は病気の原因のそばに生える」とハーバリストが言うのを何度も聞いたことがある。そしてその通り、ガマを収穫すれば間違いなく日焼けして肌が痒くなるが、その不愉快さを解消する方法はガマそのものの中にあるのだ。透明でひんやりとして清潔なそのゼリー状のものは、つけると爽やかだし、抗菌性もある。まさに沼地版アロエベラ・ジェルなのだ。ガマは、細菌から身を護り、水位が下がったときにも葉の根元が乾燥しないためにこのゼリーを作る。そして、ガマを護っているこうした作用が、私たちのこともまた護ってくれるのである。日に焼けた肌につけるととても気持ちが良いものだから、間もなく学生たちはそのネバネバを体に塗りたくり始める。

ガマはこの他にも、沼地に立って一生を過ごすのに最適な特徴を発達させている。葉の根元は水中にあるが、それでも呼吸のための酸素は必要だ。そこで、エアータンクを背負ったスキューバダイバーよろしく、ガマの葉にはスポンジのような、空気の詰まった組織が備わっている。天然の緩衝材である。通気組織と呼ばれるこの白い細胞は肉眼で見えるほど大きく、それぞれの葉の根元に、浮力のあるフカフカの層を形成している。また、葉はロウ質の膜で包まれていて、それはちょうどレインコートのように撥水性がある。ただしこのレインコートの機能は普通とは逆で、水溶性の栄養素を葉の中に閉じ込め、沼の水の中に洗い流されてしまわないようにするためのものだ。

これらはすべて、ガマにとって都合が良いのはもちろん、人間にとってもありがたい特徴だ。長くて撥水性があり、断熱性のあるスポンジ状の細胞が詰まったガマの葉は、住まいを作るには絶好の材料である。昔は、ガマの葉でできた薄いゴザを縫い合わせたり結び合わせたりして、夏用のウィグワムを覆ったものだった。乾季には、葉が縮んでできた葉と葉の間隙が風を通し、通風性がいい。雨が降れば葉は膨らんで隙間がなくなり、ガマのゴザは水を弾く。また敷布団を作るのにも向いている。地面から上がってくる湿気をロウが防ぎ、通気組織のおかげでクッション性と断熱性があるからだ。やわらかくて乾いた、刈ったばかりの干し草みたいな匂いがするガマのゴザを二枚ばかり寝袋の下に敷けば、夜、気持ち良く眠れる。

ナタリーが、指でやわらかい葉を押しつぶしながら「まるで植物はこういうものを、私たちのためにわざわざ作ってくれたみたいね」と言う。進化の過程で植物が見せた適応と人間が必要とするものの類似は、実際驚くばかりである。ネイティブアメリカンの言語の中には、植物を表す単語が「私たちの面倒を見てくれる者」という意味になるものがある。ガマは沼地で生き延びるために、自然淘汰を通じて洗練した適応を見せた。熱心な生徒であるネイティブアメリカンの人々は植物の問題解決方法を真似し、それによって彼らが生き延びる可能性もまた高まった。まず植物が適応し、それを人々が借用したのである。

ガマを使い尽くす

ガマの葉を一枚一枚剥ぎ取っていくと、穂軸に近づくにつれて薄くなるトウモロコシの皮のように、だんだん薄くなっていく。中心では、葉と茎はほとんど一体になる。茎は小指ほどの太さの白くてやわらかい髄でできていて、夏に採れるスクウォッシュのようにパリッとしている。私は髄を一口サイズに折って学生たちに回す。私がそれを食べるのを見て、学生たちはやっと、お互いを横目で見やりながらこわごわ囓ってみる。と思うと数分後には、笹藪にいるパンダみたいに夢中になって自分で茎を剝く。「コサックのアスパラガス」と呼ばれることもある生のガマの茎は、キュウリのような味がする。炒めてもいいし、茹でてもいい。とっくの昔にお弁当箱が空になってしまったお腹を空かせた大学生なら、湖の湖畔で生のまま食べるのだ。

沼地を振り返ると、私たちがガマを刈ったところがどこかはすぐにわかる。まるで大きなマスクラットが荒らしたみたいだ。学生たちは、自分たちが沼に与えた影響について、熱心に議論を始める。

私たちの買い物用のカヌーはすでに、服やゴザや糸や住む家を作るためのガマの葉でいっぱいだ。炭水化物のエネルギーを補給する根茎はバケツに何杯分もあるし、茎の芯は野菜になる。他には何も要らないではないか？ 学生たちはこうした戦利品を、自分が考えた「人間が必要とするもののリスト」と比較する。そして、ガマの汎用性はすごいけれども、欠如しているものもあることに気づく。タンパク質、火、光、音楽。ナタリーは不足しているもののリストにホットケーキも入れてくれと言う。「トイレットペーパー！」と言ったのはクローディアだ。ブラッドの必需品リストにはiPodが含まれている。

私たちは、沼というスーパーマーケットの売り場をブラブラして他の製品を探す。学生たちは自分が本当にウォルマートにいるふりをし始め、もう一度沼の水の中に入りたくないランスは入り口に立っている店員役を買って出る。「ホットケーキでしたら五番売り場です。懐中電灯ですか？　三番売り場ですね。申し訳ございません、当店ではiPodは扱っておりません」

ガマの花はまるで花らしく見えない。ガマの茎の長さは一・五メートルほどで、先端にふっくらした緑色の円柱状のものがついていて、真ん中で二つに分かれている。上半分が雄花で下半分が雌花だ。ガマは風媒花で、雄花の穂先が破裂して硫黄色の花粉を空中に放出する。ホットケーキ班は沼地を見回してそういう雄花を見つけると、茎の上からそっと紙袋をかぶせて口をぎゅっと締め、それから雄花を揺らす。紙袋の底には大さじ一杯分くらいの、鮮やかな黄色をした粉と、おそらく同じくらいの量の虫が溜まる。花粉（と虫）は、ほぼ純粋なタンパク質で、カヌーに積んである根茎を補完する高品質な食べ物だ。虫を取り除いたら、スコーンやホットケーキに加えれば栄養価も増すし、綺麗な黄金色になる。紙袋の中に落ちなかった花粉もあって、学生たちは黄色い斑模様になる。

雌花の方は、細い緑色のソーセージを棒に突き刺したように見える。花粉を待つ子房がびっしりと集まって、スポンジのような小塊状である。ちょっと塩を入れて茹でてからバターをたっぷりと塗り、茎の上と下を、串に刺したトウモロコシみたいに両手で持って、まだ成熟していない花にかぶりつく。味も歯ごたえもアーティチョークにそっくりだ。夕食用のガマのケバブだ。

叫び声が聞こえ、綿毛が雲のように空中を漂うのが見える。学生たちが三番売り場を見つけたらしい。小さな雌花の一つひとつは、成熟すると綿毛がくっついた種子になり、茎の先端にきれいな茶色いソーセージが突き刺さったおなじみのガマの姿になる。この季節、冬の間の風にさらされたガマの雌花は精製綿のような塊になっている。学生たちはそれを茎からもぎ取って布袋に詰める。枕か布団にするのだ。

先人たちは、ガマがびっしりと生えた沼に感謝したにちがいない。ポタワトミ語でガマを指す単語の一つ、bewiieskwinukは、「赤ん坊をそれで包む」という意味だ。やわらかくて暖かく、吸水性のあるガマの綿毛は、断熱材でありおむつでもあったのだ。

エリオットが「懐中電灯があったよ！」と叫ぶ。綿毛が詰まったガマの穂は昔から、脂に浸けて火を灯し、松明として使われてきた。茎自体は驚くほどまっすぐでなめらかで、まるで旋盤で削り出したダボロッドのようだ。私たちの祖先は茎を集めて、矢柄にしたり、手で火を熾すときの錐として使ったりと、さまざまに利用した。火熾しの道具には必ず、火口としてガマの綿毛が少々入っていた。

学生たちはこれらを全部集め、手に入れた掘り出し物をカヌーに運んだ。ナタリーはまだ近くの水の中を歩いていて、次はショッピングモールに行くと叫ぶ。クリスはまだ戻って来ない。

ガマの種子は、綿毛の翼に乗って広く、遠く飛んでいき、新しいコロニーを作る。ガマは、適当な日光とたっぷりの栄養、それに濡れた土壌があれば、ほぼどんな種類の湿地でも育つ。陸地と水域の中間にある淡水湿地は、地球上でも最も豊かな生態系の一つで、熱帯雨林と双璧をなす。ガマのおかげでスーパーマーケットのように色々なものを提供してくれる沼を人々は大切にしたが、そこはまた同時に、魚や動物も豊富だった。浅瀬では魚が産卵し、カエルやサンショウウオもたくさんいた。水鳥たちは密集して生えるガマの剣のような葉に護られてそこに巣をかけ、渡り鳥は旅の途中の安らぎの場所としてガマの生えた沼を求めるのである。

驚くにはあたらないが、この豊かな土壌に対する欲が原因で、今では沼地の九〇パーセントが、沼に頼っていたネイティブアメリカンの人々とともに失われてしまった。ガマは土壌を肥沃にする。枯れると、葉や根茎はすべて堆積物に還り、食べられずに残ったものは、沼底の嫌気性の水の中で、十分に分解されずピート（泥炭）になる。ピートは栄養が多いしスポンジのように水を含むので、市場向けの商品として理想的だ。湿地は「役に立たない土地」とそしられ、大々的に排水されて農地に転用された。いわゆる「湿地農業」は、排水された湿地の黒い土壌を鋤き込む。そして、かつては世界でも多様な生物を養っていた土地が、ただ一種類の作物を育てるようになる。湿地を舗装して駐車場にしたところもある。なんという土地の無駄使いだろう。

　荷物をカヌーにロープで縛り付けていると、クリスが意味ありげにニヤニヤしながら歩いてきた。後ろに何か隠している。「ほら、ブラッド、iPod見つけてやったぜ」。彼はトウワタの莢《さや》を二つ持っていて、それを自分の細めた目の上に当ててみせる。アイ・ポッドというわけだ〔訳注：iPodとeye（目）pod（莢）をかけている〕。

　泥の中で日に焼け、大笑いし、ヒルの被害にも遭わなかった一日が終わる頃、私たちのカヌーには、ロープ、布団、断熱材、照明具、食べ物、熱、住まい、雨具、靴、ツール、そして薬を作る材料がうず高く積まれている。オールを漕いで宿舎に向かいながら、ブラッドはまだ「何かが必要になったらどうしよう」か心配しているだろうか、と考える。

　数日後、ガマの収穫やゴザ編みで指先がガサガサの私たちは、ガマのゴザでできた壁の隙間から日の光が差し込むウィグワムに集まり、ガマで作ったクッションに座っている。天井はまだ穴が開いたままだ。編んだゴザでできた教室の壁に囲まれていると、自分が籠に入ったリンゴみたいな気がする――みんなで体を寄せ合って。ウィグワム作りの仕上げは屋根だ。そして予報によればもうすぐ雨になりそうである。樺の木の樹皮を延ばしたものはすでに山ほど作ってあるので、私たちは、最後に必要な材料を集めに出かけることにする。

カナダトウヒの根で籠を編む

以前の私は、自分が教えられたのと同じ方法で教えていた。だが今は、教える仕事は全部他の人にやってもらっている。植物が人間にとって最も古い教師ならば、彼らに教えてもらえばいいではないか？

　シャベルが岩にカン、カンとぶつかり、汗をかいた肌にたかるアブにさんざん悩まされながら、宿舎からずいぶん歩いて辿り着いたその木陰は、まるで冷たい水に飛び込んだように気持ちいい。まだアブを叩きながら、私たちはバックパックをトレイルの脇に降ろし、苔むした静寂の中でしばし休む。辺りには虫除け剤の匂いと苛立ちが立ち籠めている。もしかしたら学生たちはもう、四つん這いになって草の根を探しているときにシャツとズボンの間に露出する肌をアブに刺され、そこがミミズ腫れになるであろうことを予感しているのかもしれない。血は少々吸われるかもしれないが、彼らがこれから初心で体験することを私は羨ましく思う。

　この森の林床は、赤みがかった茶色をしたトウヒの針葉が厚く積もっていてやわらかい。ところどころに淡い色のメープルやアメリカザクラの葉が吹き溜まり、ほんの少しではあるが濃い林冠を貫いて木漏れ日が差し込むところには、シダ、苔、地面を這うツルアリドオシが輝いている。私たちがここへ来たのは、watap、つまりカナダトウヒ（*Picea glauca*）の根を集めるためだ。それは五大湖地方のすべての先住民文化にとっての要であり、樺の木の樹皮を縫い合わせてカヌーやウィグワムを作れるほど強靱であると同時に、美しい籠を編めるほどしなやかである。他のトウヒの根も使えなくはないが、カナダトウヒの白い粉をまぶしたみたいな葉や、猫の尿みたいな独特の匂いを探すのは、それだけの価値がある。

　私たちは、目を突かれそうで危ない枯れた枝を折りながら、トウヒの木々の間をくねくねと歩いて最適なスポットを探す。私は学生たちに、林床の読み方を覚え、地下の根が見えるように透視能力を身につけてもらいたいのだが、直感力をきちんとした手順に分解するのは難しい。成功の確率を最大にするには、二本のトウヒに挟まれた、できるだけ平らなところを選び、岩のあるところは避ける。近くによく腐った丸太があるのは好ましいし、苔が生えているのは良い兆候だ。

根を収穫するときには、やみくもに掘っても穴があくだけだ。大急ぎで何かをしようとする癖は忘れなくてはいけない。大事なのはゆっくりやることなのだ。「まず与えること。もらうのはそれから」。それがガマだろうと樺の木だろうとカナダトウヒの根だろうと、学生はこの、「良識ある収穫」を思い出すための収穫前の儀式にはもう慣れていて、目を閉じて儀式に参加する学生もいれば、今だとばかりバックパックをかき回して鉛筆を探す学生もいる。私は低い声で、私が何者で何のためにここへ来たのかをトウヒに伝える。ポタワトミ語と英語を交ぜて使って、どうか根を掘るのを許してくださいとお願いし、彼らにしか与えられないもの――その肉体と教えを、この大切な若い人たちに与えてやってくれないだろうか、と頼む。私が求めているのは「根」以上の何ものかであり、そのお返しに少々のタバコをそこに置く。

学生たちは集まって輪になり、シャベルに寄りかかって立っている。私は、カサカサで、年代物のパイプタバコのような香りのする古い葉の層を箒でどかす。そしてナイフを取り出し、腐葉層に最初の一刀を入れて――血管や筋肉を傷つけるほど深くはなく、森の皮膚の表面に傷をつけるだけだ――つけた傷口の縁に指を入れて引っ張る。すると一番上の層が剝がれ、私はそれを、収穫が終わったら戻せるように横にどけておく。ムカデが一匹、慣れない日の光の中をやみくもに走り、甲虫は地中に潜って身を隠す。土の中をこうして白日のもとに晒すのは、入念な解剖のようなものだ。植物の器官の秩序だった美しさ、互いに寄りかかり合いながら作り出すハーモニー、機能に即したその形に、動物を解剖するときと同じように学生たちが息を吞む。それらは言わば森の内臓だ。

腐葉土の黒を背景にすると、色のあるものが、雨に濡れた暗い街に光るネオンライトのように目立つ。みずみずしく、スクールバスみたいなオレンジ色をしたオウレンの根は地中を縦横に走り、サルサパリラはすべて、一本一本の太さが鉛筆くらいの乳白色の根でつながっている。すぐにクリスが「地図みたいだ」と言う。実際それは、道路の色や太さが描き分けられた地図のようだ。インターステート・ハイウェイにあたるのは太くて赤い根だが、それがどこから来ているのかわからない。そこでその一本を引っ張ると、数十センチも離れていないところでブルーベリーの茂みがそれに応えて揺れる。カナダマイヅルソウの白い塊茎は村々を結ぶ郡道のように、半透明の細い糸でつながっている。淡い黄色をした菌糸が黒っぽい有機物の塊から扇状に広がっているさまは、袋小路になった路地のようだ。若いアメリカツガからは、大都会に広がる道路網のような、筋張った茶色い根がびっしりと密集して伸びている。学生たちは今や全員、土の中に手を突っ込み、根の行く先を辿ったり、根の色と地上の植物を組み合わせようとしたりして、この世界地図を読んでいる。

学生たちは、土を見たことがあると思っている。菜園で土を掘り起こしたり、木を植えたり、耕されたばかりで温かくてポロポロの、種を蒔くばかりの土を手にしたこともある。だが、耕されたいくばくかの土は、森の土の足元にも及ばない。五〇〇グラムばかりの挽肉が、牛や蜂、クローバー、マキバドリ、ウッドチャック［訳注：哺乳綱齧歯目リス科マーモット属に分類されるマーモットの一種。北アメリカに広く分布する］、そしてそれらをつなぐすべてのものに満ち溢れた牧場とは似ても似つかないように。庭先の土は挽肉のようなものなのだ――栄養分はあるかもしれないが、そのもともとの姿がまったくわからないほど均質化されてしまっている。人間が耕耘《こううん》によって農業用の土壌を作るのに対し、森の土壌は、さまざまに絡み合う互恵的なプロセスによってできあがっていく。そしてそれを目にすることができる人は少ない。

草が根を下ろしている表土をそっと持ち上げるとその下には、クリームを入れる前のジャワコーヒーみたいに真っ黒な土がある。しっとりと湿って重く、とても細かく挽いたコーヒーの挽きがらのようになめらかな黒い粉末状をした腐葉土だ。土壌は「汚い」ものでもなんでもない。この黒くてやわらかい腐葉土はいかにも甘くて清潔で、スプーンですくって食べられそうなほどだ。私たちはこの美しい土を少々掘って、どの根がどの木のものかを調べる。メープル、樺の木、サクラの根はもろすぎるので、私たちが欲しいのはトウヒの根だけだ。トウヒの根は張りがあり、バネのようで、触れればそれとわかる。ギターの弦のようにはじけば、土に跳ね返ってビーンと音がするほど弾力性があって強靭である。そういうのを探しているのだ。

一本の根を握る。引っ張って地面から引き抜き始めると根は北に向かっているので、その方向の土を掘って根を自由にしてやる。ところが根はその先で、東から、行き先に確信があるかのようにまっすぐ伸びてきている別の根と交差する。そこでそこも土を掘り起こす。もう少し掘ると根は三本になる。間もなくその辺りは、熊が地面を掘ったみたいに見える。私は最初の根に戻って端を切り、他の根の下をくぐらせたり跨がせたりし、何度もそれを繰り返す。森を支えている足場から針金を一本だけ抜き取ろうとしているわけだが、そのためには他の針金もほどかないわけにはいかないことがわかる。剝き出しになった十数本の根の中から一本を選び、途中で切れないようにそれを辿って掘り出して長い長い一本の紐状の根を取り出す。易しいことではない。

私は学生たちを根の収穫に送り出す。地面を見てどこに根があるかを読み取るのだ。森の中に学生たちの賑やかな声が響き、その笑い声が、薄暗くて冷たい森を明るくする。学生たちは少しの間、互いに声を掛け合い、ズボンからはみ出したシャツの端から入り込んで皮膚を刺すアブを大声で罵っている。

やがて学生たちは散り散りになる。根を掘り出す場所を一箇所に集中させないためだ。根の広がりはゆうに樹冠と同程度の大きさがあり、何本か根を切ったところで大した痛手ではないが、私たちは、与えた損害は修復するように気をつけている。私は学生たちに、収穫が終わったら、自分が掘った溝は自分で埋め、オウレンや苔はあった場所に戻し、しおれかけた葉に自分の飲み水をかけるのを忘れないように言う。

私は私の持ち場に残って根を掘りながら、おしゃべりの声がだんだん消えていくのを聞いている。ときおり近くから、イライラしたうめき声や、土が誰かの顔に跳ねたときのピシャッという音が聞こえる。私には彼らの手が何をしているのかがわかるし、彼らが何を考えているかも何となく感じる。トウヒの根を掘っていると、どこか他の場所に連れて行かれる。土中の地図は何度も何度もあなたに問いかける——どの根がいいだろう？　景色の良いルートはどれ？　行き止まりになるのは？　きれいな根を選んで慎重に掘り起こしていっても、突然それが岩の下に潜ってしまってそれ以上掘れないこともある。諦めて別の根を選ぼうか？　根は地図のように広がっているかもしれないが、地図が役に立つのは自分が行きたい場所を知っているときだけだ。枝分かれする根もあるし、切れてしまう根もある。私は、子どもと大人の中間にいる学生たちの顔を眺める。複雑に絡まり合ったこれらの選択肢は、彼らにはっきりと教えている、と私は思う。どの道を選択するか。いつだって問うべきはそこではないだろうか？

ガマと相互依存関係を築く

やがておしゃべりが途絶え、私たちは苔むした静寂に包まれる。聞こえるのはただ、トウヒの木をわたる風のシューッという音とミソサザイの鳴き声だけだ。時間が流れていく。普段の五十分という授業よりずっと長い時間が経っても、誰も何も言わない。私はあることを期待して待つ。大気はある種のエネルギーに満ちてざわめいている。とそのとき、それが聴こえてくる——誰かが小さな声で満足そうに歌うのが。私は自分が笑顔になるのを感じ、安堵の溜息をつく。毎回必ずこうなのだ。

アパッチ族の言語では、土地を表す言葉の語幹はマインドを意味する言葉の語幹と同じである。根を収穫するという行為は、地中の地図と私たちの頭の中の地図の間に鏡を置いてみせる。それは、静寂と歌、そして土に手で触れているから起きることなのだと私は思う。その鏡をある特定の角度から見ると、二つの地図が一つになって、私たちは家までの道をみつける。

近年の研究で、腐葉土の匂いが人間に、ある生理作用をもたらすことがわかった。マザー・アースの香りを吸い込むと、オキシトシンというホルモンの分泌を刺激するのである。これは、母と子や恋人同士の心のつながりを促進するのと同じ化学物質だ。愛する腕に抱かれて、歌いたくなるのも無理はない。

初めて根を掘り出したときのことを私は覚えている。私は何か、籠に変える材料を探していたのだが、変わったのは私の方だった。縦横に交差しあう模様、複雑に絡み合う色彩。籠はもうすでに地中にあって、私に作れるどんな籠よりも強く、美しかった。トウヒ、ブルーベリー、アブ、ミソサザイ——森全体を抱えているのは、山一個分の大きさの野生の籠だ。大きいので私も入れてもらえる。

私たちはトレイルで集合し、ぐるぐる巻きにした根を見せあい、男子は誰のが一番大きいか自慢しあっている。エリオットは自分が採った根を地面に広げてその横に寝転がる。爪先から頭の上に伸ばした指の先まで、一八〇センチ以上ある。「腐った丸太の真ん中を通ってたんだよ。だから俺もくぐったの」。「そう、私のもそうだったわ」とクローディアが言う。「栄養分を追いかけていたんだと思う」。学生たちが採ってきた根のほとんどは短かったが、それらに付随するエピソードは長かった。寝ているヒキガエルを石と間違えたとか、大昔の火事が残した炭のレンズ状層。突然折れて、ナタリーに頭から土を浴びせた根。「すごく楽しかったわ。やめたくなかった」とナタリーが言う。「まるで根が私たちを待ってたみたいだった」

根を採集した後、私の学生たちは必ず変化する。どこか優しく、心が開かれた感じがするのだ——まるで、それまで存在することを知らなかった腕に抱擁されていたのだとでも言うように。彼らを見ていると私まで、この世界という贈り物に心を開き、地球は自分の面倒を見てくれるし必要なものはすべてそこにある、という思いで心がいっぱいになる感覚を思い出すことができる。

根を収穫した手も見せあう。肘まで真っ黒、爪の中も真っ黒、儀式のためにヘンナで染めた手のように隙間という隙間が黒く、爪はまるで茶渋で染まった陶器のようだ。「ほらね」と、女王のお茶会みたいに小指を立ててカップを持つ真似をしながらクローディアが言う。「特別に、トウヒの根でマニキュアしたのよ」

宿舎に戻る途中、私たちは川に立ち寄ってトウヒの根を洗う。岩に腰をかけて、しばらく根を水に浸す——私たちの裸足の足と一緒に。私は、若木を割いて作った万力を使って根の皮を剝く方法を教える。ザラザラした樹皮と多肉質の師部が、白い脚から汚れた靴下を脱ぐように剝がれていく。その下の根はきれいなクリーム色をしていて、手に糸のように巻きつくが、乾くと木のように硬くなる。清潔なトウヒの香りがする。

地中からほぐして取り出したトウヒの根で、私たちは小川の岸辺に座って初めての籠を編む。初心者が作る籠はいびつだが、それでも私たちを包んでくれる。完璧ではないかもしれないけれど、私はそれが、人と自然のつながりを編み直す最初の一歩だと信じている。

ウィグワムの屋根は苦もなく出来上がる。学生同士が肩車して天井の高いところに手を伸ばし、樹皮を根で留めつけていく。ガマを刈ったり若木を曲げて結んだりした後なので、なぜ私たちがお互いを必要とするかが学生たちにはわかっている。ゴザを編むのは単調な作業だし、iPodもないので、退屈を紛らわすためにストーリーテラー役を買って出る者が現れ、歌を歌いながら指を動かす——まるで彼らも昔のことを覚えているかのように。

この数日間、私たちはともに教室を作り、ガマのケバブと根茎のローストを堪能し、ガマの花粉入りのホットケーキを食べた。虫刺されにはガマのゼリーが効いた。そしてまだロープと籠を完成させなければならない。だから私たちは、丸いウィグワムの中で一緒に座り、紐を編みながらおしゃべりする。

私は以前、学生たちと私がガマで籠を編んでいるところに、モホーク族のエルダーであり学者でもあるダリル・トンプソンが居合わせたときのことを話す。「若い人がガマのことを勉強してくれてるのを見るとすごく嬉しいよ」と彼は言った。「ガマは俺たちに必要なものを全部くれるからね」。ガマは、神聖な植物としてモホーク族に伝わる創造の物語に登場する。実は、モホーク族の言語でガマを意味する言葉は、ポタワトミ語のそれと共通点が多い。ポタワトミ語と同じく、モホーク語のそれはクレードルボード［訳注：先住民が子どもを背負うのに用いた木枠］の中のガマのことも指すのだが、その言い方がとても愛らしいので私は涙目になってしまう。ポタワトミ語では「私たち（人間）は赤ん坊をそれで包む」という意味になるのだが、モホーク語では、ガマが人間を包み込む、という意味になるのだ——まるで私たちがガマの赤ん坊であるかのように。そのたった一つの言葉で、私たちは、マザー・アースのクレードルボードに抱かれるのである。

どうすれば、それほどの愛情にお返しができるのだろう？　ガマが私たちを支えてくれていることがわかった今、私たちがガマに手を貸すことはできないだろうか？　学生たちにどうやってこの問いを切り出そうかと考えていると、クローディアが、私の考えているのと同じことを言葉にする。「失礼なことを言うつもりは決してないんだけど。ガマに、採ってもいいかと訊いたりタバコを捧げたりするのは素晴らしいとは思うけど、でも、それで十分なのかな？　だって私たち、ものすごく色々もらっているわけでしょ。ガマを収穫したとき、買い物に行ったふりをしたじゃない？　だけど、もらうだけもらってお金は払ってない。よく考えると、私たち、沼で万引きしたんだわ」。そう、その通りだ。もしもガマの茂みが湿地のウォルマートだとしたら、盗品をいっぱいに積んだ私たちのカヌーに、出口の警報アラームが鳴り響いたことだろう。ガマとのレシプロシティーを築く方法を見つけない限り、私たちはある意味、お金を払わずに品物を持ち去ろうとしていることになる。

タバコは物質的な意味での贈り物ではなくて精神的なものであり、私たちからの最大の敬意を伝える手段であるということを私はもう一度学生たちに話す。このことについて、私は以前から何人ものエルダーに尋ねてきたが、彼らの答えはさまざまだった。そのうちの一人は、私たちの義務は感謝することだけだと言った。そして、マザー・アースが私たちに与えてくれるものにほんのわずかでも匹敵するものを、人間がお返しに贈ることができるなどという傲慢なことは考えるなと釘を刺された。私は、そういう考え方に内在するedbesendowen（謙虚さ）を尊敬する。でも私は、私たち人間には感謝の他にも、お返しに差し出せるものがあるような気がするのだ。レシプロシティーという哲学は概念としては美しいが、実行するのは難しい。

ウィグワムの中で眠る

手を忙しく動かしていると思考が解放されやすい。学生たちは、指でガマの繊維を撚って紐にしながらこのことについてあれこれ言い始める。ガマや樺の木やトウヒに私たちから差し出せるものには何があるかしら、と私は学生たちに訊く。ランスが鼻で笑って言う。「ただの植物だろ。俺たちが利用できるのはスゲエと思うけど、だからって俺たちには別に借りはないよ。そこに生えてるだけなんだからさ」。他の学生たちは不満の声を漏らし、どんな反応をするかと私の方を見る。法学部に進もうとしているクリスが、生まれつきの弁護士よろしく仕切り始める。「ガマが『無料』なら、それは贈答品にあたり、僕たちには感謝する以外の義務はない。贈り物には金を払わないだろ、ありがたく受け取るだけだ」。それに対してナタリーが異を唱える。「贈り物だからって、恩義はないって言える？　贈り物をもらったら必ずお返しすべきだわ」。それが贈り物であろうと商品であろうと、借りができたことに変わりはない。前者なら倫理的な、後者なら法的なものだ。だから、倫理的に行動するとしたら、植物から受け取ったものに対して何らかの代償を払わなければいけないのではないか？

　こういう問題について学生たちが話し合っているのを聞くのが私は大好きだ。平均的なウォルマートの客は、自分が購入した製品を生み出した自然に対して自分が借りを負っているとは考えないだろう。学生たちは作業しながらとりとめのない話をし、笑っているが、そこからたくさんの提案が生まれる。ブラッドは許可制度を提案する――収穫したものに対する料金を支払い、それが州に納付されて湿地保護に使われる仕組みだ。もっとみんなに湿地の重要性を知ってもらうべき、という意見の何人かは、ガマの価値について学校でワークショップを開けばいいと言う。学生たちはまた、ガマを保護する方法についても提案する――ガマの存在を脅かすものからガマを護り、アシやエゾミソハギといった侵略種を組織的に引き抜くことでガマにお返しをするのだ。あるいは地方自治体の都市計画委員会会議に出席して、湿地の保護を訴える。投票する。ナタリーは、水の汚染を軽減するため、住んでいるアパートに天水桶を取り付けることを約束する。ランスは、今度両親から芝生に肥料をやるように言われても断って、薬品が流出しないようにすると誓う。「ダック・アンリミテッド」か「ザ・ネイチャー・コンサーヴァンシー」［訳注：どちらも環境保護団体の名称］のメンバーになる。クローディアは、ガマのコースターを編んで今年のクリスマスプレゼントにし、みんながそれを使うたびに湿地を大事にすることを思い出してもらえるようにすると断言する。学生たちは答えを持ち合わせないだろうと思っていたが、その創造性には頭が下がった。彼らからガマへの贈り物は、ガマが彼らにくれるものと同じくらい多様だ。自分には何を差し出すことができるのか、それを見つけるのが私たちの仕事だ。自分自身に与えられた才能がどういうものであり、どうしたらそれをこの世界のために使えるかを学ぶ。それこそが教育の目的ではないだろうか？

学生たちの言葉に耳を傾けながら、私には、ゆらゆら揺れるガマの穂、風が吹きつけるトウヒの枝から、もう一つの囁きが聞こえてきて、優しさというのは抽象的な概念ではないということをもう一度思い出す。生態系に対して私たちが感じる思いやりの心の届く範囲は、生きた自然に直接触れる体験によって広くなり、それがなければ狭くなる。沼の水に腰まで浸かったり、マスクラットの足跡を追跡したり、痛みをやわらげてくれるネバネバを体にこすりつけたり、トウヒの根で籠を編んだり、ガマの花粉入りのホットケーキを食べたり、そういう経験がなかったら、彼らは今こうして、お返しに何を贈れるだろうかと議論しているだろうか？　レシプロシティーについて学ぶにあたっては、手が心を導くことがあるのだ。

授業の最終日、私たちはウィグワムで寝ることに決め、黄昏時に寝袋を運び、遅くまで火を囲んで談笑する。クローディアが、「明日帰るの悲しいな。ガマの上で寝られないと、自然とこんなにつながってるって感じがしなくて淋しいと思う」と言う。地球が私たちに必要なものすべてを与えてくれるのは、何もウィグワムの中だけではない、ということを忘れないようにするには本当の努力が要る。お互いを知り、感謝しあい、受け取った贈り物にお返しをするというのは、ブルックリンのアパートにいるときも、樺の木の樹皮でできた屋根の下で眠るときと同様に大切なのだ。

学生たちが二、三人ずつ、懐中電灯を持ち、何事か囁きながら焚き火の輪を離れるのを見て、私は彼らが何か企んでいるのを察する。あっという間に、彼らは間に合わせの楽譜を持ち、焚き火の炎に照らされながら合唱団みたいに並んでいる。「先生にプレゼントがあります」と彼らは言って、自分たちで作曲した見事な賛歌を歌い出す。歌詞にはトウヒの根や沼のアシ、ガマの松明も登場してなかなか洒落ている。歌は徐々にクレシェンドして、「どこにいたって、植物があればそこが我が家」で盛り上がる。これ以上に完璧なプレゼントは想像もできない。

私たちは全員、ウィグワムの中でダウンを着た毛虫みたいにぎゅうぎゅう詰めで寝る。ゆっくりと眠りに落ちていきながら、ときおり誰かの笑い声や会話の最後の切れ端が聞こえる。奇妙な歌詞を思い出して私がクスクス笑い始めると、並んだ寝袋の上を、池を渡るさざ波のようにクスクス笑いが伝わっていく。ようやくみなが眠る頃、私は、頭上に広がる星空にも似た、樹皮でできたこの屋根の下で、私たち全員が大地に抱かれているのを感じる。静けさがあたりを包み、やがて聞こえるのは学生たちの寝息とガマのゴザの壁が囁く音だけになる。私は良い母親になったような気がする。

東を向いた入り口から朝日が差し込むと、最初に目を覚ましたナタリーが、爪先立ちで他の学生をまたいで外に出る。私はガマのゴザの隙間から、ナタリーが両腕を高く上げ、新しい一日に感謝するのを見つめている。

ガマ
(TracieMichelle/iStock/Thinkstock)

岬を燃やす

復活のダンス、世界を創造したダンスはつねにここ、ものごとの果てで、端っこで、霧深い海岸線で踊られたのです。(『世界の果てでダンス』白水社、篠目清美訳)

アーシュラ・K・ル＝グウィン

はるかかなた、波の向こうで、彼らはそれを感じた。どんなカヌーも届かない、海を半分ほども渡ったところで、何かが彼らの中で目覚めた——骨と血でできた太古の時計が「時間だ」と告げたのである。銀の鱗に覆われた体はそれそのものが、海の中でくるくる回る羅針盤の針であり、波間に浮かぶその矢は故郷を指し示す。ありとあらゆる方角から彼らはやってきた——海は魚のじょうごとなり、魚たちが集まれば集まるほどその通り道は狭くなって、やがて彼らの銀色の体が水を明るく照らす。同じところで産まれ、海に送られた仲間たち、放蕩息子ならぬ放蕩サケが故郷を目指すのだ。

この一帯の海岸線はギザギザで無数の洞窟があり、霧堤に包まれて、雨林から流れ出す川でところどころ途切れている。目印が霧に隠れてしまうので道に迷いやすい。岸にはトウヒがびっしりと生え、その黒いマントが我が家への目印を隠してしまう。年寄りたちは、風に流されて行く先を見失い、よその砂浜に辿り着いた舟の話をする。舟があまりにも長いこと帰ってこないと、家族は浜へ行き、流木に囲まれて焚き火をする——安全なところへ帰っておいで、と誘うかがり火だ。海で獲れた食べ物をいっぱいに積んだ舟がとうとう戻ってくると、漁に出た者たちは彼らを讃える歌と踊りで迎えられる。危険に満ちた彼らの旅は、感謝で輝く人々の顔によって報われるのだ。

人々はまた、自分の体という舟に食べ物を積んでやってくる兄弟たちの到着を、同じように用意して待つ。じっとそのときを待つのである。女たちはダンスに備えて、とっておきの服にツノガイをもう一列縫い足す。歓迎のご馳走のためにハンノキの薪を積み上げ、ハックルベリーの木で作った串の先を尖らせる。網を繕い、繕いながら古い歌を練習する。それなのに兄弟はやって来ない。人々は浜まで降りて、兄弟たちの到着の徴《しるし》はないかと沖を眺める。忘れてしまったのだろうか。迷って海を彷徨っているのかもしれない――自分が後にした人々の歓迎が待っていることに自信が持てず。

雨はなかなか降らず、潮は低く、乾いて埃っぽい森の小道は、絶えず降り注ぐトウヒの黄色い針葉に覆われている。岬の上の草原も茶色く乾ききって、草を湿らせる霧さえかからない。

はるか遠く、砕ける波の向こう、舟も行けないところでは、光を飲み込む黒いインクのような闇の中で、彼らが一つの体、魚群となって進む。確信が持てるまでは西にも東にも向かわずに。

日が暮れると、男は包みを抱えて小道を歩いていく。シーダーの樹皮と捻った草を丸めた塊の中に燃える炭を置き、息を吹きかけると、一瞬炎がきらめいて見えなくなる。黒っぽい煙があがり、草が溶けるように黒くなって、それから突如炎が上がり、小枝を一本、また一本と昇っていく。草原のここかしこで、他の者たちも同じことをしている。草の中にパチパチ燃える炎の輪ができ、炎は徐々に勢いを増し、大きくなって、暮れゆく空に渦巻くような白い煙が上がり、炎は風を引き寄せてシューシュー言いながら斜面に広がり、やがて夜空に大きな炎が燃え上がる。兄弟たちを連れ帰るためのかがり火だ。

彼らは岬に火をつけたのだ。炎は風に乗って燃え拡がり、湿った緑色の森の壁に阻まれてようやく止まる。海抜四三〇メートルの岬の上で、炎が高々と天を突く――黄色とオレンジ色と赤の巨大な炎だ。草原は炎に包まれ、闇の中に、下から照らされたサーモンピンクと白が混じり合った煙が立ち昇る。炎はこう言っているのだ――「来るがいい、我が肉を分かち合う兄弟よ。お前の生命が始まったこの川に戻っておいで。お前のために歓迎の宴を用意したよ」。

　舟では行くことのできない海のかなたからは、漆黒の闇に包まれた海岸に、針の先ほどの光が一つ、暗闇の中のマッチの炎のようにきらめき、白い煙の下で彼らを手招きしているのが見える。煙は海岸にゆっくり滑り降りて霧と一つになる。広大な闇の中のひらめき。この時を待っていた。魚たちは一つの生き物のように東を向き、岸へと、故郷の川へと向かう。生まれ育った川の匂いがするところまで来ると、彼らはしばし進むのをやめ、潮の流れが緩やかになったところで体を休める。彼らの頭上では、岬の上の輝く炎の柱が水面に映って赤く染まった波の表面に口づけし、銀色の鱗をきらめかせる。

　日が昇る頃、岬はまるで季節外れの雪が降ったかのように白と灰色に覆われている。冷たい風に乗った灰が低いところにある森に降り、風は焼け焦げた草の強い匂いがする。だがそんなことには誰も気づかない。人々はみな、川に沿って立ち、歓迎の歌を歌っているからだ――重なり合うようにして川を遡上する食べ物への讃美の歌を。だが、網はまだ岸にあるし、槍は家の中にかかったままだ。群れのリーダーである鼻曲りのサケを人々は獲らない。それが他のサケを先導し、川の上流に棲む生き物たちに、人々は感謝と尊敬の気持ちに溢れていると知らせることができるように。

　サケは大群となって集落の横を進む。上流に向かう彼らを邪魔するものはいない。四日間そうやってサケたちが無事に通り過ぎて初めて、部族で最も尊敬される漁師が「最初のサケ」を獲り、儀式に則った準備が行われる。シダを敷き詰めたシーダーの板の上に乗せて、厳かにサケを宴の場に運ぶのだ。それから人々は神聖な食べ物を堪能する。サケ、鹿肉、根、そしてベリー類を、川の流域でそれらが占める位置の順に食べていくのである。カップを次々に回すという儀式を通して、人々はそれらすべてをつなぐ水を祝福する。長い列を作って踊り、与えられたもののすべてに感謝を捧げる。サケの骨は、顔が上流を向くようにして川に戻される——サケの魂が他のサケたちの後を追えるように。私たちはみな死ぬ定めにあり、サケも例外ではない。でもその前に彼らは、生命を伝え引き継ぐという古い約束に従って、他の者にその生命を与えた。そうすることでこの世界は生まれ変わるのだ。

それからようやく人々は網をかけ堰を作って、サケ漁を始める。誰もが仕事を分担する。年寄りは、槍を持つ若者に「必要な分だけ獲ったら残りは通らせなさい、そうすればサケがいなくなることは決してない」と忠告する。乾燥棚が冬用の食べ物でいっぱいになれば、人々は漁をやめる。

こうして、草が乾燥しきった頃、秋サケ、チヌークサーモン［訳注：キングサーモンとも呼ばれる］の信じられないような大群がやってきた。伝説によれば、サケが初めてこの岸辺にやってきたとき、岸には人々を長い間飢餓から救ってきたアメリカミズバショウが待っていた。「兄弟よ、私の人々を助けてくれてありがとう」とサケは言って、アメリカミズバショウにヘラジカの皮でできた毛布と棍棒を贈り、アメリカミズバショウをやわらかく湿った地面に置いて休ませてやった。

姿を消したサケ

川を遡上するサケの種類は、チヌーク、シロザケ、カラフトマス、ギンザケなどさまざまで、おかげで人々は飢えることがなく、森もまた同様だった。何十キロもの距離を海から遡り、サケたちは木々にとって重要な資源、窒素を運ぶのである。産卵を終えて死んだボロボロのサケの屍は、クマやワシや人間によって森に運ばれ、アメリカミズバショウとともに木々の肥料になった。科学者たちは安定同位体分析を用いて、古代の森の木に含まれる窒素が、もともとは海からきたものであることを突き止めた。サケはすべての者に食べ物を与えたのだ。

春が戻ってくると、岬は再びかがり火となる――新しい草の強烈な緑に輝くのだ。燃えて真っ黒になった土はすぐに温かくなって、草の芽が上に伸びるのを促す。灰が土壌を肥沃にし、シトカトウヒの暗い森のただ中に、ヘラジカの親子のための青々とした牧草地を作る。さらに時間が経つと、草原には野生の花々が咲き乱れる。ヒーラーたちは必要な薬草を――「いつも風が吹く場所」と彼らが呼ぶこの山の上にしか育たない薬草を集めるために、はるばる岬への長い道を登る。

岬は岸辺から突き出していて、海はその足元を取り巻いて白波を立てる。そこからは周囲の景色が一望できる。北は岩がごつごつした海岸。東には、苔に覆われた雨林のある古い山並み。西は見渡す限りの海。そして南の方角に見えるのが入江である。そこは巨大な砂嘴《さし》が湾口に弧を描き、河口を狭めているので、川の水の通り道は狭い。陸地と海の出会いを形作る力のすべてが、砂と水という形でそこに描かれている。

頭上には、ビジョンをもたらすワシが、岬沖に立ち昇る上昇温暖気流に乗って空高く舞う。ここはかつて神聖な場所だった。草が炎にその身を捧げるこの場所で何日も食を絶ち、たった一人でビジョンを求めるという犠牲を払う者にしか、足を踏み入れることは許されなかった。それはサケのために、人々のために、創造主の声を聞くために、夢を見るために捧げられた犠牲だった。

カスケード・ヘッドの物語は、今ではそのほんの一部しか伝わっていない。それを知っていた人々は物語が記録される前にいなくなってしまったし、死はあまりにも容赦がなく、残された語り部は多くない。けれども岬を燃やす儀式の物語は、それを語る人がいなくなってしまった後も長くこの平原に伝わったのだ。

一八三〇年代、病原菌の侵攻は幌馬車の移動よりも速く、オレゴンの沿岸部には病が津波のように押し寄せた。もたらされた天然痘とはしかに対して先住民は、炎に対する草ほどの抵抗力も持たなかった。一八五〇年代になって不法入植者たちがやってきた頃には、ほとんどの村に住民の姿はなかった。入植者たちの日記には、すぐにでも家畜を放牧できる牧草地がある、深い森林に覆われた土地を見つけたことに対する驚きが書き記されている。彼らは勇んで牛を放牧し、自然の牧草で太らせた。どんな牛でもそうするように、彼らの牛もまた、すでにできていた小道を辿り、ますますしっかりと踏み固めたことだろう。彼らの存在は、森が拡大するのを防ぎ草に栄養を与えて、行われなくなってしまった野焼きの代わりを幾分か果たした。

やがてもっと多くの入植者がやってきてネチェスネ族の土地を奪い、彼らは牛の放牧のためにさらに広い牧草地を欲しがった。この地域には平地はあまりなかったから、彼らは入江の塩沢を物欲しげな目で見つめた。

異なる生態系がぶつかるところに位置し、川、海、森、土壌、砂、そして太陽光が混じり合う、端っこの中でも一番の端っこにある入江というところには、どんな湿地よりも高い生物多様性と生産性があり、多種多様な脊椎動物の繁殖地である。植物と沈殿物でできた高密度な海綿状の土壌にはさまざまな大きさの水路があり、その水路網を通って行き来するサケの多様なサイズにもぴったりと合う。孵化してほんの数日の稚魚から、初めて海に出る前に海水に体を慣らしている脂の乗った若いサケまで、入江はいわばサケの保養所である。鷺、カモ、ワシ、それに貝類が生きていくための餌はたっぷりあったが、牛の食べるものはそこにはなかった。入江に生える見渡す限りの草は水浸しだったからだ。そこで入植者は堤防を造って水が入らないようにした。「埋め立て技術」と呼ぶこの方法で、彼らは湿地を牧草地に変えたのである。

堤防によって、毛管系のように入り組んでいた川は、一目散に海に流れ込む一本のまっすぐな流れになった。牛にはそれでよかったかもしれないが、何の準備もなくあっさりと海に流し出されてしまう若いサケにとって、それは破滅的な事態だった。

淡水で生まれたサケにとって、海水への移動は、体に大きな生化学的ダメージを与える。ある魚類生物学者はそれを、抗がん剤の投与に喩える。サケには、徐々に体を慣らしていく移行帯、一種の「更生訓練施設」が必要だ。入江の半塩水、つまり川と海の緩衝帯となる湿地は、サケの生存に重要な役割を果たすのである。

缶詰工場で大儲けできる可能性に惹かれて、サケ漁が一気に盛んになった。だがそこには、戻ってきてくれたサケたちへの敬意を表す儀式もなければ、最初に戻ってきたサケが安全に川上に上れるという保証もなかった。それだけではなく、川の上流にダムが造られてサケが戻れない川ができてしまい、さらに、家畜の放牧と大規模林業によって、サケの産卵はほとんどなくなってしまった。商業主義的な考え方が、何千年もの間人々に食べ物を与えてきたサケを絶滅寸前に追いやったのだ。収入源を確保するため、人々はサケの孵化場を作り、養殖ザケを生産した。川がなくてもサケを作れると思ったのだ。

海では野生のサケたちが、岬に炎が上がるのをひたすら待ち続けたが、何年経っても炎は見えなかった。だが彼らには人々と交わした契約があり、その面倒を見ることをアメリカミズバショウに約束していたので、川に戻ってきた。だがその数は年々少なくなった。戻ってきたサケたちの故郷は空っぽで、暗くて寂しかった。歌も、シダで飾られたテーブルもそこにはなかった。お帰り、と言ってくれる岸の明かりも。

熱力学の法則によれば、あらゆるエネルギーはどこかに向かわなくてはならない。人々とサケの間にあった、愛情を込めて尊敬しあい、助け合う関係は、いったいどこに行ったのだろう?

失われた物語

その小道は突然、川から、急な斜面に刻まれた階段で登りになった。巨大なシトカトウヒの根をまたいで階段をよじ登る脚がブルブル震える。苔、シダ、それに球果植物が、羽根のような形の模様を繰り返す。緑色の葉状体のモザイク模様を、目の前に迫る森の壁に木版で繰り返し刷ったみたいだ。

肩に触れる木々の枝が私の視野を狭め、小道と私の足しか見えない。このトレイルを歩いていると私は内省的になる。私の小さな頭の中で、忙しいマインドが、しなければいけないことのリストや記憶を次々チェックしていく。聞こえるのは私の足音と、防水パンツが擦れる音、そして私の鼓動の音だけだ。だがやがて川の渡り場まで来ると、水は音を立てて急な斜面を流れ落ち、あたりには細かいもやがかかっている。私は目を上げて森を見る――セイヨウタマシダに止まったミソサザイが私に話しかけ、オレンジ色のお腹をしたイモリが小道を横切っていく。

小道を登り続けて、頂《いただき》近くの、幹が白っぽいハンノキに囲まれた辺りまで来ると、濃いトウヒの木陰に代わって木漏れ日の光が斑をつくる。この先に何があるか知っているのでもう少し速く歩きたいのだが、景色の変化があまりにも魅惑的なので、私はわざとゆっくり歩いてこの期待感を楽しみ、大気に漂う変化と強まる風を味わう。ハンノキの最後の一本がトレイルから逸れて遠ざかる。まるで私を自由にするためであるかのように。

黄金色の草を背景にして黒々と、草原の土より数十センチも深く、トレイルは自然の地形を辿って続く。何百年もの間、私の前にここを歩いた人たちが足跡を残したかのように。ここには私、草、空、そして上昇温暖気流に乗る二頭のワシしかいない。尾根の頂上に着くと、私は弾けるような光と空間と風のただ中に放たれる。目の前の風景に、私の頭が燃え上がる。地上高く、神聖なその場所について、私にはそれ以上何も言えない。言葉など吹き飛ばされてしまうのだ。いや、思考すら、岬の上をたゆたう一片の雲のように消えていく。ここにあるのは存在だけだ。

その物語を知る前、岬の炎を夢に見るようになる前の私だったなら、他の誰しもと同じように、眺めの良いところで写真を撮りながらここへやってきたことだろう。大きな鎌のような黄色い砂嘴が湾を囲み、レースの縁取りみたいな波が浜辺に打ち寄せるのを惚れ惚れと眺めたことだろうし、遙か眼下の塩沢の中を、黒々としたコースト・レンジ［訳注：オレゴン州の太平洋沿岸に位置する山脈］から流れ出た川が、曲がりくねった銀色のラインを描いているさまを見ようと小山の上から首を伸ばしたと思う。みなと同じように断崖の縁に近づいて、三〇〇メートル下の岬の足元に砕ける波までの目の眩むような距離にスリルを味わったことだろう。音が響き渡る洞窟の中でアシカが吠えるのを聞き、風が、ピューマが走っていくようにさざ波を立てながら草を渡るのを見る。空は果てしなく続く。そして海。

その物語を知る前なら、私は観察記録を記入し、珍しい植物については野外観察図鑑を調べ、そしてバッグからお弁当を取り出したことだろう。ただ、隣の見晴台にいる男性みたいに携帯電話で話したりはしなかっただろうけれど。

でも私は今、ただ佇んでいる。涙が頰に伝う、この名前のない感情は、喜びと悲しみの味がする――きらめいている世界の存在に対する喜びと、失ったものへの悲しみだ。草は、自分が炎に呑み込まれ、生き物と生き物をつなぐ愛の大火が帰り道を照らした夜のことを覚えている。今となってはいったい誰が、これが何の話であるかを知っているだろうか。草の中に跪くと、悲しさが聞こえてくる。まるで大地そのものが、人々のために泣いているかのように――帰っておいで。帰っておいで。

ここではよく、私の他にも「歩く人たち」を見かける。カメラを持たずにここに来て、もの言いたげな面持ちで風に懸命に耳を傾け、海の彼方を見つめる人たちのことだ。彼らはまるで、世界を愛するというのがどういうことだったかを思い出そうとしているかに見える。

人を愛することと自然を愛することの間に、私たちは奇妙な二項対立を作り出してしまった。誰かを愛するとき、そこにはある影響力とパワーが生まれることを私たちは知っている——それがすべてを変え得るということを。それなのに私たちは、自然を愛するというのは自分の中だけで起こっていることで、自分の意識や心の中以外では何のエネルギーも持たないかのように振る舞う。だがカスケード・ヘッドの草原で明らかになった真実はそれとは違っていて、そこでは自然を愛するという能動的な力が目に見える形になった。儀式として岬を燃やすことで、人間とサケ、人間同士、そして人間と精霊の世界とのつながりが確固としたものになり、それはさらに生態系の多様性を生み出した。儀式としての炎は、森を海辺に細長く伸びる草原に変えた。霧に包まれた暗い森にぽっかりと浮かんだ、広々と開けた生息域だ。燃やしたことでこの岬には、地球上でここ以外にはない、炎の存在に依存する植物種が生まれた。

同様に、サケの帰還を祝う儀式は、そのあらゆる意味での美しさとともに、世界の隅々にまで影響を与える。愛と感謝の宴はただ単に内なる感情を表現しただけではなくて、実際に、決定的瞬間に捕食されるのを防ぐことでサケの遡上を助けた。サケの骨を川に戻すことで栄養分は生態系に返還された。それは宗教的儀式ではあったが実用性があったのだ。

燃え上がるかがり火は美しい詩だ。だがその詩は実体を持ってこの自然に深く刻まれたものだ。

人々はサケを愛した　炎が草を愛し
炎が海の暗闇を愛するように

今では私たちはそんな言葉を絵葉書（「カスケード・ヘッドからの眺めは最高よ、あなたがここにいたらよかったのに」）と買い物リストに（「サーモン　六〇〇グラム」）記すだけだ。

儀式の復活

儀式というものは意識をあることに集中させ、それによって意識は意図となる。あなたが属する共同体の前に立って何かを明言すれば、あなたにはその言葉に対する責任が生まれる。

儀式というものは、個々人という境界線を超越し、人間の領域を超えてこだまする。畏敬の念を表す行動ではあるが非常に実用的でもある。そうした儀式は生きる営みを拡大させるものだ。

多くの先住民コミュニティーにおいては、儀式のための服の袖口は長い年月と歴史によってほころびてしまったが、生地はまだしっかりしている。だが、この国を支配する社会では、儀式はすっかり衰えてしまった。狂ったような日常生活の慌ただしさ、コミュニティーの崩壊や、儀式というのは組織化された宗教が作り出したものであり、喜びとともに選ばれた祝祭ではなく参加者に強制されるものだ、という感覚など、その理由は色々あると思う。

今でも続いている儀式、たとえば誕生祝い、結婚式、葬儀などが対象とするのは私たち自身だけで、それらは個々人に起きる変遷を記念するための慣行にすぎない。そのうち、一番広く行われているのはおそらく高校の卒業式だろう。私が住む小さな町の高校の卒業式が私は大好きだ。自分の子どもが卒業するのであろうがなかろうが、六月の宵、町中の人がおめかしをして高校の講堂に集まる。共有される感情によって共同体が一体となる。舞台を横切って卒業証書を受け取る若者に対する誇り。安堵を感じる者もいる。昔を懐かしみ、数々の思い出が蘇る。私たちの生活を豊かにしてくれた美しい若者たちを祝福し、さまざまな困難にもめげずに彼らが懸命に努力し、達成したことに敬意を払う。彼らこそが未来の希望であることを伝える。広い世の中に出て行く後押しをし、そしていつか帰郷してくれるよう祈る。私たちは彼らに拍手を送り、彼らは私たちに拍手する。みんな少しばかり泣く。それからパーティーが始まる。

そして――少なくとも私の小さな町では、それが虚ろな儀式ではないことをみなが知っている。この儀式にはパワーがある。私たち全員の祝福は本当に、間もなく故郷から旅立とうとしている若者たちに自信と強さを与えるのだ。卒業式は、自分がどこから来たのか、そして自分を支えてくれたコミュニティーに対する自分の責任を彼らに思い出させ、願わくば、彼らを奮い立たせる。そしてお祝いのカードに同封された小切手は実際に、彼らが社会に出るときの助けになる。こういう儀式もまた、生きる営みを拡大させるのだ。

私たちはこうした儀式をお互いのために行う方法を知っているし、上手にそれをこなす。けれど、川の岸辺に立ち、サケが入江の講堂に並んで入っていくところを、それと同じ気持ちに満たされて見守るところを想像してみてほしい。彼らを讃えて立ち上がり、彼らが私たちの生をさまざまな形で豊かにしてくれたことに感謝し、彼らがさまざまな困難にもめげずに懸命に努力し、達成したことを讃える歌を歌い、彼らこそが未来の希望であると伝え、広い海に出て行って成長するよう励まし、そしていつか帰ってきてくれることを祈る。それから宴が始まる。私たちにはそうやって、祝福と応援で心を結ぶ相手を、人間だけでなく、私たちを必要としている他の生き物たちにまで拡げることができるだろうか?

ネイティブアメリカンに伝わる伝統の多くでは、今でも儀式が大切にされ、その祝福の対象は、人間以外の生き物や季節の移り変わりとともに起こる出来事であることが多い。入植者たちが築いた社会に今も残る儀式は自然界とは関係なく、家族や文化、彼らが残してきた国から持ってくることのできた価値観に関するものだ。自然界のための儀式も存在したのだろうが、どうやらそれらのうち、移住によって消えなかったものは多くない。それをここで再生させるのは賢明なことだと私は思う――この土地につながる手段として。

この世界に影響力を持つためには、儀式はお互いにとって益のある、共に創造する有機的なものでなくてはならない。その儀式を行う共同体が儀式を創り、儀式が共同体を創るのだ。そしてそれは、ネイティブアメリカンから横取りするものであってはならない。でも、今日の世界の中で新しい儀式を創造するのは難しい。リンゴ祭りだのヘラジカ祭りだのを主催している町も知っているけれど、それらはどちらかと言えば商業的なものだ。野生の花を見に行く週末とかクリスマスに野鳥の数を数えるとか、そういう教育的なイベントは、方向性としては正しいけれど、人間だけではないもっと大きな世界との、積極的かつ互恵的な関係に欠けている。

私は、一番の晴れ着を着て川の岸辺に立ちたい。一〇〇人の人たちと共に、力いっぱい歌い、足を踏み鳴らしたい――私たちの喜びが水を震わせるくらいに。この世界の再生のために、私は踊りたい。


今日、サーモンリバーの入江の岸では、人々が再び川辺に立ち、目を凝らして待っている。その顔は期待に輝いているが、中には不安そうにしている人もいる。彼らは晴れ着ではなく、ゴム長を履きキャンバス地のベストを着ている。網を持って川の中に入る者もいれば、バケツの番をしている人もいる。ときどき、見つけたものに対する歓声が上がる。これもまた、サケの帰還を祝う儀式の一種だ。

一九七六年、米国森林局は、オレゴン州立大学が率いる数々の組織とともに、入江の復元プロジェクトに着手した。堤防やダムや潮門を撤去して、以前のように潮水の自然な流れに任せ、その本来の目的が果たせるようにするという計画だった。入江とはどういうものかを自然が覚えていることを願いながら、プロジェクトチームは人工建造物を一つまたひとつと取り壊していった。

この計画を導いたのは、多くの人の生涯にわたる環境研究によって蓄積された知識であり、数え切れないほどの実験であり、灼熱の現場でのひどい日焼けであり、雨が降る冬の日に震えながら集めたデータであり、そして、新たな生物種が奇跡のように戻ってきた、美しい夏の日々だった。私たち野外生物学者はその日のために生きているのだ――概して人間よりもずっと興味深い、生き生きとした生き物たちとともに自然の中ですごすために。私たちは、彼らの足元に座ってその声を聞くことができる。ポタワトミ族に伝わる物語によれば、あらゆる植物と、人間を含むあらゆる動物が、かつては同じ言葉を話していた。自分たちの暮らしがどんなものかをお互いに伝え合うことができたのだ。だがその力は今では失われ、私たちはその分貧しくなってしまった。

　同じ言葉を話すことができないから、最善を尽くしてバラバラの物語をつなぎあわせようとするのが私たち科学者の仕事だ。彼らに何が必要かを直接サケに訊くことはできないので、実験することによってそれを尋ね、彼らの返事を慎重に聞きとるのだ。深夜まで顕微鏡の前でサケの耳骨の年輪を観察し、水温にサケがどう反応しているかを調べる。問題を解決するために。塩分濃度が外来植物の成長に及ぼす影響を調べるための実験もする。問題を解決するために。私たちの計測・記録・分析の手法は一見機械的に見えるかもしれないが、私たちにとってそれは、人間以外の生き物の謎めいた暮らしぶりを理解するための手立てなのだ。畏敬の念と謙虚な気持ちを保ちつつ科学に携わるのは、人間を超える世界に対する力強い返礼の行為である。

　データが大好きだったりp値に魅了されて野外で活動しているという生態学者には会ったことがない。そういうものは、生物種の境界を超え、人間の体から抜け出してヒレや羽や葉を身にまとい、人間以外の生き物のことをできるかぎり知るための方法にすぎない。科学は、人間以外の生物種との親密さと彼らに対する尊敬の念を形成する方法にだってなり得るのだ。それに敵うのは、昔から受け継がれた知識を持っている人の観察眼しかない。科学を通じて自然界と一体になることもできるのである。

彼らもまた私の仲間だ。心ある科学者。塩沢の泥に汚れ、数字がぎっしりと並んでいる彼らのノートは、サケへのラブレターでもある。彼らは彼らなりのやり方で、サケのためのかがり火を燃やしているのだ——帰ってきてもらうために。

堤防やダムが撤去されてみると、自然は塩沢とはどういうものだったかをちゃんと覚えていた。水は、堆積物に開いた小さな溝の中をどうやって流れたらいいかを覚えていたし、虫はどこに卵を産めばいいのかちゃんと覚えていた。今では川の自然な曲線が元通りになっている。岬から見るとその川は、波打つスゲを背景に、ごつごつしたロッジポールマツの幹に刻まれた線みたいに見える。砂州と淵が、渦巻くような金色とブルーの模様を作っている。そしてこの生まれ変わった水の世界では、あらゆる湾曲部に若いサケが休んでいる。唯一、堤防があったところの境目だけは直線で、それを見ると、川の流れがどんなふうに遮断され、それがどんなふうに再生されたのかがわかる。

サケの帰還を祝う「ファースト・サーモン・セレモニー」は人間のために執り行われたのではない。それはサケたちのため、生き物たちの輝く王国、そしてこの世界の再生のためのものだったのだ。人々は、自分たちのために生命が差し出されたとき、自分たちは大切なものを受け取ったのだということを知っていた。儀式は、お返しに大切なものを差し出す方法だったのだ。

季節が変わって岬の草が乾くと、準備が始まる。網を繕い、道具を揃える。彼らは毎年この時期にやってくる。人々は伝統の食べ物をたくさん用意する——食べさせなければならないスタッフは大勢なのだ。データ記録装置はすべて調整が済んで準備が整っている。ウェーダーを身に着けボートに乗った生物学者たちが、川で、復元された入江の水路に網を下ろして川の脈を測る。彼らは毎日来て川をチェックし、岸辺まで降りて海を眺める。それでもサケはやってこない。そこで待ちぼうけの科学者たちは寝袋を広げ、実験用の機器のスイッチを切る。でも一台だけは動かしておく。顕微鏡のライトが一つだけ、灯ったままになっている。

　はるかな海の向こうでは、サケたちが集まって故郷の水を味わっている。真っ暗な岬にそれが見える。誰かが残しておいた灯り――夜の闇に輝く小さなかがり火が、帰っておいで、とサケたちを呼ぶ。

スイートグラスを取り戻す

　ある夏の一日、モホーク川の岸辺で――
Én:ska, tékeni, áhsen。腰をかがめて、引き抜く。かがめて、引き抜く。Kaié:ri, wísk, iá:ia'k, tsiá:ta。その女性《ひと》は、腰のあたりまで来る草の中に立っている孫娘に声をかける。腰をかがめるたびに草の束は太くなる。体を起こすと腰の後ろをさすり、顔を上げて真っ青な夏の空を見上げる。黒い三つ編みが背中に揺れる。ショウドウツバメが川でさえずっている。川の水をわたる風が草を波打たせ、足跡から立ち昇るスイートグラスの香りを運ぶ。
　ある春の一日、四百年後――。
Én:ska, tékeni, áhsen。一、二、三。腰をかがめて、掘る。かがめて、掘る。私の束は、腰をかがめるたびに小さくなっていく。シャベルをやわらかい地面に挿して前後に動かすと、埋まっていた石に当たる。指を入れてそれを掘り出し、脇にどけて、リンゴくらいの、根を植えるに十分な大きさの穴を掘る。黄麻布《おうまふ》に包まれた束の中から、私はスイートグラスの茎を一つかみ取り分け、穴の中にそれを入れて周りに土をかけ、歓迎の言葉を言ってから、軽く土を叩いて固める。体を起こすと、痛む腰をさする。太陽の日差しが辺りに降り注ぎ、スイートグラスを暖め、その香りを立ち昇らせている。私たちの実験区画を縁取る赤い目印の旗が、風にパタパタとはためく。

Kaié:ri, wísk, iáia'k, tsiá:ta。はるか大昔からモホークの人々は、今では彼らの名前が付いているこの川の流域に暮らしていた。昔はこの川は魚がいっぱいで、春になると洪水が運んでくる沈泥が彼らのトウモロコシ畑を肥沃にした。この岸辺には、モホーク語で wenserakon ohonte と言うスイートグラスが豊かに茂っていた。だがその言葉はここではもう何百年も前に聞かれなくなってしまった。波のように押し寄せる入植者によってモホークの人々は、ニューヨーク州北部に位置するこの豊かな谷から辺境に追いやられたのだ。かつてはホーデノショーニー（イロコイ）連邦の中心的存在だったモホーク族は、いくつかの小さな居留地の寄せ集めとなった。民主主義、女性平等、大いなる平和の法［訳注：Great Law of Peace。イロコイ連邦の憲法］といった概念を初めて言葉にしたモホークの人々は、絶滅危惧種となってしまったのだ。

モホーク族の言語と文化は自然に消滅したのではない。いわゆる「インディアン問題」に対処するために政府がとった同化政策によって、モホーク族の子どもたちは、ペンシルベニア州カーライルの寄宿学校に送られた。その学校は「(子どもの中の）インディアンの部分は殺し、人間を救うべし」を自らの使命と標榜した。三つ編みは切り落とされ、先住民の言語は禁止された。女子生徒は料理と掃除を叩き込まれ、日曜日には白い手袋を着けた。スイートグラスの香りは、寄宿舎の洗濯部屋の石鹸の匂いに取って代わられた。男子生徒はスポーツを習い、大工仕事、農業、お金の使い方など、町での生活で役立つ技能を身につけた。土地、言葉、ネイティブアメリカンの人々を結ぶつながりを断つ、という政府の目論見はもう少しで達成されるところだった。だがモホークの人々は自分たちをKanienkeha、「火打石の人々」と呼ぶ。そして火打石は、アメリカという巨大な人種のるつぼの中でおいそれと溶けはしないのだ。

　波打つスイートグラスの上に、他にも二人、身をかがめているのが見える。つややかな黒い巻き毛を赤いバンダナで後ろに束ねているのはダニエラだ。私は、膝をついていた彼女が立ち上がって、自分の受け持ち区画の株を数えているのを眺める。四七、四八、四九。そのまま顔を上げずにクリップボードにメモをとると、スイートグラスの束を肩にかけて次に進む。ダニエラは大学院生で、私たちはこの数か月、今日この日の準備をしてきた。これは彼女の論文のためのプロジェクトで、きちんとやろうと一生懸命だ。書類上は私が指導教員だが、私はダニエラにはずっと、スイートグラスこそ最大の先生よ、と言ってきた。

　草原の反対側でテレサが顔を上げ、三つ編みを振って肩から背中に回す。「イロコイ・ナショナル・ラクロス」と書いてあるTシャツの腕をまくり上げた上腕部は泥だらけだ。テレサはモホーク族の籠の作り手で、私たちのリサーチチームには欠かせない存在である。今日は、私たちと一緒に地面に膝をつくために仕事を休んで来ている。満面の笑顔だ。私たちが疲れてきているのを感じたテレサは、私たちを元気付けようと、数を数えるチャンティングを始める。「Kaié:ri, wísk, iá:ia'k, tsiá:ta」——テレサが掛け声をかけ、私たちは一緒にスイートグラスの列を数える。七世代を表す七列ずつ、私たちはスイートグラスの根を土に植え、故郷に迎え入れる。

　カーライルの寄宿学校、故郷からの追放、四百年間におよぶ苦難の歴史にもかかわらず、屈することのない何か、「生きた石」の核となる何かがそこには存在する。何が人々の生きる支えとなったのかわからないが、それは言葉の中にあると私は思っている。土地に根を下ろしたままでいた人々によってモホークの人々の言葉は部分的に生き残った。こうして残された言葉の一つ、「感謝のことば」で、人々は一日の始まりを歓迎した。「生きるため必要なものすべてを与えてくれる大いなる母、地球に感謝します」。この世界との、石のように確かな、感謝に満ちた相互関係が、あらゆるものを奪われた彼らを支えたのだ。

一七〇〇年代には、モホーク族はモホーク・バレーの故郷を捨てて、カナダとの国境をまたぐアクウェサスネに移り住まねばならなかった。テレサは、代々続くアクウェサスネの籠作りの家に生まれた。

故郷と植物

籠の驚くべきところは、その変容のしかただ。生きた植物という完全なものがバラバラの撚り糸となり、それから再び籠という完全なものになる。籠は、破壊と創造という、この世界を形作る二つの力のどちらも知っているのだ。一度はバラバラにされたものが再び、別の完全性へと編み上げられるのである。そして、籠が辿るこの道程はまた人々の旅路とも重なる。

ブラックアッシュとスイートグラスはともに川岸の湿地に育つ隣人同士である。そして二つはモホーク族の籠で隣人として再会する。ブラックアッシュのへぎ板の間にスイートグラスの葉を編み込むのだ。テレサは子どもの頃、バラバラのスイートグラスの葉を、光沢が出るようにきつく均等に撚ってさんざん糸を作った。籠にはまた、集まった女たちの笑いと、一つの文にモホーク語と英語が入り交じる物語が編みこまれていた。スイートグラスは籠の縁に沿って巻きつき、また籠の蓋にも編みこまれる。だから籠はたとえ空っぽでも、その土地の香りを湛え、人々をその土地に、言葉に、アイデンティティーに結びつけるのだ。

籠を編めばまた経済的にも安定した。籠を編むのがうまい女性は食べるのに困らなかった。スイートグラスの籠を編むということとモホーク族であるということは、ほとんど同義語になった。

伝統を重んじるモホーク族の人は自然に向かって感謝の言葉を口にするが、昨今のセントローレンス川には感謝すべきものはほとんどない。自然保護区の一部が発電用のダムとなって水没したとき、安い電力と便利な輸送ルートを利用しようと重工業が移転してきた。アルコア社、ゼネラルモーターズ、それにドムタール社は、「感謝のことば」のレンズを通してこの世界を見ようとはしない。そしてアクウェサスネは、アメリカでも有数の汚染地域となった。漁師の家族は獲れた魚を食べることができなくなり、アクウェサスネの母親たちの母乳には多量のPCBとダイオキシンが含まれていた。産業汚染のせいで、伝統的な暮らし方をするのは安全でなくなり、人々と土地の結びつきを脅かした。カーライルの寄宿学校で始まったことが、産業有害物によって完遂されようとしていたのだ。

トム・ポーターことサゴグニュングワスは、ベア(熊)・クラン［訳注：クランとは氏族のこと］のメンバーである。熊は、人々の守護者として、また薬に関する知識の守り手とされている。まさにその通り、今から約二十年前、トムをはじめとする数人が、人々の心を癒すことに着手した。子どもの頃彼は、いつかある日、モホーク族の数人がモホーク川沿いの故郷に戻って暮らし始めるだろう、という予言を祖母から繰り返し聞かされた。一九九三年、その「ある日」がやってきた。トムとその仲間は、モホーク・バレーの祖先たちの土地を目指してアクウェサスネを後にした。彼らは、PCBからも発電ダムからも遠く離れたその古い故郷で新しい村を作るというビジョンを持っていた。

彼らは、ガナジョハレゲの、森と農場からなる四〇〇エーカー［訳注：約四九万坪］の土地に落ち着いた。これは、この谷にロングハウスが立ち並んでいた頃からのこの土地の名前だ。この土地の歴史を調べるうち、ガナジョハレゲが、昔のベア・クランの村があった場所であることがわかった。今、古い記憶は新しい物語と織り混ざっている。川の曲がりを囲む断崖のふもとに納屋と数軒の家が抱かれ、岸辺までずっと沈泥の氾濫原が続く。一度は製材業者によって荒れ放題にされてしまった山々には、再びパインとオークがまっすぐに育っている。崖の割れ目から湧き出る自噴井《じふんせい》は水量が豊かで、どんなにひどい干魃にも負けずに、苔の生えた澄んだ泉を満たす。その静かな水面には顔が映るほどだ。この場所は、再生という言葉を象徴している。

トムたちがここにやって来たとき、建物は壊れかけ、無残な状態だった。それから何年もかけ、多くのボランティアが協力しあって屋根を修繕し、窓をつけ替えた。大きなキッチンは、祝日になると再びコーンスープやイチゴのドリンクの匂いが漂うようになった。古いリンゴの木に囲まれてダンスのためのあずまやが建てられ、人々はそこに集ってホーデノショーニーの文化を再び学び、祝うことができるようになった。目標は「カーライルの逆転」。ガナジョハレゲは、人々に、彼らから奪われたもの——言語、文化、精神性、アイデンティティー——を取り戻すのだ。失われた世代の子どもたちが故郷に戻って来られるように。

建物の修復の次は、言葉を教えることだった。カーライルに抵抗するトムは「インディアンを癒し、言葉を救う」がモットーだったのだ。カーライルをはじめ、全国にあったキリスト教のミッション・スクールに入れられた子どもたちは、自分の部族の言葉を口にすると指の関節を物差しで叩かれたり、もっとひどいお仕置きをされたりした。寄宿学校を卒業した者たちは、そんな辛さを味あわせないよう、自分の子どもたちにはネイティブの言葉を教えなかった。こうして言語も土地とともに徐々に失われていったのだ。流暢に話せる人は数人しか残っておらず、そのほとんどが七十歳を超えている。彼らの言葉は絶滅の危機に瀕していた——子どもを育てる生息域がなくなってしまった絶滅危惧種のように。

　言語が死ねば、言葉だけではなく、たくさんものが同時に失われる。言葉には、ほかのどこにも存在し得ない思想が宿る。人は言葉というプリズムを通して世界を見るのだ。トムは、数という基本的な言葉にさえ、幾重にも重なった意味が染み込んでいると言う。たとえば私たちがスイートグラスの草原で本数を数えるときに使う数字は、天地創造の物語を想起させる。Én:ska（一つ）。これは、スカイウーマンが天上の世界から落ちてきたことを思い起こさせる言葉だ。彼女はたった一人（én:ska）で地上に落ちてきた。だが実は一人ではなかった――彼女のお腹には二人目の生命が育っていたのだから。Tékeni、二つの生命。そしてスカイウーマンは娘を産み、娘は双子の男の子を産んだので三人になった。Áhsen。ホーデノショーニーは、自分たちの言葉で数を三まで数えるたびに、創造物と自分のつながりを確認する。

　そして自然と人間のつながりを取り戻すためには、植物もまた欠かすことができない。ある土地が、あなたが生きるための糧を与え、肉体と精神に栄養を与えてくれるとき、そこはあなたの故郷になる。故郷を取り戻すためには、植物も戻ってこなくてはならないのだ。トムたちがガナジョハレゲに帰還したことを聞いたとき、私の目にはスイートグラスの姿が浮かんだ。そして彼らの故郷にスイートグラスを持ち帰る方法を探し始めた。

スイートグラスが育つ条件

　三月のある朝私は、春になったらスイートグラスを植えようという話をしにトムの家に行った。実験的な環境復元に関する色々な計画で頭の中がいっぱいで、私は我を忘れていた。だが客人が食事をするまで、仕事の話はご法度だ。だから私たちは、ホットケーキと濃厚なメープルシロップでたっぷりの朝ごはんを食べた。料理をするのはトムだった。がっしりした体躯で、黒い髪には白髪が交じっているが、七十歳を超えるというのに顔には皺がほとんどない。彼の口からは、崖の下の泉から水が湧き出るように言葉が淀みなく流れ出した――物語、夢、冗談。それはメープルシロップの香りのようにキッチンを暖かくした。トムは笑顔でおしゃべりしながら私のお皿にお代わりのホットケーキを乗せた。彼の言葉の中には、古くから伝わる教えが、お天気の話をするのと同じくらい自然に織り込まれている。精神と物質という糸が、ブラックアッシュとスイートグラスのように織り合わされているのだ。

「ポタワトミの人がこんなとこで何してる?」とトムが言った。「家はずいぶん遠いんじゃないのかね?」

私は一言、カーライル、と答えるだけでよかった。

私たちはコーヒーを飲みながら延々と話し、トムはガナジョハレゲについて夢見ていることを話し始めた。トムが思い描くガナジョハレゲは、人々が再び伝統の食べ物の育て方を学べる実際の農場であり、季節の移り変わりを祝う伝統の儀式のための場所であり、「すべてのものに先立つ言葉」を捧げる場所だ。トムは、「感謝のことば」がモホーク族と自然の関係の核をなすものであるということを長い時間話した。私は、以前からずっと訊きたいと思っていた問いを思い出した。「すべてのものに先立つ言葉」の最後、自然界のあらゆるものに感謝を捧げた後で、「お返しに自然がありがとうと言ったことはあるのかしら?」と私は訊いた。

トムは一瞬黙っていたが、さらにホットケーキを私のお皿に乗せ、メープルシロップの入ったピッチャーを私の前に置いた。これほど明快な答えはなかった。

トムは、テーブルの引き出しからフリンジのついたバックスキンの袋を取り出すと、やわらかな鹿革をテーブルに広げ、その上に、カラカラと音を立てるすべすべの桃の種をひとつかみ取り出した。桃の種は片側が黒く、反対側が白く塗ってある。私たちは賭けの真似事を始めた。種をサイコロのように投げて、白がいくつ、黒がいくつ出るかを当てるのだ。賭けに勝ったら豆がもらえる。トムの豆の山が大きくなっていく一方、私の山は小さくなっていった。桃の種を振っては投げながら、トムは、このゲームがいちかばちかの賭けに使われたときのことを話してくれた。

スカイウーマンの孫である双子は、世界を作ったり壊したりするのに長いこと悪戦苦闘していたが、その成否は今、この賭けの結果にかかっていた。もしも種が全部黒だったら、彼らが創ったあらゆる生命は破壊される。種が全部白だったら、この美しい地球はそのまま残るのだ。二人は何度も何度も種を投げたが結論は出ず、ついに最後の一投になる。すべての種が黒ならそれでお終いだ。この世界の善きものを創った双子の片方は、自分が創造した生き物すべてに向かって心の中で、助けてほしい、生命の味方をしておくれ、と語りかけた。最後の一投、桃の種が空中に浮かんだその一瞬、あらゆる生き物たちが声を揃えて生命を支える言葉を力の限り叫んだ。そして最後の種が白に転んだ。その選択はいつだって可能なのだ。

ゲームに加わろうとやってきたトムの娘が、手にした赤いベルベットの袋の中身を鹿革の上にあけた。ダイヤモンドだ。鋭いファセットが七色に光っている。感嘆の声を上げる私たちに、彼女はにっこり微笑んだ。トムが、ハーキマーダイヤモンドだよと言った。水のように透明で火打ち石より硬い、美しい水晶である。地中深いところにあるが、ときおり川に沿って押し出され、流れ着くことがある。自然からの贈り物だ。

私たちは上着を着て草原に歩いて行く。トムは放牧場で足を止め、大きなベルジアン種の馬にリンゴをやる。川は流れ、あたりを静けさが覆う。コツがわかれば、国道五号線や鉄道の線路や川の向こうの高速道路を「見えなかったこと」にすることもできる。そして、イロコイ族のホワイトコーンの畑や、女たちがスイートグラスを摘んでいる川岸の草原が見えるような気がする。腰をかがめて引き抜く。かがめて、引き抜く。だが、今私たちが歩いている草原には、スイートグラスもトウモロコシも生えてはいない。

スカイウーマンが初めて植物を地上にばら撒いたとき、スイートグラスはこの川に沿って繁茂したが、今ではその姿は消えてしまっていた。モホーク族の言語が英語やイタリア語やポーランド語に取って代わられたように、スイートグラスは外来種によって追い出されてしまったのだ。ある植物を失うということは、言語を失うのと同じように文化を脅かす。スイートグラスが生えなければ、七月、幼い少女たちが祖母に手を引かれて草原にやって来ることもない。そうしたら少女たちが語り伝えるお話はどうなってしまうのだろう？　スイートグラスがなければ籠はいったいどうなる？　その籠を使う儀式は？

植物の歴史は、人々の歴史、破壊と創造の力と深く結びついて切っても切り離せない。カーライルの寄宿学校の卒業式で、若者はこう宣誓させられた――「僕はもうインディアンではありません。弓と矢は永遠に手放し、これからはこの手に鋤を持ちます」。鋤と牛は、植生を大きく変化させた。モホークの人々のアイデンティティーは彼らの使う植物と結びついていたが、ここを故郷にしようとしてやって来たヨーロッパからの移住者たちにとってもそれは同じだった。彼らは自分に馴染み深い植物を運び、くっついてきた雑草が彼らの鋤の後を追って先住植物のすみかを奪ったのだ。植物は、その土地の文化や、その土地が誰のものであるか、その変遷を映し出す。今この草原は、スイートグラスを摘みに来た昔の先住民が見ても何だかわからない外来植物――シバムギ、オオアワガエリ、クローバー、デイジーなど――が勢い良く生い茂ってスイートグラスの育つ余地がない。沼地に沿ってはエゾミソハギがはびこっている。ここにスイートグラスを連れ戻すためには、外来種の要塞を崩し、在来種が戻ってこられる場所を空けてやらなくてはならない。

スイートグラスを再び連れ戻し、籠作りの材料を収穫できる草原を取り戻すには何が必要か、とトムが訊く。スイートグラスの研究に時間を費やした科学者はあまりいないが、籠を編む人々は、沼地から乾いた鉄道線路の脇まで、スイートグラスはさまざまな場所に生えることを知っている。日当たりの良いところでよく育ち、湿って日陰のない土壌を特に好む。トムは前かがみになってこの氾濫原の土を一握り手に取り、指の間からサラサラと落とす。表土に外来種がびっしりと積もっていることを除けば、ここはスイートグラスには向いているように思える。トムは、青い防水シートをかけて小道に停めてあるトラクターをちらりと見やり、「種はどこで手に入る?」と言う。

スイートグラスの種には奇妙なところがある。スイートグラスは六月の初めに茎の先に花を咲かせるが、できた種はほとんど育たない。一〇〇個蒔いて、運が良ければ一本育つ程度だ。スイートグラスには特有の増え方があるのだ。

地上に伸びているつやつやした緑の茎の一本一本は、同時に白くて細い地下茎をくねくねと地中に伸ばしている。地下茎にはずらりと芽が並んでいて、そこから芽生えた茎が太陽の下に顔を出すのである。スイートグラスの地下茎は元の茎から何メートルも伸びる。こうやって、川の岸に沿って自由に移動するのだ。自然が豊かだった頃は、これは良いやり方だった。

だが、白くやわらかい地下茎には、高速道路や駐車場を横切ることはできなかった。スイートグラスの塊が失われると、そこに他所から種を持ってきて増やすことができない。ダニエラは、歴史的文献にスイートグラスが生えていた記録のある場所をあちこち訪ねたが、その半分以上からは、すでにスイートグラスの香りは消えていた。スイートグラス減少の主な原因は土地の開発だと思われる。湿地が排水され、野生の土地の農地化や舗装によって、自生していたスイートグラスが排除されたのだ。また外来種が参入してスイートグラスを駆逐したせいもある――人間に起きたことが植物においても繰り返されたわけだ。

私はこの日のために、大学の苗床でスイートグラスを育てていた。苗床を作るためのスイートグラスの苗を売ってくれる人を津々浦々まで探し回り、ようやくカリフォルニアにそういうところを見つけたのだ。私は不思議に思った。なぜならスイートグラス（*Hierochloe odorata*）はカリフォルニアには自生しないからだ。もともとはどこから苗を手に入れたのか尋ねると、びっくりする答えが返ってきた——アクウェサスネ。お告げだ。私は苗を全部買い取った。

灌漑と肥料のおかげで苗床にはびっしりとスイートグラスが育っていた。だがこうやって栽培するのは、スイートグラスの草原を復元するのとは大違いだ。生態系復元というのは科学的に言えば、苗以外にも山のような要素が影響する——土、虫、病原菌、草食動物、競争。だが植物には、科学の予想を裏切って、自分がどこで生きるかを決める独自の感覚が備わっているようである。なぜならスイートグラスにはもう一つ、必要なものがあるからだ。スイートグラスが良く育つためにはレシプロシティーが重要なのである。大切にされ、尊敬とともに扱われれば、スイートグラスは繁茂する。だがその関係が崩壊すれば、スイートグラスもまた枯れてしまうのだ。

ここで私たちが考えているのは単なる生態系復元以上のものだ。それは、スイートグラスと人間の関係を取り戻すということなのである。科学者たちは、生態系を元通りにする方法の一端を理解した。だが科学の実験が焦点を当てるのは土壌のpHであり水文地質学である。精神を排除した物質的なやり方だ。私たちは、その二つを紡ぎ合わせるための助言を「感謝のことば」に求めよう。自然が人間に感謝してくれる、そんな日を夢見て。

断たれてしまったもの

私たちは、この先籠作りの教室はどうなるだろうと話しながらトムの家に戻った。もしかしたらテレサが先生になって、植えるのを自分が手伝ったスイートグラスの草原に孫娘を連れて行くかもしれない。ガナジョハレゲには、コミュニティーの活動資金を作るためのギフトショップがある。本や美しい絵、ビーズを縫い付けたモカシン、鹿角でできた彫刻、そしてもちろん、籠がたくさん並んでいる。トムが扉の鍵を開け、私たちは中に入る。しんとした空気は、梁から下がったスイートグラスの匂いがする。その香りをどう言葉に表したらいいだろう？　あなたを抱く母の、洗いたての髪の香り。秋が近づく夏の終わりの物悲しい香り。記憶を呼び覚ますその香りにあなたは一瞬——それからもう少しの間——目を閉じる。

私が子どもだった頃、ポタワトミ族もモホーク族と同じようにスイートグラスを四つの聖なる植物のうちの一つとして大切にしていることを、誰も教えてはくれなかった。それがマザー・アースで最初に育った植物であること、だから私たちはそれを母親の髪のように三つ編みにして、愛情を示すのである、と教えてくれる人はいなかった。バラバラにされてしまった文化の断片の中で、物語は失われてしまった。カーライルの寄宿学校で盗まれてしまったのだ。

トムは本棚に歩いて行って赤い表紙の厚い本を取り、カウンターに置いた。『The Indian Industrial School, Carlisle Pennsylvania, 1879-1918』。巻末に、何ページにもわたってずらりと名前が並んでいる。シャーロット・ビッグツリー（モホーク）、ステファン・シルバー・ヒール（オネイダ）、トーマス・メディスン・ホース（スー）。トムは自分の叔父の名前を指差す。「俺たちがこれをやっている理由だよ」と彼が言う。「カーライルでなくしたものを取り戻すんだ」

私の祖父の名前もここにあるのを私は知っている。名前が並んだ長い列を辿る私の指が、アサ・ウォール（ポタワトミ）という名前で止まる。ピーカンを拾い集めていた、まだたった九歳のオクラホマの少年は、プレーリーを横断する列車でカーライルに送られた。その次には祖父の弟の名前、故郷に逃げて帰ったオリバー。でもアサは逃げず、二度と故郷に戻れない「失われた世代」の一人となった。努力はしたものの、カーライルを卒業した彼に帰属できる場所はなく、そこで彼は軍隊に入った。それから、インディアン保護区に戻って家族・親族と暮らすのではなく、ニューヨーク州北部の、この川から遠くないところに居を構えて、移民の世界で子どもたちを育てたのだ。まだ自動車というものが珍しかったこの頃、祖父は腕の良い機械工になった。いつでも、壊れた車を修理し、何かを直し、元通りの姿にしようとしていた。これと同じ欲求が――ものごとを元通りの完全な姿にしたいという欲求が、私の生態系復元の仕事の原動力なのだと思う。私は、油まみれのぼろ切れで手を拭きながら車のボンネットの中を覗き込む鷲鼻の祖父の横顔を想像する。大恐慌時代、人々は祖父の修理工場に殺到した。支払いは――支払いがあればの話だが――畑で採れた卵やカブであることも多かった。しかし祖父にも元通りにできないものがあった。

祖父はその頃のことをあまり語らなかったが、「消えた男の子」である祖父抜きで家族が暮らすショーニーの町の、あのピーカンの木立ちを思い出すことはあっただろうか。祖父の姉妹たちは、祖父の孫である私たちに色々なものを箱に詰めて送ってくれた。モカシン、パイプ、バックスキンで作った人形。そうした品々は普段は屋根裏にしまわれていて、おばあちゃんが優しく箱から取り出しては私たちに見せてくれた。そしておばあちゃんは「自分が誰なのかを忘れちゃいけないよ」と言った。

祖父は、学校で教えられた通りのものを求め、それを手に入れたと言えるだろう。つまり、子どもや孫に「より良い」生活をさせること――大切にするよう学校で教わった「アメリカ流の生活」だ。私は、頭では祖父が払った犠牲に感謝する。だが私の心は、スイートグラスのお話を聞かせてくれる人がいなかったことを嘆く。生まれてこのかた、私にはその喪失感がつきまとってきた。カーライルで奪われたものは悲しみの塊となり、私はそれを心の中に埋め込まれた石のようにずっと抱えている。私だけではない。その悲しみは、あの赤い表紙の本に名前が載っているすべての子どもたちの家族が今も抱えているのだ。断たれてしまった土地と人々、過去と現在のつながりは、バラバラに折れてしまったまま治っていない骨のように痛む。

世界を編みなおす

ペンシルベニア州カーライルという街は、その歴史に誇りを持ち、上手に歳月を重ねている。その三百周年を祝うため、カーライルの人々は街の歴史を徹底的に振り返った。カーライルの街はもともと、アメリカ戦争の際の兵士たちの集合場所として始まった。このとき使われた宿舎が、インディアン管理局が陸軍省の一部だった頃に、巨大な人種のるつぼに火をくべる役割を担うカーライル・インディアン・スクールになった。かつて、ラコタ、ネズ・パース、ポタワトミ、モホークの子どもたちが寝た鉄製の寝台がずらりと並んでいた質素な宿舎は、現在、将校たちの洒落た住居となり、玄関前の階段にはハナミズキが咲いている。

三百周年を記念して、「消えた子どもたち」の子孫たちがカーライルに招かれた。「追悼と和解の儀式」と名付けられた式典に参加するためだ。私の家族からは三世代が一緒に参加した。数百人におよぶ彼らの子どもたちや孫たちがカーライルに集結したのである。そのほとんどはこのとき初めて、家族に伝わる話の中ではわずかに言及されるにすぎないか、まったく口にされないこの場所を実際に目にした。

街は、あらゆる窓に星条旗が吊るされ、飾り立てられていた。目抜き通りにかかった横断幕は、もうすぐ三百周年記念パレードがあることを知らせている。それは、レンガを敷き詰めた細い道路と植民地風な魅力を復元した赤レンガの建物が並ぶ、絵葉書のように愛らしい街だった。錬鉄製のフェンスに囲まれた真鍮の飾り板が、その場所の古さを誇示していた。ネイティブアメリカンにとって伝統の破壊者を象徴する、身も凍るような名前であるカーライルが、アメリカでは、街の歴史と伝統を熱心に保護している街として有名だというのは、なんとも奇妙なことに思える。私は黙って宿舎の中を歩き回った。許すことは難しかった。

私たちは、練兵場の横にある、フェンスで囲まれた長方形の墓地に集まった。墓石が四列並んでいる。カーライルに連れて来られた子どもたちの中には、カーライルを二度と去ることのなかった者もいたのだ。その墓地には、オクラホマで、アリゾナで、アクウェサスネで生まれた子どもたちの灰が横たわっていた。雨上がりの空にドラムの音が響く。セージとスイートグラスの燃える匂いが、人々を祈りで包みこむ。スイートグラスは人を癒す薬であり、いぶした煙は、マザー・アースが私たちに与えてくれるのと同じ優しさと思いやりを私たちの中に呼び覚ます。私たちの周りで、神聖な祈りの言葉を唱える声がした。

盗まれた子どもたち。失われたつながり。喪失という心の重荷があたりに漂い、スイートグラスの香りと混じり合って、私たちは、あわやすべての桃の種の黒い側が上向きになりそうだったときがあったことを思い出す。その悲しみをやわらげるため、怒りと自滅行為を選ぶこともできる。だがすべてのものは二つずつ組になっている——白い種と黒い種、破壊と創造。人々が生命を求めて力の限り叫ぶなら、桃の種のゲームは違ったエンディングを迎えることができる。悲しみは創造によってやわらげることもできるのだ——奪われた故郷を再生することによって。トネリコのへぎ板のように、バラバラのものをもう一度編んで、新しく、欠けたところのないものを作ることができるのだ。だからこうして私たちは川岸で、土の上に跪く。スイートグラスの香りがする手で。

土の上に膝をついて、私は私なりの和解の儀式を見つける。腰を曲げて、掘る。曲げて、掘る。土の色になった手で、私は最後の苗を植え、歓迎の言葉をつぶやき、そして上から土を押さえる。テレサの方を見ると、苗の最後のひとつかみを植えるのに没頭している。ダニエラは最後の記録を書き入れている。

一日の終わりの太陽に、ひょろっとしたスイートグラスを植えたばかりの草原が金色に輝く。見方によっては、数年後にここを歩いている女性たちが見えるような気がする。腰を曲げて、引っ張る。曲げて、引っ張る――手に持つ束がだんだん太くなっていく。今日一日、この川のそばで過ごせたことが嬉しくて、私は感謝の言葉をつぶやく。

カーライルから続く、トムの、テレサの、私の、たくさんの小道がここで交わっている。こうして根を土に植えることで私たちは、桃の種を黒から白にひっくり返した精一杯の叫びに加わることができる。私の心の奥に埋もれた石を取り出してここに埋め、自然を、文化を、私自身を取り戻すことができるのだ。

地中深く差し込んだシャベルが石に当たる。根を植える場所を作るために土を落として石を取り出し、脇に放り投げようとすると、それが妙に軽いことに気づいて手を止め、よく見てみる。卵よりちょっと小さいくらいだ。泥だらけの親指で土を落とすと、ガラスのような表面が現れる。多面体だ。土がついているのに、まるで水のように透明に光っている。一つだけ、長い時間の間に磨耗して曇っている面があるが、それ以外はピカピカだ。光が透けて見える。それはプリズムとなって光を反射し、土に埋まっていた石の中から虹をかける。

私はそれを川の水できれいに洗い、ダニエラとテレサを呼ぶ。三人とも、私の手の中のその石に感嘆する。このまま返さなくてもよいものかと私は悩むが、元の場所に戻すと考えると悲しくなる。見つけてしまった今、手放すことなどできない。私たちは用具類を片付け、帰る前の挨拶をしにトムの家に向かう。私が手を開いてその石をトムに見せ、元の場所に返さなくてもよいだろうかと尋ねると彼は答える――「世界はこういうふうにできているんだ、互いに与え合うようにね」。私たちは大地にスイートグラスを贈り、大地はダイヤモンドをくれた。彼はにっこり笑って私の指を石の周りにそっと閉じて言う。「もらっておきなさい」

地衣類の助け合い

アディロンダック山地には迷子石が散在している。氷河がそれを転がすのに飽き、解けて北に退却してしまったときに置き去りにされた花崗岩の巨岩だ。この辺りの花崗岩は斜長岩といって、地球上で最も古い岩石の一種であり、風化しにくい。その多くは運ばれてくる途中で丸くなっているが、中にはまだゴツゴツした背の高いものもある。たとえば私の目の前にあるのはダンプカーほどの大きさがある。私はその表面に指を滑らせる。縞状に水晶を含むその岩の天面はナイフのように鋭く、側面は登れないほど切り立っている。

この年老いた岩は、湖のほとりのこの森で、一万年前からじっと立っている。その間、森ができては消え、湖の水は高くなったり低くなったりした。長い年月を経た今もここにはまだ、この世界が石ころと削られた表土ばかりの冷たい荒野だった、氷河期が終わった頃の縮図がある。氷河によって形成されたこの礫土は、夏は灼熱の太陽に焼かれ長い冬には雪が吹き付けて、土もなく木も生えず、移り住もうとする者を寄せ付けない場所だ。

だがそんなことにも動じず、そこに根付いてこの岩を我が家にしようと名乗り出たのが地衣類だった。もちろんこれは比喩的な言い方だ――地衣類には根がないのだから。だが土がない場所ではそのことが役に立つ。地衣類には、根も、葉も、花もない。必要最小限のものしか持たない生命体なのだ。針の先ほどの深さしかない穴や亀裂に、ごくわずかな胚芽を固定させて、地衣類はこの裸岩に棲みついた。岩の微地形は地衣類を風から護り、雨が降った後に水が極小の水たまりを作れる窪みを提供した。わずかな助けではあったが、でもそれで十分だった。

何百年か経つと岩は、ほとんど岩肌と見分けがつかない灰色がかった緑色の地衣類の、わずかばかりの生命に覆われた。岩面が切り立ち、湖からの風に晒されているために、土が溜まることがなく、その表面には氷河期の名残りが残っている。

私はときどきここへ、それほど古い存在のそばにいる、そのためだけにやってくる。岩の側面は、茶色と緑の交じった、みすぼらしいひだ飾りみたいな*Umbilicaria*にびっしりと覆われている。アメリカ北西部で一番見事な地衣類だ。祖先にあたる小さな固着地衣とは違って、*Umbilicaria*の地衣体は広げた手ほどの大きさにもなる。記録された最大のものは六〇センチ以上あった。小さなものは、母鶏の周りにいるヒヨコのようにかたまって生える。この魅力的な生き物には色々な名前が付けられているが、イワタケ（rock tripe）と呼ばれることが一番多く、オークリーフ・ライケンと呼ばれることもある。

雨は水平の岩面に溜まっていることができないから、岩は大抵乾いていて、地衣類も縮んでカサカサになり、岩はかさぶたで覆われているように見える。葉も葉柄もなく地衣体があるだけのイワタケは、ほぼ円形で、ぼろぼろになった茶色いスウェードの切れ端のようだ。乾いているときの上面は茶色がかった灰色で、地衣体の縁は乱れたひだ飾りのようにめくれ上がり、その下に、焦げたポテトチップみたいな、パリパリでざらざらした黒い裏面が見える。中央にある短い茎でしっかりと岩にしがみついている様子は、柄がとても短い雨傘みたいだ。茎（臍状体《さいじょう》）が地衣体を下からしっかり岩につなぎとめている。

地衣類が育つ森には多種多様な植物があるが、地衣類は植物ではない。地衣類は、個体というものの定義を曖昧にする。というのも、地衣類というのは一つの生物ではなく、菌類と藻類という二つの生物で構成されているのだ。この二つはまったく違うものなのだが、非常に強い共生関係で結ばれており、二つが一緒になることで新しい生命体が生まれるのである。

ナバホ族のハーバリストが、植物の中には「結婚している」ものがあると説明するのを聞いたことがある。その関係がずっと持続し、無条件で互いに依存しあっているからだ。いわば地衣類は、二人を足し合わせるとそれぞれを合計したものよりも大きなものになる夫婦である。私の両親は今年で結婚六十年になるが、まさにそういう共生関係にあるように見える。ギブアンドテイクのバランスが固定しておらず、そのときそのときで与える役割と受け取る役割が入れ替わるのだ。お互いの強さと弱さを共有する中から生まれる「私たち」という存在をしっかりと受け止めて責任を持ち、「私たち」は二人を包む境界線を超えてその家族へ、コミュニティーへと拡がっていく。地衣類の中にもそういうものがある。二つの生命体が共有する生が、生態系全体に恩恵をもたらすのだ。

小さなかさぶたのようなものから堂々としたイワタケまで、地衣類はすべて相利共生と呼ばれる共生関係にある。双方ともに益のある関係だ。多くのネイティブアメリカンの部族では、結婚するときに、花嫁と花婿が籠に入れた贈り物を互いに手渡す。それぞれがその結婚に何をもたらすかを象徴的に示す、昔からのしきたりだ。花嫁の籠には菜園や草原で採れた植物が入っていることが多く、夫のために食事を作るという約束を表す。花婿の籠には、狩りをして家族を養うという約束を示す肉または動物の毛皮が入っている。植物性の食べ物と動物性の食べ物、つまり独立栄養生物と従属栄養生物だ。これと同じように、藻類と菌類は、それぞれに特有の贈り物を携えて地衣類として融合する。

地衣類のパートナーの片方である藻類は、単細胞が集まったもので、光を糖に変える貴重な秘術、光合成という贈り物を携えてエメラルド色に輝いている。藻は独立栄養生物、つまり自分で自分の食べ物を作るので、家族のために料理をする食物生産者である。ただし、エネルギー産生のための糖はいくらでも作れるが、必要なミネラルを見つけるのが下手である。また、光合成ができるのは体内に水分があるときだけなのだが、乾燥から身を護る術を持たない。

もう一方のパートナーである菌類は従属栄養生物であり、自分の食べ物を生産することはできず、他の生物が集めた炭素を常食とする。物質を分解してミネラルを使える状態にするのは得意だが、糖を産生することはできない。菌類が結婚式で贈る籠には、酸や酵素など、複雑な物質を消化してもっと単純な化学成分にする特殊な化合物がいっぱい入っていることだろう。菌類の体は繊細な菌糸が網状になったもので、それがミネラルを探し回り、見つけるとその分子を、大きな表面積を通して吸収する。

共生関係になれば、藻類と菌類は糖とミネラルを相互に交換し合うことができる。そうやってできる生命体は、あたかも一つの名前を持った一つの個体であるかのように振る舞う。昔ながらの人間の婚姻では、二人が一つのユニットになったことを示すために氏名を変えることができる。同じように、地衣類は地衣類で、菌類でも藻類でもない。私たちはそれに、新しい一つの生命体として名前を付ける。イワタケ——言うなれば、種をまたいだ科の誕生である。

イワタケを構成する藻類はほとんどの場合、それ単体で生きている場合——つまり「地衣類化」していなければ——トレボウクシアと呼ばれるものだ。菌類の方は必ず子嚢菌であるが、種は必ずしも同じではない。いつも必ずトレボウクシアを伴侶に選ぶ菌類は、身持ちが堅いという見方もできる。ところが藻類はもっと浮気性で、色々な種類の菌類と一緒になりたがる。そういう夫婦は誰だって知っているはずだ。

共生構造では、菌糸体で織った布の中に、藻類の細胞が緑色のビーズみたいに組み込まれている。地衣体を切って横断面を見ると、まるで四層からなるケーキのようだ。一番上の層である上皮質は、キノコの傘の表面のようになめらかで革みたいな質感だ。みっちりと密度の高い菌糸が水分を保ち、くすんだ茶色が天然の日焼け防止剤のように働いて、すぐ下の藻類層を強烈な日差しから護る。

菌類でできた屋根の下では、藻類が独特の髄層を形成している。菌糸が藻の細胞を包み込む様子はまるで、腕を肩に回しているか、愛する人を抱擁しているようだ。菌糸の一部は実際に藻の細胞を貫通していて、そういうコソ泥みたいな菌糸は、藻類が作った糖を勝手に奪って地衣類全体に分配する。藻類が作る糖のうち、約半分、もしかするとそれ以上が菌類に渡ると推定されている。私はそういう、どちらか一方が、与えるものよりはるかに多くを相手から奪う夫婦というのも見たことがある。研究者の中には、地衣類は結婚ではなくて相互寄生であると言う者もいる。また地衣類は、「農業を発見した菌類」と呼ばれることもある。光合成をする生物を、菌糸の塀で囲い込んだのだ。

髄質の下には、菌糸体がゆるく絡まり合った層がある。水分を保ち、藻類の光合成が長く続くようにするためのものだ。そして一番下にある真っ黒な層には、トゲトゲした偽根が生えている。この微細な毛様の突起が、地衣類が岩に固着するのを助けるのだ。

菌類と藻類によるこの共生関係は、生物の個体と全体の違いを非常に曖昧なものにするため、多くの研究者たちの関心を集めてきた。組み合わせによっては、それがあまりにも特殊化されているため、お互い離れては生きられないものもある。地衣類という共生関係においてのみ存在する菌類は二万種近いことがわかっている。その他に、単独で生きることも可能だが、藻類と結びついて地衣類になることを選ぶものもある。

科学者たちは、藻類と菌類の結婚がどのようにして起こるのかに関心があるので、この二種類の生物種が一つの生物として生きるようになるための要因を特定しようと試みた。ところが、この二つを実験室に持ち込み、藻類にも菌類も理想的な環境を与えると、二つは途端によそよそしくなり、一つの培養皿の中で別々に生きることを選んだのだ——まるで、完全にプラトニックな関係にあるルームメイトみたいに。不思議に思った科学者たちは、色々な要因を一つひとつ変化させて、その生育環境をいじくりまわした。それでも地衣類は生まれない。二つがようやく互いに向き合って協力を始めたのは、二つが使える養分を大幅に削減し、ストレスの高い、厳しい環境を作ってからだった。菌糸が藻類を包みこんだのはその必要性が甚大なときだけであり、藻類が口説かれて嬉しいのはストレスを感じているときだけだったのである。

環境に恵まれていて食べるものがふんだんにあれば、二つの生物は個々に生きることができる。だが厳しい環境下で食べるものが少ないときは、互いに与えあうことを誓い合ったチームとしてでなければ生きてはいけないのだ。食糧難の世の中では、つながり合い、助け合わなければ生き残れない。地衣類はそう言っている。

生命のあり方の融合

地衣類は日和見主義で、食べ物があるときにはそれを効率的に利用するが、なければなくても大丈夫である。イワタケを見つけると、大抵は枯れ葉のようにカサカサに乾いているが、死んでいるわけではない。干魃に耐える見事な生理機能に支えられて、じっと待っているのだ。同じ岩に生えている苔と同様、地衣類も変水性がある。つまり、濡れているときしか光合成ができず成長もしないのだが、自身の水分を調整することはできず、その含水率は周囲の湿度を反映するのである。岩が乾燥していれば地衣類も乾燥する。だが雨が降ると状況はガラリと変わる。

最初の一滴が硬直した表面にぴしゃりと落ちると、途端にイワタケの色が変化する。泥のような茶色だった地衣体には雨が当たったところに灰色の水玉模様ができ、それは一分ほどで灰色がかった緑色になる。目の前で魔法の写真が現像されていくみたいだ。それから、緑色の部分が広がるのとともに細胞は水分によって膨らんで、地衣体は筋肉を伸ばしたり曲げたりしているかのように動き出す。ものの数分で、乾いたかさぶたみたいだったイワタケは、やわらかな緑色の皮膚状になる――腕の内側みたいになめらかな皮膚だ。

生き返った地衣類を見ると、どうしてその名前［訳注：イワタケ属を指す*Umbilicaria*は臍を意味するumbilicusに由来する］がついたかがわかる。臍状体が地衣体を岩に固定している部分は、やわらかい表面の皮にへこみができ、中心から放射状に皺ができる。それはどこからどう見てもまるで臍なのだ。中にはあまりにも完璧な小さなおヘソがあって、赤ん坊のお腹みたいにキスしたくなる。そういう赤ん坊がお腹にいた女性のおヘソみたいな、垂れ下がってシワシワのものもある。

臍状体地衣は垂直面に生えるので、水分が溜まる下の方よりも、上の部分は早く乾く。地衣体が乾燥し、縁がめくれ上がると、その縁に沿って、水の溜まる浅い樋状のものができる。地衣類は古くなるにつれて上下非対称になり、下部が上部よりも三〇パーセント長くなることもある――水分が長く留まるために、上半分が乾いて光合成が止まった後も下部では光合成が続き、成長した結果だ。樋にはゴミも溜まる。地衣版おヘソのゴマだ。

身をかがめて岩をよく見ると、地衣体の赤ん坊がたくさんある。鉛筆のお尻についている消しゴムくらいの大きさの茶色い円形のものが、岩のここかしこに散らばっているのだ。健全な個体群である。これらの幼い地衣類は、親株のちぎれた破片から生まれたか、完璧な対称性を持っていることから判断して、粉芽《ふんが》と呼ばれる特殊な珠芽《しゅが》から生えた可能性が高い。粉芽とは、菌類と藻類を一緒に分散できるようにその両方を含む小さなパッケージで、こうすれば常にパートナーと共にいられるわけである。

この小さな地衣体にも臍がある。地球で最初に芽生えた生命の一つであるこの太古の生き物と地球が臍でつながっているというのはいかにも相応しい。藻類と菌類の婚姻によって生まれたイワタケは、地球の子どもであり、岩が育てた生命なのだ。

そしてイワタケは人間の食べ物にもなる。イワタケは一般に、他に食べるものがないときに飢えをしのぐための食べ物とされているが、そんなに不味いわけではない。私は毎夏、学生たちと一緒にイワタケを煮る。ただし地衣体の一つひとつは成長するのに何十年もかかったかもしれないので、味見に必要な最小限しか収穫しない。まず、集めた地衣体を水に一晩浸して溜まった砂を取り除く。浸した水は捨てる。地衣類が岩に食い込むために使う強力な酸を洗い流すためだ。次に三十分沸騰させる。こうしてできたイワタケスープはなかなか美味しいし、タンパク質がたっぷりなので、冷やすと微かに岩とキノコの味のするゼリー状のコンソメのようになる。煮た地衣体そのものは細切りにすると歯ごたえのあるパスタのようになり、十分に食べられる地衣類ヌードルスープのできあがりだ。

イワタケは、自らの成功の犠牲になることがよくある。その原因は蓄積だ。地衣類のまわりには、ゆっくり、ゆっくりと不要物が溜まって薄い膜ができる。それはイワタケ自身から剝がれ落ちたものかもしれないし、塵かもしれないし、落ちてきた針葉かもしれない——要するに森のゴミだ。こうして有機物が表面に付くと、裸の岩には保てない水分を保てるようになり、次第に土が付着して、苔やシダの生育環境ができる。生態学的遷移の法則に従って、地衣類は他の生物のための基盤を作り、そして他の生物が現れるというわけだ。

私は、イワタケに全面を覆われた断崖を知っている。切り立った崖の表面の亀裂を水が滴り落ち、近くまで木が生えて日陰になったそこは、苔にとっては天国である。地衣類は、まだ湿った森が鬱蒼と生い茂る以前、早くからそこに群生していた。今イワタケは、岩の上にだらりとしたキャンバステントが並んだ野営地みたいに見える。その一部はボロボロで、屋根が弛んでしまっている。一番古いイワタケを拡大鏡で見ると、藻類や他の固着地衣が極小のフジツボみたいに付着しているのがわかる。藍藻が棲みついたところにはつるつるした緑色の筋ができている。こうした着生植物は、日光を遮って地衣類の光合成を邪魔することがある。冴えない地衣類の色を背景に色鮮やかな、ふかふかのハイゴケが目に留まる。岩棚沿いに歩いて、その豪華な輪郭を感心して眺めていると、その根元に、枕の縁飾りのフリルみたいなイワタケの地位体の端が見える。ほとんどハイゴケに飲み込まれている。寿命が尽きたのだ。

地衣類はその一つの体の中に二つの見事な生命のあり方を融合させている。生きたものを食べることを土台とするいわゆる生食連鎖と、それをバラバラにすることを基本とする腐食連鎖である。生産者と分解者、光と闇、与える者と受け取る者が、互いの腕に抱かれているのである。一枚の毛布の縦糸と横糸のようなその関係はあまりにも緊密で、どちらが与える側でどちらが受け取る側なのか区別できないほどだ。地球で一番古い生き物の一つである地衣類は、レシプロシティーから生まれたのである。私の部族のエルダーたちは、こういう迷子石は一番年寄りのグランドファーザーで、予言を伝える者であり私たちの教師である、と教える。私は時折、迷子石のそばに座りに行く——世界のおヘソで、役にも立たない考え事に耽るために。

地衣類の生き方からは学べることがある。相利共生、つまりそれぞれの種が自分の大切なものを相手と分かち合うことから生まれる不朽の力を、地衣類は思い出させてくれるのだ。均衡のとれたレシプロシティーによって地衣類は、この上なく厳しい環境の中で繁栄することができた。彼らの成功は、どれほど消費し成長したかによって測られるのではなく、そのしとやかな長命さと簡素さ、周りで変化する世界の中で変わらず生き続けることにある。そして今、世界は変化している。

地衣類は人間の食べ物になり得るが、人間はそのお返しに地衣類を大切にしているだろうか。多くの地衣類がそうであるように、イワタケは空気汚染にとても弱い。イワタケが生えているのを見つけたら、そこの空気はとてもきれいだと考えていい。二酸化硫黄やオゾンなどの大気汚染物質があれば、イワタケはたちまち死んでしまう。それまであったイワタケが消えてしまったら注意することだ。

まさに今、加速する気候変動の混沌の中、私たちの目の前で、生き物が種ごと、あるいは生態系ごと消えていっている。またそれと同時に、増加している生息域もある。氷河が解けた後に、何万年もの間人の目に触れなかった土地が露出するのだ。氷河の縁には、削られたばかりの土地が姿を現す——岩だらけの漂礫《ひょうれき》土が混ざり合った、冷たく過酷な土地だ。イワタケは、退氷後に現れた土地に最初にコロニーを作るものの一つであることがわかっている。気候が大きく変動した一万年前、まだ地球が荒々しく、草木も生えていなかった頃と同じように。ネイティブアメリカンのハーバリストは、植物があなたの前に現れたら気をつけなさいと言う。植物はあなたに大事なことを教えるために現れるのだ。

何千年もの間、地衣類は生命を築き上げる役割を果たしてきた。ところが、地球の歴史から見ればほんの一瞬の間に私たち人間は、その努力を台無しにし、環境に甚大なストレスがかかる不毛の時代を自ら作り出してしまった。地衣類はそれに耐えられるだろう。人間も耐えられるかもしれない——彼らが教えてくれることに耳を傾けるならば。さもなければ、私たちはバラバラの存在だという人間の誤った思い込みが私たちを化石にしてしまったずっと後に、人間の時代が遺した岩だらけの廃墟を地衣類が覆っていることだろう——崩れ落ちる権力の殿堂を飾る、ひだ飾りのついた緑色の肌が。

イワタケ、オークリーフ・ライケン、臍状体地衣。アジアでは、*Umbilicaria* は「石の耳」と呼ばれていると聞く。ほとんど音のしないこの場所で、私は彼らが耳を澄ませているところを想像する。風の音に、チャイロコツグミの声に、雷鳴に。暴走する私たちの欲望に。石の耳よ、私たちが己の過ちを理解したときの苦悩の声があなたには聞こえるだろうか？　あなたの体を作る共生的な婚姻関係に宿る叡智に耳を傾けない限り、あなたが生まれた後氷期の厳しい世界を私たち自身が生きることになるかもしれない。でも、私たちが地球と婚姻関係を結ぶとき、その喜びの讃歌もまたあなたの耳に届くかもしれないと知れば、救われる気がする。

原生林の子どもたち

なだらかな起伏のあるベイマツの木立の中をのんびりと大股で歩きながら、私たちはモズモドキみたいに他愛なくおしゃべりをしている。あるところまで来ると、そこに見えない境界があるかのように気温が下がって息が冷たくなり、私たちは盆地に降りる。会話が止まる。

深々とした苔の中から伸びる幹には深い縦溝があり、その樹冠は、森をぼんやりした銀色の薄明で満たしている霧に隠れて見えない。大きな丸太やシダの群生がそこここに散らばる林床は、針葉が羽毛布団のように積もり、木漏れ日が斑模様を作っている。若木の樹冠に開いた穴からは光が差し込むが、年老いたグランマザーたちは日陰に聳え、樹冠を支える巨大な幹は、直径が二・四メートルほどもある。そこでは思わず畏敬の念が浮かび、大聖堂の中にいるように押し黙らずにはいられない。この静寂をより豊かなものにできる言葉などありはしないのだから。

だがここがいつもこんなに静かだったわけではない。シンギングスティック［訳注：歌に合わせて打楽器のように叩く二本の木の棒のこと］を持ったおばあちゃんたちが目を光らせる中、少女たちがおしゃべりし、笑いさざめいていたこともあったのだ。向こうの木の幹には長い傷跡がある――樹皮のないところが鈍い灰色の矢印みたいになって、地上一〇メートルのところにある一番下の枝まで、次第に先細りになって続いている。この樹皮を剝がした人は、樹皮の帯をその手でしっかりつかんで、木から樹皮が離れるまで、斜面を後ろ向きに登ったはずだ。

昔はこの雨林が、カリフォルニアの北部からアラスカの南東部まで、山と海に挟まれた帯状に広がっていた。したたるような霧がかかり、太平洋から立ち昇る湿気をたっぷり含んだ空気が山にぶつかって年間二五〇〇ミリ近い雨を降らせ、地球上に肩を並べるもののない豊かな生態系を作っている。世界一の巨木がここにはある。コロンブスの航海よりも前に生まれた木々だ。

木だけではない。ここには夥しい種類の哺乳類、鳥類、両生類、野草、シダ、苔、地衣類、菌類、それに昆虫がいる。この森について書こうとすると、最上形容詞を使い果たしてしまう。ここは何しろ、地球上で最も見事な森の一つなのだ。ここでは何百年もの間、人々が暮らし、倒れた巨大な幹や枯れた立木が、死んでますます多くの生命を生み出してきたのである。一番低いところ、森の地面に生える苔から、高い木々の梢から垂れ下がる地衣類――何百年にもおよぶ風、病気、嵐のせいであちこち穴が開いてみすぼらしい――まで、森は縦方向に幾重にも複雑に重なりあった彫刻だ。一見混沌としているが、実はそれらすべてのものが、菌類のフィラメントやクモの糸、そして銀色の糸のような水の流れによってお互いに深くつながりあっている。「単独で」という言葉はこの森では何の意味も持たない。

太平洋岸北西部の先住民はここで何千年もの間、森と海を股にかけ、その両方からたくさんのものを収穫して豊かな生活を送ってきた。雨の多いこの土地は、サケの故郷であり、常緑針葉樹、ハックルベリー、タマシダが豊かに生い茂る。豊満な腰で籠いっぱいの食べ物を抱える女性の木――セイリッシュ語で「裕福な女性をつくる木」「マザー・シーダー」と呼ばれるベイスギの土地である。人々が必要とするものが何であれ、揺り籠から棺まで、ベイスギは人々に与え、支えてきた。

何もかもを腐敗させる雨の多いこの土地では、腐りにくいベイスギは理想的な資材になる。細工がしやすくて浮揚性があり、幹は太くてまっすぐなので、いかにも二〇人乗りの船にしてくださいと言っているかのようだ。そして、船に付随するもの――櫂も、浮きも、網も、ロープも、矢も、そして銛も、すべてがベイスギからの贈り物だった。船に乗る者たちは帽子やケープさえベイスギで作った。やわらかくて暖かく、風や雨から護ってくれるのだ。

女性たちは、よく踏みならされた川沿いの低地の小道を歌いながら歩き、それぞれの使い道にぴったりのベイスギを見つけた。必要なものが何であろうと、女性たちはきちんとベイスギに収穫の許しを求め、採ったものに対しては感謝の祈りとお返しの贈り物を差し出した。若くもなく歳をとってもいない木の樹皮に楔を打ち込むと、広げた手の平くらいの幅で七メートル半ほどの樹皮の帯が採れる。傷が癒えて木そのものにダメージが残らないよう、木の外周のほんの一部しか剝ぎ取らないよう気をつけた。剝ぎ取った樹皮は乾かして叩き、何枚もの薄い皮に剝ぐ。こうしてできた内皮はサテンのようにやわらかくツヤツヤしている。鹿の骨で樹皮を削るという時間のかかる作業をすると、ふわふわしたベイスギの「ウール」ができる。人々は生まれたての赤ん坊をこのウールでくるんだ。織れば暖かくて丈夫な服ができた。家の中では外皮を織ったマットを床に敷き、ベイスギのベッドで眠り、ベイスギの皿で食事をした。

人々はベイスギのあらゆる部分を利用した。縄のような枝は割って、道具や籠、魚を獲る網を作る。長い根を掘り、洗って皮をむき、細くて強靭な繊維にして、おなじみの円錐形の帽子や、被っている人のアイデンティティーを表す儀式用の被り物を作る。とても寒くて雨が多く、一日中夕暮れみたいに霧がかかっている冬の間、誰が家に明かりを灯し、暖めたかと言えば、弓錐《ゆみぎり》も、火口も、薪も、そのすべてが「マザー・シーダー」だった。

人々は、病気になったときもベイスギを頼った。ベイスギは、針葉、しなやかな枝、根、そのすべてが薬になる。そして木の全体に、パワフルな霊力が宿っている。昔から伝わる教えによれば、ベイスギのパワーはとても大きく、またやわらかいので、その力に相応しい者がベイスギの幹に寄りかかればその中に流れ込むのだという。死が訪れるときには、ベイスギの棺が作られた。人間は、生まれるときも死ぬときも母なるベイスギの腕に抱かれたのだ。

原生林が豊かで複雑であったのと同様に、その足元で生まれた文化もまた豊かで複雑だった。持続可能な生き方とは生活水準が低くなることだと考える人がいるが、太平洋沿岸の原生林に暮らす先住民の人々は、世界でも最も豊かな人々だった。夥しい種類の海と森の資源を賢明に利用し、大切にすることで、彼らはそのどれ一つ乱用することなく、見事な芸術、科学、そして建築を開花させた。その繁栄ぶりは、貪欲さではなく、ポトラッチという伝統を生んだ。人間に対する自然の寛大さそのままに、物品を儀式によって分け与えるのである。豊かさとは、人に与えるに十分な物を持つ、ということであり、寛大さが社会的地位を高めた。ベイスギは豊かさを分かち合う方法を教え、そして人々はそれを学んだのである。

科学者たちはベイスギを *Thuja plicata* と呼ぶ。ウェスタンレッドシーダーとも言う。太古の森に生えていた巨木の一つで、高さ六〇メートルに達する。一番背が高いわけではないが、その巨大な逞しい胴回りは直径一五メートルにもなることがあり、レッドウッドにもひけを取らない。深い縦の溝が刻まれた、流木の色をした樹皮に覆われた幹は、根元からだんだん細くなる。枝は優雅に垂れ下がった後、まるで飛んでいる鳥のように上向きになり、枝の一本一本が緑色の羽根でできた翼のようだ。

よく見ると、小枝の一つひとつに、重なり合った小さな葉がついているのがわかる。種名の*plicata*というのは、その折りたたまれたような、三つ編み状の見た目を指している言葉だ。しっかりと編まれた輝くようにつややかな緑の葉は、小さなスイートグラスの三つ編みのようにも見える。まるでこの木そのものが、優しさで織られているかのように。

ベイスギは、人々に惜しみなく与え、人々は感謝とレシプロシティーでそれに応えた。今では人々はベイスギを製材所から送られてくる商品と勘違いし、贈り物という認識は失われつつある。人間がベイスギに負っている借りを知っている私たちは、いったいお返しにベイスギに何をしてやれるだろう？

原生林を作る

ブラックベリーの茂みを無理矢理に進むフランツ・ドルプの服の袖に、棘が引っかかる。くるぶしに絡むサーモンベリーに足を取られて、ほぼ垂直に近い斜面を危うく落ちそうになるが、二・五メートルもあろうかという茂みが受け止めてくれるので、そう遠くまで落ちることはない。この藪の中では方向感覚がなくなってしまう。進める方角は一つしかない。上に、尾根の頂上に向かって登るだけだ。道を作るのが最初の一歩。アクセスがなければ何も始まらない。だから彼は、なたを振り下ろしながら進み続けた。

フィールド・パンツと、ぬかるんでイバラだらけのこの辺りではなくてはならないゴム製ワークブーツを履いた、のっぽで痩せたフランツは、黒い野球帽を目深に被っている。使い込まれた作業用手袋を着けた手はアーティストのようだが、汗して働く働き者だ。その夜の彼の日記には、「五十代半ばになってからじゃなくて、二十代の頃に始めるべきだった」と書かれている。

午後中ずっと彼は、ひたすらなたを振るい、茂みの枝をやみくもに切り払いながら尾根へのトレイルを作る作業をしていた。イバラに隠れている障害物になたの刃があたり、カーンと音がして、なたを振るうリズムが狂った。彼の肩まで高さがある大きな古い倒木で、見たところベイスギのようだ。昔は伐採されたのはベイマツだけで、他の木はそこに放置されて朽ちていったのである。ただし、ベイスギは腐らない——林床に横たわったまま、何百年、もしかするとそれ以上の年月に耐えるのだ。この倒木は、百年以上前に初めて伐採された、今は無き原生林の名残だった。切断するには大きすぎるし避けると遠回りになるので、フランツはトレイルにもう一つカーブを加えることにした。

古いベイスギがほとんどなくなってしまった今になって人々はそれを欲しがり、昔の伐採地を、残された倒木を求めて探し回る。古い倒木から高価なベイスギのウッドシェイク（こけら）を作ることを彼らは「シェイク・ボルティング」と呼ぶ。柾目《まさめ》がまっすぐなので、簡単に割ってシェイクを作ることができるのだ。

地面に横たわる古いベイスギの木の一生の間に、崇敬される存在だったものが不要物とされ、ほとんど全滅させられた後になって誰かがそのことに気づき、再び求められるようになった、というのは、考えれば驚くべきことだ。

「ツールとしては、この辺りではマドックスと呼ばれるツルハシが気に入っている」とフランツは書いている。刃が鋭いので、根を切るのと道を慣らすのが同時にでき、ほんの短い時間のことではあるがツタカエデの侵食を食い止めることができたのだ。

さらに数日かかって頑強な茂みと格闘し、ようやく尾根の頂上まで出ると、ご褒美にメアリーズ・ピークの眺めが待っていた。「ある地点まで到達して、成し遂げたことを実感したときの高揚感を思い出す。斜面がきつくて天気も悪いせいで、もう何もかもがとても手に負えないという気分になって、地面に座り込んで笑ってしまったときのことも」

フランツの日記には、尾根から見た景色の感想が綴られている。それはクレイジーキルトみたいな、林業の管理区画単位に分割されたパノラマだ。枯れて茶色の区画、グレーと緑の斑模様と並んで「若いベイマツがびっしりと植樹された、手入れされた芝生のような」四角形や三角形が幾何学模様を作り、山肌は砕けたガラスのように見える。自然保護区内にあるメアリーズ・ピークにだけは、分割されていない森が広がり、遠くから見るとザラザラした質感にさまざまな色が交じっている。かつての森、原生林の特徴だ。

「僕のこの仕事は、深い喪失感から生まれたものだ」とフランツは書いている。「ここにあるはずだったものに対する喪失感だ」

一八八〇年にオレゴンのコースト・レンジで初めて伐採が許可されたとき、高さ九〇メートル、外周一五メートルにもなる木々はあまりにも大きく、会社のお偉方はどうしたらいいかわからなかった。やがて哀れな二人の従業員に「ミザリー・ウィップ」を使えとのお達しがあった。二人で使う薄い横引きノコギリである。彼らはそれを使って、何週間もかかって巨木を伐り倒した。アメリカ西部の町はそうした木材を使って建造され、成長するにつれてもっと多くの木材を必要とするようになった。その頃は、人々は「原生林を全部伐ることなんてできっこない」と言ったものだった。

チェーンソーが最後にこの山の斜面で使われていた頃、フランツはここから何時間も離れた農場で妻と子どもたちと暮らし、林檎の木を植え、アップルサイダーのことを考えていた。父親であり若き経済学教授でもあった彼は、家政学に熱心で、オレゴン州の山の中に、自分が生まれ育ったような農場を持ち、そこにこの先ずっと暮らしたいと夢見ていた。

一方、彼が牛と子どもを育てている間、その後彼のものとなるショットパッチ川の上の土地では、太陽をいっぱいに浴びてブラックベリーが茂り始め、たくさんの切り株や、伐り出しに使われたノコギリ、車輪、線路などを覆い隠そうとしていた。サーモンベリーの棘が鉄条網と絡まり合い、土地の窪みに残された古いソファーには苔が新しいカバーをかけていた。

やがて農場での結婚生活は崩れ始め、夫婦の関係は下降線を辿ったが、それと同じことがショットパッチの土壌にも起こっていた。すると土壌をつなぎ留めるためにハンノキが生え、続いてメープルが生えた。もともとは針葉樹という言葉を話す森であったのが、すらりとした、硬材になる木が使うスラングを話すようになってしまったのだ。ベイスギやモミの森になるという夢は消え、低木の茂みのただならぬ混沌の中に失われてしまった。まっすぐな幹をゆっくりと育てる木は、生育が速く棘を持った植物には敵わないのである。フランツが、「死が二人を分かつまで」妻と暮らすはずだった農場を後にしたとき、彼を見送る妻は「次にあなたが見る夢はこの前の夢よりうまくいくといいわね」と言った。

彼は日記に、「売り払った農場を見に行ったが、後悔している。農場の新しい持ち主は木をすべて伐り払っていた。僕は切り株に座って巻き上がる紅塵の中で泣いた。農場を去ってショットパッチに移ったとき、新しいすみかを作るためには、家を建てたり林檎の木を植えたりするだけでは駄目なのだと気がついた。僕自身にもこの土地にも癒しが必要だった」と記している。

こうして、傷ついた一人の男が、ショットパッチ川沿いの傷ついた土地に暮らすことになったのだ。

そこは、オレゴン・コースト・レンジの中心にある。彼の祖父もかつて、苦労して農場を拓いた山地だ。家族に残る古い写真には、粗末な小屋と険しい顔をした人たちが写っている。周りは切り株だらけだ。

「この四〇エーカーで、僕は世間から身を隠し、野生の森に逃げ込むつもりだった。でもここに手付かずの野生の森はなかった」と彼は書いている。彼が選んだ場所は、地図で「Burnt Woods（焦げた森）」という ところに近い。でもそこは「削がれた森」と呼ぶ方がふさわしい。初めは太古からの原生林が、そしてその後の世代の森が、何度も徹底的に皆伐されている。モミが育つとたちまち木こりが伐採にやってきたのだ。

皆伐された土地では何もかもが変わってしまう。突如として太陽の光が降り注ぎ、地面は伐採用の機器で掘り起こされ、温度が上がって、腐葉土の毛布の下の鉱物豊富な土壌が露出する。生態遷移の時計は巻き戻され、アラームが高らかに鳴り響く。

復元のその先

森の生態系には、風による倒木、土砂崩れや火事の繰り返しの中から生まれた、大々的な撹乱に対処する術が備わっている。撹乱が起こるとすぐに、遷移初期の植物が侵入してダメージコントロールに取りかかるのだ。これらの植物は日和見種とか先駆種とか呼ばれ、撹乱後に繁茂できるよう適応している。光やスペースが潤沢にあるので、それらは急速に育つ。この辺りの裸地は、数週間で土が見えなくなるほどだ。これらの植物はできるだけ早く成長・繁殖するのが目的なので、幹を太くすることよりも、弱々しい茎にとにかくたくさん葉をつけることに力を注ぐ。

成功の鍵は、お隣さんよりもたくさんのものを、より早く手に入れることだ。これは、必要な資源が無制限にあるようなときにはうまくいく戦略である。だが植物の先駆種は、開拓者となった人間にも似て、広い土地と、過酷な労働と、個々の自発性と、そして大勢の子どもを必要とする。言い換えれば、日和見種が繁茂できるチャンスは短い期間に限られるのだ。いったん木が生え始めれば先駆種は先が長くないので、光合成で貯めた財産を使って、次の裸地まで鳥に運んでもらう赤ん坊を作る。そういうわけなので、先駆種の多くは、サーモンベリー、エルダーベリー、ハックルベリー、ブラックベリーなどのベリー類である。

先駆種には、とにかくどんどん成長して広がり、どんどんエネルギーを消費し、資源をできるだけ速やかに吸い上げる、という行動指針があり、他者と競争してその土地を奪取した後は次の場所へと移動する。資源が足りなくなり始めると――いつかは必ずそうなるわけだが――進化の過程は、植物相をより安定させるような協調と戦略を好むようになる。これは多雨林の生態系によって完成された戦略で、多岐にわたって深く存在する互恵的共生関係は、長く継続するためにできている原生林ではことのほか発達している。

産業としての林業、資源採取、その他、人間が無秩序に行ってきたことは、いわばサーモンベリーの茂みだ。資源を使い果たし、種の多様性を低下させ、より多くを得ることに夢中になっている社会の求めるままに生態系を単純化している。この五百年で私たちは、原生林の文化と生態系を破壊し尽くし、日和見主義的文化がそれに取って代わった。先駆的な人間社会は、先駆植物のコミュニティーと同様、刷新のためには重要な役割を果たすが、長い目で見ればそれは維持不可能である。容易に手に入るエネルギーが限界に達してしまえば、バランスと再生によってしかその先へは進めない。遷移の初期と後期のシステムの間に相互依存的な循環があり、互いに繁茂の機会を与え合う、そんな環境だ。

原生林は、見た目が美しいだけでなく、機能の優美さもまた見事である。栄養資源が不足しているので、野放しに成長したり資源を無駄遣いしたりすることはできない。森の構造そのものが持つ「環境への優しさ」は、エネルギー効率のお手本だ。樹冠の高さが異なる木々の葉が重層的に重なって、与えられる太陽エネルギーを最大限に利用するのである。自立型コミュニティーの手本が欲しいなら、原生林、あるいは、原生林と共生することで生まれた原生林的文化を見ればいい。

フランツの日記には、遠くに見えるわずかに残った原生林と、古いベイスギの倒木以外には森の面影を留めない剝き出しのショットパッチの土地を見比べたとき、自分の生きる目的が見つかった、と書かれている。この世界がどういう場所であるべきかという自身のビジョンから追い出された彼は、この土地を癒し、その本来あるべき姿に戻すことを誓ったのである。「木を植えて原生林を作ることを僕のゴールにしよう」と彼は書いている。

だが彼の野心は、森を物理的に復元することに留まらなかった。「復元に携わる中で、森やそこに棲む生き物たちとの個人的な関係を取り戻すことが大切だ」。自然を相手にしていく中で、彼と自然の間に愛情ある関係が育まれた、と彼は書いている――「まるで、自分の中の、失われていた部分をもう一度見つけたようだった」と。

菜園を作り、果樹を植えた彼は次に、自給自足とシンプルさを追求した家を建てることにした。理想的には、伐採されず上方の森に残っているベイスギを使って小屋を建てたかった。美しく、良い香りがして、腐りにくく、象徴的な意味があるからだ。だが何度も行われた伐採であまりにも多くの木が失われてしまい、残念ながら彼は家を建てるベイスギの木材を購入せざるを得なかった。「僕が使うために伐らなければならないベイスギの木よりもたくさんのベイスギを植え、育てる」ことを心に誓って。

多雨林に暮らした先住民もまた、軽くて撥水性が高く、良い香りがするベイスギを、家を建てるのに好んで使った。ベイスギの丸太と板の両方を使って建てた家は、この地域を象徴するものだ。ベイスギは簡単に割れるので、上手い人がやれば、ノコギリを使わずに構造枠組材を作ることさえできる。材木を採るために木を伐ることもあったが、薄板は、自然に倒れた木を割って作ることが多かった。意外にも、まだ生きているマザー・シーダーから薄板を採ることもできた。石や鹿の角でできた楔を立ち木の樹皮に打ち込むと、まっすぐな木目に沿って長い板が剝がれるのだ。木部そのものは死んだ支持組織なので、大きな木から板を何枚か剝ぎ取っても木全体が枯れる危険はない。これは、維持可能な林業という概念の定義を覆すものだ——木を殺すことなく木材を収穫するのである。

もちろん今は、産業化された林業が、土地をどのように分割し使用するかを決めている。「ティンバーランド（木材用の樹木を産出するための森林地）」に指定されているショットパッチに土地を所有するために、フランツは入手した土地の森林管理計画の承認をとって登録しなければならなかった。フランツは日記に、自分の土地が「フォレストランド（森林地）」ではなくティンバーランド」に分類されていること——まるで、木というものは製材所行き以外の道はないとでも言うように——に対する失望を皮肉を込めて書いている。ベイマツばかりの世界の中で、フランツは原生林のことばかりを考えていたのだ。

オレゴン州の森林局とオレゴン州立大学の森林学部はフランツに技術的な支援を申し出て、下草の繁茂を抑えるため除草剤を使い、遺伝子操作で改良されたベイマツを植え直すよう勧めた。低木層との競争を排除して日光が十分にあたるようにしてやれば、ベイマツは周囲のどんな木よりも速く材木に育つ。だがフランツは材木など欲しくはなかった。彼は森が欲しかったのだ。

「この土地への愛情が、僕がショットパッチに土地を買った動機なのだ」と彼は書いている。「ここでは正しいことをしたかった。『正しいこと』が何を意味するのか皆目わかっていなかったけれど。そこが大好きなだけではダメなんだ、それを癒す方法を見つけなければ」。除草剤を使えば、その化学薬品の雨に耐えられるのはベイマツだけだ。そして彼はあらゆる種類の木が欲しかった。だから彼は、下草を手作業で払う決意をした。

産業用の森林を植え直すのは大変な重労働だ。植樹作業員はチームでやって来て、苗木の詰まった大きな袋を背負って急な斜面を横に進む。一・八メートル進んだら穴を掘って苗木を入れ、土を被せて押さえる。一・八メートル進んではそれを繰り返す。木は一種類、ワンパターンだ。だが、自然な森を植樹するための決まった処方があるわけではなかったから、フランツは唯一の先生を見習うことにした——森そのものだ。

ベイスギを育てる

原生林が残されたわずかな場所での木の生え方を観察して、彼はそのパターンを自分の土地で再現しようとした。ベイマツは日当たりの良い開けた斜面、アメリカツガは陰の多い方角、ベイスギはあまり日の当たらない湿った場所に。当局はハンノキやビッグリーフ・メープルの若木を取り除くように勧めたが、フランツはそれらを抜かずに土地を肥やす役割をさせることにし、その下には日陰でも育つ木を植えた。木には一本一本すべて印をつけてマッピングし、世話をした。木を呑み込んでしまいそうな下草は手作業で刈ったが、腰の手術をしてからはとうとう腕の良い作業員を雇わざるを得なかった。

フランツは、色々な書物や、森というもっと微妙な教科書を読み、次第に優れた生態学者になっていった。彼の目標は、古い原生林というものについて彼が持っているビジョンと、彼の土地が持っている可能性を融合させることだった。

彼の日記を読めば明らかに、自分は愚かなことをしているのではないかと疑ったときもあったことがわかる。自分が何をしようがこの土地はいずれは何らかの森に戻り、自分が苗木の袋を背負ってノロノロと斜面を登ろうが登るまいが関係ないということが彼にはわかっていた。人間にとっての時間は森にとってのそれとは違う。だが、単に長い時間が経っただけで彼が思い描くような原生林に戻るという保証はない。皆伐されたところとベイマツが芝生のように並ぶ土地のモザイク模様に周りを囲まれていては、必ずしも自然林が復活できるとは限らない。種はどこから来るのか？　そしてここの土壌は、それを喜んで迎えるような状態だろうか？

　この質問は、「裕福な女性をつくる木」の再生にはことさら重要だ。ベイスギの巨体にもかかわらず、その種はごく小さくて、繊細な球果から風に乗って飛んでいく種はわずか一センチちょっとの薄片状である。ベイスギの種を四〇万個集めてやっと四五〇グラムほどになる。成木には自分の子孫を残すための時間が何千年もあるのはありがたいことだ。森に茂る草木の多さを考えれば、そんなちっぽけな生命が新しい木に育つ可能性はゼロに近い。

　常に変化する世界が与えるさまざまなストレスに成木は耐えることができるが、若木は弱い。ベイスギは成長が遅いので、成長が速い他の木々はすぐにベイスギより背が高くなり、日の光を奪う。とりわけ火事や伐採の後、乾いて遮るもののない場所によりよく順応している他の木々との競争では勝ち目がない。仮に生き残ると、アメリカ西部の木種の中では最も日陰に強い木であるにもかかわらず、ベイスギは、あまりパッとしない状態で、他の木が風で倒れたり枯れたりして林冠に穴が開くのをじっと待つ。そしてそういうチャンスがやってくると、そのつかの間の太陽の光の中を一歩、また一歩と、林冠に向かって伸びていく。だがほとんどの若木は生き残れない。森林生態学者の推定によれば、ベイスギが成長できるチャンスは百年にわずか二度ほどだ。だからショットパッチの森では、森が自然に元どおりに復活する可能性はなかった。復元した森にベイスギが欲しければ、フランツは植樹する以外になかったのである。

　ベイスギの特徴、つまり、成長が遅くて競争力が低く、草食動物に食べられやすくて種から育つ可能性が極端に低いことを考えると、ベイスギは非常に稀な木だと思うかもしれない。だがそうではない。その理由の一つは、ベイスギは高地では競争力がないが、他の木は育たない沖積土、沼地、水のほとりなどで元気に育つからだ。彼らのお気に入りの生息地が、競争からの避難場所になるのだ。だからフランツは、慎重に川のほとりを選んでベイスギをたくさん植えた。

ベイスギには、人の命もベイスギの命も救う特有の化学成分が含まれている。特に、抗酸化作用の高い成分をたっぷり含むので、菌類に耐性がある。どんな生態系もそうだが、アメリカ北西部の森も病気が発生しやすく、中でも多いのが、*Phellinus weirii* という菌が引き起こす根株心腐病だ。ベイマツ、アメリカツガ、その他の木にとっては致命的な菌だが、ベイスギは幸いにもこの菌の影響を受けない。この病気で他の木が枯れれば、競争相手がいなくなった空隙を埋めようとベイスギが待ち構えている。死の只中でも「生命の木」は生き残るのだ。

何年もの間たった一人でベイスギの世話をしていたフランツだが、やがて彼と同じこと——木を植えたりサーモンベリーを切り払ったりすることを楽しいと感じる人が見つかった。フランツとドーンの初めてのデートはショットパッチの尾根の頂上だった。それから の十一年間で、二人は一万三〇〇〇本を超える木を植え、四〇エーカーの土地との親密さを表す名前がついた網の目のようなトレイルを造った。

米国林野部が管理する土地は、「三六一番管理地」というような名前がついていることが多い。だがショットパッチでは、もっとイメージ豊かな名前が、手書きのトレイルマップに書き込まれている。グラス・キャニオン、ヴァイニー・グレン、カウ・ヒップ・ディップ。最初にここにあった森の名残である木の一本一本にさえ名前がついている——アングリー・メープル、スパイダー・ツリー、ブロークン・トップ。地図に登場する名前で一番多い言葉が一つある。シーダー・スプリングス、シーダー・レスト、セイクリッド・シーダー、シーダー・ファミリーなどだ。

中でもシーダー・ファミリーというのは、ベイスギがよく家族のような木立を作っていることを想像させる名だ。種から育つのが難しいのを補うかのように、ベイスギは栄養生殖に秀でていて、ほとんどどんなベイスギの部分でも、湿った地面に触れればそこから根が出る。低く垂れた枝から、湿った苔のベッドの上に根が伸びることもある。柔軟性のある枝から新しい木が生まれることもある。木から切り離された枝でさえそうなのだ。先住民はおそらくこの方法でベイスギを増やし、その木立を守ったのだろう。倒れたり、お腹を空かせたヘラジカに踏み潰された若いベイスギさえ、その枝を新しい方向に伸ばして再出発できる。先住民はベイスギを「長生きの木」「生命の木」と呼んだが、まさにその通りなのだ。

フランツの地図に書き込まれた場所の名前で一番胸を打つのが、「原生林の子どもたち」だ。木を植える、というのは信念の証となる行為である。彼の土地には、一万三〇〇〇本の信念の証が生きているのだ。

フランツは、学習しては木を植えることを繰り返し、その過程でたくさんの過ちを犯し、たくさんのことを学んだ。「僕はこの土地の一時的な管理人であり、世話人にすぎない。介護人と言った方が正確かもしれない。厄介なのは細かい点だと言われるが、何かにつけて厄介な細かい点だらけだった」と彼は日記に書いている。彼は「原生林の子どもたち」がその生育環境にどう反応するかを観察し、問題があればそれを改善しようとした。「この森の再生は、菜園の世話をするのにも似ている。とても深い関係で結ばれた林業だ。森にいると、どうしてもあちこちいじらずにはいられない。もう一本木を植える、枝を一本切る。一度植えたものをもっといい場所に移す。僕はこれを『自然再生のための先行的再分配』と呼び、ドーンは『いじくりまわし』と呼ぶ」

ベイスギは、人間に対してだけではなく、森に棲む他の生き物たちにも気前が良い。低く垂れる枝のやわらかな葉は、鹿やヘラジカのお気に入りの食べ物の一つだ。色々な草木の下に隠れた苗木はカモフラージュされて見つからないと思うかもしれないが、あまりにも美味しいので、草食動物たちは、まるで隠れたチョコレートバーででもあるかのようにそれを見つけ出してしまう。しかもベイスギは成長が遅いので、鹿に届く高さである期間が長い。

「僕の作業は予想のつかないことだらけで、それはまるで森の中の陰のようにそこら中にあった」とフランツの日記には書かれている。たとえば川岸にベイスギを植えるというのは良い考えだったが、そこはビーバーのすみかでもあった。ビーバーがデザートにベイスギを食べるなどと誰が知っていただろう？　フランツのベイスギ苗園は跡形もなく食べ尽くされてしまった。フランツは再びベイスギを植え、今度はそれを柵で囲んだが、ビーバーたちはそんなものにはたじろがなかった。フランツは森の気持ちになって考え、次には、ビーバーの大好物であるヤナギの木を川岸にびっしりと植えてみた。彼らの注目をベイスギから逸らそうとしたのである。

「この実験を始める前に、ネズミ、ヤマビーバー、ボブキャット、ヤマアラシ、それに鹿と協議すべきだったな」とフランツは書いた。

古代の森が蘇るとき

彼が植えたベイスギの多くは今、ひょろっとした十代の若者といった風情で、手足ばかり長くて幹はまだやわらかく、まだまだ大人になっていない。鹿やヘラジカに齧られるおかげでますます不恰好だ。絡みつくツタカエデの下から光を求めて、こっちに一本、あっちに一本と枝を伸ばす。だが彼らの時代はやがてやってくる。

最後の植樹を完了したフランツは日記にこう書いている。「僕はこの土地を癒しているかもしれない。だが本当は誰が誰の恩恵を蒙っているかは疑いようがない。レシプロシティーというルールに従っているのだ。僕が与えるものは僕に返ってくる。ここショットパッチ・バレーの斜面で僕がしてきたことは、自分の森を復元するということよりも、僕自身を取り戻すということだった。この土地を回復させることで、僕自身が元気になったのだ」

「裕福な女性をつくる木」という名前は当たっている。ベイスギはフランツもまた裕福にした——自分のビジョンが現実のものになるという財産と、時の流れとともにますます美しくなっていく、未来への贈り物を遺したことによって。

ショットパッチについてはこう言っている。「これは自分の森を作るという作業だったが、同時に、自分の芸術作品を作る作業でもあった。この風景の絵を描いてもよかったし、歌を作曲してもよかったんだ。木の正しい分布のしかたを見つけるというのは、詩を手直ししているような感じがする。僕は技術を持っていないから、自分を『森林労働者』と呼ぶのは抵抗があるが、僕は森の中で、森を相手に仕事をする作家なのだと思えば納得がいく。森の管理を手がけ、木を使って書く作家だ。森林管理の仕方は変化しつつあるかもしれないが、製材会社や森林管理を教える学校で、優れた芸術の才能が職業資格として求められるというのは聞いたことがない。もしかするとそれこそが必要なのかもしれない——森林管理できる芸術家が」

この土地で暮らしていた間に彼は、この川の流域が受けてきた積年の被害が癒され始めるのを目にした。彼は日記に、今から百五十年後のショットパッチへのタイムトラベルの様子を書き残している。そこでは「かつてはハンノキが密生していた一画を、立派なベイスギが占拠して」いた。けれども今はまだ彼の四〇エーカーの土地は苗木ばかりで、しかもその苗木が脆弱なものであることも彼は知っていた。彼の目標を達成するためには、もっとたくさんの人の手を、心を、知識を借りなければならなかった。この土地、そして書くことという彼の芸術によって、人々の考え方を原生林的な物の見方に導き、人と自然の関係を再生させる一助となりたかった。

原生林が完全になくなってはいないのと同様に、そこに暮らした人々の古い文化も消えたわけではない。

この土地には、その記憶と再生の可能性が残っている。これは単なる民族や歴史のことを言っているのではなく、自然と人の間にあるレシプロシティーから生まれる関係のことだ。フランツは、植樹によって原生林を育てることが可能であることを示して見せたが、彼はまた、遠い昔の文化とその世界観を、完全な、元どおりの形で拡げることを心に思い描いていた。

このビジョンを推し進めるためフランツは、「環境科学の実践的な知識と明晰な分析哲学、そして言葉の持つ創造性と表現力を融合させて、人間と自然の関係をこれまでとは違った形で理解し、考え直すこと」を使命に掲げる「スプリング・クリーク・プロジェクト」の共同創設者の一人となった。森林労働者が同時に芸術家であり、詩人が生態学者でもあり得るという彼の考え方は、この森に、ショットパッチの居心地の良い家に根付いていった。今では彼の家は物書きであると同時に生態系における関係性を復元しようとする者たちが、一人になるため、インスピレーションを得るために行く場所になっている。彼らはそこで、サーモンベリーの茂みにいる小鳥のように、傷ついた土地に種を運び、伝統文化再生の準備をするのだ。

彼の家では、芸術家、科学者、哲学家たちが集まって豊かな共同制作活動が行われ、それが数々の素晴らしい文化的イベントとして発表される。彼にインスピレーションを与えたものが、今度は他の人々にインスピレーションを与えるものを育む温床となったのだ。十年、一万三〇〇〇本の植樹、そして数えきれないほどの科学者や芸術家たちにインスピレーションを与えた後、彼は日記にこう書いた——「今なら、僕に休息のときが訪れたら、僕は引退して、とても素晴らしい場所に続く道を歩いて行くみんなに後を任せられる自信がある。巨大なモミ、ベイスギ、アメリカツガが立ち並ぶ古代の森へと」。彼は正しかった。多くの者が、イバラの茂みから原生林の子どもたちに続く、彼が切り開いた道を辿ったのだ。フランツ・ドルプは二〇〇四年に、ショットパッチ川へ向かう途中、製紙工場のトラックとの衝突事故で亡くなった。

彼の家の扉の外に輪になって並んだ若いベイスギの木は、雨の雫がビーズのように光る緑色のショールを被り、ステップに合わせて羽のようなふさ飾りを揺らしながら優雅に踊っている女性のように見える。枝を大きく広げると輪も広がり、再生の踊りに加わらないかと私たちを誘う。何世代ものあいだ傍観者でいた私たちは、初めのうちは不器用に躓きながら、やがてリズムに慣れていく。記憶の奥深くで、私たちはこのステップを知っている――スカイウーマンから伝えられた、この世界をともに創る者としての責任を取り戻すためのステップだ。この手作りの森で、詩人が、作家が、科学者が、森林労働者が、シャベルが、種が、ヘラジカが、そしてハンノキが、マザー・シーダーとともに輪になって踊り、原生林の子どもたちに生命を吹き込む。私たちみんなが招かれている。さあ、シャベルを持って踊りに加わろう。

雨の目撃者

冬の初めのオレゴン州の雨は、灰色の幕のように、途切れることなくシトシトと降り続ける。雨はどんな場所にも同じように降るとお思いかもしれないが、そうではない。場所によって、そのリズムもテンポも明らかに違うのだ。サラールやヒイラギナンテンのような硬葉植物が茂っているところでは、雨はそのツヤツヤした硬い葉に、スネアドラムみたいにタタタタタ……と音を立てる。幅広で平らなシャクナゲの葉は、ピチャッと音を立てて落ちる雨粒に弾んで跳ね返り、土砂降りの中で踊っている。大きなアメリカツガの枝の下に届く雨粒は少なくて、ゴツゴツした幹の深い溝を雨が流れ落ちる。地面が露出しているところでは、雨は粘土質の土でピシャリと跳ねるし、地表に積もったモミの針葉は雨を音を立てて飲み込む。

それとは対照的に、苔に降る雨はほとんど音がしない。私は跪き、やわらかな苔に沈み込むようにして雨を観察し、耳を澄ます。雨粒の動きがあまりにも速くて、懸命に目で追っても水滴が苔に当たるところはなかなか見えない。でも、葉状体一つだけを見つめているととうとうそれが見える。水滴が当たった瞬間葉状体はお辞儀をするが、雨粒そのものは消えてしまう。音も立てずに。ポタリともピシャリとも言わず、でも水が動くのが見える――水を飲み込む茎が濃い色になり、水は小さな丸い葉の中に消えていく。

ここ以外で私の知っている場所のほとんどでは、水というのは他とは区別された存在であり、はっきりした境界線で区切られているものだ。湖の岸、川岸、岩だらけの海岸線。水のほとりに立って、「ここまでが水」で「ここからは陸」と言うことができる。魚やオタマジャクシは水中の生物。木、苔、四本足の動物は陸の生き物。ところがこの霧深い森の中では、その境界線がぼやけるように思える。絶えず降り続く細かい雨は、濃い霧に包まれて輪郭しか見えないベイスギやあたりの空気と区別がつかないのだ。水が気体である状態と液体である状態がはっきり分かれていないように見える。葉に、あるいは私の巻き毛の一筋に空気が触れただけで、突然水滴が現れる。

ここを流れるルックアウト川すら、水と陸の境目ははっきりしない。水はとんぼ返りを打ったり本流から滑り落ちたりし、淵と淵の間をカワガラスが行ったり来たりしている。だが、ここアンドリュー実験森林区の水文学者であるフレッド・スワンソンが、これとは別の水の流れについて話してくれたことがある。ルックアウト川の、目には見えない影の存在、浸透流である。これは、河床の下で、礫層や古い砂州の中を移動する水のことだ。渦を巻きしぶきを上げる水の流れの下に、川から森に続く斜面をじりじりと上昇する、誰も見たことのない広い川が流れているのだ。木々の根や岩はこの、目には見えない深い川のことを知っている——水と森には、私たちには計り知れない親密な関係があるのである。私が耳を澄ませているのは、この浸透流の音だ。

ルックアウト川の岸を歩く途中、私は一本の古いベイスギの幹の窪みに背中を預けて寄りかかり、地下を流れる川を想像しようとする。でも私が感じるのは首を伝わり落ちる水だけだ。枝はどれも苔のカーテンの重さでたわみ、苔が絡まった先端に水滴がぶら下がっている——私の髪と同じように。頭を前に傾けると、その両方が見える。でも苔にぶら下がっている水滴のほうが、私の前髪の水滴よりずっと大きい。実際、苔からぶら下がっている水の滴は私の知るどんな水滴よりも大きくて、重力に引っ張られて膨らみながら、私や小枝の先や樹皮から滴り落ちる水滴よりもずっと長い時間ぶら下がっている。水滴はぶら下がったまま回転し、森全体を、そして派手な黄色のレインコートを着た女性を映し出す。

私には、自分が目にしているものを信用していいのかわからない。測径器を持っていれば、苔からぶら下がった水滴の径を計って、本当に他の水滴より大きいかどうか調べられるのに。だって、水滴はどれも平等に作られているのではなかったのか？　その答えを知らないので、私は科学者流の仮説作りに逃げる。苔の周りは湿度が高いから水滴が長持ちするのでは？　苔の中にいると界面張力を高める特徴が備わって、重力への抵抗力が増すのでは？　もしかしたら、満月が地平線に近いところではとても大きく見えるのと同じで、ただの目の錯覚かもしれない。苔の葉の小ささが、水滴を大きく見せているのでは？　それとも水滴がその輝きを、もうちょっとの間見せびらかしたいのだろうか？

身を刺すような冷たい雨の中で何時間も過ごした私は、突然身体中がじめっとして寒いことに気づき、家に戻りたくなる。乾いた服に着替えてお茶を飲むのは簡単だが、私はこの場所を離れることができない。温まりたいのはやまやまだが、雨の中に立って五感のすべてを目覚めさせるほど素敵なことはない。四方を壁に囲まれていると五感は鈍くなり、私の注意は自分自身に向けられる——私という存在を超えたこの世のすべてではなくて。体の内側から外の世界を眺める私には、この濡れそぼった世界の中で自分だけが乾いていることなど淋しくて耐えられない。この多雨林の中では、私は受動的で保護された、単なる雨の傍観者ではいたくない。ざんざん降りの雨の一部となって、足の下の黒々とした腐葉土と一緒にずぶ濡れになりたいのだ。葉に覆われたベイスギのように立ち、背中に雨が染み込むのを感じることができたら——雨が私たちの間の境界線を取り払ってくれたらいいのに、と私は思う。ベイスギが感じていることを、ベイスギが知っていることを、私は知りたいのだ。

だが私はベイスギではないし、寒い。こんなとき、温血動物が身を潜める場所がどこかにあるに違いない。あちらこちらに、雨が届かない窪みがきっとあるはずだ。私はリスの気持ちになって考え、それを探す。川岸の、下が削られた岩の窪みに頭を突っ込むが、奥の壁に水が流れ落ちていてここには身を隠せない。倒木の空洞もだめだ。ひっくり返った根が雨を遮ってくれるかと思ったのだが、宙に浮いた根の二本の間にクモの巣がかかり、それさえもびしょ濡れで、絹糸のようなハンモックはスプーン一杯ほどの水を湛えている。ツタカエデが低く垂れて、苔がぶら下がった半球体の空間を作っているのを見て私の期待が高まる。私は苔の垂れ幕を脇に寄せて、身をかがめてこの、天井が苔でできている小さな暗い部屋に入る。静かで風もなく、ちょうど人が一人入れる大きさだ。苔が織りなす天井から、夜空の星のように小さな光が差し込む——が、一緒に雨も入ってくる。

トレイルに戻ろうとすると、巨大な倒木に行く手を塞がれる。川岸に近い斜面から川に倒れて、水嵩を増す流れに枝が浸かっている。木のてっぺんは向こう岸だ。上を乗り越えるよりは下を潜るほうが楽そうなので、私は四つん這いになる。

するとそこに乾いた場所がある。地面に生えている苔は茶色く乾き、土はやわらかくてサラサラだ。倒木が頭の上に作っている屋根は、幅が一メートル以上あり、楔形の空間は川に続く斜面になっている。傾斜の角度が寄りかかるのにちょうど良くて、足を伸ばすこともできる。私は乾いたイワダレゴケの塊に頭を乗せて、満足の溜息をつく。吐く息が頭の上に雲を作る。頭の上には、深い溝の刻まれた樹皮にまだくっついている茶色い苔を、クモの巣と、この木が倒れて以来一度も日の光を浴びていない地衣類の塊が飾っている。

私の顔から十数センチのところにあるこの倒木は、重さが何トンもある。この木が私の胸の上で自然な安息角を取ろうとしないのは、根元で折れた木が蝶番みたいになっているのと、川の向こう側で、ひびの入った枝がつっかえ棒になっているからにすぎない。身の安全はいつ失われないとも限らない。でも、雨粒の落ちるテンポの速さと木が倒れるテンポの遅さを考えると、今この瞬間は大丈夫な気がする。私が休息する時間と、木が倒れる時間は、違う時計の針で計られるのである。

昔から私には、時間というものが客観的な現実だとは思えなかった。重要なのは、何が起こるか、ということだ。人間が作り出した分とか年とかいうものが、ブヨにもベイスギにも同じことを意味するはずがないではないか？　今朝、頂上が霧に包まれている木々は二百年経ってもまだ若い。川にとってそれはほんの一瞬だし、岩にとっては存在しないに等しい。私たちがちゃんと世話をすれば、岩や川やこの木々は二百年後もおそらくここにあるだろう。私やシマリスや、日の光の中で飛び回っているブヨの群れは――もういなくなっている。

水滴の時間

過去と、頭の中で想像する未来というものに意味があるとすれば、それは今この瞬間の中にある。時間がたっぷりあるとき、それを「どこかに向かう」ことに使うのではなくて、「今ここにいること」に使うことができる。だから私は体を伸ばし、目を閉じて、雨の音を聞く。

フワフワの苔のおかげで私は濡れもせず暖かい。私は体を起こして肘をつき、濡れそぼる外界を眺める。ちょうど私の目の高さにある *Mnium insigne* という苔［訳注：チョウチンゴケ属の一種］の塊を雨粒が激しく打つ。これは五センチ近くまで上に伸びる苔だ。その葉は幅広で丸みがあり、まるで小さなイチジクの木のようだ。その中の一枚の葉が目に止まる。縁がまあるい他の葉と全然違って、その葉は長くて先が細くなっている。糸のように細いその葉の先端は、まるで植物らしからぬ様子で動いている。その糸状のものは苔の葉の頂部にしっかりと固定されているらしく、苔と同じ透き通った緑色をしているが、その先端は空中で、何かを探しているかのように円を描いている。見ていると、シャクトリムシが疣足《いぼあし》で立ち上がって長い体を揺らしながら近くの小枝を探し、見つけると歩脚でそれに摑まって疣足を離し、体を弓型に曲げて進む様子を思い出す。

だがこれはシャクトリムシとは違う——苔のように見える、緑色に輝く繊維状の何かだ。光ファイバーの素子のように内側から光っている。見ていると、何かを探すように動いていたそれは、ほんの数ミリ先の葉を見つける。その新しい葉を数回トントンと叩くようにして、それから安心したかのように、その間隙に体を伸ばす。元の二倍以上の長さに伸びたそれは、ぴんと張った緑色のケーブルのようだ。ほんの一瞬、二つの苔は輝く緑色の糸で橋渡しされ、それから緑色の光が川の流れのようにその橋を渡ったかと思うと、苔の緑色の中に吸い込まれるようにして消える。なんという贈り物だろう——緑色の光と水でできた生き物、ほんの一条の糸が、私と同じように雨の中で散歩するのを目の当たりにするなんて。

私は川に降り、じっと立って耳を澄ます。一つひとつの雨粒の音は、白く泡立ち、岩の上をなめらかに滑る水の音に掻き消されてしまう。知らなければ、雨粒と川が親戚だとは思わないかもしれない――それほどに、水は個と全体の様子が違うのだから。私は静かな淵の上に身をかがめて手を差し入れ、指先から水滴を垂らす――確認のために。

森と川の間には砂礫帯があって、十数年前に、川の流れが変わるほどの洪水で高山から運ばれてきた石がごろごろしている。そこにはヤナギやハンノキ、イバラや苔が生えているが、それもいずれ過ぎ去ることだ、と川が言う。

砂利の上にはハンノキの葉が落ちている。乾いて縁がめくり上がり、杯状になっている。中に雨水が溜まったものがいくつかあって、その水は、葉から染み出したタンニンのせいで紅茶のような赤茶色をしている。周りには、風で引きちぎられた地衣類のかけらが散らばっている。突然私は、私の仮説を試すための実験を思いつく。実験材料が目の前に並んでいるのだ。

私は幅と長さが同じくらいの地衣類を二つ見つけ、レインコートの中に着ているフランネルのシャツで拭いて、片方を赤いハンノキのお茶が入った杯の中に、もう片方をきれいな雨水に浸す。それからゆっくりと二つを並べて持ち上げ、先端にできる水滴を観察する。思った通り、二つは水滴のできかたが違う。きれいな雨水の方は小さな水滴が次々とでき、急いで落ちようとしているようだが、ハンノキの杯に浸した方は、大きくて重たげな水滴を作り、たっぷりぶら下がってから重力に引っ張られて落ちるのだ。私は自分が「ほらやっぱり！」と満面の笑みになるのを感じる。水と植物の関係性によって、水滴にも色々あるのだ。タンニンを豊富に含むハンノキの葉に溜まった水が大きな水滴を作るとしたら、長い苔の垂れ幕を流れた水だってタンニンを吸い込み、私が思ったように大きな水滴を作ってもおかしくないではないか？　私が森の中で学んだことが一つあるとしたらそれは、無為に起こることなど何もない、ということだ。あらゆることは意味を持っている――そしてそれは、あるものとあるものがどういう関係かによって決まるのだ。

以前からあった岸辺と新しい砂礫帯が出会うところには、川に張り出した木の下に静かなたまりができている。本流からは切り離されていて、水源は浸透流だ。地中から上がってくる水が浅いボウルのようなたまりを満たし、夏にここに咲いていたデイジーは、雨の季節の今、自分が六〇センチも水面下に沈んでしまったことに驚いているみたいに見える。夏の間、このたまりは花の咲き乱れる湿地だったのだが、今では水の底だ――川が、水の少ない網状河道《かどう》から水量豊かな冬の川に変貌を遂げたことを示しているのだ。八月の川と十月の川はまるで違う。その両方を知るには、長い間ここに立っていなければならない。そして、砂礫帯ができる前にここにあった川や、砂礫帯がなくなった後にここを流れる川を知るためには、もっと長い時間が必要だ。

たぶん私たち人間には、川を知ることなどできないのだ。だが水滴はどうだろう？　私はじっと動かないたまりの水の脇に長い時間たたずんで耳を傾ける。水面は降ってくる雨を鏡のように映し、途切れない細かな雨粒があちらこちらに模様を作っている。さまざまな音の中から雨の囁きだけを聴こうと耳を澄ますと、それが可能であることがわかる。雨は、シューという音を立てて落ちる――あまりにかすかな音なので、鏡のような水面をぼやかすだけで映ったものはそのままだ。たまりの上には、ツタカエデの枝やハンノキの低い枝が岸から張り出し、砂礫帯からはハンノキの幹が縁から内側に傾いている。そうした木々からは水がたまりに滴り落ちるが、そこにはそれぞれのリズムがある。アメリカツガはテンポが速い。雨水は針葉の一本一本に溜まるが、枝を先端まで伝ってから落ちる――水が流れ落ちるラインを辿って、ピチ、ピチ、ピチ、ピチと安定したリズムで落ちる水滴が水面に点線を描く。

メープルの枝からの水の落ち方はそれとはまったく

違う。メープルから落ちる水滴は大きくて重い。私はメープルに水滴ができてたまりの水面に落ちるのを眺める。ものすごく勢いよく落ちるものだから、水滴は深くて響く音を立てる。ボタリ。水面の水が跳ね返って、水中から噴き出したように見える。メープルから落ちる水の音はアメリカツガとどうしてこんなに違うのだろう？　私はメープルに近づいて、水の動きをつぶさに観察する。水滴は、枝のどこにでもできるわけではない。水は主に、前年の出芽痕が小さく出っ張っているところに溜まる。雨水はなめらかな緑色の樹皮を包み、出芽痕のダムに堰き止められるのだ。水滴は集まって大きくなるとダムを超えて溢れ、大きな水滴となってたまりに落ちるのである。ボタリ。

雨、アメリカツガ、メープルが奏でるシュー、ピチ、ピチ、ピチ、ピチ、ボタリ、という音。さらにハンノキからはチャプン、と音がする。ハンノキから滴る水滴はテンポがゆっくりだ。細かい雨粒がざらざらしたハンノキの葉の表面を伝うのには時間がかかる。メープルの水滴ほど大きくはないので飛沫《しぶき》は上がらないが、チャプン、と落ちた水滴は水面に波紋を作る。私は目を閉じて雨の声を聴く。

風景の映り込んだたまりの水面には、それぞれ異なったペースと音で落ちてくる水滴が模様を描いている。水滴はどれも、生き物とどんな関係を持つかによって——水滴が出会う生き物は、苔だったり、メープルだったり、ベイスギの樹皮だったり、私の髪だったりするわけだが——変化するように思える。それなのに私たちはそれを単に「雨」という一つのものだと考える。それをよく知っているとでも言うように。苔やメープルの方が、私たち人間より雨のことをよくわかっていると私は思う。もしかしたら「雨」というものは存在しないのかもしれない——一つひとつ、それぞれの物語を持つ雨の粒があるだけで。

雨の音を聞いていると時間が消滅する。時間というものが、出来事と出来事の間の長さで計られるとすれば、ハンノキの水滴にとっての時間はメープルの水滴のそれとは違う。この森には、たまりの水面にさまざまな種類の雨粒が模様を描くように、さまざまな種類の時間が混ざり合っている。ベイスギの針葉は雨が立てるシューという高い音とともに落ちるし、枝は大きな水滴と一緒にボタリと落ちるし、稀に木が倒れるときには轟くようなドスンという音がする。もっとも、川にとっての時間感覚で計ればそれは稀なことではないが。そして私たちはそれをみんな一絡げにして「時間」と呼ぶ。それをよく知っているとでも言うように。もしかしたら「時間」というものは存在しないのかもしれない——一つひとつ、それぞれの物語を持つ瞬間があるだけで。

ぶら下がった水滴に映った私の顔が見える。魚眼レンズを通して見るみたいな、巨大な額と小さな耳。まさにそれが人間というものかもしれない——考えてばかりで聴こうとしない。注意を払う、というのはつまり、人間以外の叡智から学べることがある、と認めることだ。耳を澄まし、目撃者となることで、私たちは世界に対して心を開き、私たちを隔てる境界は雨粒の中に溶けていく。ベイスギの葉の先で膨らんだ水滴を、私は舌の先で受け止める——贈り物を受け取るように。

スイートグラスを燃やす

儀式の際に
三つ編みにしたスイートグラスを燻して出る煙は、
それを浴びる者を優しさと思いやりで包んで浄め、
その体と心を癒してくれる。

ウィンディゴの足跡

明るい冬の日差しの中、聞こえる音といえば、私のジャケットの布地が擦れあう音、スノーシューズのパフン、パフンという音、ライフル銃に撃たれた木の割れ目が零下の寒さで内側から破裂する音、そして、手袋を二枚重ねてもまだかじかんでいる指先に温かな血を送っている私の心臓の音だけだ。スコールとスコールの合間の空は痛いほど青く、地上では雪原が割れたガラスのようにきらめいている。

先日の嵐が残した吹き溜まりの彫刻は、まるで凍った海の波のようだ。さっきまで私の踏み跡の影はピンクと黄色だったが、薄れていく光の中で今は青い。私は、キツネの足跡や、ノネズミが掘ったトンネルや、タカの翼の跡に縁取られた真っ赤な血痕の脇を歩く。みんなお腹を空かせている。

風が再び強くなり、また雪が降るのがわかる。数分も経たないうちに、湿った風が木々の梢の上で唸りをあげ、灰色のカーテンのような雪がまっすぐに私をめがけて吹きつける。真っ暗にならないうちに屋根のあるところに戻ろうと、私はすでに雪で覆われ始めている自分の足跡を逆に辿る。よく見ると、私の足跡には、私のものではない足跡が重なっている。徐々に暗くなっていく周りを見回して生き物の姿を探すが、雪が激しく降っていて何も見えない。飛ぶように流れていく雲の下で木々がざわざわと揺れる。私の後ろで遠吠えが聞こえる。それともただの風だろうか。

ウィンディゴが歩き回るのはこういう夜だ。吹雪の中で獲物を探し求めるウィンディゴの、ぞっとするような甲高い叫び声が聞こえる。

ウィンディゴはアニシナアベの人々に伝わる伝説の怪物で、北の森の凍えるような夜に語られる物語に登場する悪党だ。物語を聞いていると、その怪物が自分の背後のどこかに隠れているような気がする。身の丈三メートルもある大きな人間の姿をして、雪のように真っ白な毛が震える体から垂れ下がっている怪物。木の幹のように太い腕とスノーシューズのように大きな足で、ウィンディゴは、食べ物がない季節の吹雪の中をいとも軽々と歩き、私たちを追う。背後で喘ぐウィンディゴの、腐った肉のような悪臭のする息が、清潔な雪の匂いを汚す。空腹のために自分で唇を噛みちぎってしまった剝き出しの口からは、黄色い牙が飛び出している。その正体を何よりもよく表しているのは、心臓が氷でできているということだ。

ウィンディゴの物語は、火を囲んだ集まりで、この怪物に食べられたくなかったら、いや、もっとひどい目に遭いたくなかったら、危ないことをしてはいけないよ、と子どもたちを怖がらせるためのものだった。ウィンディゴは熊でもなければ狼でもない。自然界の動物ではないのだ。ウィンディゴは生まれるのではなく「作られる」。人間が人食い鬼になったのがウィンディゴなのだ。咬まれれば咬まれたものも人を食べるようになる。

だんだん強くなる吹雪から逃れて私が家に入り、表面が凍りついた服を脱げば、そこには薪ストーブに燃える火があり、シチューがぐつぐつ煮えている。だが私たちの部族の人々にとって状況がいつもそうだったわけではなく、嵐で小屋が雪に埋まり、食べ物がないこともあった。あまりにも雪が深く、鹿もいなくなり、食料庫が空になるこの季節のことを、彼らは「空腹の月」と呼んだ。年寄りが狩りに行くと言って出かけたきり戻らないのがこの季節だった。骨をしゃぶるだけでは足りなくなると、生まれたばかりの赤ん坊が続いて亡くなった。そんな日が長く続けば、残るのは絶望だけだった。

私たちの部族にとって、冬の間、とりわけ長く厳しい冬が続く小氷河期には、飢餓は切迫した問題だった。研究者の中には、毛皮が取引されるようになり、獲物が乱獲されたために村が飢饉に襲われるようになって、ウィンディゴの伝説があっという間に広がった、と言う者がいる。氷のように冷たいウィンディゴの飢えと大きく開いた口は、冬の間に飢えることに対する、決して消えることのない恐怖を体現しているのだ。

甲高い叫び声を風に響かせるウィンディゴの物語はまた、気も狂わんばかりの空腹と孤立感が冬の小屋に忍び寄るこの季節、カニバリズムに対するタブーを強化するためのものでもあった。そんなおぞましい衝動に負けた者は、ウィンディゴのように、骨を囓り、彷徨いながら永遠の時を過ごすのだ。ウィンディゴは決して霊界に入れず、欠乏の痛みに永遠に苦しみ、その本質である空腹感は決して消えることがない。食べれば食べるほどウィンディゴの空腹はひどくなり、渇望のゆえに叫び、満たされることのない欠乏感で彼の心は生きた地獄だ。食べることで頭がいっぱいのウィンディゴは、人間界に深刻な被害をもたらす。

けれどもウィンディゴは、単に子どもを怖がらせるために創られた伝説の怪物ではない。世界創生の物語は、その民族の世界観を、彼らが自分たちをどう理解しているかを、世界におけるその立ち位置を、そして彼らが近づこうとする理想を垣間見せてくれる。それと同じように、その民族が恐れていること、一番深いところにある価値観もまた、彼らが創り出す怪物の様相に表れる。私たちの恐れと欠点が生みだしたウィンディゴとは、私たち自身の中にある、自分が生き残ることを何よりも大事に思う部分のことなのだ。

自己破壊という悪霊

システム科学の観点から言えばウィンディゴは、あるものに起きた変化が同じ一つのシステムでつながれた別のものに同様の変化を起こす、ポジティブ・フィードバック・ループの一例である。ウィンディゴの場合、空腹感が増すとより多くを食べ、そのことが空腹感をよりいっそう強め、やがては手のつけようのないほどの大食を引き起こす。自然環境においても構築環境においても、ポジティブ・フィードバックは否応なく変化につながっていく。その変化は成長であることも破壊であることもあるが、成長のバランスがとれていないと、この二つは見分けがつかない場合がある。

安定してバランスのとれたシステムには、ネガティブ・フィードバック・ループという特徴がある。つまり、システムの構成要素の一つに変化が起こると、別の構成要素に逆の変化が起こり、二つがバランスをとるのだ。空腹感が原因で食べる量が増えれば、その結果、空腹感は減少する。満腹になるのである。ネガティブ・フィードバックというのは一種のレシプロシティーだ。バランスと持続可能性を生む二つの力が組み合わさるのである。

ウィンディゴの物語は、それを聴く者の頭の中にネガティブ・フィードバック・ループを起こそうとする。昔の子どものしつけ方は、自制力を養い、不必要に多くのものを得ようとする、たちの悪い衝動に対する抵抗力を高めようとするものだった。古い教えは、ウィンディゴ的なものは私たちの誰もが持っているということを知っており、自分の中にある貪欲さを忌避すべきは何故なのかを私たちが学べるように、ウィンディゴの物語が創られたのである。だからこそ、自分自身を理解するためには、自分に二つの顔、明るい一面と暗い一面があることを認める必要がある、とスチュアート・キングをはじめとするアニシナアベ族のエルダーたちは言う。暗い面に目を向け、それが持つパワーを認識し、ただしそれに餌を与えてはいけない、と。

ウィンディゴは、人類を滅ぼす悪霊と呼ばれてきた。オジブワ族の研究者バジル・ジョンストンによれば、ウィンディゴ（Windigo）という言葉はもともと、「余分な脂肪」または「自分のことしか考えない」という意味の言葉から発生した可能性がある。作家のスティーブ・ピットは、「ウィンディゴとは、身勝手さが自制心をはるかに上回って、もはや満足というものができなくなってしまった人間のことだ」と言っている。

それを何と呼ぼうと、ジョンストンをはじめとする大勢の研究者たちが、昨今蔓延している自己破壊的な行動——アルコール、薬物、賭け事、テクノロジーなどなどへの依存——は、私たちの中にまだウィンディゴが健在である印だ、と指摘する。オジブワ族の倫理観では、「どんなものにでも、耽溺するのは自己破壊的であり、自己破壊がまさにウィンディゴなのだ」とピットは言う。ウィンディゴに咬まれるとその人もウィンディゴになってしまうのと同じように、自己破壊的な行動は多くの犠牲者を生むことを私たちはよく知っている。そしてその犠牲者は人間の家族にとどまらず、人間以外のものを含む世界にもいる。

ウィンディゴはもともと北の森の生き物だが、その生息地はこの数百年の間に拡がった。ジョンストンの言う通り、多国籍企業が、地球の資源を「必要からではなく貪欲さから」とどまるところを知らずに貪る新種のウィンディゴを生み出してしまった。いったんそれがどんなものかがわかれば、その足跡は私たちの周り中いたるところにある。

私たちの乗った飛行機は、修理のため、ジャングルの中の短い滑走路に着地しなければならなかった。コロンビアとの国境から数キロ、エクアドルのアマゾン油田の真ん中だ。私たちは、綿々と続く熱帯雨林の上を、青いサテンのリボンみたいにキラキラ輝く川を追うようにして飛んできた。でも、パイプラインの通り道を示す剥き出しの赤土の上にさしかかると、川の水は突如として黒に変わった。

私たちのホテルのある道路は未舗装で、死んだ犬と売春婦が、煙突から吐き出される炎に照らされて昼夜問わずオレンジ色をした空の下に同居していた。部屋の鍵をもらうとき、ホテルのデスクの人が、部屋のドアには内側から鏡台を押し付けて置き、夜は部屋から出ないように、と言った。ロビーにはコンゴウインコの鳥籠が置かれていて、退屈そうに通りを眺めている。表では半裸の子どもたちが物乞いをし、肩からAK47を下げたせいぜい十二歳くらいの少年が、麻薬密売人の家の外で番をしていた。私たちは無事に一晩を過ごした。

翌朝私たちは、日の出とともに、靄に包まれたジャングルの上へと飛び立った。眼下に雑然と広がる町は、石油化学廃棄物が流れ込んで虹色になった、数え切れないほどの沼に囲まれている。ウィンディゴの足跡だ。

それはいたるところにある。オノンダガ湖のヘドロ。残忍な皆伐のために土壌が川に流されてしまっているオレゴン・コースト・レンジ。ウェストバージニア州の、山の頂上が削られてしまった炭坑。メキシコ湾岸の油まみれの浜。一マイル四方の産業用大豆畑。ルワンダのダイヤモンド採掘場。洋服で満杯のクローゼット。それはみんなウィンディゴの足跡だ――飽くことを知らない消費の跡なのだ。あまりにも多くの人がウィンディゴに咬まれてしまった。ショッピングモールの中にも彼らはいるし、宅地開発をしようとあなたの農場を狙っていたり、国会議員選に出馬したりもする。

私たちはみな共犯者だ。私たちにとって何が大切かを「市場」が再定義するのを許してしまった結果、再定義された「公益」は、売り手を豊かにする一方で人々の心と地球を貧しくする、贅沢なライフスタイルに依存している。

戒めとしてのウィンディゴの物語は、生存のためには分かち合うことが必要不可欠であり、一人の貪欲さが全体を危険に晒した、共同体を基盤とした社会で生まれた。昔は、自分のためにあまりにも多くを奪う者は、まずは忠告され、次に村八分にされ、それでも貪欲な行為が続けば追放された。ウィンディゴ伝説は、そうやって共同体から追放され、空腹を抱えて一人で彷徨うしかなく、自分を拒絶した者たちを恨んで復讐した人間の記憶から生まれたのかもしれない。レシプロシティーのネットワークから追放されて、誰と分かち合うこともできず、大切にする人が誰もいないというのは恐ろしい処罰である。

マンハッタンの通りを歩いたときのことを思い出す。

豪華な家から漏れる暖かな光が、その日の夕食を求めて歩道のゴミ箱を漁っている男性を照らしていた。もしかしたら私たちはみな、私有財産に対する固執によって、孤独という一角に追放されてしまったのかもしれない。この世にただ一つの美しい生を、よりたくさんお金を稼ぎよりたくさんの物を買うという、決して満たされずより大きくなっていくだけの欲望に費やすことで、私たちは自分自身からの追放を受け入れてしまったのかもしれない。ウィンディゴ的な考え方が、私たちを騙し、所有物が空腹を満たしてくれると信じ込ませるのだ。私たちが本当に欲しいのは、人々に受け入れられ、その一部となることなのに。

もっと大きな視点から言っても、私たちは、でっち上げの需要と衝動的な過剰消費というウィンディゴ的な経済の中で暮らしているように思う。かつて先住民は欲望を抑制しようとした。今では、貪欲さを是認する秩序立った政策が私たちに、欲望を解き放つことを求めるのだ。

私が恐ろしいと思うのは、私の中にもウィンディゴがいるということだけではない。私が恐ろしいのは、世界が裏表になってしまったということなのだ——闇と光が逆さまになって。かつて先住民が非常に醜悪なものと考えた、甘やかされた身勝手さが、今では「成功」として称賛される。私の祖先たちにとって許し難かったものを賛美することが求められている。消費に駆り立てられる考え方は「生活水準の高さ」を装って私たちを内側から貪る。それはあたかも、饗宴に招かれながら、テーブルに並んだ食べ物は空虚さを——決して満腹にならない胃袋のブラックホールを——大きくするばかりであるかのようだ。私たちは怪物を解き放ってしまったのだ。

生態経済学者は、生態学的原則と熱力学的制約に則った経済改革を主張する。そして、生活の質を保ちたければ自然資本と生態系サービスを維持しなければならない、という根本的な考え方を受け入れるよう強く促す。だが政府は未だに、人間による消費は世界に何の悪影響もおよぼさないという、新古典主義的な誤った考えに固執している。私たちは、限りある惑星の上での無限の成長を要求する経済システムを容認し続ける——まるで、どういうわけかこの宇宙が、私たちのために熱力学の法則を無効にしてくれたかのように。果てしのない成長など自然の法則には断じてそぐわない。それなのに、ハーバード大学、世界銀行、そしてアメリカ合衆国国家経済会議などで知られる著名経済学者ローレンス・サマーズはこんなことを公言するのである——「予見し得る将来に環境収容力の限界に達する可能性のある生物はない。自然の限界を理由に、成長を制限すべきと考えるのは大きな誤りである」。この国の施政者たちは、地球上で生きる人間以外のあらゆる生物種が持つ叡智と手本を故意に無視しているのだ。まるで、絶滅した生物種、ウィンディゴのように。

聖なるものと「スーパーファンド」

私の家の裏にある泉の上で、苔むした枝先に水滴がぶら下がり、一瞬キラリと光って水に落ちる。他の水滴がこの行進に加わって、山から流れ出る数百の小川のうちのほんのいくつかをつくる。水はだんだんスピードを増しながら岩棚を流れ、ナインマイル川を経てオノンダガ湖へと急ぐ。私は手の平でお椀を作って泉の水をすくって飲む。私にはこの水滴たちの行く末を心配し、ずっとここに留まらせたい理由がある。でも水を止めることなどできはしない。

ニューヨーク州北部の私の家がある流域は、イロコイ連邦（ホーデノショーニー）の中心で燃える炎のような存在、オノンダガ族の故郷にある。伝統を重んじるオノンダガ族は、すべての生き物はそれぞれに力を与えられ、そのことが同時に世界に対する責任を生む、そういう世界を知っている。水に与えられたのは生命を維持する力であり、水にはさまざまな責任がある――植物を育てたり、魚やカゲロウのすみかとなったり。今日の私には冷たい飲み物を与えてくれる。

この泉の水がとりわけ甘いのは、並外れて汚れのない、粒子の細かい石灰岩でできた周りの山々のおかげだ。その昔海底だった地盤はほぼ炭酸カルシウムでできており、その乳白色がかった灰色を濁らせる他の元素はほとんど含まれていない。この辺りでも他の泉の水はこれほど甘くない。岩塩の結晶だらけの洞窟が隠された石灰岩の岩棚を通ってくるからだ。オノンダガ族はこうした食塩泉の水を、コーンスープや鹿肉の味付け、海で獲れる魚の保存などに使った。暮らしは豊かで、水は毎日勢い良く流れてその仕事をし、与えられた責任を忠実に果たした。だが人間は水ほど意識が高いとは限らず、忘れてしまうことがある。だからホーデノショーニーの人々には「感謝のことば」が与えられたのだ。集まったときには必ず、自然界を作るすべてのものに挨拶し、感謝できるように。水に向かってはこう言う――

渇きをいやし、力で満たしてくれる世界中の水に感謝をささげます。水は生命です。滝、雨、霧、せせらぎ、河、海などさまざまな姿で現れる、この力に満ちたいのちに、感謝のことばをささげます。いま、私たちの心はひとつです。

この言葉には、人間に与えられた聖なる使命が映し出されている。この世界を維持するための特定の責任が水に与えられたのと同様に、人間もまたある責任を与えられた。その中で一番重要なのは、地球からの贈り物に感謝をし、その面倒を見る、ということである。

その昔、ホーデノショーニーの人々が感謝して生きることを忘れたときのことを伝える物語もある。貪欲で妬み深くなった彼らは仲間割れを始めた。対立は対立を生み、部族間の戦いが途絶えなくなった。やがてすべてのロングハウスが悲しみに包まれたが、それでも暴力は止まらなかった。人々はみな苦しんでいた。

この悲しい時代に、はるか西に住むヒューロン族の女性が一人の男の子を産んだ。ハンサムな少年は大人になり、自分には特別な使命があることを知っていた。ある日彼は家族に、自分は家を出て東の部族の人々に創造主からのメッセージを伝えなくてはならないと言った。彼は白い岩を彫って大きなカヌーを造り、はるばる旅をして、いがみ合うホーデノショーニーの人々が暮らす土地に辿り着いた。彼はそこで和平を求めるメッセージを伝え、ピースメーカー（調停者）として知られるようになった。初めのうち、彼の言葉に耳を傾ける者はほとんどいなかったが、彼の話を聴いた者は一変した。

生命を狙われ、悲しみに打ちひしがれながらも、ピースメーカーと、かのハイアワサを含む彼の仲間たちは、大変な苦難の時代に和平を説いたのである。彼らは何年もの間、村から村へと旅をし、いがみ合う部族の首長たちが一人また一人と和平を受け入れていったが、どうしてもそれを受け入れない者が一人だけいた。オノンダガの首長タドダホは、自分の部族のために和平を受け入れることを拒んだのだ。彼はすさまじい憎しみに満ちていて、彼の髪には蛇がのたうち、憎悪のために体も不自由だった。タドダホは和平の使者たちに死と悲しみを送ったが、和平の力は彼よりも強く、オノンダガ族も最終的には和平を受け入れた。タドダホの不自由な体には健康が戻り、和平の使者たちは彼の髪から蛇を取り除いた。タドダホもまた変容したのである。

ピースメーカーは、ホーデノショーニーを構成する五つの部族の首長全員を集めてその心を一つにした。「大いなる平和の木」は巨大なホワイトパインで、長い針葉が五本ずつ束になり、五つの部族の結束を表している。ピースメーカーが片手でその巨大な木を引き抜くと、集まった首長たちが進み出て武器をその穴に投げ込んだ。まさにこの湖のほとりで、五つの部族は「手斧を葬る」こと、人々の間に、また自然界との間に正しい関係性をもたらす「大いなる平和の法」に従って生きることに合意したのである。平和の木の四本の根は四つの方向に伸び、平和を愛するすべての部族に、この木の枝の下に身を寄せるよう求めている。

こうして、地球上で最も古く、今に続く民主社会、大いなるイロコイ連邦が生まれた。ここオノンダガ湖のほとりで「大いなる平和の法」は生まれたのだ。それが果たした極めて重要な役割のためにオノンダガ族はイロコイ連邦の中心的存在となり、それ以来、タドダホという称号はイロコイ連邦の精神的指導者たちによって継承されている。ピースメーカーは最後に、近づいてくる危険を人々に知らせることができるよう、遠目の利くワシを大いなる平和の木のてっぺんに置いた。続く数百年の間、ワシはその役目を果たし、ホーデノショーニーの人々は平和に暮らし、繁栄した。

だがその後、彼らの故郷を、また別の危険、違った形での暴力が襲った。大いなるワシは警告を発し続けたに違いないが、その声は変化という嵐に掻き消されてしまったのだ。ピースメーカーが歩いたその土地は今、スーパーファンド・サイトになっている。

最も汚染された湖、オノンダガ湖

実は、現在のニューヨーク州シラキュースという街が成長したオノンダガ湖の沿岸には、九つのスーパーファンド・サイトがある。一世紀を超える工業開発によって、北米で最も神聖な土地の一つだったところは、今ではアメリカで最も汚染された湖の一つになってしまった。

豊かな資源とエリー運河の開通に引き寄せられるように、工業界のリーダーたちは新しい技術をオノンダガ族の土地に持ち込んだ。初期の記録には、大煙突が大気を「むせかえるような毒気」で満たした、とある。製造業者たちはこれほど近くにオノンダガ湖があることを喜び、ごみ廃棄場として利用した。何百万トンという産業廃棄物がオノンダガ湖の湖底に沈められたのである。続いて、成長する都市の下水が、水をさらに汚染した。それはまるで、新たにオノンダガ湖にやって来た者たちが、互いに対してではなく自然に対して宣戦布告したかのようだった。

現在では、かつてピースメーカーが歩き、大いなる平和の木が立っていたところにもはや土壌はなく、厚さ二〇メートルの産業廃棄物層になっている。その上を歩くと、幼稚園で、切り抜いた鳥を画用紙で作った木に貼るときに使うどろっとした白い工作糊みたいなものが、靴の底にくっついてくる。ここには鳥はあまりいないし、平和の木は埋もれてしまった。先住民たちはもう、見慣れた湖岸の曲線さえ見つけることができない。湖の昔の輪郭は埋め立てられ、一・六キロ以上にわたって廃棄物層が新しい汀線を作っている。

廃棄物層が新しい土壌を作ったと言う人がいるが、それは嘘だ。廃棄物層は、もともとの土壌が化学的に再配列されたものにすぎない。このギトギトしたヘドロは、昔は石灰岩と淡水と豊かな土壌が混ざったものだったのだ。この新しい土壌は、古い土壌を粉砕し、成分を絞り出した後にパイプから吐き出したもので、これを残していったソルベイ・プロセス社の名を取ってソルベイ廃棄物と呼ばれている。

ソルベイ法は画期的な化学技術で、ガラスや洗剤、パルプ、紙などの製造に必要な化学成分であるソーダ灰（炭酸ナトリウム）の生産を可能にした。天然の石灰岩をコークスの炉で溶かして塩と反応させるとソーダ灰ができる。ソーダ灰産業はこの地域全体を産業的に成長させ、化学処理工業は、有機化学薬品、染料、塩素ガスなどを含んで拡大していったのである。工場の脇をひっきりなしに通過する列車が、大量のソーダ灰を輸送した。そしてそれとは逆の方向に、パイプから大量の廃棄物が吐き出された。

この廃棄物の山とは逆の地形をしているのが、石灰岩が切り出された露天掘り鉱山だ。ニューヨーク州最大で、今も剝き出しになったままのこの露天掘り鉱山からえぐり取られた地球の一部が、別の場所を埋め立てるのに使われたのだ。映画を逆再生するみたいに時間を後戻りさせることができたなら、このぐちゃぐちゃになった場所は元通り、緑豊かな山々と苔に覆われた石灰岩の岩棚になることだろう。川は泉に向かって斜面を駆け上り、岩塩は今でも地下の洞穴でキラキラ光っているはずだ。

巨大な機械仕掛けの鳥が糞をするみたいに、初めてパイプから真っ白くてドロドロしたものが湖に吐き出されたときの様子は、容易に想像できる。最初のうちは、工場の真ん中から一・六キロにわたって伸びた腸管みたいなパイプには空気が詰まっていて、廃棄物は間欠的にボタリボタリと落ちたことだろう。だが間もなくそれは途切れない流れとなって、アシやイグサに覆いかぶさっていった。カエルやミンクは生き埋めになる前に逃げられただろうか？　カメは？　動くのが遅すぎて、積もった廃棄物の底に埋まるのを避けることはできなかっただろう――亀が背中に世界を背負ったという創生の物語のようにはいかず。

初めは湖の岸が廃棄物に埋まった。大量のヘドロが水煙を上げながら水中に吐き出され、青かった水は白いペースト状になった。それからパイプの先端は湖の周りの湿地、河口ギリギリのところに移動された。ナインマイル川の水は、重力に逆らって斜面を登り、泉の下の苔むしたたまりに戻りたかったに違いない。だが水は自分の役目に従い、積もった廃棄物の中を通って湖に流れていった。

廃棄物層に降る雨にとっても困ったことになった。まず、粒子が非常に細かい白い粘土状の廃棄物に染み込んだ水は、やがて重力に引っ張られて厚さ二〇メートルのヘドロの中を通り抜け、廃棄物層の底から染み出し、川に流れ込む代わりに排水路に流れる。白い廃棄物層を通り抜けながら、雨粒は与えられた仕事をせざるを得ない――つまり、鉱物を溶かし、植物や魚に栄養を与えるべきイオンを運ぶという仕事だ。雨粒が廃棄物層の底に到達する頃には、水には化学成分がたっぷり含まれていて、スープのように塩辛く、苛性アルカリ溶液並みに腐食性が高い。もはや水という美しい名前で呼ぶこともできず、それは浸出液と呼ばれる。廃棄物層から滲み出る浸出液はpHが一一で、排水管洗浄液のように、触れれば皮膚が焼ける。通常の飲み水のpHは七である。現在は、浸出液を集めて塩酸と混ぜ、pHを中和させる処理が行われる。それからナインマイル川に放出された水はオノンダガ湖に流れていく。

水は騙されたのだ。旅を始めたときの、純粋無垢で使命感にあふれていた水は、自分には何の落ち度もないのに汚されて、生命を運ぶ代わりに毒を運ぶ羽目になってしまった。それでも流れるのをやめることはできない。創造主に与えられた力を使って、なすべきことをしなければならないのである。選択肢があるのは人間だけなのだ。

今では、ピースメーカーが舟を漕いだ湖の上を、モーターボートで走ることができる。湖の反対側から見ると、西岸はとても目立つ。真っ白な崖が夏の日差しを受けて、ドーバー海峡の白い崖みたいに輝いている。だが湖を横切って近づくと、それは岩ではなくて単なるソルベイ廃棄物が積み上がった壁であることがわかるのだ。波に揺れるモーターボートの上からは、壁に亀裂が入っているのが見える。気候が廃棄物を湖に溶け込ませようと企んでいるのだ。夏の日差しは、ネバネバした廃棄物を風に吹き飛ぶくらいまでカラカラに乾かし、零下一八℃以下になる冬の寒さでそれが板状に剝がれて水に落ちる。近くには浜辺が手招きしているが、誰も泳いでいないし浮橋もない。この真っ白な浜は、何年も前に保持壁が崩れて廃棄物が湖に流れ込んだままの、廃棄物の浜である。沈んだ廃棄物でできた、わずかに水面下にある白い浜は、岸から湖の遠くの方まで広がっている。なめらかな水底にはところどころに丸石が、水の中で不気味に転がっているが、これはどんな石とも違う。オンコライトといって、湖の底で炭酸カルシウムが集まり、成長してできたものだ――腫瘍ができるみたいに。

平らな地面からは杭が何本か背骨のように飛び出している。以前ここにあった保持壁の名残だ。ところどころ、ここまでヘドロを運んできた錆びたパイプも奇妙な角度で立っている。ヘドロの山とソルベイ廃棄物が平らになったところの境目に、ちょろちょろと水が湧き出る水たまりがあって、不気味なほど泉に似ているが、そこから湧き出る液体は水よりちょっと粘度が高いように見える。湖に流れ込む細い流れに沿って塩でできた結晶薄板があり、その下では、冬の終わりの雪解けの川のように水が泡立っている。廃棄物層からは今も年に数トンの塩が湖に浸み出している。ソルベイ・プロセス社の後を引き継いだアライド・ケミカル社が操業を止める前は、オノンダガ湖の塩分濃度はナインマイル川の源流の一〇倍だった。

塩分とオンコライト、そして廃棄物が、固着性植物の成長を妨げる。湖は水中植物による光合成に酸素の生成を頼っている。植物が生えないオノンダガ湖の深部は酸素が少なく、水中に揺れる植物がなければ、魚もカエルも虫も鷺も――つまり一つの食物連鎖でつながる生き物のすべては棲むところがない。固着性植物が育ちにくい一方で、オノンダガ湖には浮き藻が繁殖している。何十年にもわたって、都市の下水に含まれた大量の窒素とリンが湖に流れ込み、浮き藻の成長に拍車をかけたのだ。浮き藻は水の表面を覆い、死ぬと湖底に沈む。それが腐敗する際に、水に含まれた僅かな酸素が使われ、湖にはやがて、夏の暑い日に岸辺に打ち上げられる死んだ魚の匂いが漂い始める。

死ななかった魚も食べることはできない。高い水銀濃度のため、釣りは一九七〇年代に禁止されている。推定では、一九四六年から一九七〇年までの間に、七万五〇〇〇キログラムの水銀が排出されているのだ。アライド・ケミカル社は、天然の塩水から産業用塩素を製造するのに水銀式電解法を使った。水銀廃棄物は非常に有毒であることがわかっているが、オノンダガ湖に廃棄される過程では人体との接触が規制されていなかった。地元の人々は、当時、水銀の「回収」が子どもたちのいい小遣い稼ぎだったと回想する。あるお年寄りは、廃棄物層にスプーンを持って行くと、ギラギラと光る水銀の小さな玉が地面に落ちているのを拾うことができたと言う。子どもがジャムの瓶いっぱい集めた水銀をアライド・ケミカルに持って行けば、映画のチケット代くらいで買い戻してくれた。一九七〇年代には水銀の排出量は急激に減少したが、水銀は今も堆積物に閉じ込められて残っており、それがメチル化すれば水中食物連鎖を循環する可能性がある。現在、五三五万立方メートルの湖底堆積物が水銀に汚染されていると推定されている。

湖底にサンプルコア・ドリルを打ち込むと、排ガス、油、ベトベトした黒い滲出物などが閉じ込められて重なった汚泥が採れる。サンプルコアを分析すると、カドミウム、バリウム、クロム、コバルト、鉛、ベンゼン、クロロベンゼン、各種のキシレン、殺虫剤、それにポリ塩化ビフェニルが高濃度で検出される。虫や魚はあまりいない。

湖の歴史

オノンダガ湖は、一八八〇年代にはそこで獲れるホワイトフィッシュで有名で、獲れたばかりのホワイトフィッシュは、塩水で茹でたジャガイモと一緒に熱々で供されたものだった。湖畔では高級レストランが繁盛し、その景観、遊園地、日曜の午後に毛布を広げて家族でピクニックを楽しむ広場などを目当てに旅行客が訪れた。湖畔に立ち並ぶ大きなホテルへ、路面電車が客を運んだ。その一軒、著名なリゾートホテル「ホワイトビーチ」には、一連のガス灯で照らされた長い木製滑り台があり、観光客は車輪のついたカートに乗って湖まで一気に滑り降りる。「紳士淑女のみなさまも、どんな年齢のお子様も、ザブンと浸かれば気分爽快」がホテルの謳い文句だった。だが、一九四〇年には水泳が禁止された。美しいオノンダガ湖――人々はかつて、誇らしげにそう口にしたものだった。今ではオノンダガ湖のことを口にする人はほとんどいない。まるで、あまりにも恥ずべき死に方をしたために、誰もその名を口にしない家族のように。

それほど毒性のある水は、生き物がいないのだからほとんど透明だとお思いかもしれないが、オノンダガ湖には、黒々とした沈泥が舞い上がって不透明に近いところがある。この混濁の原因は、もう一つの支流であるオノンダガ川から流れ込む濁った水だ。オノンダガ川は湖の南、タリー・バレーを見下ろす高い尾根に源流があり、森に覆われた山の斜面、農場、そして甘い香りを放つ林檎の果樹園を通って流れ込む。

水が濁っているのは通常、農地から川に流れ込む水のせいだが、オノンダガ川の場合、泥は川の底から来る。流域の高いところにあるタリー・マッドボイルが、泥でできた火山のように爆発して、やわらかな堆積物を下流に大量に送り出すのだ。マッドボイルが地質学的に自然にできたものかどうかについては議論がある。

オノンダガ族のエルダーたちは、自分たちの土地を流れるオノンダガ川の水が非常に透き通っていて、夜、ランタンの灯りだけを頼りに魚をヤスで捕まえられたときのことを覚えている。そしてそれはそんなに昔のことではない。上流で岩塩の採掘が始まるまでは、オノンダガ川は泥の川ではなかったのである。

工場に近いところにある塩井の塩を採り尽くしてしまうと、アライド・ケミカル社は、源流近くの地下の塩類鉱床でソリューション・マイニングを行った。地下の鉱床に水を送り込んで塩を溶かし、その塩水をはるばるソルベイの工場までポンプで送り込んだのである。塩水の輸送管は、残されたオノンダガ・ネーションの土地を通り、管が破損すれば泉の水が汚染された。やがて、地下の岩塩ドームが溶けて崩壊して穴ができ、そこから地下水が高圧で押し上げられた。そうして吹き出した水がマッドボイルを作り、泥が下流に流れ出してオノンダガ湖を沈殿物でいっぱいにするのである。

かつては大西洋サケの漁場であり、子どもたちが泳ぎ、村の生活の中心にあった小川が、今ではチョコレートミルクのような茶色をしている。アライド・ケミカル社とその後継の企業は、マッドボイルの形成と自分たちの関係を否定し、それは神のなせる業であると主張する。そんな神がどこにいるだろう？

オノンダガ湖やオノンダガ川が受けた傷は、タドダホの髪に絡まるヘビの数ほどに多く、それらを取り除くためにはまずその傷に名前をつけなければならない。祖先から伝わるオノンダガ族の土地は、ペンシルベニア州との州境からカナダまで広がっている。豊かな森林地帯と広大なトウモロコシ畑、透き通った湖や川がモザイクのように交じり合って、何百年もの間、先住民の人々の暮らしを支えてきた。もともとの土地にはまた、現在のシラキュースとオノンダガ湖の神聖な沿岸地帯も含まれている。オノンダガ族によるこの土地の領有権は、オノンダガ・ネーションとアメリカ合衆国政府という二つの独立国家間の条約によって保証されていた。だがアメリカ合衆国は、水ほどその責任に忠実であったことがついぞない。

独立戦争の最中《さなか》、ジョージ・ワシントンはオノンダガ族掃滅のために連邦軍を指揮し、何万人もいたオノンダガ族はわずか一年の間に数百人に減ってしまった。その後も条約はことごとく破られた。ニューヨーク州による違法な土地の奪取により、オノンダガ族が暮らしていた土地はわずか一七平方キロメートルの居留地に縮小された。現在オノンダガ・ネーションが領有する土地は、ソルベイ廃棄物層の面積とさほど変わらない。オノンダガ族の文化に対する攻撃が止むことはなかった。子を持つ親はインディアン監督官たちから子どもを隠そうとしたが、子どもたちはカーライル・インディアン・スクールのような寄宿学校に送られていった。「大いなる平和の法」を形作った言葉は使用を禁じられた。男性と女性が平等だった母系社会にキリスト教の宣教師が送り込まれ、彼らの考え方の落ち度を説いた。世界のバランスを保つためにロングハウスで行われていた感謝の儀式は法律で禁止された。

人々は、自分たちの土地が衰えていくのを傍観する苦痛に耐えなければならなかったが、土地を守る責任を放棄することは決してなく、土地と、土地と自分たちの関係に敬意を表すための儀式を絶やさなかった。オノンダガ族の人々は今でも「大いなる平和の法」の教えに従い、マザー・アースから受け取るもののお返しに、人間には、人間以外の「人」の面倒を見る、そして土地の世話をする責任があると信じている。だが、祖先が暮らしていた土地の領有権を持たない今、その土地を護りたくてもそれができない。だから彼らは、余所者がやって来てピースメーカーの足跡を埋め立てるのを、なすすべなく見守ったのだ。

彼らの護るべき植物、動物、水は少しずつ失われていったが、自然界との約束は決して破られなかった。湖の上流にある泉の水が、たとえ下流に何が待っていようと流れるのをやめなかったように、人々はとにかくすべきことをし続けたのだ。彼らは土地に感謝を捧げ続けた――その土地の多くには、もはや感謝すべき理由はほとんどなかったけれども。

オノンダガ族土地権利訴訟

人々は何世代にもわたって悲嘆に暮れ、喪失感を味わったが、同時に彼らは強く、諦めなかった。彼らには精神という味方があり、古い教えがあり、そして彼ら自身の掟があった。オノンダガ族はアメリカでは稀有な存在で、独自の統治体制を一度も捨てず、自らのアイデンティティーを放棄せず、独立国家という立場を手放したことがない。連邦政府の法律はそれを書いた者自身によって無視されたが、オノンダガ族の人々は今も「大いなる平和の法」の教えに従って生きている。

悲しみ、そして人々の強さがパワーを生んだ。そしてそれは、二〇〇五年三月十一日、オノンダガ・ネーションが連邦裁判所で、奪われた故郷を取り戻しその擁護者としての責任を再び果たすべく提訴したことで公となった。年寄りたちが亡くなり、赤ん坊が年寄りになっていくその間も、人々は古来の土地を取り戻すという夢を捨てなかったが、彼らには合法的にそれを求める術がなかった。何十年もの間、司法機関の扉は彼らには閉ざされていたのだ。だが司法局内の風潮が、先住民族が連邦政府を訴えるのを許す方向に徐々に変化するにつれ、ホーデノショーニーの他の部族も自分たちの土地を取り戻すべく訴訟を起こすようになった。そうした訴えの要旨を最高裁判所は支持し、ホーデノショーニーの土地が非合法的に奪われたこと、人々が不当な扱いを受けたことを認めた。ネイティブアメリカンの土地は、合衆国憲法に反して違法に「購入」されたのである。ニューヨーク州はネイティブアメリカンへの賠償を命じられた。だが、法的な救済と賠償金を手にするのは難しいことがわかった。

土地の所有権を、見返りの現金の支払い、土地の拡大、カジノを建てる権利といった形で交渉した部族もあった。貧困から脱し、残された土地で自分たちの文化を生き残らせるためだ。単刀直入に、売る気のある土地の所有者から土地を購入したり、ニューヨーク州の所有地と交換したり、個人の土地所有者を告訴すると脅かして、もともと部族のものであった土地を取り戻そうとする場合もあった。

だがオノンダガ族のやり方はそれとは違っていた。彼らの申し立ては合衆国の法に基づくものだったが、その倫理的な屋台骨は「大いなる平和の法」の教えるところにあった。つまり、平和、自然界、そして未来の世代のために行動すること。彼らは自分たちの訴えを、土地領有権回復のための訴訟とは呼ばなかった。なぜなら、土地は所有物ではなく、贈り物であり、生命を支えるものであるということを知っていたからだ。タドダホであるシドニー・ヒルは、オノンダガ族は決して住民を家から追い出すことはしないと言った。オノンダガ族の人々は強制退去の辛さを熟知しており、同じ苦しみを隣人に与えることはできなかった。その代わりに、この訴訟は「土地権利訴訟」と名付けられた。その申し立ては、ネイティブアメリカンの法でも前例のないこんな言葉で始まった。

オノンダガ族は、自らと、太古の昔からオノンダガ族の故郷であったこの地域に棲むすべての生き物の間に癒しをもたらすことを望む。オノンダガ・ネーションとその人々は、この土地と、独特の精神的・文化的・歴史的つながりがあり、それは「大いなる平和の法」にまとめられている。このつながりは、土地の所有権、占有権、その他、連邦法および州法が定めるいかなる法的権利をも超越している。オノンダガ族はこの土地と一つであり、自らを、この土地を管理し護る者と考える。この土地を癒し、護り、未来の世代に引き継ぐ努力をすることがオノンダガ・ネーションを統率する者の務めである。オノンダガ・ネーションは、人々を代表してこの訴訟を起こし、それによって和解が早まり、この地域に暮らすすべての者に、永続的な正義、平和、尊敬がもたらされることを願うものである。

「オノンダガ族土地権利訴訟」は、故郷の土地に対する権利が法的に認められることを求めるもので、隣人を家から退去させるためのものでも、カジノを建設するためのものでもなかった。彼らはカジノを、部族の生活を破壊するものと考えていたのだ。彼らが意図していたのは、土地の修復を進めるのに必要な法的地位を確保することだった。それがなくては、鉱山を埋め立て、オノンダガ湖を浄化することはできないのである。シドニー・ヒルは、「我々は、マザー・アースに起きていることをただ近くで傍観するしかなかったが、誰も私たちの考えに耳を貸そうとはしない。土地権利訴訟は我々に発言権を与えるだろう」と言った。

被告人のリストの筆頭は不法に土地を奪ったニューヨーク州だったが、その他にも、環境の劣化に加担した企業が並んでいた——採石場、鉱山、大気を汚染する発電所、そしてアライド・ケミカル社を後継したハネウェル社などだ。

　この訴訟とは無関係に、ハネウェル社はようやく湖の清掃責任を取らされることになったが、自然の回復を進行させるためには汚染された堆積物をどうすればいいのか、大いに意見が分かれている。湖底をさらって汚泥を取り除くべきか、上から蓋をするべきか、それとも放っておくべきなのか？　州、市町村、それに連邦政府レベルの各環境関連機関からはそれぞれに、解決案がさまざまな値段付きで提示された。競合し合うオノンダガ湖修復案にまつわる科学的課題は複雑で、どの案を採用しても、どこかで環境と経済を妥協させなければならなかった。

　何十年も取るべき行動を取らずにいたハネウェル社は予想どおり、最低限の費用で最低限の結果しか得られない独自の清掃計画を提示した。最も汚染度の高い堆積物をさらい、廃棄物層の中に密閉した埋立地を作ってそこに埋め立てるというのだ。それは取っ掛かりとしては良いかもしれないが、汚染物質の大部分は、湖全体の湖底に、堆積物に混じって広がっている。そしてそこから食物連鎖に入り込む。ハネウェル社の提案は、そうした堆積物はそのままにして厚さ一〇センチの砂の層で覆うことで、汚染された堆積物を生態系からある程度隔離する、というものだった。仮に隔離が技術的に可能であったとしても、提案では砂で覆うのは湖底の半分の面積にも満たず、残りは今のままだった。

助けを呼ぶ声

オノンダガ族の首長であるアーヴィング・パウレスはこの解決案を、湖の底に絆創膏を貼るようなものだと言った。絆創膏は小さな傷にはよいが、「がんは絆創膏では治らない」のである。オノンダガ・ネーションは、この神聖な湖を徹底的に浄化することを求めていた。だが法的な地位がなければ、政府はオノンダガ・ネーションに平等な交渉権を与えないだろう。

彼らが願っていたのは、歴史が予言どおりになり、オノンダガ・ネーションがアライド・ケミカル社の髪からヘビを取り除くということだった。みなが清掃の費用をめぐって争う一方でオノンダガ族がとった姿勢は、経済が福利よりも優先される通常の方程式をひっくり返すものだった。オノンダガ族土地権利訴訟は、補償の一部として湖の完全な浄化を要求し、中途半端なやり方は受け入れなかった。流域の、ネイティブアメリカンでない住民も、土地の癒しを求める彼らに賛同し、ネイバーズ・オブ・オノンダガ・ネーションという組織との特異なパートナーシップが生まれた。

法的な論争、技術的な議論、そしてさまざまな環境モデルが入り乱れる只中にあって、忘れてはならないのは、この仕事が神聖なものであるということだった。この美しい湖を再び、水がその仕事を果たすのにふさわしいものにすること。ピースメーカーの魂は今もこの岸辺に生きている。この訴訟は、土地に対する権利のみならず、土地そのものが持つ権利についてのものでもあった――欠けたところのない、健全な状態である権利だ。

クランマザーであるオードリー・シェナンドアはその目指すところを明確にした。それはカジノでもお金でも復讐でもない。「この訴訟で私たちが求めるのは正義です。水のための正義。すみかを奪われた、動物や鳥のための正義。私たちは、人間のためだけでなく、生きとし生けるすべてのもののための正義を求めているのです」

二〇一〇年の春、連邦裁判所はオノンダガ・ネーションの訴訟に裁定を下した。訴えは却下された。

理解しようのない不正義を前に、私たちはどうやってこの先続けていけばいいのだろう？　どうすれば、癒しに対する私たちの責任を果たしていけるのだろう？

その場所のことを私が初めて耳にしたとき、そこはもうとっくに救いようがなくなっていたが、そのことを誰も知らなかった。秘密にされていたのだ。だがある日、どこからともなく不気味な文字が現れた。

たすけて

高速道路のすぐ脇の、アメリカンフットボールのフィールドほどもある一角に浮かび出た、緑色の活字体。それでもなお、誰一人として注意を払おうとはしなかった。

その十五年後、私は、学生時代を過ごしたシラキュースに再び住むことになった。その文字は私の眼の前で、だんだん茶色く、薄くなって、交通量の多い高速道路の傍で枯れていったのだったが、そのメッセージの記憶は私の中で薄れてはいなかった。私はもう一度その場所を自分の目で見なければならなかった。

それはよく晴れた十月の午後で、私が教える授業はなかった。どうやってその場所を見つけたらいいか確信はなかったが、噂は聞いていた。オノンダガ湖は真っ青で、それが汚染された湖であることを忘れてしまいそうなほどだった。移動遊園地用地の裏を通ると、遊園地の季節はとっくに終わって閉鎖され、誰もいなかったが、脇の砂利道を外れたところにある防犯ゲートが大きく開き、風に揺れている。私はゲートの中に入った。遊園地に来た客の車を数千台停められる空き地に、車は私の一台だけだった。

フェンスの先に何があるか、地図があったわけではないが、基本的には湖の方に向かっている小道のようなものがあったので、この人気のない場所でしっかりと車に鍵をかけて、私は小道を歩き出した。すぐに戻ってくるつもりだったし、娘たちを学校へ迎えに行くまでにはたっぷり時間があった。

その小道は、密生したアシの中を通る轍《わだち》道だった。細長い茎があまりにもびっしり生えているものだから、両側がまるで壁のようだった。毎年夏になると遊園地の動物小屋から出る肥やしがここに捨てられるというのを聞いたことがあった。賞をもらった乳牛やサーカスの象の小屋を掃除して出た肥料が、この廃棄物層に運ばれるのだ。その後、市もそれに倣って下水の汚泥をタンカーで運んできてはここに捨てるようになった。そうしてできたぬかるみは完全にアシに覆われていて、羽毛のような種子は私の頭の一メートル以上も上にあった。アシの茎が、互いにぶつかり、擦れあい、眠気を誘うように風に揺れながらざわめいているおかげで、湖は見えなくなり、私の方向感覚がおかしくなった。小道は左に曲がり、それから右に曲がって、まったく何も目印のない、壁で作られた迷路のようだ。まるで、アシでできた迷路にいるネズミみたいな気分だった。道が二股に分かれているところで私は湖の方角に向かっていると思われる方に進み、コンパスを持って来ればよかった、と考えた。

オノンダガ湖の湖岸には、不毛の地が一八〇万坪にわたって広がっている。いつもなら方角を教えてくれる高速道路の音さえ、ざわめくアシの音で聞こえない。ふと、こんなところに一人でいるのは良くないのではないかという思いが頭をよぎるが、怖がることはないわ、と私は自分に言い聞かせる。ここには誰もいないのだから、心配する必要はない。こんな人里離れたところに来るほど馬鹿な人間がいるわけないではないか？　生物学者なら別だが——そして生物学者なら歓迎だ。生物学者でもなければ、あとは人殺しが斧で殺した死体を捨てに来るくらいだろう。そして死体は決して見つからないだろう。

くねくね曲がる小道を辿っていくうちに、ハコヤナギのてっぺんが見えた。間違えようのないその葉の音が遠くに聞こえる。目印があってよかった。小道に沿ってもう一回曲がると、その木の全体が見えた。大きなハコヤナギが、大きく枝を広げ、小道に張り出している。一番低い枝に、人間の体がぶら下がっている。そしてその隣には、空っぽの首吊り縄が風に揺れていた。

私は悲鳴をあげ、パニックになり、壁のように迫るアシの中、目に入る小道を手当たり次第に駆け出した。心臓をドキドキさせながらやみくもに走り続け、やがて恐怖映画でお決まりの袋小路に突き当たった。それは絵に描いたように恐ろしい状況だった——そこには黒いフードを被り、逞しい腕をした死刑執行人が、当然ながら血の滴る斧を持って立っていたのである。首切り台の上に女性の体がだらりと掛けられていて、斬首されたその頭から金色の巻き毛が伸びていた。私は凍りついて動けなかった。そして彼らも微動だにしない。

そこは、密生したアシが刈り取られて、博物館のジオラマ展示のような、アシの壁に囲まれた部屋になっており、等身大の人形が殺人現場を再現していた。私は安堵し、冷たい汗が流れ落ちた。死体ではなかったのだ。だが、明らかに倒錯した想像力の存在は、実際に死体がそこにある恐ろしさと大して違わなかった。さらに困ったことに、今や私は迷路の中で完全に道に迷っていた。他に行きたいところがあるのに——特に、娘たちをスクールバスまで迎えに行かないといけないのだ。娘たちのことを考え、私は気を取り直して、悪魔崇拝のカルト集団がどこかにいるのではと想像しながら、彼らに見つからないようできるだけ静かに歩き出した。

出口を探していると、他にもアシを刈り取って作られた部屋があった。電気椅子のある刑務所の監房、拘束服で縛り付けられた患者と恐ろしげな看護師のいる病室、そしてついには、掘り起こされた墓と、長い爪で棺桶から這い出そうとしている死人。気味の悪いアシの茂みの中を長いこと歩き、小道はようやく駐車場に出た。照明の柱が長い影を落とし、私の車が反対側、ずっと向こうに見えた。私はポケットの上からキーがあるか確かめた。あった。多分間に合うだろう。入り口のゲートが開いているかどうかはわからなかった。私は最後にもう一度後ろを振り返った。横の方を見ると、きれいな文字で書かれた看板が地面に打ち付けられている。

ソルベイ・ライオンズクラブ
呪われたヘイライド
十月二十四〜三十一日
午後八時から真夜中まで

廃墟と化す自然

大笑いしてしまった。だがそれから涙が出た。

ソルベイ廃棄物層——怖い思いをするのになんとぴったりな場所だろう。だが、私たちが怖がるべきなのはお化けではなくて、その下にあるものだ。湖底の土の上に積もった二〇メートルの厚さの産業廃棄物からは、オノンダガ湖の神聖な水に、そしてここに住む五〇万人の家に、有毒物質が染み出している。それがもたらす死は、斧を振り下ろすよりはゆっくりかもしれないが、そのむごさは変わらない。死刑執行人の顔は見えないが、その名前はわかっている。ソルベイ・プロセス、アライド・ケミカル・アンド・ダイ、アライド・ケミカル、アライド・シグナル、そして現在はハネウェルだ。

私にとってもっと恐ろしいのは、死刑執行という行為そのものよりも、そんなことが起きるのを許している人々の考え方だ。ドロドロの有害物で湖をいっぱいにしても構わない、というその考えが恐ろしい。会社の名前が何であろうと、オフィスのデスクに座っているのは人間である。湖をヘドロでいっぱいにする決定を下したのは、息子を釣りに連れていったこともあるだろう父親だ。これは、顔のない企業ではなく人間がしたことである。誰かに脅されたのでも酌量すべき事情があってやむを得ずしたのでもなく、それが平常の業務なのだ。そして、町の住民もそれが起こるのを許した。ソルベイの労働者へのインタビューは、そのことを典型的に物語っている——「俺は自分の仕事をしていただけだよ。俺には養う家族がいるし、ごみ捨て場で何が起きようが関係ないね」。

哲学者ジョアンナ・メイシーは、環境の問題を直視するのを避けようとして私たちはわざと無意識状態を作り出す、と言い、大惨事に対する人間の反応の仕方について研究している心理学者、R・J・リフトンを引用してこう言っている――「惨事に対する自然な反応を抑制しようとするのは、現代社会が抱える病の一部である。そうした反応を認めようとしないことで危険な分断が生まれる。頭で考えることと、生命というマトリックスの中に直観的・感情的・生物学的に埋め込まれていることが乖離してしまうのである。その分断によって私たちは、私たち自身の絶滅を消極的に黙諾していることになる」。

廃棄物層。それはまったく新しい生態系の名だ。廃棄物とは、「残余」「遺棄物あるいはゴミ」「糞便など、生体内で産生されるが使用されないもの」を意味する言葉である。より現代的なところでは「製造過程ででき る不要な生産物」「不良品とされた、あるいは破棄された工業原料」という意味でもある。だから廃棄物層wastelandとはすなわち廃棄された土地のことだ。「waste」という動詞は、「価値のあるものを無用にすること」「価値を減じ、消散させ、浪費すること」を意味する。ソルベイ廃棄物層を隠さずに、高速道路沿いに「工業排泄物に覆われた、無駄に費やされた土地」という看板を立てて人々を歓迎したら、人々の認識はどう変わるだろうか。

土地がこうして破壊されることを、人々は進歩に伴うやむを得ない損失として受け入れる。だが、シラキュースにあるニューヨーク州立大学環境科学森林学校のノーマン・リチャーズ教授は、機能不全に陥ったこの廃棄物層の生態系に関する初の調査を行った。一九七〇年代のことだ。地元の役人たちの無関心に業を煮やした「嵐のノーマン」は、自らこの問題に取り組むことにしたのだ。何年も後に私が通ったのと同じ小道を歩いて、彼は柵で囲われた湖岸に忍び込み、こっそり持ってきた園芸用具を車から降ろし、高速道路に面して細長い斜面になっている廃棄物層の上に庭用の芝生種まき機を押していった。そしてそこを行ったり来たりしながら、芝生の種と肥料を慎重に撒いていったのである。北に二〇歩、東に一〇歩、そしてまた北へ。数週間後、丸裸の斜面に、一文字の幅が一二メートルある芝生の文字で書かれた「たすけて」という言葉が現れた。廃棄物層は広大で、肥料で育てた文字を使ってもっと冗長な主張を行うこともできたろうが、このたった一言を選んだのは正解だった。ここはさらわれた土地なのだ。手足を縛られ、猿ぐつわをはめられて、自分では声を上げることもできないのである。

廃棄物層はここだけではない。その原因や廃棄される化学物質は私の故郷とあなたの故郷では違っているかもしれないが、人は誰でもこうした傷ついた土地を知っており、気にかけているものだ。問題は、それについて私たちが何をするかである。

恐れと絶望の道を歩むこともできるだろう。生態系破壊を表す恐ろしい情景を一つひとつ記録すれば、環境災害をテーマにした「呪われたヘイライド［訳注：干し草を敷いた馬車（現代ではトラック）に乗って走ること。もともとは農作業の一部だったが、現在は祝い事やハロウィーンなどの行事の際に娯楽としても行われる］」の材料が尽きることはない――アメリカで最も化学物質に汚染された湖の岸辺で、一種類だけ生えている侵入植物を刈り取って、環境に起きた悲劇を再現した恐ろしい悪夢のジオラマを作るのだ。油まみれのペリカンの場面を作るといいかもしれない。チェーンソーで惨殺された皆伐林の土砂が川に流れ込むシーンはどうだろう？　絶滅したアマゾンの霊長類の屍。舗装され、駐車場になった大草原。浮氷に取り残されたホッキョクグマ。

そんな情景が、悲しみと涙以外に何を生むだろう？　ジョアンナ・メイシーは、この惑星が失ったものを嘆き悲しまない限り、それを愛することはできないと言う。嘆き悲しむというのは精神的に健全であるしるしなのだ。だが、失われた風景を思って涙を流すだけでは十分ではない。私たちは土の中に手を突っ込んで、自分自身の完全性を取り戻さなくてはならないのだ。傷ついても、それでもまだこの世界は私たちに生きる糧を与えてくれている。傷ついてなお、この世界は私たちを抱きしめ、驚異と喜びに満ちた瞬間を与えてくれる。私は絶望より喜びを選ぶ。砂に頭を突っ込んでいるからではない。地球が日々私に与えてくれるのは喜びだからだ。そのお返しをしなくては。

　私たちの周りには、私たちがどのようにこの世界を破壊しているかという情報は溢れているけれど、どうしたらこの世界を慈しむことができるのかということはほとんど聞こえてこない。環境保護が、悲観的な予測や無力感と同義語になってしまうのも無理はない。世界のために正しいことをしたいという私たちの自然な気持ちは抑えつけられて、本来は行動を促すべきなのに絶望感だけを生んでいる。土地を健全に保つための人間の役割は失われ、私たちが自然にできるお返しは「立ち入り禁止」の標識を立てることだけになってしまった。

　私が教える学生たちは、環境が直面している最新の危機について学べばそれをすぐに広めたがる。「ユキヒョウが絶滅しかかっていることをみんなが知りさえすれば……」「川が死にかかっていることをみんなが知りさえすれば……」。知りさえすればみんなどうすると言うのだろう？　止めるとでも？　人間を信じる学生たちの気持ちは大切にしたいが、「もし▲▲なら■■」という数式は今日までのところ機能していない。人間という種が与えているダメージの結果を人々は知っているし、収奪経済の応報だってわかっている。それでも止めようとはしないのだ。人々は悲しみ、沈黙する。その沈黙はあまりに深く、彼らがものを食べ、呼吸をし、子どもたちのための未来を想像できる環境を護ろうとすることは、彼らにとって大事なことの上位一〇位にも入らない。有害廃棄物処分場の「呪われたヘイライド」、解けていく氷河、次から次へと登場する世界滅亡の予言などは、まだせめて耳を傾けようとする人々を絶望させるだけなのだ。

環境修復の定義

絶望は人々を無気力にする。私たちは主体性を奪われ、自分の力、そして地球の力が見えなくなってしまう。環境について絶望するのは、オノンダガ湖の湖底に沈むメチル化した水銀と同じくらい破壊的な毒である。でも、自然が「たすけて」と言っているのに、絶望に打ちのめされているわけにはいかないではないか？　環境修復は、絶望に対する強力な解毒剤だ。環境修復という行為は、人間が、人間を超越した世界と再び前向きで創造的な関係を築き、物質的と同時に精神的な意味での責任を果たすための具体的な手段を与えてくれる。悲しんでいるだけではダメだ。環境に悪いことをするのを止めるだけでは不十分なのだ。

マザー・アースが気前よく供してくれたご馳走を私たちは楽しんだ。でも今、お皿は空っぽになり、ダイニングルームはひどいありさまである。私たちはそろそろ、マザー・アースのキッチンでお皿を洗わなければならない。皿洗いを嫌う人は多いが、食事の後で台所に行ってみれば誰でも、人々はそこでこそ笑い、楽しく会話し、友情を育むのだということがわかる。皿洗いは、環境修復と同じで、関係を築くのだ。

自然環境の修復に対するアプローチはもちろん、「自然」をどう捉えるかによって変わってくる。自然を単なる不動産と考えるのと、自給自足経済を可能にする場であり精神的な故郷であると考えるのとでは、修復の意味は大きく異なるだろう。天然資源の生産のために自然を修復するのと、文化的なアイデンティティーとしてその土地を再生させるのも同じではない。修復する土地が何を意味するかを、私たちは考えなくてはならない。

ソルベイ廃棄物層でも、この問いが、そしてそれ以上のことが問題になった。ある意味で、廃棄物層として「新しくできた」土地は白紙の状態であり、その上に、「たすけて」という緊急のメッセージに応える形で環境修復に関するさまざまな回答が書き込まれたのである。回答は廃棄物層のあちらこちらに散らばっており、そこには「呪われたヘイライド」に劣らぬ示唆に富んだ情景が広がっている。オノンダガ湖の湖岸ツアーに出かければ、土地が意味すること、環境修復が意味することのさまざまな形を目にすることができる。

ツアーが最初に立ち寄るのは修復が行われる以前の状態だ。かつては緑の草が生い茂っていた湖岸に流し込まれた、ギトギトした白い産業廃棄物。ところによっては、それは吐き出されたときのまま、何も生えていない白亜の砂漠といった様を呈している。ジオラマにするときはここに、廃棄物の放流パイプを設置している作業員と、その後ろには背広のビジネスマンを置こう。展示番号（1）の説明文には、「資本としての土地」と書こう。土地が単なる金儲けの手段だとしたら、そこにいる二人がしていることは正しい。

ノーマン・リチャーズの「たすけて」という訴えによって、一九七〇年代に何かが始まった。栄養分と種さえあれば廃棄物層に植物が生えるのだったら、市はすでに答えを持っていた。下水の汚泥を廃棄物層の上に撒き散らせば、植物の成長に必要な栄養分も提供できるし、汚水処理施設からの排出物の行き先もできると考えたのだ。だがその結果できたのは、悪夢のようなアシの草原だった。高さ三メートル、他の生物の存在を一切寄せつけない侵入植物だけがびっしりと生える単一植物の草原だ。ここがツアーの二番目の展示で、説明文には「財産としての土地」と書こう。土地が単なる私有財産であり「資源」の採掘場であるならば、何でも好きなことをして次に移ればいい。

わずか三十年前は、めちゃめちゃにした土地は隠してしまえばそれで責任を果たしたことになった。いわば、土地はゴミ箱だったのだ。政府の方針では、採掘や工業で破壊した土地は、植物で覆わなければいけなかったが、規制はそれだけだった。人工芝戦略とでも呼ぶべきこのやり方では、採掘企業が二〇〇種類の植物の生えた森を破壊しても、鉱滓《こうさい》の上からアルファルファの種を蒔き、灌漑と肥料の力で育てれば法的責任を全うできたのだ。いったん連邦検査官の検査に合格してしまえば、採掘企業は「任務完了」の旗を立ててスプリンクラーのスイッチを切り、そこを後にした。企業の重役たちがいなくなるのとほとんど同時にアルファルファは枯れてしまった。

　嬉しいことに、ノーマン・リチャーズはじめたくさんの科学者が、もっとましなことを考えていた。一九八〇年代初め、私がウィスコンシン大学にいたとき、夏の夜にはよく、若き日のビル・ジョーダン〔訳注：アメリカの植物学者でありジャーナリスト。復元生態学の確立に重要な役割を果たした〕と樹木園の小道を歩いた。そこには、「自然に賢く手を加えたいなら、まずすべての要素を守るのが第一歩だ」という生態学者アルド・レオポルドの忠告へのオマージュとして、使われなくなった農地にさまざまな自然の生態系が再現されていた。ソルベイ廃棄物層のような場所で自然に加えられた大きな被害がようやく理解されるようになったこの頃、ビルは復元生態学という新たな分野を思い描いていたのだ。それは、土地を癒すために生態学者の技能と哲学を利用し、無理やり工業的に植物を栽培するのではなく、自然の景観を再生させるというものだ。彼は絶望感に屈しなかった。自分の考えたことを棚の上に飾っておいたりもしなかった。彼こそ生態系修復協会ができるきっかけであり、彼はその共同創設者の一人である。

　こうした努力の結果、修復という概念を進化させる新しい法規や政策が制定された。修復された土地は、自然に「見える」だけでなく、実際に機能的統合性も持ち合わせていなければならなくなったのだ。全米研究評議会は環境修復を次のように定義している。

> 生態系を、それが攪乱される前の状況に酷似した状態に戻すこと。修復においては、天然資源に加えられた生態学的損傷を元に戻し、その生態系の構成・機能をともに再現する。単に像のみを再現して機能が伴わない、あるいは、天然資源とは似ても似つかない人為的な構造においてのみ機能し

ても、これを修復とは言わない。修復の目的は自然を模倣することである。

傷を治す植物たち

もう一度ヘイライドの馬車に乗り込めば、次は修復実験現場の三番目に連れて行かれ、また違ったこの土地のあり方とその意味を目にすることになるだろう。それは遠くからでも見える――白亜を背景にした、キルトのような大きな緑色の塊。草原のように揺れるヤナギをわたる風の音が聞こえる。この情景には「土地は機械」とタイトルをつけて、機械を操っている技師や森林労働者の人形を配置するといいかもしれない。お腹を空かせて口を開けた草刈機と、見渡す限り、アシのようにびっしりと並んで同じくらい単調な低木ヤナギのプランテーションの前に立たせるのだ。彼らの目的は、ある具体的な目的のために、その土地の環境、とりわけその機能を再生させることにある。

水質汚染問題を工学的に解決するために植物を利用しようというのである。雨水は、廃棄物層を通過する際に高い濃度の塩、アルカリ、その他さまざまな化合物をその中に溶かし込んで湖に運ぶ。一方ヤナギはどんな植物よりもよく水を吸い上げ、それを空気中に放出する。そこで、ヤナギは植物性のスポンジとなり、雨が汚泥に到達する前にこの生きた機械で捕まえようというのだ。さらに、低木ヤナギは定期的に刈り取ってバイオマスボイラーの木質燃料として利用できる。植物を使って土地を浄化するファイトレメディエーション計画も有望ではあるが、ヤナギを工業的に単一栽培するのは、それが善意の計画であったとしても、真の環境修復とは呼べない。

こういう類の解決策はまさに、自然は機械で人間がそれを運転しているとする機械論的自然観の中核をなすものだ。この還元的で実利主義的な枠組みの中で考えれば、こうやって押し付けられた工学的な解決方法はつじつまが合う。だが、先住民的な考え方をしたらどうなるだろう? 生態系は機械ではなく、それぞれ独立した生き物たちのコミュニティーであり、客体ではなく主体であると考え、そうした生き物たちこそが運転席にいるのだとしたら？

ヘイライドの馬車に再び乗り込んで次の展示まで移動しよう。ただし今度の展示にははっきりとした標識がない。それはオノンダガ湖沿岸で一番古い廃棄物層からだらだらと広がって、乱雑な植生の寄り集まりに続いている。四番目の展示で修復作業を行っているのは、大学勤めの科学者でも企業に所属するエンジニアでもなく、最も古くて最も効果的な土地の修復家、つまり、「母なる自然と父なる時間デザイン株式会社」を代表する植物たちである。

あの由々しきハロウィーンのヘイライドを体験した後では、廃棄物層の上にいると心がなごみ、目の前で起こっている修復過程を見ながらぶらぶらするのが楽しかった。死体は一つも見かけなかった。だが実はそれが問題の一部なのだ。もちろん私が言っているのは、養分循環を継続させて生命の原動力となる土を作る死体のことである。ここにある「土」は白くて空っぽなのだ。

この廃棄物層には、生き物が一つもいない一帯が広がっているが、土地を癒す方法を教えてくれる先生たちもいる。その名を、カバノキ、ハンノキ、アスター、オオバコ、ガマ、苔、そしてスイッチグラスという。これ以上ないほど荒廃した土地、私たちが負わせた傷に、これらの植物は背を向けず、その姿を現したのだ。

そこに根を下ろした勇敢な木は主に、この土壌に耐えられるハコヤナギとアスペンだ。ところどころに、低木の茂みやアスターとセイタカアワダチソウの塊も見えるが、ほとんどは、道端に見かける普通の雑草がまばらに生えているだけだ。飛んできたタンポポ、ブタクサ、チコリ、ノラニンジンの種が育とうと頑張っている。窒素を固定するマメ科植物はたくさん生えているし、さまざまな種類のクローバーもここに仕事をしにやってきた。そうして頑張っている緑の野原は、私には、平和を取り戻そうとしている調停役に見える。

植物は一番最初に生まれた復元生態学者だ。彼らは与えられた力を使って土地を癒し、私たちにその方法を見せてくれているのである。

植物の赤ん坊が種皮から顔を出したら、そこは一族の誰も経験したことのない廃棄物層という生息環境であることがわかったときの驚きを想像してほしい。赤ん坊の多くは、乾き、塩や日の光に晒され、あるいは栄養分の欠如によって死んでしまった。だが選ばれた数人は生き残り、精一杯生き続けようとした。中でもイネ科植物がそうだった。イネ科の草が生えているところにシャベルを挿し入れると、そこの土は様子が違っている。草の下の廃棄物はもはや真っ白でツルツルはしておらず、濃い灰色で、指の間からポロポロとこぼれ落ちるのだ。そしてその中を根が貫いている。土の色が濃くなったのは腐葉土が混じったからだ。廃棄物が変化したのである。たしかにその一〇センチほど下はまだべったりと白いが、表面の層は期待できる。植物が、養分循環を再生する役割を果たしているのだ。

跪けば、せいぜい直径二センチくらいの小さなアリ塚が見える。穴の周りにアリが積み上げた粒状の土は雪のように白い。アリはその大腮で、一粒また一粒と廃棄物を地下から運び出し、種や葉っぱのかけらをせっせと地下に運び込む。行ったり来たり。草はアリに種を食べさせ、アリは草に土を食べさせてやる。互いに生命を与え合うのだ。彼らには自分たちがつながっていることがわかっている。ある一つの生命は、その他のすべての生命に依存していることを知っているのだ。葉の一枚一枚、根の一本一本、木々も、べリーも、草も、力を合わせている——そして鳥が、鹿が、虫が仲間に加わる。そうやって世界が創られるのだ。

廃棄物層の一番上には灰色の樺の木が点々と生えている。風に乗って来たのに違いない——そして偶然、ゼリー状のネンジュモの塊が浮かぶ水たまりの隣に落ちたのだ。無私無欲のネンジュモの膜に護られ、樺の木はネンジュモが固定する窒素をもらって元気に成長する。樺の木は今、この辺りで一番大きい木だが、独りぼっちではない。ほとんどすべての樺の木の真下に、こぢんまりした低木の茂みがある。低木の中でも、ピンチェリー、ハニーサックル、クロウメモドキ、ブラックベリーなど、果汁たっぷりの実をつける低木だ。樺の木と樺の木の間の、木が生えていないところには、こうした低木もあまりない。実をつける低木の存在は、廃棄物層の上を横切る鳥が樺の木に止まって、種を含んだ糞をその木陰に落としたということを意味している。実がなればなるほど引き寄せられる鳥も増え、さらにたくさんの種を落とし、それがアリの餌になり……という具合だ。これと同じレシプロシティーのパターンが、この土地のいたるところに見られる。この場所で素晴らしいと思う点の一つだ。ここでは始まりを目にすることができるのだ――生態系のコミュニティーが少しずつ構築されていく過程を。

廃棄物層は再び緑を取り戻しつつある。私たちにはわからなくても、自然には、何をすればいいかがわかっているのだ。でも、廃棄物層には完全になくなってもらいたくない――人間はこんなことをしでかせる、ということを思い出させてくれるように。これは、廃棄物層から学び、私たちは自然に教わる立場にいるのであって自然の上に立つ者ではないということを理解する機会なのである。

この場面は「教師、ヒーラーとしての土地」と名付けよう。植物と自然現象だけが指揮をとるここでは、知識と生態学的洞察の汲めども尽きない泉、という役割を自然が果たしていることは明らかだ。人間が与えたダメージが新しい生態系を創り出し、植物はそれにゆっくりと適応して、傷を癒す方法を見せてくれている。これは人間によるどんな行動よりも、植物の創造力と叡智を証明するものだ。彼らにこのままその仕事を続けさせるだけの賢さが人間にあればいいのだが。環境復元は、私たちが自然の手助けをし、自然と協働するチャンスである。私たちの役目はまだ終わっていない。

愛に根ざした関係

ほんのここ数年のことだが、オノンダガ湖には希望の兆しが見え始めた。工場が閉鎖され、流域の住民がより良い汚染処理施設を作ると、水はそうした配慮に応えてみせた。湖には回復力が自然に備わっていることは、少しずつではあるが溶存酸素が増加したり魚が戻ってきているのを見ればわかる。水文地質学者は、マッドボイルのエネルギーの噴出先を変えて溜め込まれた負担を軽くした。技師、科学者、活動家がそれぞれに、水のために人間の知恵を絞り、そして水もその役割を果たしたのだ。汚染物質の流入が減ると、湖や川は水の流れとともに自らを浄化しているようだった。湖底に植物が定着し始めたところもあった。湖にはマスが戻り、水質が改善に向かったときには新聞のトップニュースになった。北側の湖岸ではワシのつがいが目撃された。水はその責任を忘れてはいなかったのだ。水は人間に、人間が自然を癒す力を発揮すれば水もまたその力を使うことができるということを思い出させているのである。

水そのものが持っている自浄能力は強力な要因で、この先の取り組みにおいて非常に重要だ。ワシの存在も、人間に対する信頼の証ともとれるが、汚れた水の魚を食べても彼らは大丈夫だろうか？

ゆっくりと増大する雑草のコミュニティーは環境復元のパートナーだ。生態系の構造と機能を発達させ、ほんの少しずつではあるが、栄養循環、種の多様性、土壌形成といった生態系サービスを形成し始めている。もちろん、自然にとっては、生命を増殖させること以外の目的はない。それとは対照的に、職業としての生態系復元学者は、「参考生態系」、あるいは損傷が起こる前のもともとの自然の状態に近づけることを目標として作業を設計する。

廃棄物層の上に連続したコミュニティーを形成する自生植物は、「帰化植物」であって在来植物ではない。

それが、オノンダガ・ネーションの祖先の時代のものと同じ植物群落へと成長する可能性は低い。環境復元しても、アライド・ケミカル社の存在がまだごく小さかった頃にここに棲んでいた植物たちが作る、もともとの野生の景観は戻ってこないのである。工業による汚染が生んだ劇的な変化を考えると、シーダーが立ち並ぶ湿地やワイルドライスの草原を人間の介入なしに再現することは不可能だろう。植物はすべきことをするに違いない。が、風に吹かれて飛んでくるものは別として、新しい植物種が高速道路や広大な工業用地を越えてここにやってくることはできない。「母なる自然と父なる時間株式会社」には手押し車を押してくれる者が必要だ。そしてそれを申し出た勇敢な植物がいくつかある。

ここの環境で繁茂できる植物群落というのは、塩とびしょびしょの「土」に耐えられるものでなくてはならない。自生植物が作る参考生態系で、ここで生き残れるものは想像し難い。だが、入植者がやってくる以前、オノンダガ湖の周りには食塩泉があって、自生植物群落の中でも最も珍しいものの一つ、内陸塩沼地植物を支えていた。ドン・レオポルド教授と彼の学生たちは、ここに欠落している自生植物を手押し車何台分も運んできて植える実験を行い、塩沼地再生を助ける助産師役を果たせることを願いながら、その生存と成長を見守った。私も学生たちと現場を訪れ、彼らの話を聞き、植えた植物を見せてもらった。その中には枯れてしまったものやなんとか持ち堪えているものもあったし、元気に育っているものもあった。

私は植物が一番元気そうなところに向かって歩き出した。そのときふと、何かを思い出させる匂いがしたが、すぐに消えてしまった。気のせいに違いない。それから足を止めて、見事なセイタカアワダチソウとアスターの群生を惚れ惚れと眺めた。こうして自然の再生力を目の当たりにすると、自然には元に戻ろうとする力があり、植物と人間が手を取り合うことから生まれる可能性があることがわかる。ドンがしていることは、「復元」の科学的な定義を満足させている——つまり、生態系の構造と機能、そして生態系サービスの復活である。まだ生まれたての、この在来植物の草原を、私たちのヘイライドの五番目の経由地にして、説明文には「土地は責任」と書こう。ここで行われていることは、復元という言葉が意味することを、人間以外の親族のためのすみかを作ることという、より高度なものに引き上げる。

植生が復元されたここの景観は希望に満ちたものではあるかもしれないが、それでも何かが足りない。シャベルを手にした学生たちと一緒に私がここを訪れたとき、彼らが植物を植えることを誇らしく感じているることは明らかだった。何のためにそれをしようと思ったのか、と尋ねると、「適切なデータを得る」「解決策を考案する」あるいは「論文を書く」ためだと言う。愛という言葉を口にする者はいない。怖かったのかもしれない。論文審査会で、五年間研究してきた植物を描写するのに「美しい」という非科学的な言葉を使ったと言ってばかにされる学生たちを私はさんざん見てきた。愛という言葉が使われることはまずないだろうが、でも私はそこには愛があることを知っている。

よく知っているあの匂いが再び漂ってきた。目を上げると、あたりで一番鮮やかな緑色をしたつややかな葉が陽の光に輝き、長いこと会えなかった旧友のように私に微笑みかけた。そこにあったのはスイートグラスだった——まさかこんなところで見かけようとは思ってもいなかったこの場所に。でも驚くことはなかったのだ。おそるおそる根茎を汚泥の中に伸ばし、細いひこばえを元気に伸ばしているスイートグラスは、癒しの先生であり、優しさと思いやりの象徴なのだから。スイートグラスは、壊れたのは土地ではなくて、土地と私たちとの関係なのだということを思い出させてくれた。

地球を癒すためには環境の復元が必要不可欠だ。だが、長期的な復元を成功させるためにはレシプロシティーが必要なのだ。環境を思いやる他の活動もそうだが、環境の復元というのは、人間が、人間を支える生態系を世話する責任を果たす、自然とのレシプロシティーであると考えることができる。人間が土地を復元し、その土地が私たちを回復させてくれる。著述家フリーマン・ハウスは「私たちはこれからも科学が与えてくれる洞察や方法論を必要とするが、環境の復元という作業を科学にしか手の出せない領域にしてしまえば、それによって得られる最大の恩恵、つまり、人間文化の再定義の機会を失うことになる」と警告する。

私たちには、オノンダガ湖がある川の流域を、工業化以前の状態に戻すことはできないかもしれない。この土地も、植物も、動物も、彼らに味方する人間も、少しずつ努力はしている。でも結局、生態系の構造と機能、つまり生態系サービスを復元するのは地球である。望ましい参考生態系のどれが本当にあるべき姿なのかを私たちが議論しても、決めるのは地球だ。私たちにはそれを決めることはできない。私たちに決められることは、私たちと地球の関係だ。自然そのものは常に変化している——急激に気候が変動している今の時代はなおさらだ。種組成は変わるかもしれないが、関係性は変わらない。それは、環境復元の最も確実な一面だ。それこそが、私たちにとって一番手ごわく、一番やりがいのある仕事なのだ——敬意、責任、レシプロシティー、そして愛に根ざした関係を取り戻すことが。

インディジナス・エンヴァイロメンタル・ネットワークが一九九四年に発表した声明には、このことが最もよく表現されている。

西欧の科学技術は、現在の地球環境の劣化規模に対しては適切であるが、概念的・方法論的ツールとしては限界がある。それは環境復元を実施する際の、「頭と手」なのである。先住民の精神性は、その頭と手を導く「心」である。文化が生き残れるかどうかは、土地が健康で、人間と土地の間に健全かつ責任ある関係性があるかどうかにかかっている。土地の健康を維持してきた、先住民に伝わる環境保護の責任は、環境復元をも含むよう拡大する必要がある。環境の復元は、文化、精神の回復と切り離して考えることはできないし、世界を慈しみ、再生させる精神的な意味での責任とも切り離せない。

互恵的復元

土地が持っているさまざまな意味を理解したうえで、そこから復元計画を作ることができたら？　土地とは、生命を維持するもの。アイデンティティー。食べ物や薬を手に入れるところ。私たちを祖先につなげてくれるもの。道徳的責任。神聖なもの。自分自身。

学生として初めてシラキュースに来たとき、私は地元の青年と最初の——そして最後の——デートをした。ドライブに出かけることになり、私は伝説のオノンダガ湖に行きたいと言った。行ったことがなかったのだ。彼は渋々同意し、シラキュースの有名な史跡だとジョークを言った。ところが湖に着くと彼は車から降りようとしなかった。「臭いよ」と言って、まるで彼自身がその悪臭の源であるかのように恥じ入っている様子だった。私はそれまで、自分の故郷を嫌いだという人に会ったことがなかった。ここで生まれ育った友人のキャサリンは、毎週日曜学校に行くときに家族で湖畔を通ったときの話をしてくれた。クルーシブル・スチール社とアライド・ケミカル社の横を通るのだが、そこは神が定めた安息日であるはずの日曜日でさえ、真っ黒な煙が空に広がり汚泥が道路の両側に溜まっていた。牧師が地獄の「火と硫黄の池」の話をすると、ソルベイのことを言っているに違いないと思った。毎週、教会へ行くために通るのが「死の谷」だと思った、と。

恐怖と強い憎しみ、心の中の呪われたヘイライド——人間が持つ性質の中の、一番醜いところがこの湖畔にすべて揃っている。絶望によって人々はここに背を向け、何をしても無駄だ、とオノンダガ湖を切り捨てたのだ。

　廃棄物層の上を歩くとき、そこに破壊の手が見えるのは本当だが、同時に、微かな亀裂に落ちた種が根を出し再び土を作り始める様子には、希望を見ることができる。そうした植物を見ると、私はオノンダガ・ネーションに住む隣人たちのことを思う――気の遠くなるような困難、強い敵意、かつて彼らを支えていた豊かな土地とは大きく違ってしまった環境に直面しているネイティブアメリカンの人々のことを。だが、植物と人は存在し続ける。植物も人間も、今でもここにいて、彼らの責任を果たしているのだ。

　幾多の法的問題を抱えながらも、オノンダガの人々は湖を諦めようとはしない。それどころか彼らは、オノンダガ湖を癒す新しい方法を考え、「オノンダガ・ネーションによるきれいなオノンダガ湖構想」としてまとめている。この夢のような復元のビジョンは、「感謝のことば」の古い教えに従ったものだ。この中で彼らは、天地を構成する要素に順番に呼びかけながら、オノンダガ湖に健全さを取り戻し、同時に湖と人間が互いに癒し合うためのビジョンとサポートを提示する。これこそ、生物文化的復元あるいは互恵的復元と呼ばれる、新しい、全体的なアプローチの模範である。

　ネイティブアメリカンの世界観では、健全な状態にある土地には欠けるものがなく、そのパートナーの生命を支えることができるほど豊かであるとされる。土地を単なる機械として扱うのではなく、私たち人間が責任を負っている、尊敬に値する人間以外の「人」たちのコミュニティーとして接するのである。復元のためには、「生態系サービス」の能力だけでなく、「文化サービス」の能力もまた再生されなければならない。関係を取り戻すというのは、そこで泳ぐことのできる、触るのが怖くない水を取り戻すということである。関係を修復するというのは、ワシが再び戻ってきたとき、この湖の魚を食べても安全であるということだし、人々は自分たちもそうできることを望んでいる。生物文化的復元は、達すべき参考生態系の環境基準を引き上げる。人間が土地を慈しみ、土地が再び私たちを慈しんでくれるように。

人間と環境の関係を修復せずに土地の状態だけを復元しても虚しいだけだ。いつまでも変わることなく、復元された土地を維持し続けるのは関係性なのである。だから、適切な水循環を再建したり汚染物質を取り除いたりすることと同様に、人と土地を再び結び付けることが絶対に必要なのだ。

九月も後半のある日、オノンダガ湖の西岸で土木機械が汚染された土をさらっているとき、東側の岸では、別のグループが別のやり方で地球を動かそうとしていた——踊っていたのである。私は、ウォータードラムの音に導かれて輪になって踊る彼らの足を眺めた。ビーズ飾りのあるモカシン、タッセルローファー、ハイトップスニーカー、ビーチサンダル、そしてエナメル革のパンプスなどが地面を踏みしめ、水を讃える儀式としての踊りを踊っている。参加者は全員、きれいな水が入った容れ物を故郷からここに持ってきた。その容れ物には、オノンダガ湖に託す彼らの希望が入っている。ワークブーツを履いた人は高地の泉の水を、緑色のコンバースを履いた人は街の水道の水を、ピンク色の着物の下に覗く赤い下駄の主は、はるばる富士山の聖水を、その清らかさをオノンダガ湖に注ぎ入れるために運んできた。この儀式もまた復元生態学だ。つながりを取り戻し、心の感情を呼び覚まそうとしているのだ。湖岸のステージ上では、環境の復元を求める歌や踊りやスピーチが行われた。フェイス・キーパーのオレン・ライオンズ、グランマザーのオードリー・シェナンドア、国際的活動家ジェーン・グドールが、オノンダガ湖の神聖さを讃え、人間と水の間に交わされた契約を再確認するこの儀式に加わった。かつて「大いなる平和の木」が立っていたこの湖畔で、私たちは手を取り合い、湖との仲直りを記念して再び木を植えた。この場所も復元ツアーに含めよう。六番目の経由地、案内標識には「神聖なもの、コミュニティーとしての土地」。

博物学者E・O・ウィルソンは、「まだ私たちの周囲に残っているすばらしい生命の多様性を再び織りあげるため、修復の時代へと踏み出すこと、これ以上に励みになる目的が他にあろうか」（『生命の多様性Ⅱ』岩波書店、大貫昌子・牧野俊一訳）と書いている。あちらでもこちらでも、打ち捨てられた土地が復元された話を耳にする――土砂の堆積で埋まってしまったマスの川が復活したり、工場跡地がコミュニティーガーデンになったり、ダイズの農地を草原に戻したり、昔の縄張りにオオカミが戻ってきたり、サンショウウオが道路を横切るのを子どもたちが助けたり。アメリカシロヅルが昔からの渡りの飛路に戻ってきたのを見て感動しないようなら、あなたは生きていないに違いない。こうした勝利は、折り鶴のように小さくて壊れやすいものには違いないけれど、そこには人を動かす力がある。あなたは、侵入植物を引っこ抜き、在来種の花を植え直したくて手がムズムズすることだろう。使われなくなったダムを壊し、サケの遡上を復元させてくれる爆薬の起爆ボタンを押したくて指が震えるだろう。それは絶望という毒の解毒剤だ。

ジョアンナ・メイシーは「大転換」について語り、それは「今の時代に欠かせない変化」であり、「産業成長型社会から生命持続型社会への移行」であると言う。土地と関係性の復元がその変化を後押しする。「いのちのための行動が人を生まれ変わらせるということをはっきりと示している。それは、自己と世界との関係が循環的なものだからだ。そこでは、まず最初に自分が悟ったり救われたりしてから、そのうえで行動するというような考え方は成り立たない。私たちが地球を癒す作業に取り組んでゆくと、地球が私たちを癒してくれる」（『世界は恋人 世界はわたし』筑摩書房、星川淳訳）

オノンダガ湖を巡るヘイライドの最後の停車地点は

まだ完成していないが、その場面の設計図はできている。湖で泳ぐ子どもたち、ピクニックを楽しむ家族連れ。人々はこの湖を愛し、世話をする。儀式も祝祭もここで行われる。ホーデノショーニーの旗が、星条旗と並んではためく。浅瀬で釣りをする人たちは釣れた魚を持ち帰る。ヤナギは優雅に風に揺れ、枝にはたくさんの小鳥たち。平和の木のてっぺんにはワシが止まっている。湖岸の湿地にはマスクラットや水鳥がたくさんいて、在来植物の緑の草原が湖畔に広がる。案内標識にはこう書こう——「故郷としての土地」。

トウモロコシの人々、光の人々

私たちと地球の関係についての物語は、本よりも土地そのものに正直に書かれている。そこに書かれた物語は消えることがない。土地は、私たちが言ったことやしたことを覚えている。物語を語るというのは、土地や、土地と私たちの関係性を復元するための最も強力なツールの一つだ。私たちは、土地に書かれた古い物語を掘り起こし、そしてさらに、新しい物語を作り始めなければならない。私たちは単に物語の語り手であるだけではなくて、物語の書き手でもあるのだから。古い物語の糸から新しい物語が織られ、すべての物語はつながっている。祖先から伝わる物語で、今再び私たちが新たに耳を傾けるべきものの中に、マヤの創世神話がある。

＊＊＊

初めに虚無があったという。大いなる存在、偉大な叡智の持ち主たちは、ただその名を口にすることで世界を存在せしめることができた。世界には、言葉によって創られた植物と動物が満ち溢れていた。だが大いなる存在たちは満足しなかった。彼らが創った生き物はどれも言葉を持たなかったのだ。歌ったり、叫んだり、唸ったりすることはできたが、創造の物語を語り、賛美する言葉を持つものがいなかった。そこで神々は人間を創ることにした。

最初、人間は土で創られたが、神々はその仕上がりに不満だった。それは醜く歪み、美しくなかったのだ。話すこともできなかった。歩くことがやっとできるだけで、踊ったり、歌ったり、神々を賛美することなど到底できなかった。もろく、不器用で無力で、子どもを作ることさえできず、雨に溶けてしまった。

そこで神々は再び、良い人間を創ろうとした。敬い、賛美し、与え、育むことのできる人間を。そのために、彼らは木から男性を、アシの茎から女性を創った。美しい人間ができた。強くしなやかで、話すことも踊ることも歌うこともできる。それに頭も良かった。彼らは自分たち以外の植物や動物を自分たちの目的のために使うことを覚え、農場、陶器、家、魚を獲る網など、色々なものを作った。その素晴らしい体と頭、そして懸命な努力の結果、人間は子孫を増やし、世界中を満たしていった。

だがしばらく経つと、すべてを見通す神々は、人間たちの心に慈悲と愛が欠けていることに気づいた。歌ったり話したりはできたが、その言葉には、彼らが受け取った聖なる贈り物に対する感謝の気持ちがなかった。彼らは頭は良かったが、感謝することも思いやりも知らなかったため、人間以外の生き物たちを危険にさらした。神々はこの、人間についての実験の失敗に終止符を打とうと、世界に大いなる災害をもたらした――洪水と地震を起こし、そして何よりも、他の生き物たちが人間に報復することを許したのである。それまでは口をきくことができなかった木、魚、土には、木で作られた人間が彼らにはたらいた無礼を悲しみ、怒るための声が与えられた。木々は人間が振り下ろした斧に対して、鹿は人間が彼らに放った矢に対して、粘土でできた壺さえも、人間が不注意に彼らを焦がしてしまったことに対して大いに怒りの声を上げた。人間によって不当に扱われた生き物のすべてが結集して、自己防衛のために、木でできた人間を破壊したのである。

神々は三たび人間を創ることにしたが、今度は、太陽の聖なるエネルギーである光だけを使った。彼らは眩いほどに魅力的で、太陽の七倍明るく、美しくて賢く、そしてとてもパワフルだった。あまりに多くのことを知っていたため、彼らは自分たちに知らないことはないと考えた。与えられたその力に感謝する代わりに、彼らは自分たちを神と対等の存在と思い込んだ。大いなる存在は、光で創られたこの人間たちがもたらす危険を知り、再び彼らを滅ぼした。

そして神々はもう一度、今度こそ彼らが創った美しい世界の中で、敬意と感謝と謙虚さを持った正しい生き方をする人間を作ろうとした。黄色いトウモロコシと白いトウモロコシ、二つの籠のトウモロコシから、神々は粉を挽き、水と混ぜ合わせて、トウモロコシの人間を創った。トウモロコシの酒を飲んで生きる彼らは、それはそれは善き人々だった。踊り、歌い、物語を語ったり祈りを捧げたりできる言葉も持っていた。心は他の生き物たちに対する思いやりに満ち、感謝するだけの賢さもあった。神々は以前起きたことに懲りていたので、彼らの前に生きた、光から創られた人々の強烈な傲慢さから彼らを護るために、トウモロコシの人々の目の前にヴェールをかけ、息が鏡を曇らせるように彼らの目を曇らせた。このトウモロコシの人々は、自分たちの生命を支えてくれる世界に敬意を持ち、感謝したので、彼らはこの地球上で生かされることとなった。*

*口頭伝承より。

＊＊＊

あらゆる材料の中で、土や木ではなく、トウモロコシで作られた人々が地球を受け継ぐことになったのはなぜなのだろう？　それはもしかしたら、トウモロコシで作られた人々は「変容した存在」だからではないだろうか？　なんとなればトウモロコシというのは、光が関係性によって変化したものに他ならない。トウモロコシが存在するためには、土、空気、火、水という四つの元素のすべてが必要だ。またトウモロコシは、物理的な世界との関係だけではなく、人々との関係が作り出したものでもある。創造主の神聖な植物が人々を創り、人々はテオシント［訳注：トウモロコシの祖先種と考えられているイネ科の一年生作物］から、偉大な農業革新であるトウモロコシを創り出した。トウモロコシは、人間が種を蒔き、手をかけて栽培しなければ存在できない。二つの存在は、なくてはならない共生関係で結ばれているのだ。この、互いを創造し合う行為の中から、持続可能な人間を創るそれ以前の試みには欠けていた要素が生まれる。それは、感謝、そして、与えられたものにお返しをする能力だ。

私はこの神話を、一種の歴史物語として——誰も知らない大昔にトウモロコシから人間が創られ、それからずっと幸せに暮らしましたとさ、というお話の一つとして——読み、大切にしてきた。けれども先住民の考え方には、時間は川ではなく湖で、その中に過去と現在と未来がともに存在している、とするものが多い。だとすれば世界創造は今も続いているプロセスであり、この物語は単なる歴史ではない。それは同時に予言でもあるのだ。私たちはもうトウモロコシの人々になれただろうか？　それともまだ土や木でできている人、あるいは自分自身の力に囚われた、光からできた人間だろうか？　地球と私たちの関係は私たちを変容させただろうか？

この神話は、どうしたら人間がトウモロコシの人々になれるか、その方法を理解するマニュアルなのかもしれない。この物語が載っているマヤの聖典、ポポル・ヴーは、単なる年代記以上のものと考えられている。『Wisdom of the Elders』の中でデヴィッド・スズキが言っているように、マヤ神話は「ilbal」、つまり、神聖な関係性を見るための大切な道具あるいはレンズであると理解されているのである。スズキは、こうした物語は私たちに矯正レンズを与えてくれるかもしれないと言う。もっとも、先住民に伝わる物語には数々の叡智が含まれ、私たちはそれに耳を傾けなくてはいけないのは確かだけれど、それをまるまる鵜呑みにすることは私は勧めない。世の中が変化するにつれて、移民文化もまた、その土地との関係について自分たち自身の物語を新たに書かなくてはいけない。新しいilbalを創るのだ――ただし、私たちがここにやってくるはるか以前からずっとここに住んでいた者たちの叡智を採り入れながら。

科学と新しい物語

では科学、芸術、物語はいったいどうやって、トウモロコシでできた人々に象徴される世界との関係のあり方を理解するための、新しいレンズを私たちに提供するのだろうか？　事実はときとして詩である、と誰かが言ったことがある。まさしくそのとおりで、トウモロコシの人々は、化学という言語で書かれた美しい詩の中に組み込まれている。最初の節はこんなふうだ。

二酸化炭素と水は、生命体が持つ膜で覆われた美しい組織の中で光とクロロフィルと結びつき、糖と酸素をつくる。

つまりこれが、空気、光、水が何もないところから結びついて糖という甘いご馳走ができる光合成だ。レッドウッドにも、タンポポにも、トウモロコシにもその力がある。わらしべが金に、水が葡萄酒になったように、光合成は無機質なものと生きたものの世界をつなぎ、生命のないものに生命を吹き込む。そして同時に酸素をくれる。植物は私たちに、食べ物と息吹をくれるのだ。

第二節はこんなふうだ――第一節と似ているが、今度は向きが逆である。

ミトコンドリアという名の膜で覆われた美しい組織の中では、糖が酸素と結びついて始まりに戻る――二酸化炭素と水に。

私たちが土を耕し、踊り、語るエネルギーの源となる呼吸作用である。植物の吐く息が動物を生かし、動物の吐く息が植物を生かす。私の吐息はあなたの吐息であり、あなたの吐息は私の吐息なのだ。これは、与え、与えられる関係、世界に生命を吹き込むレシプロシティーという素晴らしい詩だ。そして語るに値する物語ではないだろうか？　人は、自分の生命を支えている共生関係を理解して初めて、感謝の気持ちと互恵の関係を持つことのできるトウモロコシの人々となるのである。

この世界という事実こそが、詩そのものなのだ。光が糖になる。サンショウウオは地球が放射する磁力線を辿って昔からの生息地である沼に戻る。草を食むバッファローの唾液が、草を一層大きく成長させる。タバコの種は煙の匂いを嗅ぐと発芽する。産業廃棄物の中の微生物は水銀を破壊することができる。こうした物語のすべてを、私たちは知るべきではないのだろうか？

こういう物語を知っているのは誰か？　その昔、それはエルダーたちだった。二十一世紀の今、最初にそれを耳にするのは往々にして科学者である。バッファローやサンショウウオの物語を書いたのは自然だが、科学者には、その翻訳者の一人として物語を世界に伝える大きな責任がある。

それなのに、ほとんどの科学者がこうした物語を語るのに使う言語には読者が不在である。効率と正確さを追求する慣習のせいで、科学論文は科学者以外の人々には理解が難しく、白状すれば科学者にとっても難解だ。それは環境に関する開かれた議論の大きな妨げとなるし、当然ながら真の民主主義——とりわけ、すべての生物種を含む民主主義にとっても大きなマイナスだ。思いやりを伴わない知識など何の役に立つだろう？　科学は私たちに知識を与えてはくれるが、思いやりは別のところから来る。

もしも西欧社会に ilbal があるとすれば、それは科学であると言っていいだろう。科学は私たちに、染色体の華麗な動きを、苔の葉状体を、はるか彼方の銀河を見せてくれる。でもそれは、ポポル・ヴーのように神聖なレンズだろうか？　科学は、この世界にある神聖なものを私たちに見せてくれているだろうか、それともそのレンズは光を歪めて聖なるものを見えなくしてしまってはいないだろうか？　物質の世界にのみ焦点が合い、精神的な世界がぼけてしまうのは、木でできた人々のレンズだ。私たちがトウモロコシの人々に変容するために必要なのはより多くのデータではなく、より多くの知恵なのだ。

科学は知識の源泉であり、知識を蓄える場でもあり得るが、科学的な世界観は往々にして、環境に対する思いやりの敵となる。科学というレンズについて考えるとき、一般の人々が同一視しがちな二つの概念、すなわち科学という学問の実践とそれが生み出す科学的世界観を区別することが重要だ。科学とは、理性による探究を通じて世界のあり方を明らかにする行為である。真に科学を実践しようと思う人は、人間を超越した世界の神秘を理解しようとする過程で、驚異と創造性に満ちた自然とこの上なく深い交わりを持つことになる。人間とはまったく異なった生き物あるいはシステムを理解しようとするのは往々にして人を謙虚な気持ちにさせるし、多くの科学者にとってそれは非常に精神的な行為である。

これと対照にあるのが科学的世界観だ。還元主義的で物質主義的な経済、政治路線を強化するために科学技術を利用する文化的文脈の中に置いて科学を解釈するというものである。はっきり言っておくが、木で作られた人々の破壊的なレンズは、科学そのものではなく、科学的世界観――人間は自然に勝り自然を支配しているという幻想、知識と責任の乖離――なのだ。

私が夢に描いているのは、科学によって明らかになったことをベースとし、先住民の世界観に従って構成された物語というレンズによって導かれる世界だ。そうした物語の中では、物質と精神がともに声を与えられている。

科学者は、人間以外の生物種について学ぶのがとりわけ得意である。彼らが見つけ出した物語は、人間以外の生き物の生命に内在する価値、ホモ・サピエンスのそれに少しも劣らず興味深いどころか、もっと面白いかもしれないその生命を伝えている。だが、こうした人間以外の知性について知っている数少ない者の一部でありながら、科学者の多くは、自分が目にしている知性を自分のものだと考える。謙虚さという基本的な要素が欠落しているのだ。神々は、試しに人間に傲慢さを与えてみた後で、トウモロコシの人々には謙虚さを与えた。人間以外の生物種から学ぶためには謙虚さが必要なのだ。

先住民族の考え方によれば、すべての生き物による民主制度において人間は劣った存在である。生き物の中では「弟分」とされており、年上の者から学ばなければならない。一番先にここにいたのは植物で、彼らは長い年月をかけて色々なことを理解してきた。植物は地上にも地下にもいて、大地を安定させている。光と水から食べ物を作る方法も知っているし、自分で自分の食べ物を作るだけでなく、他のあらゆる生き物の生命を維持できるだけの食べ物を作ることができる。生き物のコミュニティー全体を養い、絶えず食べ物を差し出す植物は、まさに寛大さの手本である。西欧の科学者が植物を、研究の対象としてではなく教師として見ることができたなら何が起きるだろう？ そういうレンズを通して彼らが物語を語ったとしたら？

先住民族の多くは、生き物にはそれぞれ固有の贈り物、その生き物特有の能力が与えられているという考え方を共有している。鳥は歌い、星は輝く、というように。ただしこうした力には二面性がある。力は同時に責任でもあるのだ。美しい鳴き声が鳥に与えられた贈り物であるなら、鳥には一日を美しい調べで迎える責任がある。鳥はさえずる義務があり、私たちはその歌を贈り物として受け取るのだ。

私たちの責任は何かと問うのはまた、私たちに与えられた贈り物が何であるかと問うことでもある。そして私たちはそれをどう使うのか？ トウモロコシの人々の物語は、世界を贈り物として捉え、それにどう応えればいいのかを考える手引きとなる。土の人々、木の人々、光の人々にはみな、感謝の心とそこから生まれるレシプロシティーの感覚が欠けていた。そしてトウモロコシの人々、自分たちに与えられた贈り物と責任を知ることで変容した人々だけが地上で生きることができた。一番大切なのは感謝することだが、感謝するだけでは十分ではない。

人間以外の生き物には、人間には備わっていない特質が与えられている。空を飛べたり、暗闇でも目が見えたり、爪で木を引き裂いたり、メープルシロップを作ったり。では人間には何ができるだろう？

私たちには翼も葉もないかもしれない。でも人間には言葉がある。言語は私たちに与えられた贈り物であり、そして私たちの責任だ。私は書くということを、自然界から与えられたものにお返しをする行為と考えるようになった。古い物語を伝えるために、新しい物語――科学と魂を再び一つにし、私たちがトウモロコシの人々になるのを助けてくれる物語――を語るために。

コラテラル・ダメージ

遠くから近づいてくる車のヘッドライトが、霧の中に二本の光線を放つ。光が上がったり下がったりするのを合図に、私たちは道路に飛び出し、片手に一つずつ、黒くやわらかな体をつかむ。私たちが懐中電灯で路面を照らしながら道路を何度も横切る間、ヘッドライトの光は道路の浮き沈みやカーブに沿って現れたり消えたりする。エンジンの音が聞こえたら、車がここを通るまでもうあと一回道路に飛び出す時間しかない。

路肩に立っていると、タイヤから水しぶきを上げて近づいてくる車の中の、ダッシュボードの光に照らされて緑がかった顔がこちらに目をやるのが見える。目が合うと、一瞬、ブレーキライトが赤く閃く――運転している人の脳の中でシナプスが一瞬光ったみたいに。

その赤い光は、その人が、雨の中で寂しい田舎道の路肩に立つ同胞を気にかけたことをほのめかす。私は彼らが窓を開けて、どうかしたのかと訊いてくれるのを待っているのだが、車は停まらない。運転席の人たちは肩越しに振り返り、さっさと走り去る車のブレーキライトが消える。ホモ・サピエンスのためにすら車を停めようとしない人たちが、同じく夜の間にこの道を渡る隣人、*Ambystoma maculata*（キボシサンショウウオ）のために車を停めるはずもない。

夕暮れの迫る中、我が家のキッチンの窓を雨が叩く。隊列を組み、低く飛びながら谷を渡っていく雁の声が聞こえる。冬が終わろうとしているのだ。腕にレインコートをかけた私はストーブのそばで立ち止まり、鍋の中のエンドウ豆のスープをかき回す。立ち昇った湯気が窓を曇らせる。今夜は温かいスープがありがたいはずだ。

懐中電灯をかき集めるためにクローゼットに頭を突っ込んでいると、六時のニュースが流れてくる。始まった。今夜バグダッドに爆弾が落ちている。私は両手に赤と黒のブーツを持ったまま部屋の真ん中に立って耳を傾ける。どこかに、私のように窓の外に目をやる女性がいる——でも彼女が見ている空に列をなす黒々とした物体は、V字を描いて北に帰っていく雁の群れではない。空は煙に包まれ、家々は炎に包まれ、サイレンが鳴り響く。CNNは、戦闘機の数や投下された砲弾のトン数を、まるで野球の試合のボックススコアみたいに報告する。コラテラル・ダメージの程度はまだわかっていません、と。

コラテラル・ダメージ（巻き添え被害）。それは、的を外れたミサイルが引き起こした結果から私たちの目を逸らそうとする言葉だ。人間による破壊を、あたかも自然の出来事であって防ぎようがないかのように、見て見ぬ振りをさせようとするのである。コラテラル・ダメージ——その大きさを測るのは、ひっくり返ったスープの鍋と泣き叫ぶ子どもの数である。無力感に心重く、私はラジオを切って家族を夕食に呼び寄せる。お皿を洗い終わると私たちはレインコートを着て、夜の闇の中、ラブラドール・ホローまでの裏道に車を走らせる。

バグダットには砲弾の雨が、私たちの住む谷には最初の春の雨が降っている。しとしとと雨は林床に染み込んで、冬にうんざりした落ち葉の毛布の下の、最後の氷晶を解かし去る。長い間雪の静けさに包まれていた後では、ピチャピチャと雨が跳ねる音が快い。倒木の下にいるサラマンダー［訳注：両生綱有尾目。イモリ亜目とサンショウウオ亜目の両方を指すが、英語では、陸棲傾向の強いものをサラマンダーと呼び、水棲傾向の強いものをニュート（日本語のイモリ）と呼ぶ］には、最初の雨の音はまるで春が頭の上の扉を拳で勢いよく叩いているように聞こえることだろう。六か月間の冬眠で固くなっていた手足はゆっくりとほぐれ、じっと動かずにいた尻尾はくねくねと動き始めて、ほんの数分のうちに、鼻先をくんくんと上に向けながら冷たい地面を蹴って、サラマンダーは夜へと這い出していく。体についていたわずかな土を雨が洗い流すと、黒くなめらかな皮膚に磨きがかかる。雨の招きに応じて自然が目を覚ましているのだ。

道路脇に車を停めて外に出ると、ワイパーが左右に振れる音とフル稼働していたデフロスターの音をずっと聞いていたので、あたりの静けさは驚くほどだ。温かい雨が冷たい地面にあたって靄がかかり、裸の木々を包み込んでいる。霧の中で私たちの声はくぐもって聞こえる。懐中電灯の光はにじんでぼんやりとした丸い光の輪を作る。

サンショウウオの救出

ここニューヨーク州北部では、冬の間避難していたところから繁殖地へと賑やかに戻っていく雁の群れが季節の変化を告げる。私たちが目にすることはあまりないが、それと同じくらいドラマチックなのが、サラマンダーによる、冬の隠れ穴から交尾相手と出会う春の池までの移動だ。気温が五・五度を上回った日に降る、その春初めての温かな雨に、森の地面はカサコソと音を立てて目を覚ます。するとサラマンダーは大挙してその隠れ穴から這い出し、外の空気に目を瞬《しばた》かせ、そして歩き始めるのだ。でもこの動物の大移動は、雨の降る春の夜にたまたま沼地にいるのでもないかぎり、目にすることはほとんどない。サラマンダーが移動するのは、闇が捕食者から彼らを護り、雨でその肌が乾かないときなのだ。彼らは数千匹単位で移動する――まるで、のろのろと動くバッファローの群れのように。そしてバッファローと同じように、その数は年々減っている。

近くにあるフィンガーレイクスと同じように、ラブラドール池もまた、氷河が残した、急な斜面に挟まれたV字型の谷の底にある。池の周囲は、森に覆われた斜面がボウルの側面のようにぐるりと取り囲んでいて、流域一帯の森から両生動物がまっすぐここに集まってくる。ただし彼らの進む道筋は、渓谷を蛇行する道路に遮られている。池と周囲の山は国有林として保護されているが、この道路は誰でも通ることができる。

車道の上を右へ左へと懐中電灯で照らしながら、私たちは人気のない道路を歩く。今夜移動しているのはサンショウウオだけではない。アメリカアカガエル、ウシガエル、アオガエル、ヒョウガエル、そしてイモリたちも、春の声を聞きつけて年に一度の移動を始めている。ヒキガエル、スプリング・ピーパー(アマガエルの一種)、ブチイモリ、それにアマガエルの大群。みんな交配のことを考えている。

飛んだり跳ねたり、懐中電灯の光の輪に一瞬浮かび上がっては消えていく生き物たちで、道路は大騒ぎである。光線が、金色に光る目をとらえる。私が近づくとピーパーは一瞬静止し、それから跳ねて行ってしまう。前方の道路は横切るカエルたちでいっぱいだ――懐中電灯に照らされてこっちに二匹、あっちに三匹。みんなピョンピョンと池に向かっていく。見事なジャンプ力で、カエルはほんの数秒で道路を渡ることができる。ところが体が重たいサラマンダーはそうはいかず、這いつくばって道路を横切る。横切るのには二分かかる。二分の間には色々なことが起こる。

カエルに交じってノロノロと動いているサラマンダーを見つけると、私たちは立ち止まって次々に彼らを拾い上げ、道路の反対側に降ろしてやる。車が通り過ぎる合間に、私たちは同じ場所を何度も行ったり来たりするが、そのたびにサラマンダーが増える。大地は、湿地帯から飛び立つ雁の群れのようにたくさんのサラマンダーを送り出しているようである。

懐中電灯で照らすと、雨に濡れて黒い道路の上でセンターラインが黄色く光る。目の端に、道路の黒よりもさらに黒々とした何かが見える。そこだけ道路の反射がない。もう一度そこを懐中電灯で照らしてみると、影のようなものは大きなキボシサンショウウオ、道路と同じ黒と黄色の体をした*Ambystoma maculata*であることがわかる。とても原始的な体型で、手足は体の側面から直角に突き出し、ギクシャクした機械的な動きで、くねくねと左右に振れる太い尾を引きずりながら道を渡っている。光の輪の中で立ち止まったキボシサンショウウオに、手を伸ばして触れる。夜を固まらせたかのような青みがかった黒い体には不透明な黄色の模様があって、濡れたところにペンキを垂らしたみたいに縁がぼやけている。くさび形の頭が左右に揺れ、丸い鼻先についている目はあまりに黒々としていて、顔に溶け込んでしまっている。体長が一八センチほどで横腹が膨らんでいることから、メスだと思われる。あの柔肌を――濡れた草の上を滑るためにできている、なめらかでやわらかいお腹を――アスファルトの上に引きずって歩くのは、どんな感じがするのだろうか。

私は足を止め、二本の指をそのキボシサンショウウオの前足の後ろに回してそっと持ち上げる。あっけなく持ち上がる。まるで熟れすぎたバナナを持ち上げているようだ。私の指先は、冷たくてやわらかい、濡れた彼女の体に沈み込む。私は彼女をそっと路肩に降ろし、ズボンで指を拭く。後ろを振り返ることなく、キボシサンショウウオは道路脇の盛り土を乗り越えて池に向かって降りていく。

池にはまず初めにメスがやってくる。卵をたくさん抱えたメスたちは浅瀬に滑り込み、水底の腐朽葉の中へと姿を消す。重たいお腹を抱えて動きの遅くなったメスたちは、冷たい水の中で、一日か二日後に山から同じ道を通って降りてくるオスを待つのである。

倒木の下から這い出し、小川を渡り、彼らはみな同じ方向を目指す——生まれた池に戻るのだ。彼らには障害物を乗り越えることができないのでまっすぐには進めない。倒木や岩があれば、その縁に沿ってぐるりと迂回し、それからまた池に向かって前進する。彼らが生まれた池は、彼らが冬を越す場所から、遠ければ八〇〇メートルほども離れているが、彼らは正確にその場所を突き止める。サラマンダーには、今夜イラクの街に向かって飛んでいる「スマート爆弾」にもゆう

キボシサンショウウオ
(qunamax/iStock/Thinkstock)

に匹敵する、複雑な誘導システムが備わっているのだ。通信衛星もマイクロチップも使えないサラマンダーは、磁気信号と化学信号の組み合わせによって行く先を知るのだが、その仕組みは爬虫両生類学者たちもようやく理解し始めたばかりである。

進むべき方向を見つける彼らの能力は、一つには地球の磁場を正確に読み取る力に依存している。脳にある小さな器官が磁気データを処理し、サラマンダーを池へと導くのである。途中、他の池やヴァーナルプール［訳注：雪解けや雨の後にだけ現れる水溜まりや池のこと］がいくつもあるのだが、彼らは自分が生まれた池に着くまではその足を止めようとはせず、大いに苦労してそこまで辿り着く。目的地が近くなってからのサラマンダーの帰巣本能は、サケが母川を識別するのと似ているようだ。丸い鼻先にある鼻腺で匂いを嗅ぎ分けるのである。地球が発する磁気信号を辿って近くまで行き、あとは匂いが彼らを故郷に導くというわけだ。まるで、飛行機を降りた後、言葉では言い表せない日曜の夕食の匂いと母親の香水の香りを辿って、子どもの頃過ごした家に帰り着くように。

両生類とコラテラル・ダメージ

去年ラブラドール・ホローに行ったときは、サラマンダーの後を追ってどこに行くのか確かめさせてくれと娘に懇願された。私たちは懐中電灯を手にして、アカクキミズキの真っ赤な茎の間をくねくねと進み、平らになったスゲの茂みをよじ登るサラマンダーの後を追った。一番大きな池のずっと手前のヴァーナルプールの岸まで来ると彼らは歩みを止めた。夏にはそこにあることに誰も気づかない小さな地面のへこみだが、毎年春になると必ず雪解け水が流れ込んでモザイクのように浮かび上がる水溜まりだ。サラマンダーがこうした一時的な水の溜まりを産卵場所に選ぶのは、それがあまりにも浅く、すぐに消えてしまうために、サラマンダーの幼生をあっという間に食べ尽くしてしまうであろう魚が棲めないからだ。そうした水溜まりの存在のはかなさが、サラマンダーの赤ん坊を魚から護っているのである。

私たちは、まだ氷の塊がへばりついている水際までサラマンダーを追いかけた。彼らはためらうことなく決然と水に入り、姿を消した。彼らが岸辺でブラブラしたりお腹から水に飛び込んだりするのを期待していた娘はがっかりしたようだった。次に何が起こるのかを見たい娘は水面を懐中電灯で照らしていたが、水溜まりの底には、明るいところと暗いところが斑模様になっている落ち葉が見えるだけだ。何もいない——と思ったそのとき、私たちはその明るいところと暗いところは落ち葉などではなくて、何十匹もいるサラマンダーの黒い体と黄色い斑点であることに気づいた。懐中電灯が照らす先はどこもサラマンダーだらけで、池の底はびっしりとサラマンダーで覆われていた。そして彼らは動いていた——部屋の中に集まったダンサーのように、互いの周りをぐるぐる回りながら。陸上での不器用な動き方に比べ、水の中の彼らの動きは軽快で、アシカのような優雅さで泳ぎ回り、尾をひょいと翻して光の輪から消えてしまう。

突然、鏡のような水面の静けさが、泉が湧き上がったかのように水の中から破られる。サラマンダーが群れをなし、黄色い斑点を見え隠れさせながら一斉に動き始めるとともに、水は激しく波立つ。私たちはびっくりして彼らの求愛の儀式を、サラマンダーの性交を見つめる。五〇匹ほどもいただろうか、そこにはオスとメスのサラマンダーが一緒になって踊り、円を描いていた——一年もの長い間、倒木の下で虫を食べながら孤独で禁欲的な生活を送った彼らが、喜びに酔いしれていたのだ。水底からは、シャンパンのような泡が立ち昇った。

キボシサンショウウオは、ほとんどの両生類が卵と精子を水中に放出して一斉に受精させるのとは違い、もっと確実に卵と精子が結びつく方法を発達させた。まずオスが、ぐるぐる回っている集団を離れて水面で大きく息を吸い込み、それから池の底まで泳いで行って、そこにキラキラ輝く精包——精子のつまったゼリー状の袋で、小枝や葉に固定させるための柄がついている——を放出する。次にメスが集団を離れ、マイラー樹脂製のつやつやした風船のように水の中でたゆたっている、六ミリほどの大きさの精包を見つける。そしてその体の中の、卵が待ち構えている窪みに精包を取り込む。しっかりと体内に取り込まれた精包は精子を放出し、乳白色の卵を受精させる。

数日後、メスはそれぞれ、ゼリー状の塊に入った一〇〇個から二〇〇個の卵を産む。母親は卵が孵化するまで近くにいるが、孵化すると一人で森に帰っていく。孵化したばかりのサラマンダーは安全な水溜まりの中で、陸で生活可能な形態に変態するまで数か月過ごす。水溜まりが干上がって追い出される頃には、彼らにはエラの代わりに肺ができ、自分で餌を食べられるようになっている。キボシサンショウウオは、四年から五年後、性的に成熟するまでは池には戻らず放浪の生活を送る。サラマンダーはかなり長生きすることがあり、一生の間、多ければ十八年にわたって生殖のための移動を繰り返すが、そのためには道路を渡らなければならない。

両生類は、地球上で最も絶滅が危ぶまれている生物種の一つである。湿地や森が消えていくとともに生息地が失われていく両生類は、開発の代償として私たちが目をつぶるコラテラル・ダメージなのだ。また両生類は皮膚で呼吸するので、彼らと大気を隔てる湿った皮膜には、有害物質を除去することはほとんどできない。たとえ生息地が工業化から護られていたとしても、大気も安全とは限らない。大気や水に含まれる有害物質、酸性雨、重金属、合成ホルモンなどはみな、彼らが繁殖する水の中に最終的には流れ込む。六本足のカエルや体がねじれたサラマンダーなど、両生類の奇形は工業化社会のいたるところで見られる現象だ。

同志たち

今夜サラマンダーたちにとっての最大の敵は、タイヤの下で起きている光景に気づかない人たちを乗せて猛スピードで走っていく車だ。車の中でラジオの深夜番組を聴いている人たちにはわからない。でも路肩に立っていると、体が破裂する音が――磁力線を辿って愛に向かっているキラキラと輝く生命が、車道で赤いドロドロの塊と化す瞬間の音が聞こえるのだ。私たちは作業を急ぐが、彼らの数はあまりに多く、私たちだけではとても足りない。

見たことのある緑色のダッジが走ってきて、私たちは路肩に下がる。このすぐ先に酪農場を持っている隣人の車だが、彼は私たちには目もくれない。彼の心は今夜、遠くバクダットに向けられているのだろうと私は推測する。彼の息子ミッチはイラクに駐屯しているのだ。ミッチは良い子だ――後ろから車が来ると必ず、スピードの遅い自分のトラクターを道路脇に寄せ、親切に手を振って合図して、安全に自分を追い越させてやるような子なのだ。今、彼は戦車を運転しているのかもしれない。自分の故郷で道路を横断するサラマンダーに襲いかかる運命は、彼が直面している場面とは全く何の関係もないように思えるかもしれない。

だが、霧がその冷たい毛布で私たち全員を包み込む今宵、その二つの世界の境目はぼやけている。この暗い田舎道で起きている殺戮と、バグダットの街角でズタズタになった体は無関係ではないような気がするのだ。サラマンダー、子どもたち、軍服を着た農家の若者――彼らは敵ではないし、悪いのは彼らではない。罪のない彼らに対して私たちは宣戦布告などしていないのに、あたかも戦いを布告したかのように彼らは死んでいく。彼らはみな、コラテラル・ダメージなのだ。石油のために私たちの息子が戦争に送られ、轟音を立てながらこの渓谷を走り抜けるエンジンを動かしているのが石油であるなら、私たちは全員共謀者だ――兵士も、市民も、サラマンダーも、石油に対する私たちの欲求が死に追いやったのである。

寒いし疲れたので、私たちは一休みして魔法瓶からスープをカップに注ぐ。立ち昇る湯気が霧と混ざり合う。私たちは黙ってスープをすすり、夜の音に耳を傾ける。突然、人の声が聞こえるが、あたりには人家はない。道がカーブした向こうに、懐中電灯の光が見える。私は急いで自分の懐中電灯を消し、魔法瓶の蓋をする。私たちは暗闇に隠れて近づいてくる光を見つめる——一列に並んだいくつもの懐中電灯の光を。いったい誰だろう？　何か揉め事を起こしたがっているのでもなければこんな夜に出歩く人はいないし、そんな事に関わるのはご免だ。

時折、この道でお酒を飲んだりビールの缶を撃ったりする若者がいる。二人の若者が、ヒキガエルをハッキーサック［訳注：野球のボールより一回り小さいボールを、足でお手玉のように蹴るスポーツ。フットバッグとも言う］みたいに蹴り合っているのを見たこともある。彼らはここへ何をしに来たのだろうと考えて私は身震いする。光は近づき、少なくとも一〇を超える光の輪が、パトロールするみたいに道路のあちらこちらを照らしている。光線は道路を舐めるように行ったり来たりする。彼らが近づいてくるにつれて、その光の動き方は見覚えのあるものになる。私たちが一晩中していたのと同じ動きだ。そのとき、霧の中から声が聞こえる。

「ほら、ここにも一匹いる——メスみたい」

「こっちにも二匹いるよ」

「こっちはピーパーが三匹」

暗闇の中でにんまりし、私は再び懐中電灯を点けて、身をかがめてサラマンダーを安全なところに運んでいる彼らに声をかける。懐中電灯が作る仮想キャンプファイアーの周りで声を上げて笑いながら、私たちは大喜びで握手を交わす。私はみんなにスープを振るまい、私たちはすぐに仲良くなる——近づいてくる光が敵ではなく味方のものだったことがわかり、サラマンダーを救う努力をしているのが自分たちだけではなかったことを知った安堵感に一気に頭が軽くなる。

私たちは自己紹介し合い、びしょ濡れのフードの下の顔を覗き込む。そこにいるのは、大学で爬虫両生類学の授業を取っている学生たちだ。みなクリップボードと、観察の結果を書き込む、雨を弾く全天候型のノートを持っている。彼らをトラブルメーカーだと思い込んだことが恥ずかしい。理解できないことについて結論をつい急ぎすぎるのが無知ということだ。

この授業では、道路が両生類に与える影響を調査しに来ているのだった。カエルが道路を横断するのにはだいたい十五秒しかかからず、ほとんどは車に轢かれない。だがキボシサンショウウオの場合、横断には平均八十八秒かかる。無数の捕食動物から逃れ、夏の日照りを生き抜き、凍死せずに冬を乗り切っても、問題はこの八十八秒間だ。

キボシサンショウウオを救うための学生たちの努力は、道路で彼らを助けるにとどまらない。高速道路局には、サラマンダーのための横断歩道、つまり道路の上を通らずに横切れる特別な暗渠を造ることもできるのだが、それには多額のコストがかかるので、当局にその重要性を納得させる必要がある。今夜の授業の目的は、道路を横断する両生類の頭数を数え、山から池に移動する両生類の総数と、その途中で死亡する両生類の数を推定することだった。道路を横断中の死亡がこの生物種の生存を危険にさらすということを示すに足るデータが得られれば、対応策を講じるよう政府を説得できるかもしれない。ただ、それには一つ問題があった。サラマンダーの死亡率を正確に推定するためには、道路を無事に横断できたサラマンダーとできなかったサラマンダーの数の両方を数えなければならないのだ。

死亡数を数えるのは簡単だった——学生たちは、死んだ両生類の種類を、道路にできたシミの大きさで特定するシステムを開発していた。カウントされた死骸は道路から剝がして、次にそこを歩くときにもう一度カウントしないようにする。ときには車に直接接触しなくてもサラマンダーが死ぬことがある。体があまりにもやわらかいので、通過する車が起こす圧力波を受けただけで死んでしまうことがあるのだ。数えるのが難しいのは、死亡率を計算するための分母、つまり、無事に道路を渡りきるサラマンダーの数である。長い距離にわたる道路を無事に渡ったサラマンダーの数を、全くの暗闇の中でどうやって数えるのだろう?

将来的な種の保存

道路脇にはところどころにドリフト・フェンスが備え付けられている。ドリフト・フェンスというのは、幅が約二・四メートルほどの防雪柵のことで、高さ三〇センチほどのアルミ製の雨押さえを、土台に壁のように取り付けてある。サラマンダーはそこを通過することができない。ドリフト・フェンスに行く手を邪魔されたサラマンダーは、倒木や岩にぶつかったときと同じようにその縁を迂回する。暗闇の中、皮膚に触れるフェンスの感触を頼りにくねくねと這っていくと、突然地面が消え、サラマンダーは地面に埋められたプラスチックのバケツの中に落ち、そこからは這い上がることができない。ときおり学生がやってきてバケツの中のサラマンダーの数を数え、クリップボードにその種類を記入して、それからフェンスの反対側、池の方にそっと彼らを放してやる。こうして一晩たつと、ドリフト・フェンスで引っかかったサラマンダーの数をもとに、無事に道路を横断した数が推定できるのである。

こうした調査によって、サラマンダーを救うエビデンスは手に入るかもしれないが、そうした長期的な恩恵のためには短期的な犠牲が必要になる。この調査を適切に行うためには人間の介入は許されない。車が来ると、学生たちは道路脇に下がり、歯を食いしばって成り行きに任せるのだ。実際、私たちが良かれと思ってサラマンダーを救助したことが、今夜の調査にバイアスをかけてしまった。私たちが助けたことで、そうでなければ車に轢かれていたであろうサラマンダーの数が減り、サラマンダーの減少数を低く見積もらせることになってしまったのだ。学生たちは倫理的なジレンマに直面する。助けようと思えば助けられたサラマンダーは、この調査のコラテラル・ダメージということになり、その犠牲は、将来的な種の保存によって報われるものと彼らは願うのだ。

この、路上で車に轢き殺されたサラマンダーの数を監視するプロジェクトは、世界的に著名な保全生物学者であるジェームス・ギブスによるものだ。彼は、ガラパゴスゾウガメやタンザニアヒキガエルの保護活動を指揮しているが、彼にとってはここラブラドール・ホローも気がかりなのである。彼は学生たちとともにドリフト・フェンスを設置し、道路を巡回し、夜通し寝ずにサラマンダーの数を数える。サラマンダーが移動していることが――そして殺されていることが――わかっている雨降りの夜は眠れないことがある、とギブスは打ち明ける。そういうとき彼はレインコートを着て、彼らを道路の反対側に運びに行く。アルド・レオポルドの言った通りだ――博物学者は、彼らにしか見えない傷に満ちた世界に生きているのである。

夜が更けるにつれて渓谷を通り過ぎる車もいなくなり、真夜中になる頃には一番動きの遅いサラマンダーでも安全に道を渡れるようになるので、私たちは重い足取りで車に戻り、家に向かう。私たちの車のタイヤがせっかくの努力を無駄にしないように、渓谷から出るまではカタツムリみたいにノロノロと車を走らせる。私たちは極度に慎重にしているが、でも私たち自身にもみなと同じ罪があることはわかっている。

霧の中を家に向かう車の中、ラジオからさらに戦争のニュースが流れてくる。戦車やブラッドレー戦闘車が列をなして、私たちを包んでいる霧のように濃い砂嵐の中、イラクの田園地方に侵攻しようとしている。通り過ぎるそれらの車の下では何が押し潰されているのだろうか。寒くてくたくただ。車内の暖房を強くすると、濡れたウールの匂いが車に広がる。そして、今夜私たちがしたこと、出会った素晴らしい人たちについて思い返す。

種の孤独

今夜私たちをこの渓谷に呼び寄せたのは何だったのだろう？　雨の夜、サラマンダーに道路を渡らせるために暖かな家から出かけるなんて、いったいなんとおかしな人たちだろう？　利他的行為と呼びたい衝動に駆られるけれど、それは違う。決して無私無欲でしたことなんかじゃない。今夜私たちがしたことは、行為をした者にも、された者同様に得るものが大きかったのだ。そこにいてその素晴らしい秘儀を目撃し、今宵一夜だけ、想像の及ぶ限り人間とは異なった生き物と、一つの関係を築けたのだから。

現代社会に生きる人間は、「種の孤独」、他の生き物たちとのつながりを失ってしまった、という大きな悲しみを抱えていると言われる。私たちは、恐れと傲慢さ、そして夜も煌々と灯りをつけた家によってこの孤独を作り出してしまったのだ。だが今夜、この道路を歩いている間だけは、私たちを隔てる垣根が消え、私たちは孤独を手離して再び互いを知ることができた。

サラマンダーは、温血動物であるホモ・サピエンスにとって、いかにも「自分たちとは別」の、冷たくてヌルヌルした、不快と呼んでもおかしくない生き物だ。驚くほど私たちとは違っているからこそ、今夜私たちが彼らを護るためにそこにいた、ということがそれだけ大切なことになる。両生類には、バンビのような感謝に満ちた瞳で私たちを見つめ返す愛らしい哺乳動物の、思わず彼らを護りたくなるふんわり暖かな気分を感じさせるものはほとんどない。両生類は私たちを、心の中にある本質的な他者への恐怖、ゼノフォビアに向き合わせる。それは、この渓谷で、あるいは地球の反対側の砂漠で、ときには人間以外の生物に、ときには人間同士に対して抱く感情だ。サラマンダーとともにいるということは、自分と異質なものに敬意を表し、ゼノフォビアの毒に対する解毒剤となる。ヌルヌルした斑模様の生き物を助けるたびに、私たちは彼らの存在の権利を、彼らなりに独立した生を生きる権利を認めることになるのだ。

サラマンダーを安全なところに運ぶことで、私たちはまた、互いに対して持っている責任、レシプロシティーという契約を思い出す。この道路を戦場にしたのは私たちなのだから、私たちにはその戦いが引き起こす傷を癒す責任があるのではないだろうか？

流れてくるニュースに私は無力感を感じる。私には爆弾が落ちるのを止めることもできないし、この道路を猛スピードで走ってくる車を止めることもできない。私の力ではどうにもならないのだ。でも私にはサラマンダーを持ち上げることならできる。一晩だけでも私は私の汚名をすすぎたい。何が私たちをこの寂しい渓谷に惹きつけるのか？　それは、サラマンダーを倒木の下から這い出させるのと同じ愛の力かもしれない。それとも今夜私たちはこの道を、私たちの罪が赦されることを願いながら歩いていたのかもしれない。

気温が下がり、キーンという音の集合の中からよく通る虚ろな声が響く。昔から変わらないカエルの鳴き声だ。まるで英語を話しているかのように、一つの言葉が鮮明に聞こえてくる。「お聞き！　お聞き！　お聞き！　漫然と通勤することだけが世界じゃない。僕ら親戚こそ君たちの富であり、教師であり、安心であり、家族だ。楽をしたいという君たちの奇妙な欲望のために、他の生き物が死刑宣告をうけるべきじゃない」

「そうだ！」ヘッドライトに照らされたピーパーが叫ぶ。

「そうだ！」故郷から遠く離れて戦車に閉じ込められた若者が叫ぶ。

「そうだ！」戦火で焼かれて廃墟と化した家で母親が叫ぶ。

終わらせなければならない。

家に辿り着いたのは深夜だが、眠れない私は家の裏手の池まで丘の斜面を登る。ここでも大気は彼らの鳴き声に満ちている。スイートグラスのスマッジ（いぶし火）を焚いて悲しみを煙で洗い流したいのだが、霧が濃すぎて、マッチを擦ってもマッチ箱の横に赤い火花が散るだけだ。だがそれでいいのだ。今夜はこの悲しみを洗い流さず、濡れそぼったコートのように身に纏おう。

「お泣き！　お泣き！」と水辺からヒキガエルの声が聞こえる。そして私は泣く。もしも悲しみが愛への入り口なら、私たちがバラバラにしようとしている世界のためにみんなで泣こう――愛によってもう一度、それを一つにつなぎ合わせることができるように。

七番目の火の人々

この火をつけられるかどうかにすべてがかかっている。冷たい地面にきちんと並べられ、石で囲まれた薪。平らに並べた焚き付けは乾燥したメープル、モミの木の下の方から折り取った小枝をその上に並べ、細かく裂いた樹皮を鳥の巣みたいに丸めて火種を待ち受ける火口、その上に、折ったパインの枝を、炎を上に引き上げるように立てて並べる。燃料はたっぷり、酸素もたっぷり。必要な要素は全部揃った。でも火がつかなければそこにあるのはただの死んだ木の棒だ。火種にかかっているのだ。

我が家では、マッチ一本で火を熾せるようになることが誇りとされていた。先生は父と、森そのもの。講義はなくて、私たちはただ、遊びながら父のすることを観察し、自然の中で悠々と過ごす父のように自分もなりたいという思いから学んだのだ。正しい薪の探し方を父は辛抱強く見せてくれた。私たちは少しずつ、燃えやすい薪の組み方がわかるようになっていった。父は薪を上手に積み上げることをとても大事にしていて、私たちが森で過ごした日々の多くは、枝を切り、それを運び、薪割りをすることに費やされた。私たちが汗をかきかき森から戻ると、父はよく「薪はお前たちを二度暖めてくれるんだよ」と言ったものだった。そうやって私たちは、樹皮や材木の質で木の種類を見分けられるようになった。燃やす目的によって、燃え方の違う木を使うことも覚えた。明かりのためには樹脂を多く含むパイン、炭を乗せるためにはブナの木、リフレクターオーブンでパイを焼くときにはシュガーメープル、といった具合に。

父がはっきりそう言ったことはなかったが、父にとって火を熾すというのは単なる技巧ではなかった。上手に火を熾すのは簡単なことではない。父の要求は厳しかった。半分腐ったようなカバの木の枝は決して使わない。「失格」と言ってポイと投げ捨ててしまう。辺りの植物相を知っているのはもちろんのこと、さまざまな木の正しい扱い方も知らなくてはいけない——木を傷めずに薪を集められるように。すでによく乾燥し、すぐに燃料にできる立ち枯れの木はいつでもたくさんあった。良い火を熾すには、自然の素材しか使ってはいけない。紙もダメだし、ガソリンなんてとんでもない。それに生木を燃やすのは、美的にも倫理的にも冒瀆的な行為である。ライターは使ってはいけない。マッチ一本で理想的な火が熾せればとても褒められたし、一〇本以上マッチを必要としても父は頑張れと言ってくれた。そしていつの間にか、火熾しはごく当たり前になり、すごいことでもなんでもなくなっていた。私は必ず火熾しがうまくいく秘訣を見つけた。火口にマッチで火をつけるとき、火に歌を歌ってやるのだ。

火の熾し方について教えながら父はまた、森が私たちに与えてくれるものすべてに感謝すること、それにお返しをする責任のことも一緒に教えてくれた。キャンプした場所を去るときには必ず、次にここへやってくる人たちのために薪を積んでおく。気を配ること、準備をしっかりして焦らないこと、最初の一回できちんとできるようにすること。火を熾すのに必要な技術や価値観はとても深く絡み合っていて、私たちにとって火熾しは、ある種の美徳を象徴するものになった。

マッチ一本で火を熾せるようになると、次は雨の中で、マッチ一本で火を熾せなくてはならなかった。それから雪の中。適切な材料を慎重に集めて、空気や木の性質を尊重すれば、どんな状況の中でも火は熾せる。火を熾すというシンプルな行為には、たった一本のマッチで人々に安心感と幸せを与える力がある。火があれば、びしょ濡れの人たちも気分が明るくなり、シチューを作ろうとか歌を歌おうとか考えられるようになる。ポケットの中のマッチは素晴らしい贈り物であり、それを有効に使うという重大な責任が伴っていた。

火を熾すというのは、祖先と私たちの間にある大切なつながりだった。ポタワトミ——もっと正確に部族の言葉で言えばボデワドミということになるが——とは、「炎の人々」という意味だ。火を熾すのが、私たちが習得すべき技術であり人々と分かち合う贈り物であるというのも当然のことに思えた。私は次第に、本当に火を理解するためには弓錐を使わなければ、と思うようになった。今、私はマッチを使わず、昔ながらのやり方で、弓と錐で二本の棒を擦り合わせて火種を熾そうとする。

ウェウェネ、と私は自分につぶやく——焦らずに、落ち着いて。近道などない。すべての要素が揃い、心と体が調和して生かされたときに、それはふさわしい形で起こるのだ。すべての道具が適切に整い、あらゆる部分が同じ目的を持って一つになれば、あとは簡単だ。そうでなければ、いくら火を点けようとしても無駄である。さまざまな力の間にバランスと完璧なレシプロシティーがなければ、何度やっても失敗するだろう。私は経験上知っている。火がどんなに必要でも、焦る気持ちを抑え、落ち着いて呼吸することだ――エネルギーを、苛立つことにではなく火を熾すことに使えるように。

私たちがみな大人になり、火の熾し方を完全にマスターすると、父は孫たちにもマッチ一本で火を熾すことを教え込んだ。八十三歳の父は今、ネイティブアメリカンの子どもたち向けの科学教室で火の熾し方を教え、私たちにしてくれたのと同じレッスンを子どもたちにもさせている。子どもたちは、ファイアーサークルをまたぐように張った糸を自分で熾した火で燃やす速さを競い合う。ある日、競走が終わったところで父は、切り株に座って焚き火をつつきながら子どもたちに尋ねた。「火には四種類あるのを知っているかい？」。硬材と軟材について教えるのだろうと思ったが、そうではなかった。

「まず、ほら、あんたらが熾したこのキャンプファイアーがあるね。これで料理もできるし、横に置いておけば料理が冷めないいね。周りで歌を歌うのもいいね。それにコヨーテが寄ってこない」

「マシュマロも焼けるよ！」と子どもの一人が甲高い声で叫ぶ。

「そうだね。ジャガイモを焼いたり、トウモロコシのパンも焼けるし、大概のものはキャンプファイアーで料理できる。じゃあ他の種類の火を知ってる子はいるかな？」

「山火事？」と生徒の一人が恐る恐る言う。

「なるほど。昔の人はサンダーバードの火と呼んだね。雷が落ちて森が火事になることだね。雨で消えることもあるが、大きな野火になってしまうこともある。ものすごく熱くて、何キロも先まで、何もかも燃やしてしまう。そういう火が好きな人はいないね。でもご先祖様たちは、害にならず、むしろ役に立つような小さい野火を、ちょうどいいところにちょうどいいときに熾すことができるようになった。その土地の世話をするために、わざと火をつけるんだよ——ブルーベリーが育つようにしたり、鹿のために草原を作ってやったりするためにね」。父は一枚の樺の樹皮を子どもたちに見せる。「あんたらが火を熾すのに使った樺の皮を見てごらん。アメリカシラカンバの若木は、野火の跡にしか生えないんだ。だからご先祖様たちは、森を燃やして樺の木が生えるところを作ってやったんだよ」。火を熾す材料を育てるために火を使う、ということの調和のとれた美しさは、生徒たちにも理解できる。「樺の樹皮が必要だったから、火についての知識を科学的に利用して樺の木の森を作った。火は色々な植物や動物の役に立つんだ。創造主はそのために人間に火を熾す道具を与えたのだという——地上に良いものをもたらすようにね。人間が自然のためにしてやれる一番のことは、何もせず放っておいてやることだと言う人たちがたくさんいる。その通りの場合もあるし、ご先祖様たちもそれはわかっていた。だがわしたちには同時に、この土地を世話する責任もある。それはつまり、積極的に関係するという意味だということを——自然界は、人間が良い行動を取ることが頼りだということを、人は忘れがちだ。愛しているものを柵の中に押し込めても、愛情や思いやりを示すことにはならない。関わり合いを作らなけりゃいけない。この世界が健全でいられるよう、貢献しなけりゃいかんのだ」

「自然はわしたちにたくさんの贈り物をくれる。火は、わしたちがそのお返しをする方法の一つなんだ。今の時代、人はみな、火は破壊するものだとしか思ってないが、人間が火を創造する力としても使ってきたということを忘れとる。いや、もともと知らんかったのかもしれん。火を燃やすのは、自然に対して炎という絵筆をふるうようなもんだった。ここんとこを一塗りするとヘラジカのための緑の草原になる。あの辺にパラパラっと触ればやぶが燃えてオークのどんぐりがもっとできるようになる。樹冠の下をポツポツと触れば木立が間引かれて、壊滅的な山火事を防げる。炎の筆で川の岸をなぞれば、次の春には黄色いヤナギがびっっしりと生える。草原をさっと一筆なぞれば、ユリネの花で真っ青に染まる。ブルーベリーを育てたければ、何年間か間を空けてから繰り返す。ご先祖様たちは、火を使って色々なものを美しく、実り多いものにする責任を与えられたんだよ。それはわしたちの芸術であり、科学なんだ」

火についての教え

先住民族の野焼きによって維持されてきた樺の木の森は、贈り物の宝庫だ。カヌーを造る樹皮、ウィグワムの屋根を覆う野地板、色々な道具、籠、文字を書くための巻紙、それにもちろん、火を熾すための火口。しかもこれらは目に見えるものだけだ。アメリカシラカバとキハダカンバにはどちらも、カバノアナタケというきのこが生える。このきのこは樹皮を破り、ソフトボールくらいの大きさの、ざらざらした黒い腫瘍状の菌核体を作る。表面はひび割れてごつごつし、燃えかすのようなもので覆われている。シベリアの樺の森ではチャーガと呼ばれる貴重な伝統薬だ。ポタワトミの人々はこれをshkitagenと呼ぶ。

黒い瘤状のカバノアナタケを見つけて木から取り外すのはなかなか大変だ。だが切り開くと、菌核体の中は輝くような金色と銅色の縞模様になっていて、細い糸と空気の詰まった小さな気孔からなる、やわらかくて弾力性のある木質部みたいな手触りをしている。私たちの先祖は、このカバノアナタケの驚くような性質を発見した。もっとも、カバノアナタケが、焼け焦げたみたいな外見と金色の心臓を通じて、使い方を自分から教えてくれたのだと言う人もいるが。カバノアナタケは火口として使われるきのこ、火守りであり、「炎の人々」にとっては大切な友人だ。カバノアナタケに火がつくと、火は消えずにその中でゆっくりとくすぶり続け、熱を保つ。どんなに小さくてはかなく、すぐに消えてしまいそうな火種でも、カバノアナタケの塊に着地すれば消えることがなく大切に育まれる。だが、森が伐採されたり、火を放つことが禁止されて焼け跡にしか育たない植物に絶滅の危機が迫るにつれ、カバノアナタケを見つけるのは難しくなっている。

「よし、じゃあ他にはどんな種類の火があるかな?」と、足元の火に細枝をくべながら父が訊く。

答えたのはタイオトレケという子だ。「『聖なる火』。儀式に使うやつみたいな」

「その通り」と父が言う。「祈りを運んだり、癒しのためやスウェットロッジ〔訳注:ネイティブアメリカンが浄化や病気の治癒のために行う儀式、またはそのための小屋〕で使ったりする火だね。そういう火はわしたちの生命を、世界が始まった時から伝わっている魂の教えを表している。『聖なる火』は生命と魂の象徴なんだ、だからその世話をするために特別な火守りがいる」

「他の種類の火にはそうしょっちゅうはお目にかかれんかもしれんが、毎日手入れをしなきゃいかん火もある。そして、手入れするのが一番大変なのがここにあるこの火だ」。そう言って父は指で胸をトントンと叩く。「あんたら自身の火、魂だよ。わしたちは誰もみんな、心の中にその神聖な火を抱えている。それを大切にしてやらんといかん。火守り役はあんたら自身なんだよ」

「この全部の種類の火に対する責任があんたらにあることを忘れんでな」と父が念を押す。「それがわしたちの仕事だ、特に男のな。わしたちのやり方では、男と女は釣り合いがある。男には火を守る責任があるし、女の責任は水だ。この二つは、お互いにバランスを取り合う力なんだ。生きるためには両方とも必要だ。さて、火について、忘れちゃいかんことを教えてやろう」

子どもたちの前に立つ父に、ナナブジョがその父親から受け取った最初の教えの残響が重なる——今日こうして父が伝えているのと同じ、火についての教えだ。「火には二つの顔があることを忘れてはいかん。どちらもとても強い。一つは創造の力だ。火は良いことに使える。たとえば暖炉や儀式だ。それに、あんたらの心の中の火も良いことのための力だ。でもその力が、破壊する力に変わることもある。火は自然の役に立つこともあるが、壊すこともある。あんたらの心の火だって、悪いことにも使える。人間は、この力の両面を理解し尊重することを、決して忘れちゃならん。その力はわしたちよりはるかに強い。慎重に使うことを覚えんと、これまで創られてきたものすべてを破壊しかねない。バランスを取らなければいけないよ」

アニシナアベの人々にとって火にはまた別の意味もあり、それは一族の歴史と関連している。それぞれの「火」は、私たちが暮らした場所と、それぞれにまつわる出来事や教えを指しているのだ。

アニシナアベの知識の守り手である歴史家や学者たちは、「海の向こうの人々」zaaganaashがやってくるはるか昔、最初の成り立ちからの物語を伝えている。そしてその後に起きたことも。なぜなら私たちのこれまでの歴史は否応なく、未来に編み込まれているからだ。この物語は「七つの火の予言」と呼ばれ、エドワード・ベントン＝バナイをはじめとするエルダーたちによって広く語られてきた。

最初の火の時代、アニシナアベの人々は、大西洋岸の「夜が明ける場所」に暮らしていた。彼らにはパワフルな魂の教えが与えられ、人間のために、そしてその土地のために、その教えに従わなければならなかった。その二つは同じものだったからだ。だが予言者は、アニシナアベの人々は西に移動しなければならない、さもなくば、これから起こる変化によって滅んでしまうだろう、と予言した。彼らは「水の上に食べ物が育つ」場所が見つかるまで探し続けなければならず、そしてそこで無事に新しい暮らしを始めるだろうと。部族の長老たちはこの予言に従い、人々を、セントローレンス川に沿って西の内陸、現在のモントリオールへと導いた。彼らはそこで、カバノアナタケを入れたボウルの中で運んできた火をもう一度大きく燃やしたのだ。

やがて彼らの中から別の予言者が現れ、彼らはさらに西に進んで大きな湖のほとりに暮らすだろうと言った。人々はこのビジョンを信じて彼の言葉に従い、現在のデトロイトに近いところにあるヒューロン湖の岸に野営地を造って二番目の火の時代が始まった。だが間もなく、アニシナアベはオジブワ、オダワ、そしてポタワトミという三つのグループに分かれ、五大湖地方周辺で暮らす場所を求めてそれぞれ違った方向に進んだ。ポタワトミ族は南へ、ミシガン州南部からはるかウィスコンシンへと移動した。だが予言にあった通り、数世代後には三つのグループが再びマニトゥーリン島［訳注：ヒューロン湖の中にある島］で集結して「三つの火の同盟（Three Fires Confederacy）」を作り、それは今日まで続いている。三番目の火の時代に人々は、予言にあった「水の上に食べ物が育つ」場所を見つけ、ワイルドライスが育つ地域が彼らの故郷となった。人々は、メープルや樺の木、チョウザメやビーバー、ワシ、水鳥たちに護られて、長い間そこで健やかに暮らした。彼らを導いた精神的な教えによって人々は、強く、団結したまま、人間以外の親戚たちに囲まれて繁栄した。

四番目の火の時代には、別の民族の歴史が私たちの歴史に織り込まれることとなった。二人の予言者が現れて、明るい肌をした人たちが東から船に乗ってやって来ると告げたが、それから何が起こるのかについて、二人のビジョンは食い違っていた。道筋は明らかではなかった。未来というのはそういうものだ。予言者の一人は、海の向こうからやってきた人たち、zaaga-naash が友好的な人々であるならば、彼らは素晴らしい知識をもたらし、それをアニシナアベの知恵と組み合わせれば、新しく、偉大な部族が生まれるだろうと言った。だがもう一人の予言者はこう警告した――友好的に見える顔は、死の顔かもしれない。その人々は友好的なふりをしながら、この土地の豊かさが欲しくてやってくるのかもしれない。そのどちらの顔が本当の顔か、どうすればわかるのか？　魚が毒に汚されて食べられなくなり、水が飲むのに相応しくなくなったら、どちらの顔だったかがはっきりする。そして彼らの行動によって彼らは、「海の向こうからやってきた人々」ではなく、chimokman、「長いナイフの人々」と呼ばれるようになった。

新しい人たち

予言されたことは、最終的にはその通りになった。予言者は、黒い服を着て黒い本を抱えてやってきて喜びと救済を約束する者には気をつけろ、と警告した——もしも人々が、彼ら自身の神聖な生き方に背いて黒い服を着た者たちに従えば、何世代にもわたって苦しむことになるだろうと。そしてまさに、五番目の火の時代に人々はスピリットの教えを忘れてしまい、あわやバラバラになってしまうところだった。居留地に強制的に押し込められた人々は、故郷から引き離され、互いのつながりもなくした。子どもたちは、海の向こうからやってきた人々の考え方を学ぶために連れ去られた。自分たちの信仰を法律によって禁じられた彼らは、昔からの世界観を失いかけた。自分たちの言葉を話すことも禁止されて、わずか一世代の間にたくさんの知識が失われてしまったのだ。土地はバラバラにされ、人々は分断され、伝統は風に飛ばされてしまった。植物や動物たちさえ私たちから顔を背けるようになった。子どもたちが年寄りたちに背を向けるときが来ることを予言は告げていた——人々は自分たちの生き方を忘れ、生きる目的を失うだろうと。そして、六番目の火の時代には「生命を湛えた盃は、ほとんど悲しみでいっぱいになる」と予言者は言った。

それでもなお、これらすべてのことが起こった後でも、変わらずに残ったもの、ずっと消えなかった火がある。昔むかし、最初の火の時代に人々は、彼らの強さを守るのはその精神生活であると教えられたのだ。

伝わるところによれば、その目に不思議な、遠くを見るような光を宿した予言者が現れた。その若者は人々に、七番目の火の時代には神聖な使命を持った新しい人たちが現れるだろうと言った。彼らの役目は易しいものではない。彼らは強く、固い覚悟でその使命に取り組まなくてはならない——彼らは岐路に立っているのだから。

先祖たちは、焚き火のチラチラと揺れる火で遠くから新しい人たちを眺めた。この時代には、若者たちは再び年寄りたちに教えを求めたが、与えるものを何も持たない者も多いことがわかった。七番目の火の人々は、今はまだ前に進まない。むしろ彼らは、後ろを振り返って、私たちをここまで連れてきた者たちの足跡を逆に辿るよう言われているのだ。彼らの神聖な使命とは、先祖たちが辿った赤い道を逆向きに辿り、その道に沿ってバラバラに散ってしまっているかけらを拾い集めることだ。土地のかけら、ズタズタにされた言葉、歌や物語や聖なる教えの断片——道々落としてしまったもののすべてを。私たちは今、七番目の火の時代に生きているのだとエルダーたちは言う。祖先たちが口にした、聖なる火を再び燃え上がらせ民族を再生させるためにバラバラになったものを再びつなぎ合わせるという使命に全力で取り組む者たちとは、私たちのことなのだ。

こうして、ネイティブアメリカンが暮らす地域のそこかしこで、言語や文化を復興させようというムーヴメントが始まった。そのきっかけとなったのは、儀式に生命を吹き込み、再び自分たちの言葉を教えるためにその言葉を話せる者を集めたり、古い品種の種を蒔いたり、自然を元通りに復元したり、若者を自分たちの土地に呼び戻したりする勇気を持った一握りの人たちの献身的な努力である。私たちの中に七番目の火の人々がいる。彼らは最初に創造主から与えられた根本の教えという火種を使って、人々に健康を取り戻し、人々が再び花開いて実をつけるのを助けている。

七つ目の火の予言は、やがて私たちが迎えようとしている時代についてもう一つの見方を示している。予言によれば、地球上のすべての人は、この先は道が二つに分かれていることを知るだろう。そして彼らは、どちらの道を進むか選ばなければならない。片方の道は草が生えたばかりで、やわらかい緑色に覆われている。裸足でも歩けるくらいだ。もう片方の道は真っ黒に焼け焦げて硬く、裸足で歩けば燃えさしで足が切れてしまう。人々が緑の道を選べば生命は続くだろう。だが人々が焼け焦げた道を選ぶならば、彼らが地球につけた傷が彼らの仇となって、地上の人々に苦しみと死をもたらすだろう――。

私たちは今まさに岐路に立っている。科学的なエビデンスによれば私たちは、気候変動の臨界点、化石燃料の終焉、資源枯渇の始まりまでもうちょっとのところにいる。環境保護活動家は、私たちが作り出した生活様式を今後も維持するためには地球が七つ必要だと推定する。しかもこの生活様式にはバランスも正義も安らぎもなく、私たちに満足をもたらさなかった。代わりに私たちは、相次ぐ絶滅政策によって、私たちにつながる人々を失った。認めようが認めまいが、私たちは選択しなければならない――どちらの道を行くかを。

この予言と歴史の関係を、私は完全には理解していない。でも、比喩というのは科学的なデータが示すことよりもはるかに大きい何かを私たちに伝えるものであるということは知っている。目を閉じて、祖先たちが予見した岐路を思い描くと、そのイメージは私の頭の中で、まるで映画のように動きだす。

その分かれ道は丘の頂上にある。左側の道は、やわらくて緑色で、朝露に濡れている。裸足になりたくなる。右へ行く道は普通の舗装道路で、最初はなめらかに見えるが、遠くの方は霞がかかって見えない。視界から消えるとすぐに、道は暑さで歪み、崩れてギザギザした破片になってしまう。

丘の下に広がる谷では、七番目の火の人々が、集めたものすべてをまとめた荷物を抱えて分岐点に向かって歩いているのが見える。その荷物の中には、世界観を変容させるための貴重な種が入っている。過去の理想郷に戻ろうとしているのではなく、私たちが未来に歩を進めるための道具をみつけようとしているのだ。忘れられてしまったものは多いが、自然がまだそこにあり、私たちが、自然に耳を傾け、そこから学ぶ謙虚さを持つ者を育てることさえできれば、それは失われたわけではない。それに、そこを歩くのは人間だけではない。その道を進む間、人間ではない人たちがずっと助けてくれる。人間が忘れてしまったことを、自然は覚えている。彼らだって生きたいのだ。その道にはこの世のあらゆる生き物たちがいて、メディスン・ホイール［訳注：中が十字で仕切られ、四つの方角をはじめさまざまな意味が込められた、ネイティブアメリカンの信仰や世界観を表す輪］の全ての色——赤、白、黒、黄色——がそこにある。彼らは前方に待ち受ける選択を理解し、敬意とレシプロシティー、人間を超えた世界と共に歩むというビジョンを共有している。男性と火、女性と水、バランスを取り戻し、世界を再生するために。彼らはみな友であり仲間であって、足並みを揃え、長い列を作って、裸足で歩ける道に向かっていく。手にはカバノアナタケのランタンを持ち、その道筋を光で描きながら。

だがもちろんそこには、それとは別の道もある。高い所から眺める私には、エンジンを轟かせて突進する乗り物が、雄鶏の尾のように埃を巻き上げるのが見える。酔っている。猛スピードで走る彼らは目が見えず、自分が轢き殺そうとしているものも、自分が突っ走っている美しい緑の世界もその目には見えていない。ガソリンの缶と火のついた松明を持って、傲慢な態度で走っていくごろつきたち。どちらが先に分岐点に着き、私たちすべてのための選択をどちらがするのか、私は心配だ。溶けてしまった道路を、燃え殻と化した道を私は知っている。前にも見たことがあるのだから。

私たちで火を熾す

それは、五歳の娘が、雷が怖くて目を覚ました夜のことだ。娘を抱き抱え、しっかり目が覚めてから、私はようやく、一月のこんな時期になぜ雷が鳴るのだろうと不思議に思った。娘の部屋の窓から外を見ると、そこには星ではなくオレンジ色の光がゆらめき、脈打つような炎があたりの空気を揺らしている。

私は急いで赤ん坊を揺りかごから抱き上げ、毛布にくるまって三人で外に出た。燃えているのは家ではなくて空だった。丸裸の冬の草原から熱風の波が、砂漠の風のように押し寄せてくる。地平線を包む巨大な炎が暗闇を消し去ってしまった。さまざまな考えが頭の中を駆け巡った——飛行機の墜落？ それとも核爆発だろうか？ 私は娘たちをピックアップトラックに乗せ、キーを取りに家に走って戻った。娘たちをここから遠ざけなければ、川へ、とにかく逃げなければ、とそれだけを考えていた。私はできるだけ静かに話そうと努めた。落ち着いた声で、パジャマを着たまま地獄から逃げ出すからといってパニックになる必要はどこにもないとでも言うように。「ママ、怖いの？」と、猛スピードで車を走らせる私の傍で小さな声が尋ねた。「大丈夫、心配することは何もないのよ」。でも娘は騙されなかった。「じゃあママはどうしてそんなに小さな声でしゃべってるの？」

私たちは無事に、一五キロほど離れたところにいる友人の家まで車を走らせ、真夜中に玄関を叩いて中に入れてもらった。家の裏のベランダから見える炎はそれほど大きくなかったが、それでもその揺らめきは不気味だった。友人と私は子どもたちにココアを飲ませて寝かしつけ、自分たちにはウイスキーを注いでラジオのニュースをつけた。私の農場から一キロ半も離れていないところで天然ガスのパイプラインが爆発したのだった。住民は退避中で、現場には救助隊がいた。数日後、安全になった頃を見計らって私たちは爆発の現場に行ってみた。干草の牧草地はまるでクレーターのようだった。馬小屋が二つ全焼していた。道路は溶けてなくなり、そこにはギザギザと尖った燃え殻があった。

私の避難生活はたった一晩で済んだが、それでも十分だった。今私たちが感じている、気候変動がもたらした熱波は、あの夜私たちを動揺させた熱波ほど激しいものではないものの、やはり季節外れだ。あの夜は、燃える家から何を持ち出そうかと考えもしなかったが、気候変動が起きている今、私たちの誰もがその問いに直面している。失うことに耐えられないほど愛しているものは何か？　誰を、何を、安全なところに逃がすのか？

今、娘に嘘をつこうとは思わない。私は怖がっている。あの夜と同じように。娘たちのため、この素晴らしい緑の世界のために。心配しなくていいと言っても慰めにはならない。私たちには、七番目の火の人々が抱える荷物の中身が必要だ。隣人の家に逃げ込むことはできないし、小さな声で話している場合でもない。

私たち一家は翌日には家に戻れたが、ベーリング海の水位が上がって呑みこまれようとしているアラスカの町の人たちはどうなるのだろう？　畑が水浸しになったバングラデシュの農民たちは？　メキシコ湾で燃えている石油は？　どちらを向いても、その日が近づいているのはわかる。海水の温度上昇によって失われた珊瑚礁。アマゾンの森林火災。ロシアの永久凍土が解け、一万年もそこに閉じ込められていた炭素を気化させるという地獄絵図。焼けただれた道を燃やした炎である。これが七番目の予言であって欲しくない。私たちがすでに分岐点を過ぎてしまったのでないことを、私は祈る。

七番目の火の人になるということ、祖先たちが歩いた道を逆に辿り、遺されたものを拾い集める、というのは、いったい何を意味するのだろう？　どうすれば私たちは、取り戻すべきものと、価値のない危険なものとを見分けられるのだろう？　生きた地球を本当に癒すものと偽りの薬とを？　そのすべてを見分けられる人など一人もいないし、それを全部一人で抱えることなど到底できはしない。私たちはお互いを必要としているのだ――歌を、言葉を、物語を、道具を、儀式を見つけて拾い上げ、私たちの荷物に加えるために。

私たちのためではない。これから生まれてくる者のため、私たちにつながるすべての生命のために。私たちみなが一丸となって、過去の叡智から未来のためのビジョンを組み立てるのだ。ともに繁栄することで形作られる世界観を。

私たちの精神的指導者はこの予言を、自然と人々を脅かす物質主義社会という道と、最初の火の教えにあった、叡智、敬意、レシプロシティーに根ざしたやわらかな道の間の選択であると解釈する。人々が緑の道を選べば、すべての生き物はともに前進して、八番目でこれが最後となる平和と友愛の火を灯し、はるか昔に予言された偉大な国ができるのだ。

私たちに、破壊の道から引き返して緑の道を選ぶことができるとしたら？　八番目の火をつけるためには何が必要なのだろう？　私にはわからないが、ポタワトミの人々は昔から火とは縁が深い。もしかすると、手で火を熾すということから、今の私たちに役立つ何かを学べるかもしれない――七番目の火から生まれた教訓を。火はひとりでに熾きない。その材料と熱力学は地球が提供する。火のパワーを良いことのために使えるよう、知識と知恵を提供して実際に火を熾すのは人間の役目だ。火種が生まれることそのものが神秘だが、火を熾すためにはまずその前に、火口を集め、心を静め、炎が燃えやすいようにしてやらなければいけないことを私たちは知っている。

八番目の火

手で火を熾すときは、使う木が頼りだ。火切り板とまっすぐな軸というシーダー製の二つの道具――同じ木から、互いのために作られたオスとメス。弓は柔軟性のあるペンシルベニアカエデで、形良く曲がって持ちやすい枝に、バシクルモンの繊維を縒り合わせた弦を張る。弓を前後に行ったり来たりさせると、軸が回転して火切り板を焦がし、軸の形に合った椀型のへこみができる。

火を熾す人の姿勢も大切だ。関節をそれぞれ正しい角度に曲げ、左腕は膝を抱えるようにして向こう脛の前で固定する。左足を曲げ、背中をまっすぐ伸ばし、肩は動かさず、左手で軸を上から押さえ、右腕で一気に、なめらかな動きで、立てた左脚の向こう脛からの距離を保ったまま弓を前後に動かす。この、安定した三つの要素の上で四つ目の要素がなめらかに動くという構造が肝心なのだ。

火切り板に摩擦が生まれるように軸を動かすのも重要だ。どんどん熱くなりながら軸は回転して火切り板を焦がし、黒くてかてかした椀型のへこみを作る。へこみはとてもなめらかで、押し付けられた軸の圧力と熱で木質が燃えて細かいパウダー状になる。熱いパウダーがだんだん溜まるとやがて炭状になり、その重さで、仕切り板に彫られた切り込みから下で待ち受ける火口の上に落ちる。

火口も大切だ。フワフワしたガマの綿毛に、シーダーの樹皮を、繊維がバラバラになって細かい木屑と混ざり合うまで手で揉んで束にしたもの、キハダカンバの樹皮を花吹雪のように細かく刻んでムシクイの巣みたいに丸めたもの——それを、火の鳥が火種を産み落とす巣のようにざっくりとゆるくまとめ、全体を樺の木の樹皮で包む。両端は空気が出入りできるように開けておく。

ここまではいくらでもできるのだ——木が熱くなり、焦げたシーダーの芳しい煙が私の顔の周りに漂い始める。もう少し、あとちょっと、と思ったとたんに手が滑り、軸は外れて飛んで行ってしまうし、溜まった火種はバラバラになって、火はつかず、腕の痛みだけが残る。弓錐の使い方に苦労するというのは、つまり私がこの世界とのレシプロシティーを——知識と体、マインドとスピリットをすべて調和させ、人間の力を利用して地球への贈り物を創り出す、ということを実践できていないということだ。そのための道具が不足しているわけではない。道具はすべて揃っているのに、何かが足りないのだ。私の中で。七番目の火の教えが再び聞こえてくる——来た道を戻り、道の脇に置き去られたものを拾い集めなさい。

私はカバノアナタケのことを思い出す。火を守るきのこ。決して消えない火種を保持するもの。私は森へ、叡智の宿るところへ戻り、謹んで助けを求める。私に与えられたものすべてへのお返しに私からの贈り物を捧げ、もう一度、初めからやってみる。

大切なのは、カバノアナタケの金色が育み、歌が燃え上がらせた炎。大切なのは、火口を吹き抜ける風――炎を燃え立たせるほど強く、けれども炎が消えてしまうほど強くはない、人の息ではなくて凪の息。火口を揺らして創造主の息をくぐらせ炎を育てる――樹皮と木屑が熱に熱を加え、酸素は炎の燃料となって、やがて芳しい香りとともに大きく煙が立ち昇り、光が炸裂し、あなたはその手に炎を抱く。

七番目の火の人々は進んで行く。私たちは、決して消えない火種を守ってきたカバノアナタケを探す。このファイアーキーパー(火の守り人)は道に沿ってあちらにもこちらにもいる。私たちは、彼らがどんな困難にもめげずにその火種を、やがて再び生命を吹き込まれるその日まで守り通してくれたことに感謝する。森に生えているカバノアナタケを探すとき、心の中のカバノアナタケを探すとき、私たちは、開かれた目とオープンなマインドを持てることを願う。人間以外の生き物たちを受け入れ、彼らの叡智を進んで取り入れる広い心を。この美しくて寛大な緑の地球が贈り物を与えてくれると、そして人間はその贈り物に報いることができると、私たちは信じなくてはならない。

どうしたら八番目の火がつくのか私にはわからない。でも、燃えさしを拾い集めればそれは炎となること、私たち自身がカバノアナタケになって、私たちが受け取ったように、火を次の人に受け継ぐことができることを私は知っている。火を燃やす――なんと神聖なことだろう? 火がつくかどうか、すべてはそこにかかっている。

ウィンディゴに打ち勝つ

春になると私は草原を横切って私の森へ行く。それは、木々や草花が惜しみなくその力を分けてくれる魔法の森だ。「私の」というのは、それが法的に私のものであるということではなく、私がその森を慈しんでいるという意味だ。何十年も前から、私はここへ、森とともに過ごし、その声に耳を傾け、学び、採集するためにやってくる。

雪のあったところには、今はエンレイソウが咲き乱れているが、なんだか寒い。光の感じがなんとなくいつもと違う。この冬の吹雪のときに、誰のものかわからない足跡が私の足跡を追いかけてきた、あの尾根を横切る。私はその足跡の意味を察するべきだったのだ――足跡があったところには今、草原を横切って森に続くトラックのタイヤの跡が深く刻まれていた。太古の昔からそうしてきたように花々は今も咲いているが、木はなくなっている。冬の間に隣人が森を伐採したのだ。

良心的に収穫する方法はいくらでもあるのに、隣人は違うやり方を選び、全部伐ってしまった――製材所には用無しの、病気の樺の木と古いアメリカツガ数本だけを残して。エンレイソウ、アカネグサ、ユキワリソウ、ベルワート、アメリカカタクリ、ショウガ、そして野生のリーキは、春の太陽に向かって最後の微笑みを投げている。その太陽は、木のない森に夏がやってくれば彼らを灼き尽くしてしまうだろう。彼らはそこにメープルがあるものと信じていたのに、メープルはもうない。そして彼らは私のことも信じていた。来年は、ここはイバラだらけだろう——アリアリアやクロウメモドキなど、ウィンディゴの足跡を追う侵入種だ。
贈り物でできている世界が、商品でできている世界と共存するのは無理なのかもしれない。残念だけれど私には、愛するものをウィンディゴから護る力はないのかもしれない。

＊＊＊

伝説の中で人々は、ウィンディゴに襲われるのを恐れるあまり、先手を打ってウィンディゴを打ち倒す方法を考えようとした。現代のウィンディゴ的な考え方がもたらす破壊の数々を思い、私は、古い物語の中に、私たちが参考にできる知恵が含まれてはいないかと考えた。

たとえば、ウィンディゴを追放した物語を真似てはどうだろう。破壊者をのけものにし、彼らの事業の成功に加担することをやめるのだ。ウィンディゴを溺れさせたり、焼いたり、その他いろいろな方法で殺そうとした物語もあるが、ウィンディゴは必ず生き返ってしまう。勇敢な男たちが雪靴を履いて、猛吹雪の中ウィンディゴの後を追い、再び犠牲者が出る前に殺してしまおうとする物語も無数にあるが、大抵いつも嵐の中でウィンディゴに逃げられてしまう。

何もする必要はないと主張する人たちもいる。強欲と発展が不自然に結びつけば、炭素が世界を熱くしてウィンディゴの心臓を完膚なきまでに溶かしてしまうと彼らは言う。気候変動によって、常に奪ってばかりで何のお返しもしない経済は完全に無に帰すだろう。だがそれでは、ウィンディゴが死ぬ前に私たちが愛するもののあまりにも多くが奪われてしまう。気候変動がこの世界とウィンディゴを溶かして赤みがかった水たまりにしてしまうのを待つか、雪靴を履いてウィンディゴを追い詰めるか、選ぶのは私たちだ。

ポタワトミの物語では、人間の力だけではウィンディゴを打ち負かすことができないことがわかると、人々は彼らの庇護者であるナナブジョに、闇の中の光、ウィンディゴの叫び声に対する歌となって欲しい、と助けを求めた。エルダーのバジル・ジョンストンは、ナナブジョに率いられた大勢の戦士たちが何日も戦い続けた壮大な物語を語る。ウィンディゴの隠れ家を包囲しようとするその戦いは熾烈で、数々の武器、策略、勇気ある行為が語られるが、私はその背景に、それまで聞いたことのあるどんなウィンディゴの物語とも違う点があることに気づいた。花の香りがするのだ。雪も吹雪も出てこない。唯一登場する氷はウィンディゴの心臓の中にある。ナナブジョは怪物退治に夏を選んだ。戦士たちは、ウィンディゴが夏の間隠れている島まで、氷の張っていない湖を漕いで渡る。ウィンディゴが一番強いのは、人々がひもじい季節、冬である。暖かな風が吹けば、その力は衰えるのだ。

私たちの言葉で、夏はニイビン（Niibin）と言う。豊かな季節という意味だ。そしてナナブジョがウィンディゴに立ち向かい打ち勝ったのは、ニイビンだった。ここに、過剰消費という怪物の急所を突き、現代の病を癒す薬がある。それを「充足」という。冬、欠乏がその頂点に達するときにはウィンディゴは手のつけようがないほど大暴れをするが、豊かさが行き渡るときにはひもじさは姿を消し、それと同時に怪物のパワーも消えてしまうのだ。

文化人類学者のマーシャル・サーリンズは、ほとんど所有物を持たなかった狩猟採集民を裕福な社会の原点と呼び、「近代資本主義社会は、富にめぐまれているのに、稀少性の命題に終始している。世界でもっとも富んだ人々の第一原理が、経済手段の不備なのだ」（『石器時代の経済学』法政大学出版局、山内昶訳）と書いている。物の不足は、実際にどれだけの物質的な富が存在するかではなく、それがどのように交換あるいは循環されるかによって生じる。市場のシステムは、生産者と消費者の間の流れを遮断することによって人工的な欠乏状態を作り出す。お金がなくて穀物が買えず飢える人がいる一方で、穀物が倉庫の中で腐るということもあり得る。その結果、片や飢餓に苦しむ人々もいれば、食べ過ぎで病気になる人たちもいる。私たちを生かしている地球そのものが、不正を助長するために破壊されようとしている。企業には人格を与えながら、人間以外の生き物は人として扱わない経済――それこそがウィンディゴ経済だ。

ではそれに代わるどんなやり方があるだろう？　そして私たちはどうやったらそこに辿り着けるのか？　確信はないが、その答えは「一つのボウルと一本のスプーン」という教えの中にあるのではないかと私は思う。地球からの贈り物はすべて一つのボウルに入っており、一本のスプーンでみながそれを共有しなければならない、とそれは教える。それは、水、土地、森林といった、私たちが満足して生活するために必須の資源を、商品として扱うのではなく、共有する、というものだ。このアプローチは、適切に運用されれば欠乏ではなく豊かな状態を維持することができる。この新しい、今のものに代わる経済の考え方は、地球は私有財産ではなく共有財産であり、敬意とレシプロシティーに根ざして、すべての人の益となるように管理すべきであるというネイティブアメリカンの世界観とよく似ている。

破壊的な経済構造に代わるものを構築することが必須であるのは確かだが、それだけでは十分ではない。私たちに必要なのは単に政策を変えることではなく、私たちの心が変化しなければならない。欠乏と充足、それは経済の特性であるばかりでなく、考え方や気持ちの属性でもあるのだ。そして感謝することが豊かさの種となる。

私たちの祖先はみな、元を辿ればかつてはその土地に根ざして暮らしていた人々だ。私たちは、生きた地球と私たちのかつての関係を築いた、感謝の文化をもう一度取り戻すことができる。感謝の気持ちは、ウィンディゴ的な精神の病に対する強力な解毒剤だ。地球から私たちへの贈り物について、またお互いのつながりについて深く自覚すれば、それは癒しの薬となる。感謝の心を持つことで、やかましい物売りの宣伝文句は、ウィンディゴのお腹がグーグー言っている音にしか聞こえなくなる。豊かさとは人と分かち合うに足りるものを持っているということであり、富の大小はお互いに益となる関係をどれくらい持っているかで測られる、そんな、再生につながるレシプロシティーの文化を感謝の心は尊ぶ。そして感謝は私たちを幸せにしてくれる。

地球が私たちにくれたものすべてに対する感謝の気持ちは私たちに、忍び寄るウィンディゴに立ち向かい、愛する地球を破壊してまで貪欲な者の懐を潤わせる経済への加担を拒み、生命に敵対するのではなく生命とともに歩む経済を要求する勇気をくれる。もちろん、言うは易く行うは難しだけれど。

***

私は地面に崩折れ、拳を叩きつけて、私の魔法の森に加えられた暴行を嘆く。どうしたら怪物をやっつけることができるのか私にはわからない。私には武器もないし、ナナブジョとともに戦った戦士たちもいない。第一、私は戦士ではない――イチゴに育てられたのだから。そのイチゴは今も足元に芽を出している――スミレやノコギリソウに交じって。芽を出したばかりのアスターやセイタカアワダチソウ、それに、太陽に輝くスイートグラスの葉に交じって。その瞬間、私は自分が独りではないことを知る。草原に横たわる私を、たくさんの味方が囲んでいる。どうしたらよいのか、私にはわからなくても彼らは知っている。そして彼らはいつも通り、癒しの贈り物を与えてこの世界を守るのだ。ウィンディゴに対して何もできないわけではないよ、と彼らが言う。必要なものは全部あることを忘れないで。そうして私たちは画策する。

立ち上がると私の横に、目に固い意志を宿らせ、いたずらっぽい笑みを浮かべたナナブジョが立っている。「怪物をやっつけるためには、怪物と同じように考えなくてはだめだ。同類は同類を溶かす、と言うからね」。そう言ってナナブジョは、森の縁にびっしりと生えている灌木を目で示し、「自分で自分の薬を味わわせてやるといい」と、わけ知り顔で言う。灰色の藪の中に歩いていく彼の姿はやがて見えなくなり、笑い声だけが聞こえる。

私はこれまで一度もクロウメモドキを摘んだことがない。青黒い実は摘むと指が染まってしまう。むしろ私はクロウメモドキからは距離を置こうとしてきたけれど、クロウメモドキの方が後からついてくる。クロウメモドキは獰猛な侵入種で、攪乱されたところに生え、森を乗っ取り、他の植物から光と場所を奪い取る。クロウメモドキが生えたところは土地が毒され、他の植物が一切育たなくなって、植物相的に言うと不毛の地になってしまう。それはいわば、自由市場での勝者――効率、独占、そして欠乏感を作り出すことによって成り立つサクセス・ストーリーだ。在来の植物から土地を奪う、植物版の帝国主義者なのである。

私は夏の間中、一種類ずつ、私がしようとしていることのためにその身を差し出してくれる植物の横に腰を下ろし、耳を傾け、その植物が持つ力について学んだ。それまでも、風邪をひいたときのためのお茶や肌につける軟膏を作ったことはあったけれど、これは初めてのことだ。薬を作るというのは迂闊にできることではない。神聖な責任だ。私の家の梁には乾燥中の植物がぶら下がり、棚は植物の根や葉を入れた瓶がずらりと並んで冬を待っている。

そして冬が来ると、私は雪靴で森を歩いて踏みならし、家までのわかりやすい通り道を作る。扉の横にはスイートグラスの三つ編みが下がっている。つややかな三本の房を編み込んだ三つ編みは、私たちを完全にするマインド、ボディ、スピリットの融合を象徴している。ウィンディゴの中ではこの三つ編みがほどけてしまっていて、それこそが、彼を破壊に向かわせる病なのだ。マザー・アースの髪を編むのは、私たちに与えられたものすべてと、お返しにその贈り物を大切にする責任が私たちにあること思い出すためなのだということを、扉の横に下がったその三つ編みは気づかせてくれる。贈り物はそうやって引き継がれ、すべての者のお腹を満たす。腹を空かすものは誰もいない。

昨夜、私の家は食べるものと友人たちで満ち、笑い声と光が外の雪の上に溢れ出た。私は彼が窓の外を通りかかり、物欲しそうに中を覗き込むのが見えた気がした。でも今夜は家には私一人で、外は強い風が吹いている。

私は、持っている鍋の中で一番大きい鋳鉄製の深鍋をストーブにかけて湯を沸かし、片手に山盛りの乾燥ベリーを入れる。それからもう一杯。ベリーは溶けて、青黒いインクのような、どろどろした液体になる。ナナブジョの助言に従って、私は祈りの言葉を唱え、瓶の中の残りのベリーを鍋にあける。

別の鍋には、純粋で汚れのない泉の水を水差しから注ぎ、その水面に、瓶の一つから取り出した花びらと、別の瓶に入っている砕いた樹皮を散らす。どれも目的に合わせて慎重に選んだ材料だ。木の根、ひとつかみの葉、それにスプーン一杯分のベリーも加えて、バラの花のようなピンク色がかった金色のお茶ができあがる。私はそのお茶をことことと煮ながら火のそばに座って待つ。

ヒューヒューと音を立てて雪が窓に当たり、木々をわたる風が唸る。来た——思った通り、私が家までつけた足跡を辿って。私はスイートグラスをポケットに入れ、深呼吸して扉を開ける。怖いけれど、今扉を開けなかったら何が起こるか、そちらの方がもっと恐ろしい。

ウィンディゴは私の上にそびえるように立ち、狂気じみた赤い目が、霜に覆われた白い顔に爛々と光る。黄色い牙を剝き出しにし、骨ばった手で私につかみかかろうとするが、私は震える手で、血の付いたウィンディゴの指に、火傷しそうに熱いクロウメモドキのお茶の入ったカップを押し付ける。ウィンディゴはすぐにそれを飲み干し、もっとよこせと唸り声を上げる。空腹の痛みに呑み込まれて、いつでももっと欲しくてたまらないのだ。ウィンディゴは私の手から鍋ごと取り上げると、がぶがぶと一気に飲み干す。どろどろした液体はすぐさま凍りついて顎から黒いつららがぶら下がる。空になった鍋を脇に投げ捨てると、ウィンディゴは再び私につかみかかろうとするが、その手が私の喉元に届く前に体の向きを変えて、雪の中を後ずさりする。


ウィンディゴは激しい吐き気に襲われ、体を二つに折る。腐ったような吐息に、クロウメモドキでゆるくなったお腹から漏れ出した便の臭いが混ざる。少量のクロウメモドキは便秘に効果がある。大量に摂れば下剤となり、鍋一杯飲み干せば嘔吐を催す。最後の一滴まで飲み干したのはウィンディゴの性分だ。おかげで今ウィンディゴは、硬貨やら石炭スラリーやら、私の森を伐採したときのおが屑やタールサンドの塊、細かな鳥の骨などを吐き出している。ソルベイ廃棄物が口から噴き出し、油膜をまるまる吐き出す。ひとしきり吐き終わると、まだ吐き気は収まらないが、もはや吐き出されるのは淋しさというさらりとした液体だけだ。

ウィンディゴは疲れ果てて、悪臭を放つ屍体のように雪に横たわる。だが、新たにできた虚しさを埋めようと空腹感が湧き上がるのでまだ危険だ。私は家に走って戻り、二つ目の鍋を持ってウィンディゴの脇に運ぶ。ウィンディゴの周りは雪が解けている。ウィンディゴの目はどんよりと曇って生気がないが、お腹がグーグーと鳴るのが聞こえるので、私はカップをその唇に当てる。ウィンディゴはそれが毒ででもあるかのように顔を背ける。私は安心させるためにカップから一口飲んで見せる――それに、そのお茶を必要としているのは彼だけではないから。私は薬の力が私に寄り添っているのを感じる。それからウィンディゴがそれを飲む。ピンクがかった金色のお茶を一口ずつ――欲望の熱さを鎮めるためのヤナギと、心の傷を癒すためのイチゴのお茶。滋養たっぷりの三人姉妹のスープに、ピリッとしたワイルドリーキを加えたその薬湯がウィンディゴの血流に入っていく――ホワイトパインの調和、ピーカンの正義、トウヒの根の謙虚さ。ウィッチヘーゼルの慈愛、シーダーの敬意、シルバーベルの祈り、そのすべてにメープルの感謝の甘さを添えて。自分に贈られたものを知って初めてレシプロシティーが理解できる。ウィンディゴは、それらの力の前になすすべもない。

ウィンディゴの頭がガクリと後ろに倒れる。カップにはまだお茶が入ったままだ。そして彼は目を閉じる。この薬には、まだあともう一つの要素がある。もう怖さはなくなり、私はウィンディゴの横の、新しく生えてきた草の上に腰を下ろす。「お話を聞かせてあげるわね」――解けていく氷の傍で私はウィンディゴに語りかける。「その人はメープルの種のように、秋の風にくるくると回転しながら落ちていきました……」

エピローグ

緑の上に広がる赤。夏の午後、ラズベリーの実が茂みにたくさんなっている。茂みの反対側で実をついているアオカケスのくちばしは、私の指と同様に赤く染まっている。私は摘んだ実を、ボウルに入れるのと同じくらい忙しく口に運んでしまう。かたまってぶら下がっている実を採ろうと茂みの下に手を伸ばすと、斑の日陰ではカメが嬉しそうに、落ちたラズベリーに脚を埋め、もっと採ろうと首を伸ばしている。ここはそっとしておこう。自然は豊かで、私たちにたっぷりと与えてくれる。イチゴ、ラズベリー、ブルーベリー、チェリー、スグリ。贈り物を緑の上に並べて、私たちがボウルを一杯にできるように。ポタワトミ語では夏はニイビンというが、これは「豊かさの季節」という意味であり、また私たちの部族が集まるパウワウや儀式の季節でもある。

緑の上に広がる赤。あずまやの草の上に敷かれた毛布には、プレゼントが山積みになっている。バスケットボール、たたんだ傘、ペヨーテステッチ［訳注：色の違うビーズを糸に通して模様を作る手芸の手法］のキーチェーン、チャック付きのプラスチックバッグに入ったワイルドライス。プレゼントをもらうためにみんなが並んでいる横に立つ主催者はいかにも嬉しそうだ。会場を囲むサークルの椅子に座っているお年寄りは大勢の人の中を歩けないので、代わって十代の若者が、選んだプレゼントを取りに行く。Megwech、megwech。ありがとうという言葉が行き交う。私の前にいるよちよち歩きの子どもはたくさんの贈り物に夢中になり、両腕一杯にプレゼントを抱え込む。母親が身をかがめて何事か耳元で囁くと、その子は一瞬決めかねたように佇み、それからプレゼントを全部戻す――蛍光イエローの水鉄砲だけは残して。

そして私たちは踊る。ドラムアンサンブルがギブアウェイの歌を演奏し始めると、みな輪になって踊り出す。伝統衣装の揺れるフリンジ、上下に揺れる羽根、七色のショール、Tシャツ、そしてジーンズ。大地はモカシンを履いた足が踏み鳴らすリズムと共鳴する。歌のアクセントとなる「オーナー・ビート」が回ってくると、私たちはその場でステップを踏みながら、もらったプレゼントを頭の上に持ち上げ、ネックレスや籠、ぬいぐるみなどを揺らしながら叫び声をあげて、プレゼントやそれをくれた人に敬意を示す。笑いながら、歌いながら、誰もが仲間になる。

これは、minidewakと呼ばれる私たちの伝統的なギブアウェイ、つまりプレゼント贈呈の儀式だ。昔から人々に愛され、パウワウでも行われることが多い。世間では、人生で何か大切な出来事を祝う人は、お祝いに人からプレゼントをもらうのを楽しみにする。ポタワトミ族ではその期待は逆さまで、祝われる人がプレゼントする。毛布にプレゼントを積み上げて、自分の幸運をすべての人と分かち合うのだ。

ギブアウェイがこぢんまりしたプライベートなものなら、プレゼントはすべて手作りだ。かと思えば、コミュニティー全体がまる一年かけて、誰が来るかもわからないゲストのためにプレゼントを用意する場合もある。何百人もの人が集まる部族をまたいでの集まりなら、毛布の代わりに青いビニール製の防水シートを敷き、ウォルマートの安売りコーナーで手に入れたものが並ぶだろう。プレゼントが、ブラックアッシュの籠、鍋つかみ、その他何であったとしても、そこに込められた気持ちは同じだ。儀式としての贈り物は、私たちの一番古い教えを映し出している。

寛大さ。それは、道徳的な意味でも物質的な意味でも不可欠なものだ——とりわけ、自然と近しく暮らし、豊かさと乏しさの波を知っている人たち、一人の幸福がすべての人の幸福に結びついている人々にとっては。伝統的な考え方を守る人々の考える豊かさとは、人に分け与えられるだけのものを持っているかどうかで測られる。自分に与えられたものをため込めば、その豊かさが便秘を引き起こし、持ち物でお腹が膨れ上がり、体が重くてダンスの輪に加わることもできなくなる。

このことを理解せず、たくさんのプレゼントを独り占めにする人や家族がいることがある。獲得したプレゼントを自分たちの折りたたみ椅子の脇に山積みにしている。彼らにはそれが必要なのかもしれないし、そうではないかもしれない。そういう人たちは踊りにも加わらず、そこに座ったまま、自分たちの持ち物を警護している。

感謝に根ざした文化では、贈り物はレシプロシティーという円を描いて自分のところに再び回ってくるということを誰もが知っている。今は自分が与える番、そして次は自分がもらう番。与える光栄と受け取る謙虚さの両方が、方程式には必要なのだ。感謝の気持ちからレシプロシティーへと続く道に沿って、ダンス会場の草には円形に踏み跡がついている。私たちは、直線ではなく、円を描いて踊る。

ダンスが終わると、グラスダンスの衣装を着た幼い男の子が、もらったばかりのおもちゃのトラックに早くも飽きて地面に投げ捨てる。父親は男の子にそれを拾わせ、椅子に座らせる。贈り物は店で買うものとは違い、そこには物質的な境界を超えた意味がある。贈り物は、決して軽率に扱ってはいけない。贈り物は、あなたがそれを大切にすることを求める。そして、それ以上のものを。

ギブアウェイという習慣がどこから来たものかは知らないが、人間はそれを、植物、とりわけ、その贈り物を赤や青で包み込んだベリー類を見て学んだのではないかと私は思う。誰に教わったのか、人は忘れてしまったかもしれないが、私たちの言葉はそれを覚えている。ギブアウェイを指すポタワトミ語、minidewakは、「彼らは真心込めて与える」という意味なのだ。この言葉の中心にはminという言葉がある。Minは贈り物を指す単語の語源であり、同時にベリーを指す言葉でもある。詩のように美しいポタワトミ語は、minidewakという言葉でベリーを思い出させようとしているのではないだろうか？

私たちの儀式には、必ず木のボウルに入ったベリーがある。一つの大きなボウルと一本の大きなスプーンを輪になった人々の間に回し、一人ひとりがその甘さを味わい、贈り物に思いを馳せ、そして感謝するのだ。そのベリーには、自然の寛大な贈り物は一つのボウルと一つのスプーンで私たちに与えられる、という祖先から受け継がれた教えが込められている。私たちはみな、マザー・アースがいっぱいにしてくれた一つのボウルから食べているのだ。それはベリーのことだけでなく、ボウルについての教訓でもある。地球は私たちに贈り物を分け与えてくれるが、贈り物は無限ではない。どんなボウルもいずれは底をつく。空になったらそれまでなのだ。そして、スプーンは一本だけで、誰にとってもスプーンのサイズは変わらない。

空になったボウルはどうすれば満たすことができるのだろうか？　感謝だけで十分だろうか？　べ

リーは、そうではないと言っている。ベリーがギブアウェイ用の毛布を広げ、その甘い実を鳥や熊や子どもたちに分け隔てなく与えるとき、彼らの関係はそれだけで終わりではない。私たちには感謝以上のものが求められているのだ。ベリーは、私たちが自分の役目を果たし、その種子を別の場所に撒き散らしてくれると信じている。ベリーにとっても子どもたちにとってもそれは嬉しいことだ。元気になるのはお互いさま。私たちにはベリーが必要だし、ベリーには私たちが必要なのだ。人間がベリーの世話をすれば彼らの贈り物は増えるし、なおざりにすれば贈り物は減る。私たちは、相互に与えあうという誓約で結ばれている。私たちを養ってくれるものを私たちがお返しに支え、互いに責任を果たしあう約束だ。空のボウルはそうやってまたいっぱいになるのである。

ところがある時点で、人間はベリーの教えを放棄してしまった。豊かさの種を蒔く代わりに、私たちはことあるごとに未来の可能性の芽を摘んでいる。未来への不確かな道筋は、言葉を見るとよくわかる。ポタワトミ語では、土地のことをemingoyak、「私たちに与えられたもの」と言う。英語では土地は「天然資源」とか「生態系サービス」などと呼ばれる。まるで人間以外の生き物は人間の所有物だとでも言いたげに。地球はベリーがいっぱいのボウルではなく、露天掘りの鉱山で、掘削ショベルがスプーンだとでも言うように。

隣人がギブアウェイを開いている間に誰かがその家に押し入り、好きなものを奪っていったとしたらどうだろう。その道徳を欠く行為に、私たちは激怒するに違いない。地球も同じことだ。地球は、風や太陽や水のパワーを無償で提供してくれているのに、私たちは地を裂いて化石燃料を盗む。私たちが、与えられたものだけを受け取っていたら、受け取った贈り物にお返しをしていたら、今ごろ私たちは、自分が吸い込む空気を怖がらずに済んだのだ。

私たちはみな、レシプロシティーという契約で結ばれている。植物の呼吸と動物の呼吸、冬と夏、捕食するものとされるもの、草と火、夜と昼、生きることと死ぬこと。水も、雲も、そのことを知っている。土と岩には、地球を作り、壊し、また作る、絶え間ないギブアウェイで自分たちが踊っているのだということがわかっている。

儀式というのは、私たちが思い出すことを思い出すための方法である、とエルダーたちは言う。ギブアウェイのダンスは、地球とは私たちが受け取った時そのままの姿で次の世代に引き継がなくてはいけない贈り物であるということを、思い出すためのものだ。それを私たちが忘れてしまえば、私たちは弔いの踊りを踊らなければならないだろう。絶滅したホッキョクグマのために。鳴かなくなったツルのために。死んでしまった川のために。雪の思い出のために。


目を閉じて、私の心臓の鼓動がドラムの音と一つになるのを待つ間、私は人々が、おそらくは初めて、世界が与えてくれる素晴らしい贈り物の数々に気がつくところを想像する。破滅の瀬戸際で、人々の世界を見る目が変わることを。もしかしたらギリギリ間に合うかもしれない。それとももう遅いだろうか。茶色の大地の上の、緑色の草の上に広がって、人々はようやく、マザー・アースからの贈り物に気づくのだ。苔の毛布、羽根のガウン、籠いっぱいのトウモロコシ、癒しのハーブが入った小瓶。銀色のサケ、瑪瑙《めのう》の浜、砂丘。入道雲と雪の吹き溜まり、薪の山とヘラジカの群れ。チューリップ。ジャガイモ。ルナモス、ハクガン、そしてベリー。何よりも、私は聴きたいのだ、風に乗る壮大な感謝の歌を。その歌が私たちを救ってくれるかもしれない。そうしたら、ドラムの音とともに私たちは踊ろう――生きた地球を寿ぐ衣装を身につけて。波打つトールグラス・プレーリーのフリンジを振り、チョウのようにショールをひるがえし、白鷺の羽根を揺らし、夜光虫に光る波の輝きを宝石のように飾って。オーナー・ビートで歌が一瞬途絶えたら、贈り物を高く掲げて賛美の声をあげよう、キラキラ光る魚に、花咲く枝に、そして星の瞬く夜空に。

レシプロシティーは、与えられたもの、受け取ったものすべてに対して、私たちが責任を引き受けることを求める。遅まきながら、今度は私たちがお返しをする番だ。マザー・アースのためにギブアウェイを開こう、毛布を広げ、私たちが作った贈り物をうず高く積み上げよう。本、絵画、詩、創意に富んだ機械、慈悲深い行動、卓越した考え方、完璧な道具。与えられたものすべてを必死で守ろうとする力。知性、手、心、声、そしてビジョンという贈り物をすべて、地球のために捧げよう。それが何であれ、今こそ自分の持てる力を発揮し、世界の再生のために踊るときだ。

生きる、という特権へのお返しとして。

訳者あとがき

ロビン・ウォール・キマラーのデビュー作『コケの自然誌（原題「Gathering Moss」）』に続き、第二作を訳させていただくという幸運に恵まれた。著者が「はじめに」で書いている通り、本書は「ネイティブアメリカンに伝わる伝統的な知識と科学的な知識、そして、一番大切なことのためにその二つを融合させようとする一人のアニシナアベの女性科学者という、三本の糸を編んでできている」一本の三つ編みであり、原題の「Braiding Sweetgrass（スイートグラスを編む）」にはその意味がこめられている。前作『コケの自然誌』が、印象として、自然科学が七割、ネイティブアメリカン的思想が三割であったとすれば、本書ではその割合が逆になっている。自然科学の本であると同時にこれはむしろ、環境哲学の書であると言っても差し支えないだろう。

ジョン・バロウズ賞を受賞した第一作の出版から十年、第二作である本書は二〇一三年に出版された。ネイティブアメリカンの目と科学の目を通してコケという極小の世界を鮮やかに描き、そこに世界全体を映し出して見せてくれた前作と共通するテーマを掲げながら、本書の視点はより大きく、そしてより切実感を伴っているように感じられる。第一作が出版されたとき著者は五十歳。おそらく執筆中、著者の二人の娘はティーンエージャーだったはずで、母親として多忙を極める時期であったことと思う。それから本書が出版されるまでの十年の間に、二人の娘たちは独立して親元を離れ、著者は「子育て」の期間を終えている。

本書の中で著者は、同じくネイティブアメリカンである作家ポーラ・ガン・アレンの言葉をこんなふうに紹介している。

人生はだんだん広がっていく螺旋のようなもので、子どもたちが自分自身の道を歩み始めると、知識と経験が豊富な母親には別の仕事が与えられる。今度は私たちの強さは、共同体の幸せという、自分の子どもたちよりも大きな人の輪に向けられるのだ、とアレンは言う。その網はどんどん広がっていく。季節が再び巡って、祖母となった女性たちは「教師としての生」を生き、年下の女性の手本となる。ずっと歳をとっても、私たちの仕事が終わったわけではない。螺旋はどんどん大きく広がって、賢明な女性の教えは、彼女自身や家族という枠を超え、人間という共同体を超え、この惑星《ほし》を包み込んで地球の母となるのだ。（本書一二九ページ）

まさしくキマラーは、二人の娘の「母親」という役目を終え、人間として、女性としてひとまわり円熟を深め、私たちの「教師」となったのだ。そしてなんと賢明な教師を私たちは得たことだろう——まさにそういう教師を必要としている、今というときに。

だが著者に言わせれば、真の教師は、著者でも他の科学者でもなく、自然そのものだ。自然は饒舌に私たちに語りかけるが、それが聞こえるかどうかは、私たちがその声に耳を澄ますかどうかにかかっている。本書では、「耳を傾ける」「耳を澄ます」ことの大切さが繰り返されるが、たとえばこんなくだりが、そのことを端的に語っている。

科学の傲慢さに心を侵されたやる気満々の若き博士だった私は、そこにいる教師は私だけだと勘違いしていた。自然こそが真の教師なのだ。学ぶ者である私たちに必要なのはただ、しっかりと気付けるようにしていることだけだ。注意を向ける、というのは、生きた世界とお互い様の関係を持つひとつの形だ――与えられた贈り物を、しっかりと目を開け、心を開いて受け取るということである。私はただ、学生たちがしっかりとそこに存在し、耳を傾けることができるようにしてやりさえすればよかったのだ。（本書二八五ページ）

アミミドロのクローン繁殖に、母親である自分の元から巣立つ娘のことを重ね、睡蓮の葉を見て、それでも続いていく相互関係を思う著者。そう、そこに注意を向けることさえできれば、自然から学べることは限りない。

実は本書の翻訳にあたっては、私の個人的な事情から、築地書館にわがままを言って通常の二倍近い期間をいただき、二〇一七年の後半から半年以上にわたって毎日少しずつ作業を進めた。この間、私が生活拠点とする日本とアメリカはどちらも、私には狂気としか思えない政治的・社会的な不正、暴力、モラル低下の嵐が吹き荒れ、貧富の差は広がる一方で、社会の先行きを思うと暗澹たる気持ちになることが実に多かった。そういう中で、毎日少しずつ進める本書の翻訳は、一服の清涼剤のような気がしていた。キマラーの詩的な言葉が描写する自然の美しさ。そして、自然とともに生きる人々の姿には「正気」が感じられたからだ。

が、それは同時に辛いことでもあった。本書に描かれた、先住民族に伝わる世界観、人間と自然の関わり方がかつては「普通」のことであったこと、そういう世界のありようが、歴史のある時点では存在したこと。そして、自然と人間が調和して暮らしていた世界から私たちがどれほど逸脱してしまったかを、痛感せざるを得なかったからだ。歴史を振り返って「もしも」と問うことが無意味なのはわかっているが、もしも人類の歴史のどこかで何かが違っていたら、現在のような、経済効率と物質の豊富さばかりが重要視される消費型の社会ではなかったのかもしれない、地球は今よりももっと美しい場所だったのかもしれない、と考えると、深い喪失感を味わわずにはいられない。

科学の発達が人間の生活に、ある意味での安寧と幸福をもたらしたのは事実かもしれない。だがその代わりに私たちが失ったものはあまりに大きく、取り返しのつかないところに自分たちが向かおうとしているということに、多くの人が気づかない、あるいは気づこうとしない。私たちは、耳を傾けることを忘れてしまったのだ。

時計の針を逆戻りさせることはできないが、私たちには、地球という美しい故郷を失わずに、かつて人間と自然の間にあった関係を取り戻す時間が残されているだろうか――ジョアンナ・メイシーが言うように、「産業成長型社会から生命持続型社会へ」移行する時間が。

自然を畏怖し、尊重し、人間は自然の一部としてあらゆる生き物たちと対等であり、世界を好きなように支配する存在ではない、というネイティブアメリカンの世界観、考え方は、地球の自然環境を大切に思う人々の間では以前から尊重され、手本とされてきたものである。そしてそれが、私たちが「科学」と呼ぶものと決して相反せず、互いに尊重しあいながら共存できるものであるということを本書は教えてくれる。著者の言葉を借りれば「科学実験とは、何かを発見しようとすることではなくて、人間以外の生き物が持つ知識に耳を傾け、翻訳する、ということ」であり、「科学者には、その翻訳者の一人として物語を世界に伝える大きな責任がある」。

自然科学の語彙を増やしたくて本書を読む人は期待を裏切られるかもしれない。だが本書を読むことで、自然というものについて、また自然と人間の関係について、考え、語るためのまったく新しい言語そのものをそっくり身に付けることができる——そう考えてはどうだろうか。

そういえば、前作『コケの自然誌』の訳者あとがきを書いたときも、私はここ、アメリカ西海岸に浮かぶのんびりした島、ウィッドビー・アイランドにいた。都会育ちの私にとって、自然豊かなこの島はある意味、「もしも」を可視化してくれる場所である。この本を、一人でも多くの人が読み、「もしも」と想像し、自然という教師に耳を傾けようという気になってくれたなら、そして、自然が語りかける言葉を翻訳してくれる科学者が一人でも増えたなら、これほど嬉しいことはない。

二〇一八年六月

三木直子

著者紹介：
ロビン・ウォール・キマラー（Robin Wall Kimmerer）
1953年、ニューヨーク生まれ。ネイティブアメリカン、ポタワトミ族の出身。
1993年より、ニューヨーク州立大学の環境森林科学部で准教授として教鞭を執る。
生物学や生態学、植物学などを教えるかたわら、学部内に2006年に設立された「ネイティブアメリカンと環境センター」のディレクターに就任。
環境保護活動家、作家、母親、科学的知識と北米先住民としての伝統的な知識の間を行き来しながら、積極的に活動をしている。
処女作である『GATHERING MOSS』（『コケの自然誌』築地書館）にて、ジョン・バロウズ賞を受賞。

訳者紹介：
三木直子（みき　なおこ）
東京生まれ。国際基督教大学教養学部語学科卒業。
外資系広告代理店のテレビコマーシャル・プロデューサーを経て、1997年に独立。
海外のアーティストと日本の企業を結ぶコーディネーターとして活躍するかたわら、テレビ番組の企画、クリエイターのためのワークショップやスピリチュアル・ワークショップなどを手がける。訳書に『不安神経症・パニック障害が昨日より少し良くなる本』『がんについて知っておきたいもう一つの選択』（ともに晶文社）、『コケの自然誌』『錆と人間』（ともに築地書館）、他多数。

植物と叡智の守《も》り人

ネイティブアメリカンの植物学者が語る科学・癒し・伝承

2018年 8 月 7 日　初版発行
2024年10月25日　6刷発行

著者　ロビン・ウォール・キマラー
訳者　三木直子
発行者　土井二郎
発行所　築地書館株式会社
〒104-0045 東京都中央区築地7-4-4-201
TEL.03-3542-3731　FAX.03-3541-5799
http://www.tsukiji-shokan.co.jp/

印刷製本　中央精版印刷株式会社
装丁　吉野　愛

ⓒ2018 Printed in Japan　ISBN978-4-8067-1564-1